D1858049

Ernst von Khuon

Abenteuer Wissenschaft

Ernst von Khuon

Abenteuer Wissenschaft

Begegnungen mit unserem Jahrhundert

Ullstein

© 1986 Verlag Ullstein GmbH · Frankfurt/Main · Berlin
Alle Rechte vorbehalten
Schutzumschlag: Hansbernd Lindemann
unter Verwendung eines Fotos der dpa
Satz: Utesch Satztechnik GmbH, Hamburg
Druck und Bindung: Ebner Ulm
Printed in Germany 1986
ISBN 3-550-07814-5

Für meine Frau

Für meinen Sohn
und seine Frau

Für meine Enkel
Patrizia und Alexander

Anstatt eines Vorworts

»Das Reich der Zukunft ist das Reich des Geistes«

Winston Churchill
1874–1965

»Es ist der Sport des geistigen Menschen, bereit zu sein, die Welt aus staunend geweiteten Augen zu betrachten«

Ortega y Gasset
1883–1955

»Man kann es kaum begreifen und weiß nicht recht, wieso der Wanderer Mensch die Gärten, die ihm die Natur hier bereitet hat, mit solcher Unbefangenheit bewohnt. Sie sind ja nur für so kurze Zeit bewohnbar, für ein Zeitalter der Erdgeschichte, für einen glücklichen Tag«

Antoine de Saint-Exupéry
1900–1944

»Wissenschaft wird von Menschen gemacht«

Werner Heisenberg
1901–1976

»Das Genie besteht darin, zu sehen, was jeder sieht, und zu denken, was noch niemand sonst gedacht hat«

Albert v. Szent-Györgyi
geb. 1893, Nobelpreisträger
1937 für Medizin

»Es ist fruchtlos zu fragen, ob die gewaltigen Fortschritte auf allen Gebieten der Naturwissenschaften und Technik, deren staunende Zeugen wir sind, den Menschen glücklicher machen. Sie sind eine unabweisbare Tatsache«.

Werner Wachsmuth
Chirurg, geb. 1900

»Der Versuch der Erklärung des Neuen, des noch Ungeklärten, ist Triebfeder für den Wissenschaftler wie seit Tausenden von Jahren. Aber wir werden es vorsichtiger, bedachter tun müssen, als wir es je getan haben«

Hansgeorg Gareis
Chemiker, geb. 1929
in einem Vortrag über »Gentechnologie und Humanität« am 18. 3. 1985

Inhalt

Das neue Feuer Atom

Abenteuer der Chemie und Wagnisse der Medizin

Rätsel des Lebens

Das neue Feuer Atom

Die Welt besteht aus Atomen

Der amerikanische Physik-Nobelpreisträger Richard P. Feynman, geb. 1918, wurde einmal gefragt, was er einer »außerirdischen Zivilisation« als die wesentliche Erkenntnis unserer Naturwissenschaften mitteilen würde, vorausgesetzt, er müßte seine Botschaft in einen einzigen Satz fassen. Seine Antwort war, der Satz müßte lauten: »Die Welt besteht aus Atomen.« Die Gegenfrage, nach vielen Jahren eingelangt, würde wohl lauten: »Was nennt Ihr Atome?« Für eine Erklärung müßten wir uns dann etwas mehr Zeit nehmen.

Wahrscheinlich war die Frage an Feynman ein Spaß, wie die oft gestellte Frage an alle möglichen Prominenten: Welches Buch würden Sie, auf eine einsame Insel verbannt, mitnehmen? Die Bibel, Goethes Faust, den Großen Brockhaus, das Lehrbuch »Do it yourself«?

»Die Welt besteht aus Atomen«, das klingt heute fast trivial. Jedes Schulkind weiß das. Gestaunt hat es vielleicht nur das eine Mal, als der Lehrer das Atom an einem Beispiel veranschaulichte, etwa so: »Schaut euch ein Aquarium an. Das Glas besteht aus Atomen, das Wasser ebenfalls und auch der Goldfisch, der da herumschwimmt. Und auch wir, die wir uns das ansehen.« Tatsächlich ist uns »das Atom« zum Begriff geworden, ohne daß wir es damit schon begriffen hätten. Noch um die Jahrhundertwende war man sich gar nicht sicher, ob »das Atom« in Wirklichkeit existiere. Der österreichische Physiker Ernst Mach (1838–1916) war bekannt dafür, daß er, wenn jemand vom Atom sprach, sofort gereizt unterbrach: »Haben's ein's g'sehn?« Es war schwer vorstellbar, daß jemals enträtselt werden konnte, was »das Innerste der Welt zusammenhält«.

Vielleicht hat der Physiklehrer seinem Beispiel vom Aquarium noch den Satz angefügt: »In einem Eimer Wasser sind so viele Atome, wie man Eimer Wasser aus den Weltmeeren schöpfen kann.« Womit wir bei der Frage nach der Größe des Atoms sind. Die Wissenschaft vermag hier einigermaßen präzise zu antworten: Ein Atom mittlerer Größe hat einen Durchmesser von einem fünfmillionstel Millimeter. Man kann sich auch das nicht vorstellen.

Gibt es Dinge, die uns das Atom greifbar vor Augen führen? Eine Rasierklinge zum Beispiel, »extradünn«, 0,08 Millimeter. Die Klinge wäre ein paar hunderttausend Eisenatome dick. – Es gibt etwas, das näher heranführt: Blattgold, zwischen Pergamentblättern geschlagen, bis es hauchdünn geworden ist und das Licht grünlich durchscheint. Dieses Blattgold ist ein achttausendstel, ein zehntausendstel Millimeter dünn. Noch immer liegen da ein paar hundert Goldatome übereinander. Es scheint nichts Feineres zu geben, als – eine Seifenblase. Die Wandung der Seifenblase ist nur noch ein paar Atome stark. Können wir ein Atom sehen? Im Mikroskop? Leider nein! Das heißt, es gibt Feldelektronen-, Feldionen-Mikroskope, die uns die Welt der Atome tasächlich ins Sichtbare heraufholen. Diese erstaunlichen Instrumente vergrößern bis zum Millionenfachen. Sie können einzelne Atome wohl nicht »abbilden«, sie zeigen nicht, wie Atome »aussehen«.- Immerhin vermögen sie die Atom-Orte als leuchtende Punkte anzugeben.

Das Feldelektronen-Mikroskop macht uns beispielsweise Wolframkristalle sichtbar. Die abschmelzende Spitze einer Nadel aus Wolfram, 70mal spitzer als die einer Nähnadel – ein einziger Kristall ist diese Spitze – erscheint bildfüllend auf einem Leuchtschirm. Das atomare Gitter eines Metalls wird sichtbar; wir tun damit einen Blick in das Gefüge unserer Welt. Aber noch längst nicht haben wir in das Innere des Atoms schauen können, dorthin, wo die Natur ihre Riesenkräfte gefangen hält. Otto Willi Gail, mein Lehrer im Rundfunk, versuchte, als er 1947 seinen »Griff nach dem Atom« schrieb, das Atom aus seiner unfaßbaren Winzigkeit wenigstens gedanklich in unsere Sinneswelt heraufzuheben. Er hat das Atom zu einer riesigen Seifenblase aufgeblasen, so groß, daß der Kölner Dom in ihr Platz hätte. Ganz oben, in der Mitte der Kugel, schwebt dann ein Kügelchen, nicht größer als der Glaskopf einer Stecknadel. Das wäre dann der Atomkern.

Aber woraus bestehen diese Atomkerne? Besteht ein Eisenatomkern aus Eisen? Nein, die Atomkerne, der des Eisens, der des Wasserstoffs, des Golds, des Urans, alle bestehen sie aus den gleichen Bausteinen. Sie unterscheiden sich nur durch die Zahl der Bausteine, aus denen sie zusammengesetzt sind. Wir müssen den Atomkern »aufmachen«. Zweierlei Bausteine finden wir: positiv geladene Teilchen, die sogenannten Protonen. Und Teilchen, die keine elektrische Ladung haben, die sogenannten Neutronen. In den Kernen sind sie zusammengepackt, zusammengehalten durch – Atomenergie.

Nun, es gibt ganz einfache, und es gibt kompliziert aufgebaute Atomkerne. Der einfachste und leichteste Atomkern ist der des Wasserstoffs. Er besteht aus einem einzigen geladenen Baustein. Der schwerste und komplizierteste Atomkern, der in der Natur vorkommt, ist der des Urans. Er ist aus nicht weniger als 238 Bausteinen zusammengesetzt, aus 92 geladenen und 146 ungeladenen. Man hat Stoffe, deren Atomkerne noch mehr Bausteine enthalten, künstlich geschaffen, aber die lassen wir zunächst beiseite. Vom Wasserstoff also bis zum Uran reicht die Reihe der 92 Elemente, aus der unsere Welt aufgebaut ist. Denken wir uns diese Reihe als Straße, so hat der Wasserstoff die Hausnummer 1, der Sauerstoff die Hausnummer 8, das Gold die Hausnummer 79, das Uran die Hausnummer 92. Die Zahl der positiv geladenen Bausteinchen im Kern bestimmt das Element. Ebensoviel negativ geladene, sehr viel kleinere Teilchen, die Elektronen, umrasen den Kern. So ungefähr kann man es sich vorstellen. Es ist nur eine Denkhilfe, eine Art Modell. Jedes Bild, das wir uns vom Atom machen, ist, wie der deutsche Physiker Werner Heisenberg einmal gesagt hat, »eo ipso fehlerhaft«.

Tatsächlich bestehen alle Metalle, alle Steine, alle Flüssigkeiten, alle Gase, alle organischen Stoffe, alle Pflanzen, Tiere und wir Menschen aus denselben Bausteinen. Aber wir dürfen uns da keinen realen Baukasten vorstellen: Die Steine sind nicht rot oder grau, sie haben keine Farbe; sie haben keine Härte, keinen Geruch. Für menschliche Augen, Ohren, Nasen, für menschliche Sinne haben sie überhaupt keine Eigenschaften. Wir müssen uns an das Unvorstellbare gewöhnen, daß ein Goldstück letztlich aus den gleichen Baustoffen gefügt ist wie ein Wassertropfen oder ein Blütenstäubchen oder die Luft, die wir atmen. Sie, die Bausteine der Welt, bestehen »aus sich selbst«. Sie haben eine Masse und sie zeigen Wirkungen. Für verlorengehende Materie erscheint – Energie.

Die Atomenergie ist es, »die die Welt im Innersten zusammenhält«. So stark ist dieser Zusammenhalt, daß weder Säuren, noch Drücke, noch Feuer ihn brechen kann. Und doch hat der Physiker es erreicht, Atomkerne auseinanderzusprengen, das Atom zu »zertrümmern«, es zu »spalten«. Er benützt dazu Geschosse, gegen die moderne Granaten altertümlich und langsam sind. Eine Granate durchfliegt bis zu 1.500 Meter in der Sekunde. Die Geschosse, die Atomkerne sprengen, sind zehntausendmal schneller, und sie müssen, da die Ziele unvorstellbar winzig sind, von unvorstellbarer Winzigkeit sein.

Es wird Zeit, den Nobelpreisträger für Chemie 1921, Frederick Soddy zu zitieren, der mir einmal gesagt hat: »In der Wissenschaft gibt es eigentlich auch für einen Laien nichts, was besonders schwierig wäre. Es muß nur in der historischen Entwicklung dargeboten werden. Er tritt dann gewissermaßen in das Erdgeschoß eines großen Gebäudes ein. Er steigt die Treppen hinauf, er durchwandert die Räume. Heute beginnt fast jeder Aufsatz über das Atom mit dem Ende statt mit dem Anfang. Man kann die wirkliche Welt nicht aus einem Algebra-Lehrbuch heraus kennenlernen.« Wir werden von Soddy noch hören. Er war einer der Begründer des Atomzeitalters, ein rundum origineller Mann.

Treten wir, seinem Rat folgend, in das Parterre des Gebäudes ein. Otto Hahn, der Ende 1938 mit der Kernspaltung des Urans das Tor zum Atomzeitalter aufstieß, hat die moderne Atomforschung mit der Aufschichtung vieler Bausteine zu einem Gebäude verglichen. »Wenn man ganz korrekt sein will, muß man ihren Beginn mit den Jahren 1895 und 1896 ansetzen, mit der Entdeckung der Röntgenstrahlung und der Radioaktivität.«

Die Entdeckung der Röntgenstrahlen

Es war in den Abendstunden des 8. November 1895, als Wilhelm Conrad Röntgen, damals 50 Jahre alt, die entscheidende Beobachtung machte. Er hat dann tagelang sein Institut nicht mehr verlassen. Wieder und wieder wollte er prüfen, ob er sich nicht doch geirrt haben könnte. Am 28. Dezember war sein Bericht über »eine neue Art von Strahlen« schließlich abgeschlossen. Die Sitzung der Fakultät, in der Röntgen seine Entdeckung vorführen wollte, wurde für den 23. Januar 1896 einberufen. Inzwischen waren aber durch Indiskretionen sensationell aufgemachte Zeitungsmeldungen erschienen. So wurde sein Experimentalvortrag mit ungewöhnlicher Spannung erwartet. Was Röntgen dann demonstrierte, war etwas noch nie Gesehenes, bis dahin nicht für möglich Gehaltenes: mit hohen elektrischen Spannungen konnten in Vakuumröhren unsichtbare Strahlen erzeugt werden, die nichtmetallische Stoffe leicht durchdringen und dabei innere Strukturen auf einer fotographischen Platte sichtbar machten. Durchleuchtende Strahlen! Wie hatte Philander in seinen »Medizinischen Märchen« drei Jahre zuvor noch geschrieben: »Wenn es doch ein Mittel gäbe, den Menschen durchsichtig zu machen wie eine Qualle«. Dieses Mittel war nur da! Noch während des Röntgenschen Vortrages legte der betagte Würzburger Anatom Albert von Kölliker, als Hauptbegründer der Zellularphysiologie und Mediziner im Rang seines Zeitgenossen Rudolf Virchow, seine Hand auf eine verpackte fotographische Platte und ließ sie durchleuchten. Das Bild wurde sofort entwickelt, die Knochenhand mit den frei schwebenden Fingerringen ist in zahllosen Schriften abgebildet. Kölliker schätzte die Bedeutung der Stunde richtig ein. Er schlug vor, die neuen Strahlen, deren Natur noch unbekannt war, nach dem Entdekker zu benennen. Röntgen selbst hat von X-Strahlen gesprochen und in weiten Teilen der Erde wurde das beibehalten. Im deutschen Sprachraum ist man der spontanen Empfehlung des Geheimrats gefolgt, mehr noch: der Name des Entdeckers wird nun als selbstverständliches Tätigkeitswort verwendet: »Ich werde geröntgt, du wurdest geröntgt, er wird geröntgt werden.«

Tatsächlich ist die Entdeckung Röntgens, wie Walther Gerlach, der zweite Nachfolger auf Röntgens Münchner Lehrstuhl, mir einmal gesagt hat, »in ein aufreizendes Dunkel gehüllt.« Es ist bekannt, wie Röntgen die Strahlen untersucht hat. Seine Mitteilungen sind ein Musterbeispiel exakter wissenschaftlicher Darstellung. Nur: wie er die Strahlen entdeckt hat, ist nicht bekannt. Röntgen hat sich anfänglich dazu nur ausweichend geäußert, später überhaupt nicht mehr. Noch zu seinen Lebzeiten hat er die Unterlagen, die vielleicht darüber Aufschluß hätten geben können, verbrannt. Aus was für Gründen immer, er hat testamentarisch die Verbrennung weiterer Dokumente verfügt. Die Journalistin Margret Boveri, für die Röntgen von Kindheit auf »Onkel Röntgen« war (die Familien Röntgen und Boveri waren befreundet) hat geschildert, wie ihre Mutter und Röntgens Assistent, die Testamentvollstrecker, Schublade um Schublade leerten. Ein Schriftenbündel nach dem anderen, in braunes Packpapier eingeschlagen und mit Draht zusammengebunden, wurde herausgenommen und dem Feuer übergeben, der Aufschrift gehorchend: »Nach meinem Tod ungelesen zu verbrennen.«

Was an Zeugnissen aus der Entdeckungszeit erhalten blieb, ist im Deutschen Röntgen-Museum zu Lennep verwahrt. Lennep, Röntgens Geburtsort, ist jetzt ein Stadtteil von Remscheid. Ernst Streller, damals Leiter des Museums, hat mir die Briefe gezeigt, die Röntgen nach der Entdeckung mit den hervorragendsten Wissenschaftlern seines Fachs wechselte. Unter den Glückwünschen ist ein Schreiben, datiert zu Wien am 14. Januar 1896, noch vor der Würzburger Sitzung also, in der die Röntgensche Entdeckung offiziell bekanntgemacht wurde. Ernst Mach (sein Name ist heute das Maß für die Schallgeschwindigkeit) schrieb: »Hochgeehrter Herr College! Zu Ihrer wunderbaren Entdeckung möchte ich Ihnen herzlich Glück wünschen und die Hoffnung aussprechen, daß Sie Ihre Forschung weiterführen werden. Zugleich richte ich eine Bitte an Sie, die Sie bei etwas mehr Muße, als Ihnen jetzt zur Verfügung steht, gelegentlich erfüllen können. Es ist mir nämlich vom erkenntnistheoretischen Standpunkt aus sehr interessant zu erfahren, durch welchen Umstand Sie zu Ihrer Entdeckung gelangt sind. Wahrscheinlich war es eine unscheinbare Beobachtung, deren Beachtung oder Nichtbeachtung die Entdekkung oder den Verlust derselben nach sich ziehen mußte.«

Ernst Mach war nicht nur Physiker, der die Wirklichkeit der Atome in Abrede stellte, er war auch ein Philosoph, der sich mit Schopenhauer und Spinoza beschäftigt hat. Im wissenschaftlichen Denken sah Ernst Mach »die Verknüpfung von Denkbildern.« Leider ist kein Hinweis zu finden, ob Röntgen damals oder später darauf geantwortet hat. Daß er über das »Wie« seiner Entdeckung schwieg, ist bis auf den heutigen Tag ein Ärgernis geblieben. Friedrich Dessauer (1881–1963), ein Pionier der Röntgentechnik, sprach von der Empfindung Röntgens, »daß der Ruhm den Selbstbesitz der Persönlichkeit bedroht und sie der Öffentlichkeit ausliefern will, um sie eine fremde Rolle auf der Bühne der Welt spielen zu lassen, statt der eigenen Bestimmung zu folgen«. Dieses Gefühl, das später auch das Ehepaar Curie bedrückte, mag Röntgen bestimmt haben, über den Tod hinaus sein Eigenleben zu verteidigen. Indes hat sein Schweigen dazu beigetragen, daß die Gerüchte, die sich bald nach der Entdekkung bildeten, nicht verstummt sind.

Da ist die Geschichte von dem Institutsdiener Marstaller. Er sei, so hieß es, der eigentliche Entdecker gewesen. »Durch einen für ihn unerklärlichen Zufallsfund« habe er Röntgen auf die Spur gebracht. Dieser Marstaller war, wie bezeugt ist, ein kluger Kopf. Kein Wunder, daß unter den Studenten das Wort von den »Marstaller-Strahlen« umlief. Es erinnert das an den tüchtigen Assistenten des großen Faraday, einen ehemaligen Soldaten, der zu sagen pflegte: »Ich mache die Experimente, und Faraday klopft seine Sprüche dazu.« Marstaller hat in der Tat behauptet, er habe Röntgen darauf aufmerksam gemacht, daß sich ein Ring in einem Kästchen auf unerklärliche Weise auf einer fotographischen Platte abgebildet hätte. »Danach hat Marstaller selbst sein Verdienst nur in der zufälligen Beobachtung eines zufälligen Effektes erblickt«, kommentierte das ein Ohrenzeuge, der spätere Geheimrat Dyrhoff.

Kann Marstaller deswegen als Entdecker gelten? Doch wohl kaum. Er mag dadurch, daß ihm etwas Unerklärliches aufgefallen war (und diese seine Aufmerksamkeit wäre aller Ehren wert!) die Entdeckung ausgelöst haben. In vielen Laboratorien wurde damals mit Vakuumröhren gearbeitet. Man hätte dabei die erzeugten Strahlen bemerken können. Aber keiner der Experimentatoren hat sich ablenken lassen, konnte sich aus vorgefaßten Gedankengängen lösen. Röntgen jedenfalls, ob ihn nun Marstaller aufmerksam gemacht hat oder nicht, wurde stutzig. Er ging einer ihm unerklärlichen Beobachtung nach, Schritt für Schritt. Seine Phantasie »erfand« Möglichkeiten. Er verwarf diese, er akzeptierte jene. Er legte das jeweils Vermutete auf die Waage wissenschaftlicher Überlegung. Er erdachte weitere Versuche, die dieses ausschlossen, jenes wahrscheinlicher machten. Er ließ nicht mehr locker. Um schließlich festzustellen, was er in den 17 Punkten seiner »ersten Mitteilung« über »eine neue Art von Strahlen« niedergelegt hat. Zu Recht gilt dies und nur dies als die Entdeckung. Er, der glänzende experimentelle Physiker, sah übrigens auf einem Auge sehr schlecht und er war überdies farbenblind. Gleichwohl sah er das, was die Kollegen übersehen hatten.

Was aber hat er zuerst beobachtet? Was ließ den »Funken der Intuition« in seinem Gehirn überspringen? Wir sind hier auf Vermutungen angewiesen und können diese Vermutungen nur auf Indizien stützen.

Ein Teil der Gerätschaften, die Röntgen bei der Entdeckung benützt hat, wurde ins Deutsche Museum nach München gebracht. Ein anderer Teil ist an Ort und Stelle verblieben, im Physikalischen Institut der Universität Würzburg. Wir haben dort versucht, die Röhren und Instrumente aus der Röntgenzeit in Gang zu setzen. Der Fernsehfilm, der das festhielt, machte die Stunde der Entdeckung auf fast gespenstische Weise gegenwärtig. Die physikalischen Vorgänge waren im Nachhinein schnell erklärt. Dort, wo die Elektronen auf die Glaswand aufprallen, wo die Röhre magisch aufleuchtet, da sind die (unsichtbaren) Röntgenstrahlen entstanden. Röntgen hat vermutlich so oder so hantiert. Er machte dies, er machte das. Die Würzburger Gerätschaften funktionierten noch immer, nur: die »Entdeckung« selbst war nicht mehr nachzuvollziehen. Was hat Röntgen aufmerksam gemacht? Wo hakte seine Phantasie ein? Welcher Zufall kam ihm zu Hilfe?

Röntgen hat, ehe er sich unter dem Ansturm der Öffentlichkeit immer mehr auf sich selbst zurückzog, ein einziges Mal einen Reporter empfangen. Die Veröffentlichung von H. U. W. Dam vom amerikanischen McClures Magazine ist ein ausgezeichnetes Protokoll. Es liest sich wie ein Tonbandgespräch. Der entscheidende Ausschnitt: »Ich war noch nicht lange bei der Arbeit, als ich etwas Neues beobachtete ... Ich arbeitete mit einer Bittorf-Crookeschen Röhre, welche ganz in schwarzes Papier eingehüllt war. Ein Stück Barium-Platinzyanürpapier lag daneben auf dem Tisch. Ich schickte einen Strom durch die Röhre und bemerkte quer über das Papier eine eigentümliche schwarze Linie.«

»Was war das?«

»Die Wirkung war derart, daß sie den damaligen Vorstellungen gemäß nur von einer Lichtstrahlung herrühren konnte. Es war aber ganz ausgeschlossen, daß von der Röhre Licht kam, weil das dieselbe bedeckende Papier sicherlich kein Licht hindurchließ, selbst nicht das einer elektrischen Bogenlampe.«

»Was dachten Sie sich da?«

»Ich dachte nicht, sondern ich untersuchte. Ich vermutete, daß die Wirkung von der Röhre herkommen müsse, und prüfte nach dieser Richtung hin genauer. Bald war jeder Zweifel ausgeschlossen. Es kamen ›Strahlen‹ von der Röhre, welche eine lumineszierende Wirkung auf den Schirm ausübten. Ich wiederholte den Versuch mit Erfolg in immer größeren Entfernungen, fast bis zu zwei Metern. Anfangs hielt ich sie für eine neue Art von Licht. Sicher aber war es etwas Neues, noch Unbekanntes.«

»Ist es Licht?«

»Nein, denn es kann weder reflektiert noch gebrochen werden.«

»Ist es Elektrizität?«

»Nicht in der bekannten Form.«

»Was ist es dann?«

»Ich weiß es nicht. Nachdem ich die Existenz einer neuen Art von Strahlen nachgewiesen hatte, ging ich daran, ihre Eigenschaften zu untersuchen. Es zeigte sich aus den Versuchen bald, daß sie ein ungewöhnliches Durchdringungsvermögen besitzen ...«

Wenn man das Interview aufmerksam liest, fällt auf, daß Röntgen tatsächlich eine erste Beobachtung genannt, dann aber die darauf abzielende Frage nur in sehr allgemeiner Form beantwortet hat. Er sprach von einer »eigentümlichen schwarzen Linie«. Was er da gesehen hat, dürfte der Knochenschatten seiner eigenen Hand gewesen sein, als er zufällig zwischen Röhre und Schirm griff. Die medizinische Bedeutung der neuen Strahlen offenbarte sich also schon in den allerersten Anfängen. Ein flüchtiger Schatten war es, der das zu lüftende Geheimnis signalisierte. So kurz dieses Signal war, Röntgen hat es wahrgenommen und damit – die Entdeckung gemacht.

Röntgen hat wiederholt und noch kurz vor seinem Tod gesagt, ohne »Glück« bringe man es zu nichts. Es klingt in dieser Form fast banal. Vor den Studenten, die ihn mit einem Fackelzug feierten, als er aus Stockholm von der Verleihung des Nobelpreises 1901, des ersten in der Physik, zurückkam, hat er vom »Großen Los« gesprochen. Er könne, weil das sinnlos wäre, nicht jedem ein gleiches Großes Los wünschen, aber doch die Freude und Befriedigung, die von wissenschaftlicher Tätigkeit ausgehe. Max Planck, das wissenschaftliche Genie, hat Röntgen damals eine Grußadresse geschickt: »Die Geschichte der Wissenschaft lehrt, daß bei jeder Entdeckung Verdienst und Glück sich in eigenartiger Weise verketten, und mancher weniger Sachverständige wird vielleicht geneigt sein, in diesem Fall dem Glück einen überwiegenden Anteil zuzuschreiben. Wer sich aber in die Eigenart Ihrer wissenschaftlichen Persönlichkeit vertieft hat, der begreift, daß gerade Ihnen, dem von allen Vorurteilen freien Forscher, welcher dic vollendete Experimentierkunst mit der höchster Gewissenhaftigkeit und Sorgfalt verbindet, diese große Entdekkung gelingen mußte.«

Aus Röntgens eigenem Mund wissen wir, daß er seine Entdeckung am Freitag, den 8. November 1895 gemacht hat, »zu später Stunde, in der sich keine dienstbaren Geister mehr im Laboratorium befanden«.

Frau Röntgen hat erzählt, daß ihr Mann »in den Entdeckungstagen verspätet und schlecht gelaunt zu Tisch gekommen« sei. Er habe »wenig gegessen und nichts gesprochen« und sei »sofort nach dem Essen wieder ins Institut gerannt«. Später habe er sich ein Bett dort aufstellen lassen. Auf die Frage, was denn los sei, habe er keine Antwort gegeben. Röntgen hat die Erklärung im Kreis der Freunde nachgeliefert. Die Entdeckung der durchdringenden Strahlen sei ihm so erstaunlich vorgekommen, daß er immer wieder habe nachprüfen müssen, ob er sich da nicht getäuscht hätte. Als er sich sicher war, so erzählte seine Frau bei anderer Gelegenheit, habe er geäußert: »Jetzt kann das Donnerwetter losgehen« und »Man wird sagen, der Röntgen ist verrückt geworden.«

Ob es nun wirklich ein Zufall war, der die Entdeckung begünstigt hat, ob der Institutsdiener es gewesen ist, der einen zufällig entstandenen Effekt zufällig beobachtet hat und Röntgen darauf aufmerksam machte, der Ruhm der wissenschaftlichen Entdeckung kommt in jedem Fall Röntgen zu. Er hat die Spur aufgenommen. Er hat, wie Friedrich Dessauer in seiner Röntgenbiographie betont, »die Bedingungen aufgesucht und hergestellt, unter denen das Phänomen wieder und wieder auftreten« mußte. Die Leistung des Forschers besteht ja nicht, wie viele glauben, in einer zufälligen Beobachtung, mag diese auch den »Funken überspringen« lassen, den Anstoß geben, die Phantasie in Bewegung setzen. Die Entdeckung ist vielmehr der Erfolg einer Bemühung des menschlichen Geistes. Der Menschengeist ist es, der eine neue Wirklichkeit aufspürt, die vor dem Entdekker niemand gekannt hat. Röntgen hat etwas entdeckt, was in der Natur nicht vorhanden war, jedenfalls nicht hier auf der Erde. Die Röntgenstrahlung der Sonne, die man später erkannte, wird ja von unserer Atmosphäre abgefangen.

»Besondere Apparate mußten erfunden sein«, stellte Friedrich Dessauer fest, »damit solche Strahlen auftreten können. Also ist ihr Sein im irdischen Raum an Erfindungen geknüpft. Man kann sie Erfindungsentdeckungen nennen, und sie haben dadurch eine besondere Stellung.« Das gleiche trifft übrigens auch für die Hertzschen Wellen zu. Dessauer glaubte zwei Gelehrtentypen unterscheiden zu können, den klassischen und den romantischen. Röntgen erschien ihm als Vertreter des ersteren, der schweigsame, der strenge und doch wohlwollende Mann. Paul Ehrlich, der Begründer der Chemotherapie, den Dessauer ebenfalls persönlich gekannt hat, ist für ihn der romantische Gelehrte, der begeisterte und begeisternde, der von Ideen erfüllte und überschäumende Forscher. An zwei Stellen war Röntgen jedenfalls der zeitlose Professor. Als er dem Journalisten antwortete: »Ich dachte nicht, ich untersuchte« und als er abwehrte: »Ich bin kein Prophet.«

Die fünfzig »Größten«

Im Jahr 1980 hat die Redaktion der Rundfunk- und Fernsehzeitschrift »HÖR ZU« die Idee gehabt, »die 50 Größten unseres Jahrhunderts« auszuwählen. Sie hat dazu eine Jury berufen aus neun der Öffentlichkeit bekannten Personen: den Historikern Prof. Golo Mann, Prof. Friedrich Heer und Prof. Klaus Mehnert, dem Politiker Prof. Carlo Schmid, der Physikerin Prof. Irene Sänger-Bredt, dem langjährigen Direktor der Pariser Oper Prof. Liebermann, dem Philosophieprofessor und langjährigen Intendanten des Zweiten Deutschen Fernsehens Prof. Karl Holzamer, dem englischen Autor und Theatermann Peter Ustinov und mir, dem Autor naturwissenschaftlicher und kulturgeschichtlicher Sendungen in Rundfunk und Fernsehen. Ich habe die neunköpfige Jury aufgezählt, weil die Frage nach den »50 Größten unseres Jahrhunderts« im Grunde wohl von niemandem zu beantworten ist. Jeder, der sich so einer Frage stellen soll, wird da voreingenommen sein. Aber auch die ausgesuchten neun Jurymitglieder waren damit überfordert. Gemeint waren die »Größten« hinsichtlich ihrer Wirkung auf unser Jahrhundert, auf die Menschen unserer Zeit. Gedacht war also nicht nur an Politiker, auch an Erfinder, an Naturwissenschaftler, an Ärzte, an große Künstler, Maler, Musiker. Die Redaktion hatte eine Vorschlagsliste zusammengestellt von etwa 200 Persönlichkeiten aus den erwähnten und zusätzlichen Gebieten, aber – und das war das Schwierigste – am Ende hatten es exakt 50 zu sein, nicht ein Name weniger, nicht einer mehr. Entscheiden sollten vier Historiker und Politiker, zwei Künstler, eine Naturwissenschaftlerin, die einzige Frau in unserem Gremium, und zwei Publizisten.

Wie viele Stimmen würde Röntgen, der in der ursprünglichen Auswahl war, von den neun zur Verfügung stehenden Stimmen erhalten? Tatsächlich haben nur zwei Persönlichkeiten alle neun Stimmen auf sich vereinigt. Das war, wie konnte es anders sein, Albert Einstein und – Wilhelm Conrad Röntgen. Acht von neun Stimmen bekamen Henri Dunant, Sigmund Freud und Mahatma Gandhi, sieben von neun Stimmen Mao Tse Tung und Robert Koch. Die neun Stimmen sowohl für Einstein wie für Röntgen mußten sich wohl über einen naheliegenden Einwand hinwegsetzen: Wilhelm Conrad Röntgen ist im letzten, nicht in unserem Jahrhundert geboren, 1845 in Lennep bei Remscheid. Er hat auch seine Entdeckung noch im letzten Jahrhundert gemacht, als Fünfzigjähriger, und er ist 1923 in München gestorben. Da aber die »Größten unseres Jahrhunderts« hinsichtlich ihrer geschichtlichen Wirkung auf dieses unser Jahrhundert auszuwählen waren, galt für Röntgen wie für Einstein wie für Dunant wie für Freud, für Gandhi, Mao und Koch das gleiche: Sie zählten nicht für ihr Geburtsjahrhundert, das neunzehnte, sondern für unseres, das zwanzigste.

»Eine neue Art von Strahlen« nannte Röntgen seinen Bericht über die Entdeckung. Er hat ihn am 28. Dezember 1895, rund sieben Wochen nach der entscheidenden ersten Beobachtung, abgeschlossen, und zu Recht gilt dieser Bericht als klassisch, weil über die Feststellungen in seinen insgesamt drei Berichten hinaus ein ganzes Jahrzehnt lang nichts wesentlich Neues mehr ausgesagt werden konnte. Auch noch in anderer Hinsicht war der erste Bericht klassisch zu nennen: Prof. Hans Franke, Direktor der Medizinischen Poliklinik in Würzburg und bekannt durch seine Untersuchungen über die Hundertjährigen in der Bundesrepublik, hat 1967 im Thieme-Verlag eine Stil-Fibel für Mediziner unter dem Titel »Manuskript und Vortrag« herausgebracht. Das Geleitwort dazu schrieb Prof. Hans-Erhard Bock, der wiederum Friedrich Nietzsche zitierte: »Wer unter den Deutschen . . . in eine Schule des Schriftstellers zu gehen beabsichtigt, der findet nirgends Meister und Schule; man scheint hier noch nicht daran gedacht zu haben, daß Reden und Schreiben Künste sind, die nicht ohne sorgsame Anleitung und die mühevollsten Lehrjahre erworben werden können.« Und Prof. Bock fährt dann fort: »Wenn sich dies auch nicht auf die medizinische Literatur bezog, so sollten sich doch die Mediziner getroffen fühlen, die nur zu gern, Goethe usurpierend, meinen: Es trägt Verstand und rechter Sinn mit wenig Kunst sich selber vor.« In seiner Stil-Fibel für Mediziner stellt Hans Franke folgendes fest: »Die meisten Originalarbeiten aus der Feder späterer Nobelpreisträger sind auffallend kurz, bündig und treffend abgefaßt. Conrad Röntgens Mitteilung über die von ihm entdeckten

Strahlen mißt knapp 10, die Originalarbeit von Forßmann über die Sondierung des eigenen Herzens sogar nur zweieinhalb Seiten.«

Zu Röntgens Zeit hat man noch nicht gewußt, wieviele Bereiche die Skala der elektromagnetischen Schwingungen umfaßt. Heute lernt jeder Oberschüler, daß dem Infrarot die Wellen folgen, die dem Radar, dem Fernsehen, dem Rundfunk, dem Nachrichtenverkehr dienen und schließlich die Schwingungen der elektrischen Ströme, daß sich an das Ultraviolett die Röntgenstrahlen anschließen, die Höhenstrahlen, die Strahlen, die von radioaktiven Stoffen ausgehen, kurz: daß die Skala der elektromagnetischen Schwingungen beginnt mit den Kilometerwellen der Wechselströme und daß sie endet mit den Hundermilliardstelmillimeter-Schwingungen der Atomkernstrahlen.

Friedrich Dessauer hat rühmend darauf hingewiesen, daß Röntgen »in wenig mehr als zwei Wochen angestrengtester Arbeit« die Phänomene der neuen Strahlung so weit zu klären wußte, daß bis zum Jahr 1912 – gut 16 Jahre lang – »nichts Wesentliches mehr dazugefügt werden konnte, obwohl Hunderte von Forschern aller Länder sich darum bemühten«. Dies ist erstaunlich genug. Dennoch war die bedeutsamste, die wesentliche Frage damit noch nicht beantwortet: Was eigentlich ist diese Strahlung? Sie ist »nicht Licht«, wie Röntgen festgestellt hat, »nicht Elektrizität, jedenfalls nicht in der bekannten Form. Sie ist etwas Neues, noch Unbekanntes.« Aber was?

Der durchleuchtete Kristall

Der Mann, der auf die Frage nach der Natur der Röntgenstrahlen als Erster die Antwort wußte, hieß Max von Laue. Er war damals 32 Jahre alt.

Ich habe Max von Laue 1953 kennengelernt; da war er 74, ein hochgewachsener Mann mit kantigem Schädel, ein rüstiger und betriebsamer Herr mit weißem Haarkranz und einem etwas stacheligen Oberlippenbart. Auch als Siebziger wirkte er gar nicht wie ein weltfremder Gelehrter aus dem Elfenbeinturm. Noch immer blieb glaubhaft, daß er seinen Mercedes mit Vergnügen schnell und unerschrokken steuerte und nicht weniger gern fuhr als in der Jugend, in der es ein sportlicher Steyr war. Unser erstes Rundfunkgespräch fand unter der Markise einer Hollywood-Schaukel statt, im Garten des Kurhotels Bad Schachen, mit dem Blick auf Lindau, die Inselstadt im Bodensee. Im persönlichen Kontakt war Laue gelockert; er konnte sehr temperamentvoll erzählen. Als Vortragender am Pult kam das nicht heraus; er war kein glänzender Redner. Da sprach er zu schnell, etwas fahrig, fast ohne Pausen. Wenn er dann – atemlos geworden – doch absetzte, klang das, als habe er den Faden verloren. Aber es war immer interessant, diesen Mann zu hören, der Wissenschaftsgeschichte nicht nur erlebt, sondern auch gemacht hat.

Laue, das ist ein Name aus dem Lehrbuch der Physik; die »Laue-Diagramme« sind nach ihm benannt. Den Nobelpreis hat er schon 1914 bekommen, »für seine Entdeckung der Beugung von Röntgenstrahlen beim Durchgang durch Kristalle«, wie es im Verleihungstext heißt. Ein Nobelpreis im Verfolg der Arbeiten Röntgens also. Wilhelm Conrad Röntgen wurde der Physikpreis sechs Jahre nach der Entdeckung zugesprochen; er war da im 57. Lebensjahr. Max von Laue erhielt ihn mit 35 Jahren, nur zwei Jahre nach der Entdeckung, die ihm 1912 in München gelang. Damals war er als Dozent am Institut für Theoretische Physik der Universität München tätig. Arnold Sommerfeld leitete es. Laue ist 1906 auf Betreiben Röntgens, dem das benachbarte Physikalische Institut unterstand, berufen worden. Sommerfeld war, im Gegensatz zu dem ernsten und nur im engsten Kreis geselligen Röntgen, ein anregender, ausgezeichneter Lehrer. Er verstand es, seine Schüler zu begeistern.

Zum Kreis der Sommerfeld-Schüler gehörte damals auch ein junger Mann namens Peter Paul Ewald. Er hat später geschildert, wie er fast zufällig in eine Vorlesung Sommerfelds geraten war, um von dessen Darstellungskunst »so gefesselt« zu sein, »daß meine Liebe von da ab der theoretischen Physik galt, dieser wunderbaren Harmonie von anschaulichem mathematischem Denken und physikalischem Geschehen«. Ewalds Doktorarbeit (»Dispersion und Doppelbrechung von Elektronengittern«) war Ende Januar 1912 bis zur Niederschrift gediehen. Ein paar Meß-Ergebnisse hatten ihn zuletzt unsicher gemacht; sie schienen ihm nicht plausibel genug. Es lag nahe, sie mit jemandem zu diskutieren, der ihm weiterhelfen konnte. Also bat er den mit optischen Problemen befaßten und als hilfsbereit bekannten Dozenten Max von Laue um ein Gespräch. Laue sagte zu; er lud den Studenten zum Abendessen in sein Haus ein. Schon auf dem Weg vom Institut durch den winterlichen Englischen Garten war Gelegenheit, die Arbeit durchzusprechen. Ewald hatte diese Unterredung noch 50 Jahre später im Gedächtnis. Kein Wunder, dieses Gespräch stand am Anfang einer großen Entdeckung.

Nach dem Überqueren der Ludwigstraße, berichtete Ewald, habe er damit begonnen, »die von mir bearbeitete Fragestellung zu erläutern. Laue hatte, zu meinem Erstaunen, von der Problematik keine Ahnung«. Also stellte Ewald dar, daß er bei seinen Versuchen von der Ansicht ausgegangen sei, daß Kristalle in ihrem Innern regelmäßig aufgebaut seien und die sicher sehr eng gepackten Strukturteilchen in einer gewissen Ordnung stünden. Laue schien sich darüber, wenigstens bis dahin, keine Gedanken gemacht zu haben. Im Englischen Garten angekommen, fragte er, wie groß denn die Abstände zwischen den Teilchen, die den Kristall aufbauen, seien. Ewald erwiderte, einen exakten Wert könne man nicht angeben. Auch sei der genaue Abstand für sein Problem unwesentlich. Es genüge zu wissen, daß dieser Abstand nur einen kleinen Bruchteil der Wellenlänge des Lichts ausmache, vielleicht ein Fünfhundertstel oder ein Tausendstel. Ewald fuhr fort zu erläutern, wie er im einzelnen an seine Aufgabe herangegangen sei. Aber er bemerkte, »daß Laue nicht mehr richtig zuhörte«. Für den Doktoranden war das, wie wir heute sagen, etwas frustrierend. Laue war von Ewalds Thema ganz abgekommen. Er wandelte auf Gedankenwegen, die mit Ewalds Thema nichts mehr zu tun hatten. Noch einmal wollte er die Abstände im Kristall erfahren, und als er die gleiche Antwort wie zuvor erhielt, fragte er: »Was würde passieren, wenn man wesentlich kürzere Wellen durch den Kristall schickt?« Ewald konnte diese Frage nicht interessieren; die Versuche für seine Doktorarbeit waren mit sichtbarem Licht, mit nichts anderem, unternommen.

»Was würde geschehen, wenn?« Das ist die Frage, die der Naturforscher immer wieder stellt. Er denkt sich solche Fragen und dann Zusatzfragen aus. Der experimentelle Physiker überlegt sich Versuchsanordnungen, die der Natur eine Möglichkeit geben, ja sie zwingt, solche Fragen zu beantworten. Freilich, Laue hat bis dahin und auch später nur selten an einem Experimentiertisch gestanden. Er war, wie Einstein und Planck und später Heisenberg, ein Theoretiker. Max Planck hat seinem Schüler Laue, der bei ihm promovierte, nachgerühmt, er sei »bestrebt gewesen, einen jeden physikalischen Gedanken möglichst zu Ende zu denken«.

Also dachte Laue: Was geschieht, wenn man einen Röntgenstrahl, exakt gerichtet, durch einen Kristall schickt? Röntgen hatte, um die Durchlässigkeit verschiedener Substanzen festzustellen, auch Platten aus Kalkspat und Quarz »durchleuchtet«, ebenso wie Bleche aus Platin, Blei, Zink und Aluminium. Es ging ihm dabei aber nur um die Dicke und Dichte der Substanzen, nicht um ihren Feinbau.

Eigentlich waren schon zwei Fragen zu stellen: »Wie ist der innere Aufbau von Kristallen wirklich?« Und: »Was sind diese Röntgenstrahlen überhaupt?« Zwei Unbekannte. Zwei Geheimnisse. Aber vielleicht war das eine mit dem anderen aufzuklären. Es gab natürlich Mutmaßungen, Theorien: Wenn die Röntgenstrahlen nun wirklich sehr kurze elektromagnetische Wellen, also dem Licht verwandt, wären, und wenn es stimmte, daß in den Kristallen die Bausteine unvorstellbar eng, aber regelmäßig angeordnet sind, müßten sich dann nicht Interferenzerscheinungen zeigen? Interferenz, das bedeutet ein Verstärken hier, ein Löschen dort, ein Hell-Dunkel-Muster, im Fall von Röntgenstrahlung dann eben auf einer lichtsicher verpackten Photoplatte zu dokumentieren. Strahlen werden an Kanten, an Spalten, an sehr schmalen Öffnungen »gebeugt«. Die sogenannten Beugungsgitter, wie sie hundert Jahre zuvor schon der Optiker Joseph von Fraunhofer verwendete, waren kleine Glasplatten. Darauf hat Fraunhofer mit einer sehr feinen Diamantspitze parallele Furchen eingeritzt. Der Abstand von Spalt zu Spalt, die sogenannte Gitterkonstante, durfte nicht sehr viel größer sein, als die Wellenlänge der Strahlung, die untersucht werden sollte. Fraunhofer hat 300 Striche auf einem Millimeter untergebracht; inzwischen kann man Gitter mit 2000 und mehr Furchen je Millimeter herstellen.

Der Gedanke mit den durchleuchteten Kristallen ließ den Theoretiker Laue nicht mehr los. Er lag seinem Institutsleiter Arnold Sommerfeld damit in den Ohren. Der besprach sich mit Röntgen. Aber Röntgen meinte, da komme wohl nichts heraus. So hielt Sommerfeld die Sache für nicht vordringlich. Aber da Laue nicht von seiner Idee abließ, schob er den Versuch schließlich doch in das Institutsprogramm ein. Der Doktorand Walther Friedrich in Sommerfelds experimenteller Abteilung war gerade mit seiner Arbeit fertig geworden und suchte nach einem neuen Aufgabengebiet. Er war gern einverstanden, so eine Versuchsanordnung aufzubauen, und Paul Knipping, ebenfalls Doktorand, konnte mitmachen.

Die Versuchsanordnung war 1967 auf der Weltausstellung in Montreal im deutschen Pavillon zu sehen: Ein schmaler Holztisch. Darübergestellt eine Art Staffelei, von der aus der Hochspannungsstrom zugeführt wurde. Die Röntgenröhre am Kopfende des Tischs. Drei Blenden, die den Strahl auf den Kristall ausrichten mußten. Hinter dem Kristall in 30 und 60 mm Abstand zwei Photoplatten.

»Am 21. April 1912«, so erzählte mir Max von Laue, »begannen Friedrich und Knipping ihre Versuche. Nicht der erste, aber schon der zweite führte zu einem Ergebnis. Das Durchstrahlungs-Photogramm eines Kupfersulfat-Kristalls zeigte neben dem primären Röntgenstrahl einen Kranz abgebeugter Gitterspektren. Es sah nicht so exakt aus, wie wir es heute gewöhnt sind. Aber es war doch so deutlich, daß man sagen konnte: Wir hatten den Erfolg in Händen. Es war auch deutlich genug, um schon eine ungefähre Rechnung anstellen zu können. Tief in Gedanken ging ich durch die Leopoldstraße heim und – ich weiß den Ort noch ganz genau – nahe meiner Wohnung in der Bismarckstraße 22, vor dem Haus Siegfriedstraße 10, kam mir der Gedanke für die mathematische Theorie der Erscheinung. Ich hatte kurz zuvor einen Artikel für die ›Enzyklopädie der mathematischen Wissenschaften‹ geschrieben und dazu eine Theorie für die Beugung des Lichts am optischen Gitter – eine Theorie schon aus dem Jahre 1835 – umformulieren müssen; zweimal angewandt, konnte sie für die Kreuzgitter gelten. Dreimal hingeschrieben, den drei Perioden des Raumgitters entsprechend, war das Photogramm zu deuten.«

Röntgen kam in das Sommerfeldsche Labor gestürzt, sich die Sache anzusehen. Er erkannte sofort, daß etwas wesentlich Neues entdeckt war. »Aber Interferenzen sind es nicht. Die sehen anders aus«, meinte er. Erst später war er davon zu überzeugen.

Laue erzählte: »Kurz darauf hatten wir schon sehr viel bessere, übersichtlichere Bilder. Ich konnte die Theorie damit rechnerisch exakt überprüfen. Als ich sie bestätigt fand, war das für mich der entscheidende Tag.«

Zwei Theorien, die Wellentheorie der Röntgenstrahlen und die Atom-Theorie der Kristalle, haben sich so bestätigt, »eines jener überraschenden Ereignisse, die der Physik ihre Überzeugungskraft verleihen«. Die Wellennatur der Röntgenstrahlen war bewiesen. Sie rangieren zwischen dem Ultraviolett und der Höhenstrahlung in der Skala der elektromagnetischen Schwingungen.

Am 4. Mai 1912 reichten Laue, Friedrich und Knipping, um sich die Priorität zu sichern, eine Vorausmitteilung der Bayerischen Akademie der Wissenschaften ein. Am 8. Juni legte Sommerfeld die gemeinsame Veröffentlichung der Akademie vor. Am gleichen Tag sprach Laue vor den Berliner Physikern. Albert Einstein schrieb: »Ich gratuliere Ihnen herzlich zu Ihrem wunderbaren Erfolg. Ihr Experiment gehort zum schönsten, was die Physik erlebt hat.« Zwei Jahre später erhielt Max von Laue den Nobelpreis. Er bekam ihn für seine Idee, für das von ihm veranlaßte, wenn auch von Friedrich und Knipping ausgeführte Experiment. Die Geschicklichkeit der jungen Experimentatoren hat die Idee nur bestätigt. Diese Idee wiederum war angeregt durch die Überlegungen des Doktoranden Ewald, die aber in eine andere Richtung zielten. Dennoch ist unbestritten: das Gespräch im Englischen Garten hat Laue »daraufgebracht«. »Eigentlich«, so sagte er mir bei einer späteren Gelegenheit, »verdanke ich es meiner Mutter, daß ich Physiker geworden bin. Im Berliner Wilhelms-Gymnasium hatte ich gehört, daß man aus einer Kupfersulfatlösung mit Hilfe des elektrischen Stroms Kupfer abscheiden und so einen Schlüssel verkupfern kann. Ich war damals 12 Jahre alt. Die Sache ging mir nicht aus dem Kopf. Meine Mutter merkte, daß ich veränderten Sinnes war. Sie sorgte dafür, daß ich in der Berliner ›Urania‹ naturwissenschaftliche Vorträge hören konnte.« Eine merkwürdige, wohl eher zufällige Parallele fällt auf: eine Lösung aus Kupfersulfat erbrachte das Schlüsselerlebnis. Ein Kupfersulfat-Kristall bestätigte die entscheidende, nobelpreiswürdige Idee.

Als Max von Laue 1959 seinen Lindauer Vortrag beendete, die letzte Formel an die Tafel geschrieben und die Kreide weggelegt hatte, sagte er etwas sehr Merkwürdiges. Es war leise gesprochen, gemurmelt, ein angehängter Satz, der im einsetzenden Beifall für die Mehrzahl der Hörer untergegangen ist. »Dies war«, so sagte er, »wohl mein Schwanengesang.« Man nahm es allgemein nur als eine Ankündigung, in Zukunft nicht mehr vortragen, nur mehr zuhören zu wollen. Wie sich herausstellen sollte, bedeutete es aber mehr: zehn Monate später kam Laues Wagen unter mysteriösen Umständen von der Straße, der Berliner Avus, ab. An den Folgen dieses Unfalls ist er im Westberliner Krankenhaus Wannsee gestorben.

Madame Curie

Es war Henri Antoine Becquerel, der im Februar 1896, angeregt durch einen Vortrag in der Pariser Akademie über die durchdringenden Strahlen Röntgens, untersuchen wollte, ob nicht auch von phosphoreszierenden Körpern eine ähnliche Strahlung ausgehe. Er konnte nichts dergleichen finden, bis er es mit einem Uransalz versuchte. Hier entdeckte er tatsächlich eine neue Strahlung, die aber, wie er feststellte, keine Röntgenstrahlung war, sondern das, was später Radioaktivität genannt wurde.

Becquerels Beobachtung wurde das Thema einer Doktorarbeit der jungverheirateten Madame Marie Curie, einer gebürtigen Polin, Marya Sklodowska. Es war, als hätte das Thema auf sie gewartet. Mit der ganzen Intensität ihrer Jugend stürzte sie sich darauf.

Das Leben der Madame Curie scheint uns heute schon weit entrückt. Sie ist 1934 im Alter von 66 Jahren gestorben; zu dieser Zeit machte mein Jahrgang das Abitur. Wir haben im Chemieunterricht von ihr gehört, doch war uns, glaube ich, nicht bewußt, daß sie noch lebte und arbeitete. 1952 habe ich ihre ältere Tochter Irène Joliot-

Curie kennengelernt und 1958, kurz vor seinem Tod, Frédéric Joliot, ihren Schwiegersohn. Das Ehepaar Joliot-Curie hat den Nobelpreis 1935 »für seine gemeinsam durchgeführten Synthesen von neuen radioaktiven Elementen« erhalten. Marie Curie hat noch erfahren, daß nun auch »die Kinder« für diese hohe Auszeichnung vorgeschlagen waren; die Verleihung hat sie nicht mehr erlebt.

Irène Joliot-Curie war 1952 noch nicht 55, eine in sich gekehrte, betont einfach gekleidete Frau, die keinen Schmuck trug. Frédéric Joliot, der zwei Jahre jüngere, erschien um vieles jünger, ein dunkler, hagerer Mann, der mit den Studenten lachte und die schwarze Zigarette dabei nicht aus den Lippen ließ. Die Joliots sind kurz hintereinander gestorben, Irène im März 1956, Frédéric im August 1958. Sie sind auf dem Friedhof von Sceaux bestattet. Sceaux ist ein ehemaliger Vorort von Paris, den die große Stadt inzwischen völlig umschlossen hat. Dem Grab der Joliots liegt das Grab der Eltern Pierre und Marie Curie gegenüber, zwei Schritte entfernt, auf der anderen Seite desselben Gangs. Wer nicht aufmerksam gemacht ist, wird es wohl übersehen. Der Regen hat die Farbe der Namen auf dem einfachen Stein fast ganz ausgewaschen.

Eve Curie, die jüngere Tochter der Madame Curie, ist mit dem Direktor der UNICEF Labouisse verheiratet. Sie ist keine Wissenschaftlerin geworden, sondern Pianistin und Schriftstellerin. Die Biographie der Mutter, die sie geschrieben hat, wurde ein Welt-Bestseller. Eve Curie-Labouisse hat unser Fernsehteam 1977 in ihrer New Yorker Wohnung, nahe dem Gebäude der UNO, empfangen: eine schlanke, gepflegte Frau, der man die (nachgerechneten) 72 Jahre nicht ansah. Erstaunlicherweise ähnelte sie nicht den Altersbildern ihrer Mutter, vielmehr denen aus ihrer besten Zeit.

Ihre Biographie der Mutter ist 1935 erschienen, vor mehr als 50 Jahren also. Das dort Geschriebene ergänzte sie mit spontaner Lebendigkeit. »Das Leben der Marie Curie«, so hat sie ihr Buch begonnen, »ist so reich an großen Zügen, daß man ihre Geschichte wie eine Legende erzählen möchte.« Und kurz darauf: »Es wäre strafbar von mir gewesen, diese Geschichte, die einem Mythos gleicht, im mindesten auszuschmücken.« Sie versicherte, nichts verändert, nichts erfunden zu haben.

»Meine Mutter war 37 Jahre alt, als ich geboren wurde. Als ich alt genug war, um sie gut zu kennen, war sie eine ältere Frau und hatte Weltruhm.« Dennoch sei ihr »die berühmte Gelehrte am fremdesten« geblieben. »Hingegen ist mir, als hätte ich stets mit der armen, in Träume eingesponnenen Studentin gelebt, die Marya Sklodowska war, lange bevor ich zur Welt kam.« Ich sprach Eve Curie-Labouisse auf die Stelle in ihrem Buch an, wo sie geschrieben hat, ihre Mutter hätte »es nicht verstanden, berühmt zu sein«. Sie lächelte: »Wissen Sie, meine Mutter konnte nicht, wie andere Menschen es ohne Schwierigkeiten vermögen, ›eine Rolle spielen‹. Sicher hat sie, als sie in Amerika war und dort begeistert begrüßt wurde, diese Reise auf ihre Weise genossen. Sie war berührt von der spontanen Herzlichkeit, die ihr entgegengebracht wurde. Dennoch machte es sie über die Maßen verlegen, so im Mittelpunkt stehen zu müssen. Sie hatte einen geradezu körperlichen Widerwillen gegen die große Menge.«

Ich erzählte Madame Curie-Labouisse, daß wir für unsere Fernsehsendung einige alte Filme von Pathé in Paris hatten besorgen können. Da sei zu sehen, wie peinlich es ihrer Mutter gewesen sei, gefilmt zu werden: der Empfang am New Yorker Pier, an einem windigen Tag; sie mußte ihren Hut festhalten. Der Empfang im Weißen Haus, wie sie am Arm des amerikanischen Präsidenten Warren Harding die Treppe herunterkommt. Es gibt auch einen kleinen Film aus ihrem Pariser Laboratorium. Sie hantiert da an einem Gerät, aber man merkt, daß der Kameramann die Sache lenkt und sagt: Madame, tun Sie bitte dies und jetzt dies und jetzt das. »Ja, das war sicher nicht leicht, sie für diese Filmaufnahmen zu gewinnen, obwohl das Labor in ihre Sphäre gehörte. Auf der Amerikareise war es ihr immer schrecklich, die vielen Kameras aufgebaut zu sehen. Damals kurbelten die Reporter ja noch mit der Hand.«

Wir sprachen von der »in Träume eingesponnenen Studentin«, die 1893 nach Paris gefahren war, um ihr Studium aufzunehmen. 1894 hat sie dort ihren Mann kennengelernt, im Juli 1895 heirateten sie, 1896 machte sie ihre Prüfungen, im Herbst 1897 kam Irène zur Welt. Die junge Frau teilte ihr Leben von da an zwischen Familie und wissenschaftlicher Arbeit. Marie Curie untersuchte alle möglichen

Uranverbindungen auf Strahlung, um bei der Pechblende etwas Eigenartiges festzustellen: die Strahlung entsprach nicht dem Urangehalt des Minerals. Sie war viermal so stark. Die junge Frau schloß daraus, daß in der Pechblende ein noch unbekanntes Element von mächtiger Strahlung stecken müsse, wenn davon winzigste Mengen – wie anders hätte das verborgene Element den chemischen Analysen sonst entgehen können! – diese Wirkung haben.

Pierre Curie ließ die eigenen Arbeiten liegen und widmete von da an seine ganze Kraft und Erfahrung den Forschungen seiner Frau. Ihre gemeinsame Fahndung führte zum Erfolg: die Curies entdeckten 1898 ein neues Element. Sie nannten es Polonium, nach der Heimat der jungen Frau – und dann fanden sie ein zweites, das berühmte Element, dem sie den Namen Radium, »das Strahlende«, gaben.

Das Ehepaar Curie hat Waggonladungen von Pechblende aufgearbeitet, Abraum aus den Joachimsthaler Gruben in Böhmen, acht Tonnen Pechblende, die gegen Erstattung der Fracht kostenlos zur Verfügung gestellt wurden. »Es war eine erschöpfende Arbeit, die Behälter zu transportieren, die Flüssigkeiten umzugießen und die siedende Materie stundenlang in einem eisernen Zuber umzurühren«, schrieb Marie Curie. »Wir lebten wie in einem Traum, von der einen, einzigen Sache erfüllt.«

Einen Teil der Gerätschaften, mit denen die Curies gearbeitet haben, sind im Pariser Curie-Institut untergebracht, in einem als Museum eingerichteten Raum. Im Zimmer des Direktors steht ihr Schreibtisch; in der Schale liegt ihr Füllfederhalter, die Schere, mit der sie die Post öffnete, eine Lupe; sie hat sich zuletzt noch einer Staroperation unterziehen müssen.

Was ist aus den kurzen und so tragisch geendeten Jahren der Gemeinsamkeit mit Pierre Curie erhalten? Die Schule in der Rue Lhomond, in der Pierre Curie angestellt war, existiert noch. Der damalige Direktor hat den Curies die Möglichkeit gegeben, einen Schuppen im Hof für ihre Arbeiten zu benutzen. Bürokratische Hindernisse zu überwinden, erfordert ja immer, daß jemand mehr tut, als er tun müßte. Sicher stand irgendeine Vorschrift dagegen. Heute kann die Schule stolz darauf sein, Geräte der Curies aus der

Anfangszeit, auch Schriftsachen von ihrer Hand, zu besitzen. Ein junger Lehrer holt sie heraus, stellt einen modernen Geigerzähler dazu. Die Radioaktivität tickt noch immer, nach 90 Jahren! Der Schuppen im Hof wurde längst abgerissen. Die Stelle, wo er stand, ist durch Steine markiert, die der Pflasterer eingelegt hat, als man auf dem Hof Parkplätze errichtete. »Wenn alles vollgeparkt ist, sind die Markierungen unter den Autos nicht zu sehen«, sagte uns der Hausmeister. »Ich ziehe morgen eine Kordel und sperre ab, wie für Kanalarbeiten, dann können Sie den Ort filmen, wo es geschehen ist.«

Das Ehepaar Curie lebte damals mit 500 Francs im Monat. Im Warschauer Curie-Museum, dem wiederaufgebauten Geburtshaus der Marie Curie-Sklodowska, wird das Schulheft verwahrt, in das die Curies in Paris ihre Laborergebnisse eingetragen haben. Marie Curie hat es gleichzeitig als Haushaltsbuch verwendet: neben den Zahlen der physikalischen Messungen sind die kleinen Ausgaben verzeichnet: für Porto, für Bahnfahrt und so weiter. Die Arbeiten in dem Pariser Schuppen hätten ihre Kräfte verbraucht, schrieb Marie Curie einmal bitter, um ein andermal festzustellen: »Und doch waren die Jahre in dem elenden alten Hangar die besten, glücklichsten Jahre unseres Lebens.«

Den Physik-Nobelpreis 1903 erhielten die Curies »für die Erforschung der Strahlungs-Phänomene«; die andere Hälfte wurde Becquerel »für die Entdeckung der Radioaktivität« zugesprochen.

Zum ersten Mal hat damit eine Frau den Preis erhalten. Zweieinhalb Jahre später, am 19. April 1906, einem Regentag, verunglückte Pierre Curie tödlich. Er rutschte auf dem nassen Asphalt aus und geriet unter ein Pferdefuhrwerk. Marie Curie lehnte die angebotene Ehrenrente ab. Sie erhielt – wiederum als erste Frau – den gewünschten Lehrstuhl an der Sorbonne, den Lehrstuhl ihres Mannes. Pierre Curie war erst nach dem Nobelpreis darauf berufen worden. 1911 empfing Madame Curie den Nobelpreis dann zum zweiten Mal, nunmehr allein, für »die Entdeckung der Elemente Polonium und Radium«. Daß ein wissenschaftlicher Nobelpreis zweimal an ein und dieselbe Person geht, ist lange einmalig geblieben. Der Amerikaner Linus Pauling, geboren 1901, erhielt den Chemiepreis 1954, acht Jahre später dann den Friedenspreis.

Den Physikpreis 1956 erhielt John Bardeen zu einem Drittel, zusammen mit Shockley und Brattain »für ihre Halbleiter-Untersuchungen und ihre Entdeckung des Transistor-Effekts«. 1972, nunmehr 64jährig, widerfuhr Bardeen die Ehre ein zweites Mal! Er teilte den Preis mit Cooper und Schrieffer, wieder zu je einem Drittel, »für die Erklärung der Supraleitung«. In jedem Fall wird der Nobelpreis (eine Goldmedaille und die Urkunde) als ein Ganzes vergeben. Ein »geteilter Preis« bedeutet nur, daß der für den Preis ausgesetzte Geldbetrag (er wird jedes Jahr exakt festgestellt) entsprechend (unter höchstens drei Personen) aufgeteilt wird.

Man hat später versucht festzustellen, welche »intellektuellen Anteile« die Ehepartner Curie an der gemeinsamen Entdeckung nachträglich beanspruchen könnten. Aber das führt zu nichts. Ihre Arbeitshefte haben sie abwechselnd geführt, ihre Veröffentlichungen gemeinsam signiert. Sie schreiben: »Wir haben gefunden, wir haben beobachtet, wir sind zu der Auffassung gelangt.« Marie Curie war es, die das Thema für ihre Doktorarbeit gesucht und ausgewählt hat. Ihr Mann hat sie dabei beraten und seine Erfahrungen eingebracht. Den entscheidenden Gedanken, die unverhältnismäßig hohe Strahlung in der Pechblende einem bis dahin unbekannten Element zuzuschreiben, hatte wohl Marie Curie. Das Genie erscheint, wie Eve Curie, die Tochter, schrieb, »in der ersten Intuition, in dem Aufblitzen des Anfangs«.

»Intuition« kann mit »Eingebung« übersetzt werden; das Wort kommt vom lateinischen intuitus – anschauen. Eingebung wird als Zugang zu Erkenntnissen bezeichnet, die dem diskursiven (lt. Lexikon »von einer Vorstellung zu einer anderen mit logischer Notwendigkeit fortschreitenden«) Verstand nicht erreichbar sind. Beide, Marie und Pierre Curie, haben sich wohl in das Unbekannte, dem sie mit Phantasie und Leidenschaft auf der Spur waren, verliebt. Wie es wohl aussehen würde? Ob es eine sehr schöne Farbe habe? Unvergeßlich die Schilderung der Szene, als die Curies in plötzlicher Unruhe abends in das Laboratorium zurückeilen und in der Dunkelheit sehen, daß die Wirklichkeit ihre Vorstellungen weit übertrifft: die Glasbehälter auf den Tischen und Wandbrettern schimmern in einem unwirklichen bläulichen Eigenlicht.

Schließlich, nach fast vier Jahren, haben die Curies einige Körnchen weißen Salzes in Händen, den zehnten Teil eines Gramms reinen Radiumchlorids. Was für ein Element! Seine Strahlung durchdringt gewöhnliche Behälter; man muß es in Blei packen. Es erwärmt sich auf geheimnisvolle Weise. Es macht die Luft leitend. Es verfärbt Gläser lila und violett. Es strahlt zweimillionenmal so stark wie Uran. Bald werden die Ärzte entdecken, welche Hilfe die Strahlung des neuen Elements im Kampf gegen den Krebs bedeutet. Die Curies hätten, würden sie ein Patent auf ihre Entdeckung genommen haben, reich werden können. Sie wußten das und haben darauf verzichtet. (Übrigens hat auch Röntgen so gehandelt.)

Es sieht so aus, als hätte die Glücksgöttin das Entdeckerpaar Curie auf einem geheimnisvollen Umweg zusammengeführt. Der Zufall scheint aber lange zuvor schon im Spiel gewesen zu sein.

Als Marya Sklodowska in Polen davon träumte, an der Pariser Sorbonne studieren zu können, hatte Pierre Curie die Universität bereits verlassen. Er war, wie eine Tagebucheintragung erweist, ohne Hoffnung, jemals die Frau zu finden, die zu ihm passen würde. Ein Professor aus Polen, der in Paris Vorträge hielt, Joseph Kowalski, hat die Bekanntschaft vermittelt: »Kommen Sie morgen zum Tee«, schrieb er der Studentin, »ich lade Pierre Curie ein. Vielleicht kann er Ihnen einen Rat geben!« Pierre war 35, Marie 26 Jahre alt. »Was mir an ihm auffiel, war der Blick seiner hellen Augen und die Spur von Lässigkeit in der Haltung, die etwas langsame und bedächtige Sprechweise. Seine Schlichtheit, das zugleich ernste und jungenhafte Lächeln hatten etwas Vertrauenerweckendes. Ich war glücklich, mich mit ihm beraten zu können.« Ein Zufall, diese Begegnung? Wir müssen den größeren Zufall, der die junge Polin nach Paris kommen ließ, früher suchen: die 18jährige hat eine Stellung als Erzieherin angenommen, um ihrer in Paris studierenden älteren Schwester Geld schicken und ihr dann vielleicht nachfolgen zu können. Marya Sklodowska unterrichtete in der Provinz die Mädchen des Direktors einer Zuckerfabrik. Als der Sohn des Hauses in den Ferien heimkam, verliebte er sich in die hübsche und gescheite Erzieherin. Marya und Kasimierz wollten heiraten. Der junge Mann bat die Eltern um ihre Zustimmung. Sie waren nicht einverstanden:

»eine Gouvernante heiratet man nicht«. Der junge Mann fühlte seine Entschlossenheit dahinschwinden, und Marya Sklodowska, die es sich nicht leisten konnte, einfach abzureisen, »zieht sich in ein gereiztes Schweigen zurück«. Im Warschauer Curie-Museum haben wir Photos aus dieser Zeit sehen können: das Landhaus des Direktors in Szczuki, das etwas trotzige Jungmädchengesicht der 19jährigen, der gutaussehende, durchaus sympathische junge Mann, der Kasimierz Zórawski hieß. Was, wenn die Eltern zugestimmt hätten? Marie Sklodowska hätte als junge Frau Zórawska ein anderes Leben gelebt. Die weltberühmte Madame Curie hätte es nicht gegeben.

Noch 65jährig arbeitete die legendär gewordene Madame Curie zwölf und vierzehn Stunden am Tag. Sie wurde am Star operiert, trug nun starke Brillen. Sie fürchtete eine Gallenoperation; man konnte sie beruhigen. Aber da – nach einem Zusammenbruch – ist ein bösartiges Fieber, das wiederkehrt. Schüttelfröste. Eine Schwäche, die zunimmt. Am 4. Juli 1934 stand das Herz der Marie Curie-Sklodowska still.

Die Strahlung hat ihr den Tod gebracht, wie die Ärzte feststellten. Die Zahl der Blutkörperchen war steil abgefallen; das geschädigte Knochenmark vermochte das nicht mehr auszugleichen. Ein Photo, wenige Wochen vor ihrem Tod im Sommer 1934 aufgenommen, zeigt Marie Curie am Geländer der kleinen Terrasse ihres Laboratoriums. Die Verbrennungen an ihren Händen sind nicht zu übersehen. So oft sie den Studenten und Mitarbeitern des Instituts auch Vorsicht gepredigt hat, sie selbst ist im Umgang mit den strahlenden Substanzen immer zu sorglos gewesen.

Becquerel, der den Nobelpreis für Physik 1903 mit dem Ehepaar Curie geteilt hat, ist schon 1908 gestorben. Er hatte ein Röhrchen mit radioaktiver Substanz in die Westentasche gesteckt und wochenlang bei sich getragen; die Haut darunter war etwas gerötet; er hatte das nicht beachtet und schließlich war es zu spät.

Auch die Röntgenstrahlen haben anfänglich viele Opfer gefordert. Die Pioniere der Röntgentechnik arbeiteten noch ohne Handschuhe und Bleischurz. 1936 wurde im Garten des Allgemeinen Krankenhauses Sankt Georg in Hamburg ein Gedenkstein für die Märtyrer der Strahlenheilkunde errichtet; über 200 Namen sind eingemeißelt.

Ernest Rutherford

Am 25. Oktober 1937 wurde in der Krönungskirche der englischen Könige, der 700 Jahre alten Westminster-Abtei zu London, die Asche des Right Honorable Ernest, First Baron Rutherford, Lord of Nelson, New Zealand and Cambridge, bestattet. Die Ehrung galt weder einem Staatsmann noch einem Heerführer, noch – wie die Reihe der Titel vermuten lassen könnte – einem Mann hoher Geburt. Ernest Rutherford war als Sohn eines kleinen Handwerkers 66 Jahre zuvor in einem kleinen Ort nahe der unbedeutenden Hafenstadt Nelson geboren. Wer hätte vorauszusehen gewußt, daß der – zugegeben! – ausgezeichnete Schüler, der seine Stipendien überlegen gewann, nach seinem Tod im Britischen Nationalheiligtum neben Newton, Darwin und Dickens, neben Ministern der Krone wie Pitt und Palmerston ruhen würde?

Im August 1895 kam der junge Mann nach England. Er war 24 Jahre alt und verlobt; drei Jahre lang arbeitete er in Cambridge, am »Cavendish«, Englands berühmtesten Laboratorium. Es sind bewegte Jahre in der Geschichte der Naturwissenschaften: der Entdekkung der X-Strahlen durch Röntgen 1895 folgte die Entdeckung der Uranstrahlung durch Becquerel 1896, beide am Vorabend unseres Jahrhunderts.

Rutherford beschäftigte sich sofort mit diesen rätselhaften Erscheinungen; er fand heraus, daß das Uran »mindestens« zwei Arten von Strahlung ausschickt. Alpha- und Betastrahlen nannte er sie. Er ermittelte ihre Eigenschaften. Die dritte, die Gammastrahlung, entdeckte er später. Noch ehe es soweit war, winkte eine große Chance über den Ozean herüber. In Kanada, in Montreal, war eine Forschungsprofessur freigeworden, an der McGill-Universität, die ihre großzügigen Institute einem Tabakkönig verdankt. Und hier gelang Rutherford »die Entdeckung einer Naturerscheinung«, nämlich »daß die Radioaktivität auf einem Vorgang natürlicher Atomumwandlung beruht, nichts Geringeres als die Verwirklichung des alten Traums der Alchimisten, ein chemisches Element in ein anderes zu verwandeln«. So hat Frederick Soddy, der sein Assistent und Mitarbeiter wurde, Rutherfords Ergebnis kommentiert. »Die Natur kann ein grimmiger Spaßmacher sein. Wenn man bedenkt, wie viele hundert Alchimisten über ihren Öfen schwitzten, arbeitsvolle Tage und schlaflose Nächte verbrachten bei ihren Versuchen, ein Element in ein anderes, ein gemeines Metall in ein edles zu verwandeln. Sie alle sind unbelohnt gestorben, während Rutherford und ich schon bei unserem allerersten gemeinsamen Experiment das Glück hatten, zu entdecken, daß im Thorium und anderen radioaktiven Elementen, und nur in diesem engbegrenzten Gebiet, die Umwandlung ganz spontan vor sich geht, von keiner Macht der Erde aufgehalten werden konnte, noch je wird aufgehalten werden können.«

Ich habe Frederick Soddy, der 1921 den Nobelpreis für Chemie erhielt, noch persönlich erlebt. Er war ein echter Brite, als alter Herr ein unverwechselbarer Kauz, der zeitlose Knickerbockerhosen trug und seinen Allwetterhut, zu einer Wurst gerollt, mit an das Vortragspult nahm. Wenn er bei der Lindauer Sommertagung der Nobelpreisträger über die Kunststücke der Theoretiker herzog und den Nonsens anprangerte, mit der »Wurzel aus minus 1« zu rechnen, war das Auditorium immer sehr erheitert. Werner Heisenberg, der 24 Jahre jüngere Theoretiker, lächelte nachsichtig zu solchen Ausrutschern. Wer wollte einem Redner aus der Rutherford-Zeit schon widersprechen? Einem Soddy, der ganz ohne höhere Mathematik die Isotopie entdeckt hatte, nämlich, daß von fast allen chemischen Elementen »Schwester-Elemente« existieren, mit den gleichen chemischen, aber verschiedenen kernphysikalischen Eigenschaften. Soddy hatte das in Montreal mit Instrumenten nachweisen können, die zum großen Teil selbstgebastelt waren. Die primitiven Elektroskope, aus Keks- und Zigarrenbüchsen gefertigt, waren eine Sehenswürdigkeit in den Rutherfordschen Labors. »Sie taten jedenfalls ihren Dienst.«

Rutherford hatte nach den Schilderungen Soddys etwas Jungenhaftes, ganz und gar Unprofessorales: »Er sah eigentlich eher wie ein Farmer aus, und er vermochte seine Assistenten und Studenten mitzureißen. Er spornte an. Er stellte schöpferische Fragen. Er war der ideale Chef, der Anregungen sofort aufnahm und sich an der Begeisterung seiner Mitarbeiter begeisterte. Wir atmeten auf, wenn er auf Reisen ging, um ihn, den Motor, bald ungeduldig zurückzuerwarten.«

Eines Tages stellte sich in Montreal bei Rutherford dann ein junger deutscher Chemiker vor. Er war 26 Jahre alt. Sein Name war Otto Hahn. Rutherford lernte ihn schätzen, nachdem er zuerst nicht sehr viel von ihm gehalten hatte. Hahn hat mir das einmal bei einer vergnügten Unterhaltung im Hotel Bad Schachen selbst erzählt. »Rutherford war kein Chemiker«, urteilte er lachend, und auch Soddy sprach ihm eine »angeborene Anlage für Chemie« rundweg ab. Hahn blieb nicht lange bei Rutherford, doch gingen auch später noch Briefe hin und her, und Rutherford unterbrach Reisen, um mit Hahn zusammenzutreffen.

1907 kehrte Ernest Rutherford nach England zurück. In Manchester übernahm er den Assistenten seines Vorgängers. Das war wieder ein Deutscher, der 25jährige Hans Geiger. Er wird später zusammen mit Walter Müller (1905–1979) den Geigerzähler erfinden, das im Atomzeitalter unentbehrliche Spürgerät für Strahlung – ein kleinfingergroßes Aluminiumrohr, aus dem die Luft ausgepumpt ist. Jedes durch diese Röhre fliegende Strahlungsteilchen erzeugt einen Stromstoß; diese Stromstöße werden über einen Verstärker mechanisch registriert und hörbar gemacht. Jedes einzelne Teilchen knackt. Man kann die von einer radioaktiven Substanz abspringenden Heliumkerne im Lautsprecher prasseln hören.

Das gefährliche Wunder

Erstmals hörte ich das Geprassel des Geigerzählers 1948 im großen Physiksaal der Universität München während eines Experimentalvortrages über Atomenergie, den Walther Gerlach, damals der Rektor der Universität, hielt. Die Vorlesung war öffentlich. Es waren viel mehr Menschen gekommen, als im Hörsaal Platz fanden. Schon eine halbe Stunde vor Beginn kam niemand mehr durch. »Das Atom« war damals ein magisches Wort, etwas, was auf einen zukam, etwas Faszinierendes, mit dem man, trotz der Bomben von Hiroshima und Nagasaki große, wenn auch noch unbestimmte Hoffnungen verband. War das die Zukunft? War damit die unmittelbare Not, die damals praktisch jeden anfaßte, zu überwinden? Friedrich Dessauer, der Röntgenpionier und Technik-Philosoph, hat einmal gesagt, Notzeiten wirkten »wie eine Pflugschar, die verkrustetes, hartes Erdreich der Seelen und Geister aufbricht«.

Walther Gerlach war eine unvergeßliche Erscheinung, hochgewachsen, eine kühne Nase, elegant wirkend, mit Fliege und Kavalierstuch. Er hantierte souverän. Ich hatte später noch oft Gelegenheit, ihn bei Experimental-Vorträgen zu bewundern. Er »überzog« nie die Vortragszeit, nicht eine Minute, obwohl Hunderte Handgriffe daneben und zwischendurch zu tun waren. Damals war Gerlach 59; er ist 90 geworden, mit einer sehr viel jüngeren Frau, die als Ärztin praktizierte.

Das Auditorium war von gespanntester Aufmerksamkeit. Gerlach zeigte ein Stückchen Uran. Er schrieb den Durchmesser des Uran-Atomkerns an die Tafel: 0,0000000000001 Zentimeter. Er zählte noch einmal nach: »13 Nullen nach dem Komma.« Dann nahm er ein Glasröhrchen aus einem Bleiklotz. »Radium«, sagte er, »nicht viel, nur 15 Milligramm eines Radiumprärates. Es schleudert Elementarteilchen mit großer Geschwindigkeit von sich. Durch die Luft, durch das Glas, durch eine nicht zu dicke Bleiwand fliegen sie glatt durch. Radium, aus einem Uranerz gewonnen, zerfällt laufend. In 1596 Jahren ist die Hälfte zerfallen, in weiteren 1596 Jahren die Hälfte der Hälfte, ein Viertel und so fort. ›Man nennt das Radioaktivität.‹«

Gerlach brachte sein Radiumpräparat ans Zählrohr und ließ es prasseln. Die Art, wie er Radioaktivität vorführte, war sehr eindrucksvoll. Wir hatten das Gefühl, dem Außerordentlichen, einem erregenden und gefährlichen Wunder, ganz unmittelbar zu begegnen.

Etwa zu der Zeit, in der Gerlach sein Abitur machte, 1908, erhielt Rutherford den Chemie-Nobelpreis. »Für seine Untersuchungen über den Zerfall von Elementen und die Chemie der radioaktiven Stoffe.« Die Versuche in Manchester gingen weiter. Sie machten Rutherford immer deutlicher, wie das Atom beschaffen sein könnte. Der deutsche Physiker Philipp Lenard, Nobelpreis 1905, hatte festgestellt, daß es im Innern der Atome winzige, dennoch mächtige Kraftfelder gibt, durch die Elektronenstrahlen nicht dringen können.

Rutherford stellte seinerseits fest, daß Alphastrahlen – also Helium-Atomkerne –, wenn sie als Geschosse auf diese »undurchdringlichen Bezirke« treffen, zu regelrechten »Querschlägern« werden. Rutherfords Überlegungen verdichteten sich: Jedes Atom hat einen äußerst kleinen »Kern«. In ihm sitzt eine positive elektrische Ladung. Sie ist es, die das positiv geladene Helium-Geschoß abstößt. Dieses Bild aus dem Jahr 1910 bedeutete – die Entdeckung des Atomkerns! Heute ist »der Atomkern« ein Wort für jedermann; jedermann spricht von »Kernphysik« oder »Kernchemie«. Frederick Soddy sagte einmal, die Atomforschung sei in den Anfangsjahren wie ein »geschickter Billardspieler vorgegangen, der jeden Stoß vorher erklärt, ehe er ihn ausführt«.

Schon 1912 zeigte dann der Däne Niels Bohr, wie die negative Ladung um den positiven Kern herum angeordnet sein könnte. Zum Rutherfordschen Kern entwarf er das Bild von Elektronen, die in gleichbleibenden Abständen vom Kern die Bahnebenen immerzu wechseln, in so schneller Bewegung, daß sie wie »Hüllen« erscheinen. Diese Skizze dient noch heute als Anschauungsmodell. Es kreisen so viele negativ geladene Teilchen, wie positiv geladene Bausteine im Kern sitzen. »Kreisen« ist nicht ganz das richtige Wort. Planeten umkreisen die Sonne. Die Elektronen rasen um den Atomkern, mit unvorstellbarer Geschwindigkeit, ein paar hundertbillionenmal in der Sekunde. So ein Elektron ist ein »Leichtgewicht«, fast 200mal leichter als die Protonen im Kern. Aber alle diese Bilder sind nur eine Hilfe für unser Vorstellungsvermögen. So einfach sind die Elektronen nicht zu verstehen. Mal benehmen sie sich, als seien sie »Teilchen«, mal, als seien sie eine schwingende »Welle«.

Ernest Rutherford war in diesen Jahren immer wieder auf Reisen. Es sah so aus, als lebten diese Wissenschaftler in einer Gelehrten-Republik, die über politische Grenzen und Streitigkeiten erhaben war. Als dann der Erste Weltkrieg ausbrach, rissen die internationalen Verbindungen ab. Die Gelehrten kehrten in ihre Heimatländer zurück. Auch Sir Ernest Rutherford fuhr 1915 nach England zurück, ohne deutschen U-Booten zu begegnen. Aber nun nahmen diese U-Boote mehr und mehr zu; also diente Rutherford seinem Land, indem er an der Verbesserung von Horchgeräten arbeitete.

Nach dem Krieg nahm er die freundschaftlichen Beziehungen zu deutschen Wissenschaftlern wieder auf. Sehr oft sahen ihn seine Freunde über die sogenannte Wilson-Kammer gebeugt, »ein höchst originelles und wunderbares Instrument«, wie er sagte. Die Wilson-Kammer ist ein Glasgefäß, »in dem eine« – so die Wissenschaftler etwas umständlich – »mit Wasserdampf nahezu gesättigte Atmosphäre herrscht«. Wie in einem Badezimmer, kurz bevor der Spiegel beschlägt. In dieser »Nebelkammer« sind die Geschoßbahnen von Atomkernen sichtbar zu machen, der Flug von Atomkernen und Atomkernsplittern. Für ganz kurze Zeit hinterlassen sie Tröpfchenspuren, ähnlich den Kondensstreifen von Flugzeugen, haarfeine Spuren, die man photographieren kann. Es ist, wie Otto Willi Gail gesagt hat, das »sichtbar gemachte Knistern im Gefüge der Welt«.

Zu Rutherfords Zeiten waren diese haarfeinen Spuren fast im selben Augenblick schon wieder verweht. Dann mußte erst wieder die Badezimmer-Atmosphäre hergestellt werden, ehe das nächste Augenblicksbild photographiert werden konnte. Eine solche Aufnahme hatte Rutherford 1919 vor sich. Er sah darauf etwas sehr Merkwürdiges: ein Haarstrich gabelte sich in zwei Arme. Offensichtlich hatte ein Helium-Geschoß einen Atomkern des Luftstickstoffs getroffen und dabei ein Stück abgesprengt. Rutherford hatte – einen Atomkern »zertrümmert«. Er (und andere Forscher) konnten feststellen, daß die Energie der Bruchstücke größer war als die Energie des Geschosses. Ein Teil der Energie mußte also im Kern vorhanden gewesen sein. Freilich, Kerntreffer konnten nur Zufallstreffer sein und die aus dem Winzigsten freiwerdende Energie nur winzig. Immerhin: der Atomkern, eine Festung der Natur, war zu brechen.

Ernest Rutherford, seit 1931 als Lord Mitglied des Britischen Oberhauses, hat nicht zu prophezeien gewagt, daß es eines Tages gelingen könnte, die Kräfte im Atomkern zu nützen. Nur die Journalisten kamen immer wieder auf diese Möglichkeit zurück. »Sachte bitte«, sagte ihnen Rutherford, »wahrscheinlich werden wir das nie können. Das ist moonshine.« (Wörtlich übersetzt: Mondlicht, bedeutet: »Unsinn geredet«.) Wir wissen, daß der große Neuseeländer sich hierin geirrt hat. Nur ein Jahr nach Rutherfords Tod hat Otto Hahn das Entscheidende getan.

Im Januar 1934 – also gerade noch zu Lebzeiten der Madame Curie – haben die Joliots in Paris überraschende Vorgänge beobachtet: wenn sie gewisse Elemente der Strahlung radioaktiver Substanzen aussetzten, wurden diese ihrerseits strahlend. Damals war der 54jährige Otto Hahn schon 5 Jahre lang Direktor des Kaiser-Wilhelm-Instituts für Chemie in Berlin-Dahlem. Die Leiterin seiner physikalischen Abteilung, Lise Meitner, war eben 55 geworden und seit 27 Jahren seine Mitarbeiterin. Otto Hahn galt als der Meister in der »Chemie des Unwägbaren«. Mit der Entdeckung der künstlichen Radioaktivität durch die Joliots war die Möglichkeit eröffnet, Stoffe, die von Natur aus nicht radioaktiv sind, radioaktiv zu machen; somit waren sie, wenn es sich auch nur um unwägbare, ganz unsichtbare »Stäubchen« handelte, dennoch zu identifizieren.

Zur selben Zeit arbeitete am Physikalischen Institut der Universität Rom Enrico Fermi, über 20 Jahre jünger als Hahn. Auch Fermi hatte von den Experimenten in Paris gehört. Er versuchte, seiner Frau die Bedeutung dieser Dinge klarzumachen. Seine Frau war keine Wissenschaftlerin; sie führte den Haushalt. Sie sorgte für die beiden Kinder. Laura Fermi hat ein reizendes Buch über ihren 1954 verstorbenen Mann geschrieben. So sah sie ihn: »Seine Augen standen eng beieinander und ließen nur für eine schmale Nase Raum; sie waren von graublauer Farbe trotz seines dunklen Gesichts.« Laura Fermi hörte ihm gerne zu. Sie ließ es sich zweimal erklären, wenn ihr Mann zu viel Wissen bei ihr voraussetzte.

Die Joliots haben Elemente mit Alphateilchen, also mit Helium-Atomkernen, beschossen und damit eine künstliche Radioaktivität erzielt, erklärte Enrico: »Der Helium-Kern besteht aus vier Bausteinen. Das verbürgt zwar eine gewisse Durchschlagskraft des Geschosses; die elektrische Ladung von zwei Bausteinen ist aber hinderlich. Die Ziele sind mit positiv geladenen Bausteinen vollgepackt. Das, nicht wahr, haben wir schon in der Schule gelernt, daß ›gleichnamige Ladungen‹ sich abstoßen. Wie, wenn man es mit Neutronen versuchen würde? Das Neutron war zwei Jahre zuvor von James Chadwick (1891–1964) in Cambridge entdeckt worden. Das Neutron, ein

Geschoß ohne elektrische Ladung, begegnet keinen Abstoßungskräften. Es durchfliegt selbst starke Kraftfelder, ohne Widerstand zu finden. Es müßte in schwere, mit Abstoßungskräften gepanzerte Atomkerne eindringen können. – Ich versuch' das.«

Fermis Versuche ergaben, daß auch Neutronengeschosse Stoffe umwandeln konnten. Elemente, die von Natur aus schon radioaktiv waren, konnte man durch Neutronenbeschuß stärker radioaktiv machen, aber diese Radioaktivität war kurzlebiger. Manchmal war die erzeugte Radioaktivität von nur ganz kurzer Lebensdauer. Die Geigerzähler aber, die sie messen sollten, waren in einem anderen Raum, um sie nicht der Strahlung von der Neutronenquelle auszusetzen. Fermi stürzte den Gang entlang, um kurzlebige Radioaktivität nachweisen zu können. Eines Tages, so erzählte Laura Fermi, wollten spanische Wissenschaftler ihren Mann, »Seine Exzellenz«, sprechen. Die Gäste hatten Mühe, ihr Befremden zu unterdrücken, daß »Mitglieder der Akademie auf dem Gang um die Wette laufen«. Etwas Eigenartiges konnte Fermi im Herbst 1934 entdecken: daß Neutronen wirkungsvollere Geschosse sind, wenn sie verlangsamt sind. Versuche im Goldfischbassin des Institutsgartens ergaben: mit Wasser waren sie abzubremsen. Warum langsamere Neutronen wirkungsvollere Geschosse sind, erklärte Fermi seiner Frau so: »Es ist wie beim Golf. Ein langsamer Ball rollt leichter ins Loch, als ein scharfgeschossener, der nur übers Ziel hinausschießt.«

Ende 1938 erhielt Enrico Fermi den Nobelpreis. Er reiste nach Stockholm, mit seiner Frau und seinen Kindern und dem Vorsatz, nicht mehr zurückzukehren. In Italien waren wie in Deutschland Rassengesetze verkündet worden, die Bürger jüdischen Glaubens – und Fermis Frau war aus jüdischer Familie – unter Ausnahmegesetze stellten. Amerika empfing die Fermis mit offenen Armen.

Fermi hat Uran mit Neutronen beschossen. Er glaubte, »Transurane« erhalten zu haben, »künstliche Elemente jenseits des Urans«. Das wiederum wollte man in Berlin-Dahlem nachprüfen, auch die Ergebnisse, zu denen Irène Joliot-Curie und ihr Mitarbeiter Savitch gekommen sein wollten. Ein Gutteil Forschung besteht ja darin, Versuchsergebnisse in Frage zu stellen, zu kontrollieren, Widersprüchen nachzugehen. Haben sich die Atomkerne des Urans wirklich in Atomkerne eines Elements höherer Hausnummer verwandelt? Der Schlüssel, der das Tor zum Atomzeitalter aufschließen sollte, steckte also schon im Schloß.

Entscheidende Jahre

Uran ist ein eisengraues Metall, sehr hart, sehr schwer. Es ist zwar radioaktiv, aber nicht gefährlich. Das Uran der Natur besteht aus drei Uransorten, drei Uran-Isotopen, die wohl chemisch gleich sind, deren Atomkerne sich aber um ein Winziges unterscheiden. Daß die meisten chemischen Elemente solche »Gemische« sind, das wurde, wie schon gesagt, von Frederick Soddy entdeckt. Es gibt 92 Elemente in der Natur; mit den künstlich erzeugten Elementen, die nur eine sehr kurze Lebensdauer haben, sind es mehr als 100. Doch kennen wir über 1000 Isotope; fast jedes Element besteht aus einer Familie von »Schwestern«, die sich »nach außen hin« voneinander nicht unterscheiden.

Etwa 0,7 Prozent allen Urans ist »Uran 235«, was bedeutet, daß seine Atomkerne nicht aus 238, sondern aus 235 Bausteinen zusammengesetzt sind. Ob das nun Uran vom kanadischen Bärensee ist oder vom Kongo, Uran aus Böhmen oder Sibirien, immer finden sich die 0,7 Prozent »Uran 235«. Das ist wie ein Naturgesetz. Daß der Anteil des Urans 235 gering ist, müssen wir als glücklichen Umstand ansehen. Es ist nämlich wesentlich zerfallbereiter als das übrige Uran. Es ist ein atomarer Sprengstoff, der von selbst explodiert, sobald eine bestimmte Menge davon zusammenkommt, die sogenannte »Kritische Masse«. Damit ist das Prinzip der Atombombe schnell erklärt: wir haben da zwei Teile atomaren Sprengstoffs. Der kann Uran 235 oder auch Plutonium sein, ein künstliches Element, das man durch Neutronenbeschuß von Uran 238 erhält. Im Gehäuse der Bombe sind die zwei atomaren Sprengstoffteile voneinander getrennt. Jeder Teil für sich ist kleiner als die »Kritische Masse« und als solcher ungefährlich. In dem Augenblick aber, in dem man diese beiden Teile miteinander in Kontakt bringt, etwa mit normalem

Sprengstoff sie aufeinanderschießt, die »Kritische Masse« damit erreicht ist, ist die Energielawine ausgelöst. Im Bruchteil einer Sekunde steigert sie sich zum furchtbaren Feuerball.

Als sich die bestürzende Aussicht einer »Kettenreaktion« eröffnete, feierte Otto Hahn seinen 60. Geburtstag. Die Welt stand unmittelbar vor dem zweiten Weltkrieg, den das »neue Feuer« so furchtbar beenden sollte. Es war die Tragik Otto Hahns, daß seine größte Leistung, die mit dem Nobelpreis geehrt wurde, auf den Vorabend des großen Krieges fiel.

Der Arbeitstisch, an dem es Otto Hahn und Fritz Straßmann gelang, das Uran-Atom zu spalten, gehört heute zu den Kostbarkeiten des Deutschen Museums in München. Immer wieder habe ich mir diesen Tisch angesehen. Er ist ein Anschauungsmodell besonderer Art: auf was für unscheinbaren Wegen ein Zeitalter eintreten kann! Es ist kaum zu glauben, daß mit ein paar Batterien, ein paar Drähten, Klemmen, Röhren, einem kleinen Geigerzähler, einem Röhrchen mit dem strahlenden Präparat, das die Neutronenbrause war, am Tisch eines Sonntagsbastlers, so sieht es aus, das letzte Tor zum Atomzeitalter aufging. Dort, im Innern eines Paraffinblocks ist es passiert; an dieser Stelle wurde die erste Urankernspaltung vollzogen.

Otto Hahn

Otto Hahn hat wiederholt auf die Rolle verwiesen, die glückliche Zufälle auch in seinem Leben gespielt haben: »Zu Rutherford bin ich eigentlich über Ramsay gekommen, per Zufall, weil die Kalle-Werke einen Chemiker suchten, den man gelegentlich auch ins Ausland schicken konnte. Dafür sollte ich gutes Englisch lernen, und das geht am besten in England. Zincke, mein Chef, der mir wohl wollte, vermittelte mir dafür einen Arbeitsplatz am University College bei Sir William Ramsay, dem berühmten Entdecker der Edelgase. Ramsay hat mich gefragt, was ich bei ihm machen wolle. Ich habe ihm die Entscheidung überlassen, und da hat er mir vorgeschlagen, über das

Radium zu arbeiten. Wahrheitsgemäß sagte ich, daß ich damit noch nie zu tun gehabt hätte. Da meinte Ramsay, gerade das sei gut, sogar sehr gut. Die beste Voraussetzung für den Erfolg sei, ohne vorgefaßte Meinung an eine neue Sache heranzugehen. Ich erhielt eine große Porzellanschale mit über 100 Gramm weißem Bariumsalz. Darin mußten etwa 10 Milligramm Radium enthalten sein. Ich sollte sie nach der Methode der Madame Curie durch fraktionierte Kristallisation herauslösen und das Atomgewicht bestimmen. Im Verfolg dieser Arbeiten ist es mir dann gelungen, eine neue radioaktive Substanz herauszuholen, das Radiothorium. Ich dachte, es ist ein neues Element, und Ramsay dachte es auch. Er war ein impulsiver Mensch und ein großer Optimist, kein nüchterner Engländer. Es war aber kein Element, wie sich später herausstellte. In Montreal bei Rutherford, in der Hochburg der Atomforschung, war man da gleich skeptisch. Rutherfords Assistent, mit dem ich mich später gut verstand, soll gesagt haben: ›Dieses neue Element scheint mir eine Mischung aus Otto Hahn und Ignoranz (also Unwissenheit) zu sein.‹

Ramsay hat mir empfohlen, mich in Berlin zu habilitieren, aber ich wußte, um dort selbständig arbeiten zu können, mußte ich noch viel lernen. Also habe ich bei Rutherford angefragt, ob ich für ein halbes Jahr hinüber kommen könne, und er hat zugesagt. Inzwischen hätte ich bei Kalle anfangen können; da mußte ich nun abschreiben. Die Weichen waren anders gestellt. Rutherford war ein prächtiger Mensch, ganz unkonventionell, freundschaftlich von Anfang an. Er war das Gegenteil des klassischen deutschen Geheimrats jener Zeit. Er und Soddy, diese beiden sind es gewesen, die mit ihrer Atomzerfall-Theorie die Radioaktivität zuerst begriffen und erklärt haben.«

Für Otto Hahn war dann das Jahr 1907 ein entscheidendes: »Da ging ich nach Berlin ans Kaiser-Wilhelm-Institut. Kurz darauf kam die Lise Meitner aus Wien an. Sie war promovierte Physikerin und hatte es anfänglich bei uns nicht leicht. Das Labor in der Holzwerkstatt durfte sie nur hintenherum, nicht durch die Studentenräume, betreten. Der Institutsleiter hätte das unschicklich gefunden. Dabei war Lise Meitner ein scheues und wohlerzogenes Mädchen, auch selbstbewußt genug. Bei der hätte keiner einen unziemlichen Annäherungsversuch gewagt.« So also begann die dreißigjährige Zusammenarbeit mit Lise Meitner, die Albert Einstein respektvoll »unsere Madame Curie« nannte. Auf späteren Kongreß-Gruppenbildern sind das die einzigen Frauen im Kreis der großen Atomwissenschaftler: Marie Curie und die elf Jahre jüngere Lise Meitner. Noch später begleitete Irène Joliot-Curie die Mutter, waren es also drei Frauen.

Otto Hahn war eine einzigartige Persönlichkeit. Er war von einer liebenswürdigen Bescheidenheit, die rühren konnte. Sie wurde besonders deutlich an der Art, wie er mit einfachen Menschen umging. Den unsichtbaren Kreis, den die Berühmtheit um den Berühmten zieht, durchbrach er leichthin mit einem Scherz, mit einem zurechtrückenden Wort, das Verlegenheit ausschloß.

Bemerkenswert war, daß er seine Berühmtheit – obwohl und gerade weil er Genialität für sich nie in Anspruch nehmen wollte – auf seine Weise genoß. Autogrammwünschen kam er geduldig nach; er nahm das als eine Art Werbung für die Wissenschaft. »Das gehört wohl auch zu meinen Amtspflichten als Präsident der Max-Planck-Gesellschaft«, sagte er einmal. Ich war dabei, als ein Bub drei Autogramme von ihm erbat, für sich und zwei Freunde, wie er sagte, kurz nach der Fußball-Weltmeisterschaft in Bern. Hahn schrieb seinen Namen dreimal und sah auf: »Ich weiß schon, zwei Otto Hahns geben einen Fritz Walter.« Fritz Walter war damals als Mittelstürmer der deutschen Fußball-Nationalelf ein Idol der Jugend.

Als ich Otto Hahn sagte, wir wollten der Jugend klarmachen, daß Nobelpreise über den Goldmedaillen bei Olympischen Spielen und Weltmeisterschaften stünden, lachte er und meinte: »Da habt Ihr Euch aber was vorgenommen!« Einmal im Fernsehstudio klagte er im Spaß: »Ihr habt mich geschminkt wie einen Schauspieler. Wenn ich nur einer wäre! Ich muß mich hier selbst spielen.« Als ich ihn eines Tages um ein Vorwort für ein Buch bat, sagte er sofort zu. »Ich hätte es gern nicht mit der Maschine, sondern mit der Hand geschrieben«, stieß ich nach, »wir wollen es als Faksimile drucken.« Er brachte es bei der nächsten Gelegenheit mit. Geschrieben hatte Otto Hahn dies: »Ich glaube, es ist heute wichtiger als früher, den Menschen die Ergebnisse der Naturwissenschaften in Wort und auch im Bild näherzubringen. Die Naturwissenschaften haben unser Leben verändert und werden es noch weiter verändern. Wir müssen die Welt, in der wir leben, begreifen lernen. Dann erkennen wir die Gefahren und können gegen sie auftreten. Aber wir erkennen auch die großen Möglichkeiten dieser Zeit, in die wir hineingeboren sind.« – »Die Rehderin behauptet«, sagte er, »ich hätte krakelig geschrieben wie ein alter Mann« – (er war damals 80) – »ich müßte es noch einmal schreiben.« Ich nahm das Blatt schnell an mich, als Frau Rehder, seine persönliche Referentin, die das gehört hatte, an den Tisch kam. »Das ist frei erfunden«, sagte sie. Er lachte. Man konnte bei Hahn nicht immer wissen, was Spaß, was Ernst war. So fragte er mich einmal nach einem Vortrag Heisenbergs: »Haben Sie es denn verstanden?« Ich meinte: »Nur zum Teil« und wollte ausholen, aber er schloß das ab: »Da bin ich froh, ich habe es auch nicht verstanden. Ich bin eben nur ein Chemiker.« Das sagte er oft, wie er auch gelegentlich betonte, »nur« eine Oberrealschule besucht zu haben. Da sei ihm all das entgangen, was das alte Gymnasium an humanistischer Bildung mitgebe. Er hat das einmal auch dem Bundespräsidenten Theodor Heuss gestanden. Der verriet es seinen Zuhörern, als er Hahn bei seinem 80. Geburtstag feierte. »Da hätte ich ihm fast einen Kuß gegeben.« Als Hahn in seiner Dankesrede meinte: »Ach hätten Sie's doch getan«, stand Heuss auf und drückte ihm unter dem Beifall der Festgäste einen Kuß auf die Stirn.

Es war 1955 in Genf, als Otto Hahn, damals 76 Jahre alt, in einer Pause der Internationalen Atomkonferenz sich den Schwimmbad-Forschungsreaktor im Betrieb ansah. Die Amerikaner hatten ihn herübergebracht; er ist dann in den Besitz der Schweiz übergegangen. Die hübsche Hostesse, die jeden Tag offizielle Delegationen führte, vermutete in Otto Hahn wohl einen Diplomaten. Sie erklärte ihm die technische Einrichtung und auch das Grundsätzliche der Atomspaltung. Er hielt still und sagte nicht, wer er war. Er bestaunte das Leuchten in der Tiefe und genoß es, die Details von einer hübschen Frau erklärt zu bekommen. Niemand hat die köstliche Szene unterbrochen. Hahn bedankte sich, wie in einem besonderen Maß beschenkt. Später ging einer aus der Gruppe zurück, der Hostesse zu sagen, mit wem sie gesprochen hatte. »What a lovely man«, rief sie aus.

Karl Winnacker, lange Vorstandsvorsitzender der Farbwerke Hoechst, schrieb in seinen Erinnerungen »Nie den Mut verlieren«: »Am 8. August 1955 versammelten sich im Großen Saal des ehemaligen Völkerbund-Palasts die Abordnungen von 73 Nationen zur feierlichen Eröffnungssitzung. Die deutsche Delegation bestand aus Otto Hahn, dem Heidelberger Physiker Gentner, dem Gesandten Ophüls, dem Ministerialdirigenten Walter Hinz und mir. Jede Delegation saß wie in einem Kirchengestühl für sich. Direkt hinter den deutschen Vertretern war der Platz der vier riesengroßen und tiefschwarzen Delegierten aus Ghana, die mir wegen ihrer Freundlichkeit in Erinnerung geblieben sind. Sehr viel mehr als ich werden auch sie nicht verstanden haben von den äußerst komplizierten Konferenzthemen und den zahlreichen wissenschaftlichen Vorträgen, die schon bald sehr ins Detail gingen. Verhandlungssprachen waren englisch, französisch, russisch und spanisch.«

Winnacker erzählte, daß die Amerikaner in der Ausstellung, die mit der Konferenz verbunden war, die Bilder berühmter Atomphysiker aufgehängt hatten; es fehlte das Bild von Otto Hahn, und die Deutschen hatten einige Mühe, eins heranzuschaffen. Die Dinge hätten sich dann rasch geändert: »Mit seinem Humor und seiner großen menschlichen Sicherheit gewann Otto Hahn auf der Genfer Konferenz schnell an Terrain, was uns übrigen Mitgliedern der deutschen Delegation sehr zugute kam. Wir gingen sogar zu dem offiziellen sowjetischen Empfang, auf dem wir uns ebenfalls im wissenschaftlichen Ruhm Hahns sonnen konnten. Dieser Besuch fand allerdings gegen den Widerstand der Repräsentanten des Auswärtigen Amtes statt, denn die Bundesrepublik unterhielt mit Moskau noch keine diplomatischen Beziehungen.«

Auch ich profitierte von Hahns Sicherheit: ich hatte mich mit ihm für ein Fernseh-Interview im Park des Palais der Nationen verabredet. Das war irgendwie publik geworden. Eine halbe Stunde vor der verabredeten Zeit fand ich am verabredeten Ort die Kameras der großen Film- und Fernsehgesellschaften aus aller Welt versammelt. Otto Hahn wollte, so erfuhr ich, eine Erklärung der Weltöffentlichkeit übermitteln – in englischer Sprache natürlich. Allenfalls wollte man mir erlauben, daß unsere Kamera und unser Mikrofon zu den anderen gestellt würden. Unser Interview war »umfunktioniert« worden. Wir wußten nicht, wie wir Hahn erreichen konnten, aber es kam uns zugute, daß (siehe Winnacker) die internationalen Vertreter der Medien Hahn noch nicht von Angesicht kannten. Also bezogen wir eine Lauerstellung, um ihn abzufangen, noch ehe ihn die Konkurrenten für sich beschlagnahmen konnten. Als wir ihn mit Fritz Gentner zusammen kommen sahen, setzten wir uns in Marsch; die Konkurrenten erkannten die Absicht und kamen hinter uns drein. Ich hatte keine zwei Sätze mit Hahn gesprochen, als sie neben mir waren und Hahn vor ihre Kameras ziehen wollten. »Nein«, sagte er ruhig, »ich bin mit diesem Herrn verabredet, nicht mit Ihnen.« Der Wortführer wollte das nicht gelten lassen und sprach von der Weltöffentlichkeit. Aber Hahn entschied: »Wenn ich mein Interview in deutscher Sprache hinter mich gebracht habe, können wir darüber reden, ob ich ein weiteres in Englisch gebe.«

Vor unserer Kamera sagte Hahn damals: »Man hat den Wissenschaftlern vorgeschlagen, daß sie ihre Arbeiten im geheimen machen sollten, wenn man nicht genau weiß, was dabei herauskommt. Das ist ganz verkehrt. Der Wissenschaftler macht seine Arbeiten, weil er wissen will und weil die Wissenschaft fortschreitet. Was dann die Politiker damit machen, das müssen die Politiker verantworten. Hier in Genf erleben wir, wie die Wissenschaftler freimütig ihre Ergebnisse austauschen. So können wir hoffen, daß sich auch einmal die Politiker an einen Tisch setzen und wirklich über die friedlichen Aspekte für die Zukunft sprechen, damit allmählich die Welt zu der Ruhe kommt, die sie so notwendig braucht.«

Lise Meitner

Hahn hat sich übrigens immer gewehrt, wenn man ihn als Atomphysiker bezeichnete. »Das bin ich nie gewesen. Ich habe als Chemiker chemische Arbeit geleistet, nicht mehr.« Er hätte seine Versuche über viele Jahre hinweg mit Lise Meitner diskutiert. »Lise Meitner war in den Fragen der Atomphysik eine Autorität. Sie konnte richtig ärgerlich werden, wenn ich nicht gleich verstand.« Hahn hat mir bestätigt, was ein Kollege einmal auf der Treppe aufgeschnappt haben wollte. Lise Meitner habe eine Diskussion mit ihm kurzerhand so abgebrochen: »Geh in dein Labor, Hähnchen, und mach' Chemie! Von Physik verstehst du nichts!«

Als Lise Meitner nach dem Krieg zu Besuch kam, nun schon eine etwas gebückt gehende alte Dame mit Spitzenkrägelchen, hat Hahn mich zu ihr geführt und gescherzt: Ich sei ein alter Freund von ihm und würde sie, wenn sie sich auf ein Interview mit mir einließe, »schon nicht fressen.« Es war mir etwas peinlich; so sagte ich ihr, ich hätte die Freude gehabt, sie bei der Genfer Atomkonferenz zu sehen, als Mitglied der schwedischen Delegation. Ich hätte erlebt, wie sie auf Fragen der Presseleute schlagfertig geantwortet habe. Worauf Hahn in gespielter Entrüstung rief: »Jetzt behauptet er, du hättest Haare auf den Zähnen.«

Daß Otto Hahn den Nobelpreis »für seine Entdeckung der Kernspaltung von Atomen« allein bekommen hat, bedeutete – wie er mir einmal sagte – »für Lise Meitner doch eine gewisse Enttäuschung. Sie hat das durchblicken lassen, als ich im Dezember 1946 nach Stockholm kam, mir den 1945 verliehenen Preis für Chemie abzuholen. Das ist zu verstehen. Wenn sie hätte in Deutschland bleiben können, würde sie an der Entdeckung unmittelbar Anteil gehabt haben. Ich hatte sie 1938 mit unseren anderen Freunden zusammen gedrängt, Deutschland rechtzeitig zu verlassen. Sie war, wie es im damaligen Amtsdeutsch hieß, Nichtarierin. So waren wir froh, daß sie mit ihrem alten österreichischen Paß, der nach der Angliederung Österreichs an das Reich seine Gültigkeit verloren hatte, durch die Kontrollen im Zug gekommen ist. Sie hat uns nach ihrer Ankunft in Holland ein Telegramm mit unverfänglichem Text geschickt. Daß Straßmann und ich ein halbes Jahr später Uran-Atome spalten würden, haben wir nicht voraussehen können. Das hätten wir damals gar nicht für möglich gehalten. Als es geschehen war, wollten wir es zuerst einfach nicht glauben. Ich hatte dabei das Glück, in Fritz Straßmann einen überaus zuverlässigen und klugen Mitarbeiter zu haben. Zusammen hatten wir das Glück, als erste zu diesem Ergebnis gekommen zu sein. Hätten wir es nicht herausgefunden, so über kurz oder lang andere. Man hat schwere Atomkerne seit 1934 gespalten. Man hat es nur nicht gemerkt. Auch Straßmann war sicher enttäuscht, daß der Nobelpreis mir allein zugesprochen wurde.«

Die Kernspaltung

Ich habe Fritz Straßmann, der nach dem Krieg Professor an der Universität Mainz wurde, frei heraus einmal danach gefragt. Er sagte: »Das Nobelpreisträger-Komitee hat bei der Vergabe des Preises sicher nicht nur die gemeinsame Entdeckung, sondern auch die Lebensleistung Otto Hahns würdigen wollen. Als wir die Kernspaltung entdeckten, war Hahn 59, ich 36 Jahre alt.« Wir standen vor dem Arbeitstisch, an dem die Entdeckung geschah; er war in die Ausstellung »Friedliches Atom« nach Frankfurt gebracht worden, ehe er an das Deutsche Museum in München ging.

Die gemeinsame Entdeckung ist wohl auf den 17. Dezember 1938 zu datieren. Otto Hahn erzählte es mir so: »Da war durch einen letzten Versuch bestätigt, daß wir alles ausgeschlossen hatten, was einen Irrtum hätte erklären können. Irgendein Fehler hätte uns ja trotz aller Sorgfalt unterlaufen können. Am Ende blieb dann nur der Schluß: es ist etwas geschehen, was nach herkömmlicher Meinung gar nicht sein konnte. Ich schrieb Lise Meitner, die inzwischen in Schweden lebte, sofort unsere Ergebnisse, um zu hören, was sie dazu meinte.«

Die Meßergebnisse, Zahlenkolonnen, sind in einem Schulheft protokolliert. Ein richtiges Tagebuch hat Otto Hahn nicht geführt. Im Kalender stehen ein paar Notizen: »17. Dezember Aufregender Versuch mit Mesothorium. 18. Dezember Haarschneiden. 19. Dezember Weiterer Versuch Trennung Actinium-Lanthan, 20. Dezember Weihnachtsfeier, 21. Dezember Manuskript abgeschickt.«

Der »aufregende« Versuch war also am 17. Dezember. Da müssen Hahn und Straßmann, die noch immer nicht zu glaubende Fast-Gewißheit erzielt haben. Ihre Eile, damit die Ersten zu sein, ist verständlich. Wenn die Redaktion der »Naturwissenschaften« nach den Feiertagen ihre Arbeit aufnehmen würde, sollte ihr Brief vorliegen. Noch am 19. Dezember abends 11 Uhr hat Hahn an Lise Meitner geschrieben: »Ich habe mit Straßmann verabredet, daß wir vorerst nur Dir das sagen wollen.« Am 21. Dezember schickte er ihr den Durchschlag seiner Mitteilung an die »Naturwissenschaften«, in der die Ergebnisse dargestellt sind, ihre Deutung dahingestellt bleibt. Lise Meitner hatte die richtige Erklärung. Sie schilderte mir, wie sie auf einer Skiwanderung mit ihrem Neffen Otto Robert Frisch die Berliner Ergebnisse diskutiert habe. Ihr Neffe habe zunächst gemeint, Hahn und Straßmann müßten sich geirrt haben. Dagegen sei sie überzeugt gewesen: »Bei jedem anderen, ja! Bei Hahn, mit seiner Erfahrung, nein!« Dann also konnte es nicht anders sein: Urankerne waren in etwa gleichgroße Bruchstücke zerfallen, die Atomkerne von Barium.

Otto Robert Frisch hat die Skiwanderung mit Lise Meitner in seinem Buch »What little I remember«, deutsch »Woran ich mich erinnere« (Wissenschaftliche Verlagsanstalt Stuttgart 1981) so geschildert: »Wir setzten uns auf einen Baumstamm und begannen auf kleinen Zettelchen zu rechnen. Der Urankern glich, so fanden wir, tatsächlich einem wackelnden unstabilen Tropfen, der bei der geringsten Provokation, wie zum Beispiel beim Aufprall eines einzigen Neutrons, in zwei Teile zerfallen konnte. . . .« Zwei Tage später fuhr ich in sehr aufgeregter Stimmung nach Kopenhagen zurück. Ich konnte nicht warten, unsere Spekulationen – zu jener Zeit war es wirklich nicht mehr als das – Niels Bohr zu unterbreiten, der gerade nach Amerika abreiste. Er hatte nur wenige Minuten für mich; doch kaum hatte ich zu sprechen begonnen, schlug er mit der Hand auf die Stirn und rief: »Ach, was für Idioten wir doch alle waren! Ach, das ist ja wunderbar! Genau so muß es sein.« Um ein Haar hätte Bohr seinen Zug, der ihn zum Schiff bringen sollte, damit versäumt. Die Nachricht, die er in die USA mitbrachte, schlug dort wie eine Bombe ein. Den Atomphysikern wurde innerhalb weniger Tage klar, daß mit der Kernspaltung Neutronen frei wurden, die ihrerseits Kerne spalten konnten. Die Möglichkeit einer Kettenreaktion war damit gegeben. Ein tragischer Zufall, oder wie im antiken Drama »das Walten des Schicksals« ließ die Entdeckung zum unglücklichsten Zeitpunkt geschehen. Sie fiel, ohne daß dem Entdecker daraus eine Schuld erwachsen kann, auf den Vorabend des Zweiten Weltkriegs.

Am 28. Juli 1968 starb Otto Hahn im 90sten Lebensjahr. Er wurde auf dem Göttinger Friedhof in einem Ehrengrab bestattet, neben Max Planck, dem er bis zu dessen Tod 1947 respektvoll verbunden war, und Max von Laue, dem Freund. Die Beerdigungsfeierlichkeiten waren ein Staatsakt, an dem die Bevölkerung Göttingens spontan teilnahm. »Noch zu deinen Lebzeiten hast du den Hauch der Geschichte spüren können«, rief ihm Adolf Butenandt, nach Hahn der Präsident der Max-Planck-Gesellschaft, nach. Der einfache Grabstein trägt nur den Namen und die Formel der Uranspaltung. »Die große Entdeckung Otto Hahns wird auch in viel späteren Zeiten noch als der Beginn einer völlig neuen Epoche der Weltgeschichte erscheinen«, schrieb Werner Heisenberg in seinem Nachruf in der Süddeutschen Zeitung.

Das neue Feuer

Daß es gelungen ist, die im Atomkern gebundene Energie zu »entfesseln«, bedeutete nicht weniger als die Gewinnung eines neuen Feuers. Insofern bezeichnet die Entdeckung der Atom-Kernspaltung durch Otto Hahn und Fritz Straßmann 1938 den Beginn eines neuen Abschnitts in der Menschheitsgeschichte. Zur Zeit der Entdeckung ist das noch nicht in das Bewußtsein der Menschen gedrungen. In Deutschland waren die Menschen von den politischen Ereignissen so gefangengenommen, daß der wissenschaftliche Text, der die Entdekkung signalisierte, von der Allgemeinheit kaum wahrgenommen worden ist. Auch die Weltöffentlichkeit konnte vom Fortgang der Atom-Arbeiten keine Kenntnis erhalten; sie verschwanden aus der wissenschaftlichen Diskussion. Was erarbeitet wurde, unterlag strengster militärischer Geheimhaltung und das in einem absoluten Maß. Die Öffentlichkeit rund um den Erdball wurde erst sechs Jahre nach der Entdeckung Hahns aufgeschreckt, als die Atombomben vom 6. und 9. August 1945 Hiroshima und Nagasaki zerstörten und damit dem Zweiten Weltkrieg ein Ende gesetzt wurde.

Das Entsetzen verbreitete sich, als man zu verstehen begann, was der neue »Sprengstoff« bedeutete. Der Einsatz der Atombombe war eine politische Entscheidung des amerikanischen Präsidenten Truman. Er wollte den Krieg mit einem Schlag beenden. Zugleich sollte aller Welt, im besonderen wohl auch und gerade dem russischen Alliierten, dem potentiellen Feind von morgen, ein Zeichen der Macht gesetzt werden.

Albert Einstein, als Jude in Deutschland verfemt, war 1933 endgültig nach Princeton gegangen. Er hatte dem damaligen Präsidenten Roosevelt jenen verhängnisvollen Brief geschickt, in dem auf die tödliche Gefahr einer Atomwaffe in der Hand der nationalsozialistischen Machthaber hingewiesen wurde. Er hat diesen Brief nicht geschrieben, sondern nur unterschrieben, weil die Schreiber wohl zu Recht annahmen, daß eben nur der Name Einstein der politischen Führung Amerikas die ungeheure Wichtigkeit der übermittelten Nachricht dartun konnte.

Niemand konnte die Gewalt einer Atombombe besser abschätzen als Einstein. Viele Jahre zuvor schon hatte er errechnet, wieviel Energie aus zerstrahlter Masse zu erwarten war. Seine Formel $E = m$ mal c^2 (Energie = Masse mal Lichtgeschwindigkeit mal Lichtgeschwindigkeit) kennt heute jeder Oberschüler. Sie ist zur Schicksalsformel der Menschheit geworden.

Die Lichtgeschwindigkeit ist enorm; sie beträgt 300 000 Kilometer in der Sekunde, was bedeutet, daß das Licht in einer guten Sekunde vom Mond zur Erde gelangt, in nur 7 Minuten von der Sonne zur Erde. 300 000 mal 300 000, das ist eine 9 mit 10 Nullen! Man braucht kein Mathematiker zu sein, um zu erkennen, was die Formel bedeutet: einem winzigen Stück Materie entspricht eine riesenhafte Menge Energie.

Es war verständlich, daß im niedergeschlagenen Deutschland, das sich mit der Schuld schwerer Kriegsverbrechen konfrontiert sah, die Frage nach einer deutschen Atombombe brennend diskutiert wurde. Hatten wir sie? Waren wir dabei, sie zu entwickeln?

Carl Friedrich von Weizsäcker legte die Situation offen dar: »Wir haben einen Reaktor bauen wollen. Es sind keine Versuche unternommen worden, eine Bombe herzustellen. Wir wußten, daß das in Deutschland bei den herrschenden Kriegsverhältnissen nicht möglich war. Wenn gesagt worden ist, wir hätten die Herstellung einer Atombombe absichtlich vermieden oder verhindert, so ist das insofern eine Dramatisierung, als wir ja wußten, daß wir dazu nicht in der Lage waren. Es ist aber auch wahr, daß wir ganz außerordentlich glücklich darüber gewesen sind, daß wir es nicht konnten. Unser Reaktor ist übrigens infolge der verworrenen Umstände in den letzten Kriegsjahren auch nicht mehr fertig geworden.«

Die Westmächte konnten sich davon überzeugen. Eine militärische Vorausgruppe mit Wissenschaftlern erschien in dem kleinen württembergischen Ort Tailfingen; da waren die Reste des ausgebombten Berliner Kaiser-Wilhelm-Instituts untergebracht worden. In einem Felsenkeller wurde eine kleine Uran-Maschine vorgefunden. Sie war bestenfalls eine Art Reaktor-Modell, noch immer nicht funktionstüchtig.

Die Wissenschaftler, die mit dem deutschen Uranprojekt beschäftigt waren oder doch mit ihm in Zusammenhang gebracht wurden, insgesamt zehn, darunter Walther Gerlach, Carl Friedrich von Weizsäcker, Werner Heisenberg, auch Max von Laue und Otto Hahn, hat man gefangen gesetzt und nach England gebracht. Sie blieben acht Monate lang, bis zum 3. Januar 1946 interniert. Die Nachricht von Hiroshima hat sie dort durch das Radio erreicht.

Niels Bohr

Im Dezember 1941 hatte Werner Heisenberg nach Kopenhagen, in das seit Mai 1940 besetzte Dänemark, reisen können. Er mußte sich darüber im klaren sein, daß sein Versuch, Niels Bohr unter vier Augen zu sprechen, Lebensgefahr für beide bedeutete. Sie wurden sicher beobachtet. Wie weit konnte er gehen, um nicht Bohrs und sein eigenes Leben unmittelbar zu gefährden?

Heisenberg wollte Bohr zumindest signalisieren, daß die Wissenschaftler in Deutschland sich nicht in der Lage sahen, Atomwaffen herzustellen. Aber Niels Bohr konnte oder wollte ihn nicht verstehen. In Amerika war, wie Bohr wußte, die Entscheidung längst gefallen. So endete das Gespräch zwischen Heisenberg, »dem Hohepriester der deutschen theoretischen Physik« und Niels Bohr, dem »Atompapst« (so Hans D. Jensen, der deutsche Physik-Nobelpreisträger 1963) in Verlegenheit. Hat Bohr seinem Schüler und Freund mißtraut?

Eine Gelegenheit, mit Niels Bohr darüber zu sprechen, habe ich im Oktober 1956 leider verpaßt, als ich mit den Wissenschaftlern und Journalisten, die zur Eröffnung des Atomkraftwerks Calder Hall eingeladen waren, nach London zurückfuhr. Im Gang hinter dem Speisewagen kam mir ein älterer Herr entgegen. Er fiel mir, da der Wagen heftig schwankte, in die Arme. Ich erkannte Bohr, als wir uns mit einem »Sorry – so sorry« trennten, um eine Kleinigkeit zu spät, um die Gelegenheit für ein Interview zu nützen. Ich bin den Zug später noch einmal abgegangen, habe ihn aber nicht finden können.

Niels Bohr kam im Juni 1962 nach Lindau, um dort bei der Tagung der Nobelpreisträger über »Atomphysik und menschliche Erkenntnis« zu sprechen. Er stand nun im 77. Lebensjahr. Heisenberg, inzwischen 60 Jahre alt, saß in der ersten Reihe. Auch der schlohweiße 80jährige Born, der ein Leben lang Gedanken und Ansichten mit Einstein ausgetauscht hat. Bohr, ein schwerer Mann mit dem Schädel einer freundlichen Dogge, hielt das Vortragspult umklammert. Er sprach mit dunkler, fast raunender Stimme ein kaum verständliches Englisch. Amerikanische Zuhörer scherzten danach, sie hätten gedacht, es sei Dänisch gewesen. Aber es wagte niemand, sich auch nur zu räuspern. Niels Bohr, das war schon ein Mythos. Er hatte viele Jahre zuvor die Ideen von Planck, Einstein und Rutherford zur ersten, in sich geschlossenen Atom-Theorie verbunden. Bis heute spricht man vom Bohrschen Atom-Modell: Elektronen, die wie Planeten die Atomkern-Sonne umkreisen, freilich nicht in den bedächtigen Bahnen der Gestirne, sondern in rasendem Wirbel.

Übrigens ist der Schluß der Bohrschen Rede im ungefähren Wortlaut festgehalten. Der Weg, zu Erklärungen in der Quantenphysik zu kommen, sei nicht so trocken gewesen, wie es vielleicht nach seinen

Worten erscheine. Der Humor sei nicht zu kurz gekommen. »Wenn wir uns mit Paradoxien herumplagten, suchten wir Trost in allerlei Späßen. Da war die alte Geschichte mit den zwei Wahrheiten. Das Gegenteil einer tiefen Wahrheit brauchte nicht blanker Unsinn zu sein; es konnte eine andere tiefe Wahrheit bedeuten. Ich erinnere an die Geschichte von dem jungen Mann, der den Vorträgen eines Philosophen beigewohnt hat. Gefragt, wie sie ihm gefallen hätten, sagte er, der erste Vortrag sei wirklich wundervoll gewesen und verständlich für alle, der zweite noch wundervoller, denn er habe überhaupt nichts verstanden, der dritte Vortrag aber wäre wirklich ein Höhepunkt gewesen, so wundervoll, daß sogar der Vortragende selbst ihn nicht verstanden habe. Dennoch hoffe ich«, schloß Bohr, »Ihnen einen Eindruck vermittelt zu haben von der Ernsthaftigkeit unserer Bemühungen, die Rätsel des Atoms zu lösen.«

Die Geschichte mit den drei Vorträgen erinnert an einen Ausspruch von Einstein. Der große Alte war gegenüber dem, was »die jungen Leute in Princeton« an Überlegungen in die neue Physik einbrachten, sehr oft von humorvoller Skepsis. Bei den Feiern zu seinem 70. Geburtstag saß er den ganzen Tag über im Vortragssaal und hörte sich die Gastvorträge an. Als er am Ende gefragt wurde, ob sie ihn gelangweilt hätten, antwortete er: »Sie wären langweilig gewesen, wenn ich sie verstanden hätte.«

Der Vortrag 1962 war Bohrs letzter öffentlicher Auftritt. Er erkrankte in Lindau. Es war, wie sich herausstellte, ein leichter Schlaganfall. Der Arzt meinte, er solle die beabsichtigten Ferien in Amalfi machen. Das tat er, und es bekam ihm gut. Er kehrte nach Kopenhagen zurück und nahm seine Tätigkeit wieder auf. Am 16. November 1962 führte er den Vorsitz bei einer der Sitzungen der Königlich Dänischen Akademie der Wissenschaften und der Literatur. Zwei Tage später, nach einem Mittagessen mit Freunden, klagte er über Kopfschmerzen. Er wolle sich hinlegen. Kurz darauf war er tot.

Werner Heisenberg

Heisenberg hat, als ich ihn einmal fragte, wer seine wissenschaftliche Entwicklung am meisten gefördert habe, geantwortet: »Vor allem waren es zwei, Arnold Sommerfeld in München und Niels Bohr in Kopenhagen. Sommerfeld war mein erster richtiger Lehrer an der Universität, ein begeisternder Lehrer. Die ganze Liebe zur Physik, mein besonderes Interesse für Atomphysik, das habe ich eigentlich alles von Sommerfeld vermittelt bekommen, schon sehr früh; ich war damals zwanzig. Und Niels Bohr, ja, er war nicht nur Physiker, sondern auch Philosoph. Er hat mir gleich bei unserer ersten Begegnung einen enormen Eindruck gemacht.« Sommerfeld hatte den jungen Heisenberg 1922 zu den »Bohr-Festspielen« (wie die Studenten sagten) nach Göttingen mitgenommen. Bohr konnte, wie Carl Friedrich von Weizsäcker später einmal gesagt hat, »eigentlich keinen verständlichen Vortrag halten. Auf viele hat er wie die liebenswürdige Karikatur des tiefsinnig-zerstreuten Professors gewirkt.« Bei der Diskussion jedenfalls glaubte der junge Heisenberg etwas nur halb verstanden zu haben und kam mit einem Einwand. Bohr lud »den blonden Jüngling aus München« zu einem Spaziergang ein, und Heisenberg hatte dabei, das sind seine Worte, »beinahe plötzlich den Eindruck, die eigentlichen Zusammenhänge der Atomphysik zu verstehen«.

Den Nobelpreis hat Heisenberg 1933 erhalten, »für die Begründung der Quantenmechanik«, die an Max Planck und Albert Einstein anschloß. Es handelte sich also nicht um eine Entdeckung wie die der Röntgenstrahlen oder die eines chemischen Elements, vielmehr um die »Entdeckung« eines neuen gedanklichen Zugangs zur Welt der Atome. Heisenbergs Überlegungen, die von der Atomhülle zum Atomkern und von dort zu den kleinsten Einheiten der Materie vordrangen, erklärten, was bis dahin nicht erklärt werden konnte. »Jedes Bild, daß wir uns machen, ist eo ipso falsch«, sagte er einmal. »An die Stelle anschaulicher Beschreibung kann nur die Abstraktion, eine Sprache der Formeln treten.« Heisenberg hat als junger Mann von 23 Jahren die Theoretiker auf einen Weg gebracht, den bis dahin niemand zu denken gewagt hat. Es habe keinen Sinn mehr, den Bewegungen der Elektronen im Atominnern folgen zu wollen. Man könne sie dort nicht beobachten und würde das auch nie können. Die Bewegungen der Elektronen seien nicht zu messen. Schon der Versuch zu messen, verändere das, was man messen wolle. Heisenberg sprach von einer »Unschärferelation«. Gemeint war: was im Innern der Atome geschehe, könne man nur herausbekommen, wenn man die Größen, die beobachtbar seien, in einen mathematischen Zusammenhang bringe.

Heisenberg hat die Umstände geschildert, unter denen er seine neue Atomphysik, die sogenannte Quantenmechanik, entworfen hat, seine »Sternstunde« im Juni 1925. Er hatte sich in Göttingen immer wieder überlegt, was die »Elektronenbahnen« im Atom ersetzen könnte. Er kam nicht weiter; ein Heuschnupfen verleidete ihm das Nachdenken. Er bat Max Born um Urlaub und fuhr nach Helgoland, fand ein hübsches Quartier und eine freundliche Wirtin. »In Helgoland war dann der Augenblick, in dem es mir wie eine Erleuchtung kam ... ich geriet in eine gewisse Erregung, so daß ich immer wieder Rechenfehler machte. Daher wurde es fast drei Uhr nachts, bis das endgültige Ergebnis vor mir lag ... Im ersten Augenblick war ich zutiefst erschrocken. Ich hatte das Gefühl, durch die Oberfläche der atomaren Erscheinungen hindurch auf einen tief darunter liegenden Grund zu schauen, und mir wurde fast schwindlig ... Ich war so erregt, daß ich an Schlaf nicht denken konnte. So verließ ich in der beginnenden Morgendämmerung das Haus ... kletterte an der Südspitze des Oberlands auf einen Felsen, erwartete dort den Sonnenaufgang und war glücklich.«

Heisenberg war übrigens ein angenehmer Redner. Er formulierte zeit seines Lebens leicht, mit einer hellen Stimme und behielt einen gewissen optimistischen Schwung der Rede bis ins Alter. Ich erinnere mich an einen öffentlichen Vortrag, den er 1958 am Rande der Zweiten internationalen Atomkonferenz in einem kleineren Saal des Genfer »Palais der Nationen« hielt. Er sprach über »die Physik der Elementarteilchen«. Die Hoffnung sei berechtigt, daß es mit Hilfe der riesigen Beschleunigungsanlagen eines nicht zu fernen Tages gelingen würde, die letzten Rätsel der Materie zu lösen. Das internationale Publikum, das wie zu einer Festaufführung erschienen war, klatschte begeistert. »The famous Heisenberg!«

Als er in Lindau 1959 über »Neuere Ergebnisse und Fortschritte zur einheitlichen Feldtheorie« sprach, lauerten die Fotografen auf den erwarteten Höhepunkt seines Vortrags. Heisenberg nahm die Kreide, um im Gewitter der Blitzlichter seine berühmte »Weltformel« anzuschreiben: sein, wie sich herausstellte, gescheiterter Versuch, ein Gesetz zu formulieren, aus dem sich alle Naturgesetze herleiten lassen, auch das jener Kraft, die – nach Goethe – »die Welt im Innersten zusammenhält«.

Titanische Kräfte

Ich möchte noch einmal an den Arbeitstisch von Otto Hahn aus dem Jahr 1938 erinnern, an das Röhrchen mit dem Präparat, das Neutronen ausschleuderte. Mit dieser kleinen Neutronenbrause ist, wie sich damals herausgestellt hat, etwas gelungen, was gar nicht beabsichtigt war: Atomkerne des Urans zu spalten. Inzwischen haben die Atomphysiker gigantische Werkzeuge geschaffen, um der Natur weitere Geheimnisse zu entreißen. Die Atomtechnik vermag Elementarteilchen auf unvorstellbare Geschwindigkeiten zu beschleunigen, in dem sie sie elektrische Spannungsfelder durchlaufen läßt. Man kann atomare Teilchen eine Spannung von 10 Millionen Volt durchlaufen lassen, um sie damit auf eine Geschwindigkeit von über 40 000 Kilometern in der Sekunde zu bringen. So ein Teilchen würde den Erdball in einer Sekunde umrasen. Die Atomphysiker sprechen von Elektronenvolt; das ist die Energie, die ein Elektron beim freien Durchlauf einer Spannung von einem Volt gewinnt. Eine sehr kleine Energie, in einem winzigen Teilchen konzentriert. Immerhin: beim Abschuß eines Infanteriegeschosses erhält jedes einzelne Bleiatom eben diese Energie mit. Die Atomphysiker verlangen demgegenüber nach millionen-, ja milliardenfacher Durchschlagskraft. 1 Milliarde Elektronenvolt wäre mit 1 Milliarde Volt zu erreichen. Es geschieht das auf folgende Weise: das atomare Teilchen wird in einer Ringbahn durch Magnete beschleunigt. Wenn es 1 000 mal die Spannung von 1 Million Volt durchlaufen hat, ist das Ergebnis – 1 Milliarde Elektronenvolt!

Die Idee dazu hatten erstmals zwei Amerikaner namens Ernest O. Lawrence und M. S. Livingston in Berkeley schon 1932. Wenn man die atomaren Teilchen zwingen könnte, immer wieder ein und dieselbe Spannung zu durchlaufen, etwa in einer Ringbahn, einem »Zyklotron«, dann mußte man zu hohen Spannungen kommen. Erklärt kann es mit folgendem Bild werden: ein Junge hat einen Stein an eine Schnur gebunden und schwingt ihn nun über dem Kopf im Kreis herum. Wenn er bei jedem Umschwung ein Stückchen Schnur nachgibt, und einen Impuls zugibt, wird sein Stein schließlich sehr viel weiter fliegen als bei freiem Wurf.

Ein paar Kilometer hinter Genf, auf Frankreich zu, ist das Europäische Atomzentrum CERN entstanden, ein Gemeinschaftsunternehmen von 12 Nationen, mit einer der größten Beschleunigungsanlagen der Welt. In einer unterirdischen »Rennbahn« von 200 Meter Durchmesser wurden hier schon 1955 Atomteilchen bis zu einer Bewegungsenergie von 25 Milliarden Elektronenvolt beschleunigt.

Die Teilchen, Bausteine von Atomkernen, werden in ein luftleer gepumptes Rohr eingeschossen. 100 Elektromagnete beschleunigen sie, bis sie 500 000 Mal in einer einzigen Sekunde, fast mit Lichtgeschwindigkeit, umlaufen. Dann wird den gejagten Teilchen ein Fenster geöffnet; man läßt sie auf entsprechend kleine Ziele aufprallen und studiert, wie sich die Materie bei einem solchen Ansturm von Energie verhält. Ich war erstmals bei CERN, als dort ein kleines Zyklotron für Beschleunigungen bis 600 Millionen Elektronenvolt vorgeführt werden konnte. Die Kräfte der Magneten scheinen gespenstisch; sie erfüllen den Testraum, ohne daß man es körperlich wahrnehmen kann. Aber aus gutem Grund sollte ich meine Uhr vor der Tür ablegen. Der Schlüsselbund in der Tasche wurde lebendig, die Münzen in der Geldbörse fuhren zu einer Traube zusammen. Eine Nagelfeile, auf die Kuppe des Zeigefingers gestellt, blieb dort aufrecht stehen, wie man den Arm auch bewegte. Die Besucher von CERN nehmen so etwas als Spaß. Aber der Aufwand gilt einem der ehrgeizigsten Ziele der Wissenschaft: Man will wissen, »was die Welt im Innersten zusammenhält«.

Kosmische Strahlung

Im Laboratorium wird der Versuch unternommen, die im Kosmos tobenden Energiestürme zu kopieren. Es war schon in den Jahren vor dem Ersten Weltkrieg, als Albert Gockel, ein Physiker der Universität Freiburg in der Schweiz, nach einem Ballonaufstieg mit Ergebnissen gelandet ist, die eine der größten Entdeckungen der neuen Physik eingeleitet haben: daß nämlich aus den Tiefen des Weltalls eine Strahlung dringt, energiereicher als die härtesten Röntgenstrahlen und so durchdringend, daß sie noch Hunderte von Metern tief unter Wasser und in Bergwerken nachgewiesen werden kann. Inzwischen scheint die Frage nach der Herkunft der geheimnisvollen Strahlen beantwortet. Sie stammen, so erklärte es der englische Nobelpreisträger C. F. Powell, aus riesigen Sternexplosionen, die Supernovae genannt werden. Diese Strahlung ist ein durch Jahrmillionen fortdauernder Strom von atomaren Teilchen.

Glücklicherweise wird diese Strahlung vom Gaspolster unserer Erde so gedämpft, daß sie das Leben auf unserem Planeten nicht entscheidend behindert, möglicherweise sogar gefördert hat.

In der Atmosphäre löst die kosmische Strahlung eine Folge von Kernprozessen aus. Dabei entstehen auch die sogenannten Mesonen, von denen angenommen wird, daß sie die freie Erscheinungsform jener Kernkraft sind, die die Bausteine in den Atomkernen zusammenhält, eine Art »Kernkitt«. Diese Mesonen leben nur kurze Zeit, manche nicht einmal eine millionstel Sekunde. Sie waren eben deshalb nicht leicht zu finden, aber schon 2 Jahre, ehe sie entdeckt waren, hatte sie ein Japaner, Hideki Yukawa, rechnerisch vorauszusagen gewußt.

Photographische Platten, die in lichtdichter Kassette an Ballonen hochgeschickt wurden, haben die Vorgänge auf der Schwelle des Weltraums festgehalten. Die Strahlungsteilchen durchschlagen die Verpackung. In der photographischen Schicht sind die »Durchschüsse« dokumentiert. Zuweilen ergibt sich, daß so ein Teilchen einen Atomkern in der Emulsion gesprengt hat; die auseinanderfliegenden Bruchstücke haben einen »Stern« hinterlassen, und diese »Sterne« geben die Chance, nachzurechnen, was da geschehen ist.

Daß Materie sich in Energie verwandelt, ist uns geläufig; unsere Sonne zerstrahlt in jeder Sekunde eine Wasserstoff-Masse von 5 Millionen Tonnen. Als man den umgekehrten Vorgang, die Verwandlung von Energie in Materie in der Photoschicht sozusagen schwarz auf weiß aufgezeichnet fand, war dies eine wirkliche Sensation: man konnte sehen, wie Energie sich zu Materie »verdichtet« hatte. Aus energiereicher Strahlung waren materielle Teilchen entstanden; ein Akt der Schöpfung hatte seine Spur hinterlassen. Photographische Platten und Nebelkammerbilder zeigen: es gibt eine ganze Reihe »letzter« Teilchen; man lernt die Steckbriefe von immer mehr Formen kennen, »in denen sich Energie manifestiert«, wie Werner Heisenberg es formuliert hat. Und sicherlich ist dieser Katalog nicht abgeschlossen. Die Vermutung lag nahe, daß es letztlich «Ur-Teilchen« geben müßte, aus denen sich der »Teilchen-Zoo«, den man inzwischen kennengelernt hat, herleitet und auf die verschiedenste Weise zusammensetzt. Die verwirrende Vielfalt der Erscheinungen würde dann zur höheren Einfachheit zurückgeführt sein. Es wäre der vielleicht größte Triumph menschlichen Scharfsinns und technischer Intelligenz, den mathematischen Bauplan der Welt aufzufinden.

Der Bauplan der Welt

Heisenberg war von einer leisen Ungeduld, wenn ihn jemand länger als nötig beanspruchen wollte. Einer bekannten Photographin, die nicht aufhören konnte, an ihren Apparaten herumzurichten, rannte er einmal weg. »Jetzt weiß ich, warum es keine guten Porträts von Ihnen gibt«, rief sie ihm nach und holte ihn damit zurück.

Ich sah immer darauf, daß die technischen Vorbereitungen für ein Fernseh-Interview gleichsam nebenher, lautlos, mit wenig Aufwand und Nervosität getroffen wurden. »Zum Anwärmen« sprach ich mit ihm meist von gemeinsamen Bekannten. Das lenkte ihn vom Aufstellen der Kamera und der Leuchten ab. War das eingerichtet, signalisierte mir meine Assistentin Fritzi Preuß, zur Sache zu kommen.

Bei offiziellen Anlässen schien Heisenberg manchmal geistesabwesend zu sein. Ein Zug zur Melancholie war dann unverkennbar. Ich habe ihn lächeln sehen, aber nie schallend lachen gehört. Doch hatte er Humor. Als wir nach dem Genfer Vortrag zusammen die Treppe hinuntergingen, sahen wir zwischen den Stockwerken auf der Marmortreppe eine Maus, die erschreckt hin und herlief. »Von was die hier wohl lebt«, fragte Heisenberg, »wahrscheinlich vom Papier der Akten.« Für einen Augenblick war da der junge Heisenberg, der einmal Wandervogellieder gesungen hat, vorstellbar.

Im Frühjahr 1919, in den Wirren der Münchener Räterepublik, tat er als 18jähriger Gymnasiast Hilfsdienst bei einem Schützenkommando. Das hatte sich in einem Priesterseminar nahe der Universität einquartiert. In seinen Freistunden zog sich der junge Mann auf das Dach des Gebäudes zurück, um die Sonne zu genießen. In der Regenrinne liegend, mit gelegentlichen Seitenblicken auf die Ludwigstraße tief unten, las er dort Platos Dialog »Timaios«. Er erzählte mir: »Die Spekulation Platos über die kleinsten Teile der Materie, das, was wir heute Elementarteilchen nennen, erschienen mir reichlich absurd. Immerhin ging von den Überlegungen, wie die Welt im Kleinsten beschaffen sein könnte, eine gewisse Faszination für mich aus.«

Zunächst hatte Werner Heisenberg geschwankt, was er studieren sollte. Am besten Mathematik, die Krone der Wissenschaft, dachte er. Gerade hier aber kam der Zufall ins Spiel, sehr massiv, mit einer großen Enttäuschung: Heisenberg wollte den Mathematiker Ferdinand von Lindemann bitten, ihn zu seinem Seminar zuzulassen. Er kam nicht gelegen. Der Professor empfing ihn sichtlich ungnädig, zumal der kleine Hund auf seinem Schreibtisch den Besucher zornig ankläffte. Es war nicht möglich, das Tier zu beruhigen. Die Verständigung wurde immer schwieriger. Lindemann fragte, welche Bücher Heisenberg in der letzten Zeit studiert hätte. Heisenberg nannte eines, das der alte Herr offensichtlich nicht schätzte. »Dann sind Sie für die Mathematik sowieso schon verdorben«, schloß Lindemann das Gespräch.

»Unter dem anhaltenden Toben des kleinen schwarzen Wächters«, erzählte Heisenberg, »trat ich den Rückzug an.« Mit der Mathematik wurde es wohl nichts. Jedenfalls so, wie er es sich gedacht hatte, ging es nicht. Physik also. Mathematische Physik am besten. Arnold Sommerfeld empfing ihn sehr viel freundlicher. Er dämpfte Heisenberg nur, als dieser mit dem Schwierigsten anfangen wollte.

Der »alte Husarenoberst«, wie man Sommerfeld gern nannte, seines Schnauzbarts wegen und auch, weil er seine Abteilung mit Schwung führte, hatte einen Blick für begabte junge Menschen. »Was ich an Ihnen bewundere«, schrieb ihm Albert Einstein einmal, »ist, daß Sie junge Talente wie aus dem Boden stampfen.«

Um ein Haar wäre »Sommerfelds junges Genie«, das sich entgegen vieler Warnungen nur mit den komplizierten Fragen der Atomphysik beschäftigen wollte, nach dem sechsten Semester im Examen durchgefallen. Wilhelm Wien (Nobelpreisträger 1911) fragte Heisenberg nach dem Auflösungsvermögen eines Interferometers, dann nach dem des Mikroskops, dann nach dem des Fernrohrs, schließlich nach der Wirkungsweise des Bleiakkumulators. Nichts, nichts! Heisenberg hat das alles nicht gewußt! Wien fand so viel Ignoranz ungeheuerlich. Im Hauptfach Physik gab es aber nur eine Note, die sich aus den Teilprüfungen in theoretischer und experimenteller Physik zusammensetzte. Sommerfeld mußte sich mit dem verärgerten Kollegen einigen: für Heisenberg konnte nicht mehr herauskommen als eine Drei, ein Gerade-noch-bestanden. Im Nebenfach Mathematik kam er auf eine Eins. Also doch Mathematik? Nein, das war vorbei.

Sicher hätte Heisenberg auch in der reinen Mathematik Außerordentliches geleistet. Aber wohl nicht das, was ihn weltberühmt gemacht hat. Ein kläffender Hund, der nicht zu beruhigen war, der pure Zufall also, hat Werner Heisenberg auf den Erfolgsweg gebracht.

Albert Einstein

Daß Albert Einstein und Otto Hahn nicht nur im selben Jahr geboren sind, sondern innerhalb einer Woche, Einstein am 14. März 1879 in Ulm an der Donau, Otto Hahn am 8. März 1879 in Frankfurt am Main, ist ein merkwürdiges Zusammentreffen. Erstaunlicher noch, daß innerhalb eines Jahres zu den Geburtstagen von Hahn und Einstein die von noch zwei großen Physikern kommen: Max von Laue ist am 9. Oktober 1879 in Pfaffendorf bei Koblenz geboren und Lise Meitner am 7. November zu Wien, allerdings 1878, im Jahr zuvor. (»Als vorwitziges Mädchen etwas früher«, kommentierte Max Planck den kleinen Altersunterschied). Daß vier Fixsterne der Wissenschaft in Zeit und Raum so eng beieinanderstehen, vier Menschen, deren Leben auf schicksalhafte Weise mit dem »Atom« verknüpft sind, ist merkwürdig genug.

Einstein ist oft »das unverstandene Genie« genannt worden. Er war durchaus kein »Wunderkind«, eher das Gegenteil: ein verträumter Bub, der nicht herumtollen wollte, auch nicht richtig zu spielen wußte. Das Kindermädchen nannte ihn »Pater Langweil«. Erst mit drei Jahren hat er zu sprechen begonnen; die Eltern machten sich schon Sorgen. Der Vater, der einen Elektrohandel betrieb, hatte keinen geschäftlichen Erfolg, nicht in Ulm, nicht in München, auch nicht, als er es in Mailand versuchte. Unter Einsteins Vorfahren von väterlicher wie von mütterlicher Seite, die meisten waren Handwerker, findet sich keiner, der besonderen Erfolg gehabt hätte, auch nicht einer, der durch intellektuelle Fähigkeiten hervorgetreten wäre. Hans Albert Einstein, Einsteins Sohn, hat berichtet, was sein Vater aus der Schulzeit erzählte. Den Lehrbetrieb im Münchener Luitpold-Gymnasium, überhaupt mechanisches Lernen, habe sein Vater gehaßt. Die Lehrer hätten den Vater kommen lassen, um ihm mitzuteilen, sein Sohn sei geistig unbeweglich, ungesellig und immer in törichten Träumereien befangen. Auf die enttäuschte Frage, welcher Beruf denn dann wohl für seinen Sohn in Frage komme, habe er hören müssen, das sei ganz egal, er werde es in keinem zu etwas bringen.

Als Einstein schon berühmt war, wurde er gefragt, welchem seiner Talente er den Vorzug gebe. Seine Antwort: »Ich bin auf keinem Gebiet besonders talentiert; ich bin nur von klein auf immer neugierig gewesen.« Was Einsteins Neugier schon in der frühesten Kindheit erregt hat, wußte er anzugeben: mit vier oder fünf Jahren habe ihm sein Vater einen Kompaß gezeigt. Das Verhalten der Nadel sei ihm als »ein Wunder« erschienen. »Da mußte etwas hinter den Dingen sein, das tief verborgen war.« Der Fähigkeit des Sich-wundern-könnens räumte Einstein den höchsten Stellenwert ein. Diese Fähigkeit verkümmere meist schon mit der Schule, noch vor dem Erwachsenwerden, sagte er.

Als er den Eltern aus der Obhut Münchener Verwandten nach Mailand folgte, war er ohne Schulabschluß. Er wußte nicht, was er anfangen sollte. Der Vater wollte, daß er nach Zürich gehe, um an der Eidgenössischen Technischen Hochschule Elektrotechnik zu studieren. Das Abitur wurde dort nicht verlangt; aber Einstein fiel bei der Aufnahmeprüfung durch. In der Mathematik hatte er außergewöhnliche Kenntnisse, aber nicht das verlangte Standardwissen in den Sprachen, in Zoologie und Botanik. »Es war ganz allein mein Fehler, ich hatte mich einfach nicht vorbereitet.« Erst mußte er noch ein Jahr auf die Aarauer Kantonsschule. Dann versuchte er es im Sommer 1896 noch einmal und – es gelang. Er war übrigens auch später nicht das, was man einen eifrigen Studenten nennt.

Pläne, eine Assistentenstelle zu erhalten, zerschlugen sich. Schließlich kam er im Berner Patentamt unter als Prüfer, als »technischer Experte III. Klasse«, wie geschrieben stand. Ein Freund hat ihm diese Stelle besorgt. Sein Gehalt betrug 3 500 Franken im Jahr. Er soll überrascht gefragt haben: »Was soll ich nur mit dem vielen Geld anfangen?« Möglicherweise war etwas Ironie zugemischt. Vier Jahre später wurde es aufgebessert. Er erhielt nun 3 900 Franken, als »Experte II. Klasse«. Als er kündigte, um die angebotene Professur in Zürich übernehmen zu können, soll ihn der Direktor des Patentamts konsterniert angeschrien haben, ob das ein Witz wäre. Aber inzwischen hatte Einstein den ersten Schritt zum Weltruhm getan: er hat (mit 26 Jahren) seine erste Arbeit zur Relativitätstheorie geschrieben. »Wenn sich Einsteins Theorie als zutreffend herausstellen sollte, wie ich es erwarte, wird er als der Kopernikus des 20. Jahrhunderts gelten«, urteilte Max Planck. Er setzte sich dafür ein, daß Einstein nach Berlin geholt wurde. In Berlin waren damals die Größen der Physik versammelt, von Max Planck (Nobelpreis Physik 1918) bis Walther Hermann Nernst (Nobelpreis 1920), der die Erde »eine Insel aus Schießbaumwolle« nannte, »für die uns nur noch das Zündholz« fehle.

Einstein analysierte die Relativität der Zeit: wir unterscheiden das, was »jetzt« geschieht, von dem, was »vorher« geschah und uns im Gedächtnis geblieben ist, wie auch von dem, was »künftig« geschehen wird. Da man diesen Eindruck mit allen anderen Menschen teile, sei man sich dieses Zeitbegriffs sicher. In der Physik aber, so erklärte Einstein, müsse man unterscheiden zwischen dieser subjektiven Zeit und der »objektiven« Zeit, die durch Uhren gemessen wird. (»Zeit ist das, was man auf der Uhr abliest.«)

Einstein zeigte, daß die Geschwindigkeit bewegter Uhren niedriger sein muß als die Geschwindigkeit ruhender Uhren. Eine Uhr am Äquator müsse, die Erddrehung berücksichtigend, um eine Winzigkeit langsamer gehen als eine identische Uhr am Pol, sehe man von den klimatischen Einwirkungen ab. Daß bei beinahe lichtschnellen Geschwindigkeiten das Leben in einem Raumschiff sehr viel langsamer ablaufen würde als das Leben auf der Erde, ist eine erstaunliche Konsequenz aus den Einsteinschen Überlegungen.

Das Vorstellungsvermögen der meisten Menschen reicht für die Theorien Einsteins nicht aus. Selbst Fachwissenschaftlern sind sie wohl nur in der Sprache der mathematischen Formeln zugänglich. So ist es immer eine Sensation gewesen, sowohl für das Publikum als auch für die Gelehrten, wenn sich Einsteins Überlegungen durch ein Experiment beweisen ließen. Daß das Licht von Fixsternen, das ganz nah an der Oberfläche unserer Sonne vorbei uns erreicht, von der Sonne abgelenkt wird, so daß wir die Position dieser Sterne »verschoben« sehen, behauptete Einstein im Jahre 1916. Er berechnete eine Ablenkung von 1,74 Bogensekunden. Nur wenn der Mond die sonst alles überstrahlende Sonne abdeckt, läßt sich das überprüfen. Die Sonnenfinsternis vom 29. Mai 1919 gab diese Möglichkeit: der gemessene Wert stimmte mit der Voraussage Einsteins genau überein.

In den Berliner Jahren 1927–1933 war bei den Einsteins eine gewisse Herta W. in Stellung. Wir verdanken der »Haushaltsstütze« Details, die das Genie auf der Höhe seines Lebens vermenschlichen: Einstein konnte schallend lachen. Er trank wenig, rauchte viel, Pfeife vor allem. Er notierte sich seine Gedanken auf Zetteln; auch auf dem Nachttisch lagen bekritzelte Papiere herum. Er segelte auf der Havel, wenn auch ohne sportlichen Ehrgeiz. Er aß zum Frühstück mindestens zwei Spiegeleier. Er bevorzugte Sellerie-Bowle. Sein Lieblingsgericht war Bockwurst mit grünen Bohnen. Dann Pilze, wann immer welche auf dem Markt waren. Steaks, nur wenn sie durchgebraten waren. (»Ich bin doch kein Tiger.«)

Einstein ging gern ins Konzert, wollte sich aber dazu nicht »groß anziehen«. Die langen Haare schnitt ihm seine Frau; da sie kurzsichtig war, sah der berühmte Gelehrte oft »wie gerupft« aus. Es gibt dazu eine spätere Anekdote: Der bekannte Schauspieler und Regisseur Fritz Kortner sah mit Ärger die modisch-langen Haare eines jungen Kollegen. Der verteidigte sich mit dem Hinweis auf Einstein. Kortner wies ihn zurecht: »Einstein trug die langen Haare als Geigenspieler, und als Geigenspieler war er schlecht!«

Nach Aussage von Herta W. übte er manchmal nachts in der gefliesten Küche, wohl der Akustik wegen. Ein bekannter Konzertgeiger urteilte: »Er war sicher im Takt, auch im Notenlesen. Die Augen hatte er so nah am Blatt, daß sein Gesicht dahinter ganz verschwand.« Ein anderer Fachmann: »Einstein hatte einen Geigenstrich wie ein Holzfäller.« Immerhin: Einstein hat nicht nur im Kreis seiner Freunde, sondern auch auf dem Podium musiziert. Er hat wiederholt Konzerte gegeben für karitative Zwecke.

Daß Einstein in Berlin zur gesellschaftlichen Prominenz gehörte und kein Kind von Traurigkeit war, berichtete Max Krell (1887–1962), der als Lektor beim Ullstein-Verlag (»Das alles gab es einmal«) Gott und die Welt kannte: im Theater am Kurfürstendamm habe das Russische Kabarett ein Gastspiel gegeben. Der Conferencier Jushnij habe von der Bühne aus Einstein in der Loge einen Ball zugeworfen, und »eine kleine Weile amüsierten sich die beiden ausgewachsenen Männer damit, über die Köpfe im Parkett weg mit dem großen Ball zu spielen«.

Einstein hat am 15. Oktober 1927 auch die festliche Uraufführung des letzten großen Ufa-Stummfilms »Frau im Mond« (Buch: Thea von Harbou; Regie: Fritz Lang; Wissenschaftliche Beratung: Hermann Oberth) besucht. Was er dazu gesagt hat, ist leider nicht verbürgt. Immerhin hat er die Ehrenkarte nicht verfallen lassen. Die Veranstalter der Funkausstellung 1930 konnten ihn sogar als Festredner gewinnen. Mit vollem Ernst, wenn auch humorig, sagte er: »Sollen sich alle schämen, die sich gedankenlos der Wissenschaft und Technik bedienen und nicht mehr davon geistig erfaßt haben als die Kuh von der Botanik der Pflanzen, die sie mit Wohlbehagen frißt.«

Als Hitler im Januar 1933 an die Macht kam, war Einstein gerade in Amerika. Im Winter lehrte er in Passadena und Princeton. Im Frühling kam er regelmäßig zurück, seine Verpflichtungen in Berlin wahrzunehmen. Die Sommerferien verbrachte er in seinem Haus an der Havel. Das Visum für Amerika hatte er zuletzt gegen den lautstarken Protest patriotischer Amerikanerinnen erhalten; sie wollten ihn seiner pazifistischen Neigungen wegen nicht im Land haben. Witzig und bissig schrieb er: »Noch nie habe ich von seiten des schönen Geschlechts so energische Ablehnung gegen jede Annäherung gefunden. Sollte es doch einmal der Fall gewesen sein, dann sicher nicht von so vielen auf einmal.« Freilich, »auch das Capitol des mächtigen Rom« sei einst »durch das Geschnatter seiner treuen Gänse gerettet worden.« Im Frühjahr 1933 kehrte Einstein dann noch einmal nach Europa zurück, nach Belgien, als Gast des Königs, aber nicht mehr nach Deutschland. Der Preußischen Akademie der Wissenschaften, die ihn ausstoßen wollte, kam er durch seinen Austritt zuvor.

Eine Biographie Einsteins, 1972 geschrieben von seinem Schüler Banesh Hoffmann, heute Professor für Mathematik an der City University von New York, und Helen Dukas, die Einsteins Sekretärin war und Verwalterin seines schriftlichen Nachlasses ist, endet mit den Sätzen: »Seinem Wunsch gemäß wurde nie bekannt, was mit seiner Asche geschah, damit keine auch noch so bescheidene Ruhestätte zu einem Wallfahrtsort werden konnte. Aber der unaufhaltsame Strom der Zeit trug seine Asche mit sich hin zu jenem Ozean, an dessen Ufern Newton gespielt hat.« Es ist das eine Erinnerung an das Wort Newtons: »Ich weiß nicht, wie ich der Welt vorkomme, aber mir selber erscheine ich wie ein Knabe, der am Meeresstrand spielt und sich damit vergnügt, hie und da einen ungewöhnlich abgeschliffenen Stein oder eine außergewöhnlich schöne Muschel zu finden, während der große Ozean der Wahrheit sich völlig unerforscht vor ihm ausbreitet.«

Ronald W. Clark, ein hochkarätiger Sciencewriter, endet seine Biographie Einsteins mit der Darstellung der letzten Lebensminuten am 18. April 1955: »Kurz nach Mitternacht bemerkte die Krankenschwester Alberta Roszel, daß er verändert atmete. Sie war beunruhigt, rief eine andere Schwester zu Hilfe und richtete mit dieser zusammen das Kopfende des Bettes auf. Einstein murmelte etwas auf Deutsch, in der Sprache seiner verachteten Landsleute. Es war die einzige Sprache, in der er sich zu Hause fühlte. Als er nach zwei tiefen letzten Atemzügen sanft einschlief, schien es unwahrscheinlich, daß er sehr viel bereute, wenn er überhaupt etwas bereute.« Das mag sein. Immerhin, er hat, als er am 11. November 1954 mit Linus Pauling (Nobelpreis für Chemie 1954, für Frieden 1962) eine Stunde zusammen verbrachte, von jenem Brief an Roosevelt als von einem »großen Fehler in meinem Leben« gesprochen.

Möglicherweise war es gerade dieser »Fehler«, der Einstein gegen Ende seines Lebens doppelt unversöhnlich seinem Geburtsland gegenüber gemacht hat. Er mußte sich eingestehen, daß er, der überzeugte Pazifist, mit dieser schrecklichsten der Waffen, mit der Atombombe, schicksalhaft verbunden war. Wie sich nachträglich herausstellen sollte, war der Brief an Roosevelt nur in vermeintlicher Notwehr geschrieben. Hatte dieses Deutschland, dem seiner Meinung nach alles zuzutrauen war, also nicht auch die Entwicklung der Atombombe, wenn auch nur auf dem Umweg über seine Person und seinen Irrtum, verschuldet? Als die amerikanische Bombe dann über Hiroshima gezündet wurde, waren seine schlimmsten Befürchtungen Wirklichkeit geworden, wie Helen Dukas bezeugt hat. Er vermochte, als ihm ein Reporter die Nachricht überbrachte, dazu nichts zu sagen als nur tieftraurig und verzweifelt: »O weh!«

Konnte es nicht auch sein, fragte ich einmal Otto Hahn, daß Einstein ab 1933 das Land seiner Herkunft auch aus verschmähter Liebe gehaßt hat, wie man das im täglichen Leben ja oft findet. Otto Hahn hielt dies für möglich, ja wahrscheinlich. Es sei jedenfalls aussichtslos, mit Einstein auf absehbare Zeit noch einmal ins Gespräch zu kommen. Er machte allerdings Ausnahmen. Max von Laue blieb er lebenslang brieflich verbunden.

Zu den letztwilligen Verfügungen Einsteins schreibt der Biograph Clark: »Er wollte nicht, daß das Haus in der Mercer Street zu einem Wallfahrtsort würde, und er hätte für die Leute wenig Verständnis aufgebracht, die in späteren Jahren bei Nummer 112 klingelten und fragten, ob sie sein Arbeitszimmer sehen dürften.« Ich habe, als wir 1980 von Detroit (wo, von einer Fordschen Stiftung betreut, Edisons Laboratorium gezeigt wird) über Harrisburg (wo der Atomschmelz-Unfall stattgefunden hat) nach New York zurückfuhren, in Princeton haltgemacht. Sicher nicht, um Einsteins Arbeitszimmer zu sehen, aber doch das Haus und den Garten. Wir stellten den Leihwagen im Zentrum ab und orientierten uns nach einem Stadtplan. Aber dann wollte ich doch herausfinden, ob die Menschen in Princeton, 25 Jahre nach seinem Tod, noch das Haus kannten, in dem er gewohnt hatte. Mehrere Male fragte ich entgegenkommende Passanten, nicht etwa nach der Mercer Street, sondern nach dem »Haus Einsteins«. Tatsächlich, es war jeder bemüht, mir den kürzesten Weg zu erklären und das Haus zu schildern. Angekommen, versicherte uns die Nachbarin, wir seien richtig, aber, so bedauerte sie, Miss Dukas, die da noch wohnte, hätte mehrmals Besucher aus Deutschland abgewiesen. Nein, sagte ich, wir schauen nur ein bißchen von außen in den Garten hinein und gehen wieder. Sie lächelte liebenswürdig: you are welcome. So haben wir dem Genie dieses Jahrhunderts unsere Reverenz erwiesen, ohne uns irgendwem erklären zu müssen. Es spricht für die Menschen, denen wir in Princeton begegnet sind: jeder hat gewußt, wo es ist, und keiner zurückgefragt: »Einstein, sorry. Never heard. Wer soll das sein?«

Carl Friedrich von Weizsäcker, theoretischer Physiker und Philosoph, hat später gesagt, daß »in dem Augenblick, in dem die Erkenntnis der Kettenreaktion den Physikern der Welt zugänglich wurde, diese bereits unlösbar mit der Weltpolitik verflochten« war. Der Krieg zwang die Forscher, die einst über die Grenzen hinweg einander verbunden waren, in getrennte Lager. Was war aus Fermi geworden?

Der für ihn entscheidende Tag war der 2. Dezember 1942, Schauplatz eine Tennishalle unter der Westtribüne am Sportfeld der Universität Chicago. Fermi leitete die Arbeiten am ersten Reaktor der Geschichte; ein Atomfeuer sollte entzündet und fortglimmend unterhalten werden. Der Reaktor hatte die Form einer Kugel. Uran und Uranoxyd wurden eingebracht. Sechs Tonnen reines Uran waren das Herz des Ganzen. Außen herum wurden Graphitblöcke geschichtet. Zehn Kanäle waren für Borstahlstäbe und Cadmiumstreifen freigehalten. Um das »Atomfeuer« zu dämpfen, waren sie tiefer in den »Atomofen« hineinzuschieben, um es anzufachen, weiter herauszuziehen. Dieser 2. Dezember war einer der kältesten Tage in Chicago, wie William Laurence in seinem Buch »Dämmerung über Punkt Null« festgestellt hat. Nach der Berechnung waren bis Mittag genügend viele Uranziegel an Ort und Stelle. Das Atomfeuer konnte in Gang gebracht werden! Die Spannung war auf das Äußerste gestiegen, aber Enrico Fermi wollte zunächst einmal essen gehen. Danach, um 3 Uhr 30, ist es soweit: die letzten »Uraneier« werden untergebracht. Die automatische Steuerung wird überprüft. Zwei Physiker stehen als »Himmelfahrtskommando« auf einer hohen Plattform über dem Reaktor, jeder einen Eimer mit Cadmiumlösung in der Hand, um ihn über dem Atomofen auszuleeren, falls die Cadmium- und Borsicherungen nicht richtig arbeiten sollten. Ob, wenn irgend etwas außer Kontrolle gerät, dann noch Zeit für die geringste Bewegung ist? Ein Sicherungsstreifen nach dem anderen wird herausgezogen. Bis auf den letzten. Der Neutronenzähler tickt; ein Registriergerät zählt die Impulse pro Minute. Bei 1600 wird man wissen: das Feuer glimmt! Die Kettenreaktion ist im Gange. Sie reißt nicht mehr ab. 1590, 1595, 1600, 1601, 1602, 1604! Der Atombrenner arbeitet!

28 Minuten lang läuft eine berechnete und kontrollierte »Kettenreaktion«. Das erste Planziel der Atomphysiker um Fermi ist erreicht. Nur wenige Eingeweihte wissen, wie es weitergehen wird. In Europa zeichnet sich bereits mit der Schlacht von Stalingrad die große Wende des Krieges ab. Die Welt hielt den Atem an. Jedermann konnte sich vorstellen, was das Brüllen von tausend Kanonen in Rußland bedeutet. Das Ticken des Meßgeräts war bestenfalls auf zwei Meter Abstand hörbar. Was es letztlich bedeutete, konnten sogar die wenigen Zeugen in Chicago noch nicht wissen. Es blieb bis zum Schluß des Krieges das bestgehütete Staatsgeheimnis der Erde.

Am 7. Mai 1945 kapitulierten die Reste der deutschen Wehrmacht. Bedingungslos. Wer im geschlagenen Reich überlebte, war glücklich, trotz aller Ungewißheit über die Zukunft, »davongekommen« zu sein. Niemand ahnte, daß den Städten Hamburg und Berlin oder München und Nürnberg mit der Kapitulation ein vergleichsweise noch schrecklicheres Schicksal als das von Dresden erspart blieb. Denn: nur etwas mehr als 2 Monate nach der deutschen Kapitulation hatten die Amerikaner ihr zweites Planziel erreicht.

Dieses Mal, am 16. Juli 1945, ist die Wüste von Neu-Mexiko, am Südende der Rocky Mountains, tausend Kilometer östlich von Los Angeles, der Schauplatz. Man hat einen abgelegenen Flugplatz namens Alamogordo ausgesucht. Die erste Atombombe soll probegezündet werden. Um 5 Uhr 25, 5 Minuten vor Null, ertönte ein kurzes Sirenenzeichen. Zwei Minuten vor Null heulten die Sirenen »lang«. Nach der militärischen Anweisung hatten sich die Beobachter flach auf den Boden zu legen, »das Gesicht dem Boden zugewandt und den Kopf vom Punkt Null abgewandt«. Es wurde davor gewarnt, den Blitz anzusehen. Aber – wenigstens in einer 30 Kilometer entfernten Beobachtungsstelle war das so – die meisten blieben wie gebannt stehen und starrten in die Dunkelheit, ein farbiges Glas vor den Augen. Nachtkälte und Erregung machten die Menschen zittern. Der Lautsprecher gab die letzten Zeitansagen: »Null minus zehn Sekunden! – Null minus drei Sekunden!« Dann, nach dieser entsetzlich langen Drei-Sekunden-Zeit, geschah es: eine Feuerkugel, eineinhalb Kilometer im Durchmesser, schoß zur Höhe. Es war Licht wie von tausend Sonnen. Der Wolkenberg danach wuchs und wuchs, bis er höher als der Himalaja war. Eine Welle heißer Luft hatte mehrere Beobachter zu Boden gerissen. Ein Donner rollte über sie hin »wie Gottes Stimme«. Dieser Vergleich wurde von einigen Zeugen gebraucht. Die Scheiben klirrten in Häusern, die 400 Kilometer weit entfernt waren. Man glaubte an ein Erdbeben, an einen Meteor. Grasenden Kühen, die kilometerweit entfernt waren, brannte die furchtbare Sonne Flecken ins Fell. In einem Umkreis von über eineinhalb Kilometern war jedes Leben gelöscht, kein Reptil, kein Insekt, kein Grashalm war übriggeblieben. Bei den wissenschaftlichen Beobachtern stand Fermi. Seine ganze Aufmerksamkeit galt einem kleinen Experiment. Er ließ Papierschnitzel zur Erde fallen, um zu sehen, wie weit die Druckwelle sie mit sich fortreißen würde. Daraus errechnete er die Stärke der Explosion; seine Zahlen stimmten mit denen der Präzisionsinstrumente verblüffend überein.

Der Stahlturm, der die erste Atombombe getragen hatte, war verdampft. Fermi stieg in einen mit Bleiplatten ausgekleideten Panzerwagen. Er ließ sich an den riesigen Krater heranfahren, einen Krater von 800 Metern Durchmesser, dessen Höhlung wie Jade glänzte. Der Wüstensand war zu Glas geschmolzen. Ich habe so ein Stück Glaskruste aus Alamogordo zehn Jahre nach jenem Tag in der Hand gehabt. Man konnte es unbesorgt anfassen; die Strahlung war abgeklungen. In Amerika haben junge Frauen solche Stücke gesinterten Sands, goldgefaßt, als modisches Amulett am Hals getragen.

Hiroshima

Nur drei Wochen nach dem Tag von Alamogordo verwüsteten »Atomsonnen« die japanischen Städte Hiroshima und Nagasaki. Sie haben den Zweiten Weltkrieg beendet. Im niedergeschlagenen und hungernden Deutschland wurden die Ereignisse damals nicht mit vollem Bewußtsein wahrgenommen; ein jeder war zu sehr mit sich selbst beschäftigt. Ereignet hat es sich so:

Hiroshima lag unter einem blauen Himmel. Die »Enola Gay«, die den Atomtod in ihrem Bauch trug, flog so hoch, daß niemand sie hörte, zumindest niemand sie ernst nahm.

Ein Richtpunkt des Stadtreliefs wanderte in das Zielgerät des Bombenschützen ein. Als dieser Punkt das Fadenkreuz berührte, klinkte Major Thomas W. Ferebee aus Mocksville, North Carolina, aus: die Bombe fiel und fiel. Sie fiel Tausende von Metern. Ein kleines Meßgerät in ihrem Innern zählte mit. Als die Barometerflüssigkeit eine bestimmte Marke erreichte, wurde ein Stromkreis geschlossen. In der gleichen Teilsekunde schoß eine Sprengladung die beiden Uran-Teile zur kritischen Menge zusammen.

Die ersten Worte, die Hauptmann Robert A. Lewis, zweiter Pilot der »Enola Gay«, später in das Logbuch zu schreiben vermochte, lauteten: »Mein Gott!«

Überlebende behaupten, niemals zuvor ein schneidenderes Licht gesehen zu haben. Ein Orkan raste über die Stadt; eine Welle radioaktiver Strahlung spülte über sie weg. An zahllosen Stellen zugleich begann es zu brennen. Tausende flohen. Kaum einer, der nicht verletzt war. Manche hielten vor Schmerz die Arme hoch, als ob sie etwas vor sich hertrügen. Den meisten waren die Augenbrauen abgesengt. Vielen hatte das Feuer die Schattenrisse von Gürteln und Hosenträgern eingebrannt; auf der Haut von Frauen sah man die Blumenmuster ihrer Kimonos. Im Gesicht von diesem und jenem war der Schatten der Nase oder eines Ohrs abgebildet, je nachdem, in welcher Stellung der einzelne von der Explosion überrascht worden war.

Auf dem von der Hitze erweichten Pflaster kauerten Menschen, zu schwach, um aufzustehen. Einem Hilfreichen, der eine Frau bei den Händen hochziehen wollte, blieb die abgeglittene Haut wie ein Handschuh zwischen den Fingern. Da die Luft nach Ozon roch, glaubten viele, an einem Giftgas erkrankt zu sein. Als später Gerüchte von einer Atombombe in die zerstörte Stadt gelangten, konnte sich niemand darunter etwas vorstellen. Schimzo Hamai, der Bürgermeister von Hiroshima, sagte 1949 im Rundfunk: »Getötet oder an den Folgen der Explosion gestorben sind 240 000 Menschen.«

Flugblätter forderten die Übergabe: »Bevor wir diese Bombe weiter anwenden, verlangen wir, daß Ihr jetzt Euren Kaiser bittet, den Krieg zu beenden.«

Ehe die Kapitulation unterzeichnet war, starb auch die Stadt Nagasaki. William Laurence, damals Sonderberichter der New York Times, flog in einer Begleitmaschine mit: »Niemand weiß in diesem Augenblick, welche Stadt es sein wird. Das Schicksal wird entscheiden. Die Winde über Japan werden das Urteil fällen. Wenn sie dichte Wolken über unser Ziel treiben, wird diese Stadt gerettet sein, wenigstens auf Zeit. Niemand in der Stadt wird jemals erfahren, daß ein gütiger Wind an diesem Morgen über ihn dahinstrich. Aber der gleiche Wind wird eine andere Stadt zum Untergang verurteilen.«

Sie fanden den Himmel über Nagasaki offen. Laurence sah die Bombe fallen. »Wir flogen eine Kurve, um aus dem Gefahrenbereich zu kommen. Da brach – obwohl es heller Tag war – ein ungeheures Aufleuchten durch unsere dunklen Gläser. Eine riesenhafte purpurrote Feuersäule stieg mit rasender Geschwindigkeit empor. Als unsere Maschine auf die Explosion zudrehte, hatte die Feuersäule bereits unsere Höhe erreicht. Nur 25 Sekunden waren vergangen ...

Es war keine Wolke aus Rauch und Staub, es war auch keine Wolke nur aus Feuer. Es war ein Lebewesen, ein neues Geschöpf, das vor unseren erschrockenen Augen geboren wurde.«

»Auf eine sehr grausame Weise haben die Physiker erfahren, was Sünde ist. Das ist eine Erfahrung, die sie nie wieder loswerden.« Dies sind die Worte Robert Oppenheimers (1904–1967), der die Waffe als der leitende Wissenschaftler mitentwickelt hat.

Die in England internierten deutschen Physiker haben die Nachricht vom Einsatz einer Atombombe im Radio gehört. Es gab erregte Diskussionen. Man wollte es zunächst nicht glauben und mußte es glauben. Hatte man sich mitschuldig gemacht? Die da saßen und aufeinander einsprachen, waren Otto Hahn, Max von Laue, Werner Heisenberg, Walther Gerlach, Carl Friedrich von Weizsäcker, Karl Wirtz und Erich Bagge. In Bagges Tagebuch lesen wir: »Wie sagte in dieser Nacht Prof. von Laue, als er nach langen Diskussionen sich um 1 Uhr schlafen legte? ›Als ich jung war, wollte ich Physik treiben und Weltgeschichte erleben. Die Physik habe ich getrieben, und daß ich Weltgeschichte miterlebt habe, wahrhaftig, das kann ich jetzt in meinen alten Tagen wohl sagen.‹ Er sollte aber nicht zum Einschlafen kommen. Um 2 Uhr pochte es an unsere Türe und herein trat Herr von Laue: ›Wir müssen etwas unternehmen, ich habe große Sorgen um Otto Hahn. Diese Nachrichten haben ihn entsetzlich erschüttert, ich befürchte das Schlimmste.‹ Wir waren noch lange wach.«

Müssen sich auch die Wissenschaftler, die mit der Waffenentwicklung nichts zu tun hatten, Vorwürfe machen? Der deutsche Nobelpreisträger Max Born (1882–1970) – einer, der Deutschland verlassen mußte und nach dem Krieg nach Deutschland zurückgekehrt ist, um seinen Lebensabend in Bad Pyrmont zu verbringen, sagte mir: »Es war ein Verbrechen. Ich will keinen einzelnen einen Verbrecher nennen. Es handelt sich um eine Gesamtschuld, um den Verfall des sittlichen Bewußtseins, an dem wir alle mitschuldig sind – auch ich selbst, obwohl ich nicht an der Bombe beteiligt war.«

Proben des Jüngsten Tages

Noch kein Jahr nach Ende des Krieges saßen die Militärattachés der siegreichen Mächte in den Logen rund um die Inselbühne Bikini; sie sollen den Japanischen Tod als Schauspiel erleben. Bikini, das ist ein Korallenring im Bereich der Marshallinseln. Auch hier war Laurence der Geschichtsschreiber: »Den ganzen Tag hindurch und bis spät in die Nacht und in die frühen Morgenstunden hinein bewegten sich die Schiffe, die nicht zu den Zielschiffen gehörten, in die offene See hinaus. Am ganzen Horizont entlang konnte man eine endlose Reihe von Lichtern beobachten, die in aller Stille durch die Dunkelheit trieben, eine Lichterstadt, die vor der Gewalt des Atomfeuers floh, das am Morgen ausbrechen sollte. Man war dankbar, daß es sich nur um ein Manöver handelte, man konnte sich aber des Gedankens nicht erwehren, daß dies eine Generalprobe für den Jüngsten Tag darstellte.«

Auf Bikini folgte ein Jahr später Eniwetok, ebenfalls ein Korallenring in der Südsee. Diesmal waren die Amerikaner unter sich. Der Sicherheitsabstand betrug fast 300 Kilometer. Da kam die Antwort vom russischen Festland: die erste Atombombe der Russen – Joe I, wie die Amerikaner etwas gequält scherzten - war explodiert. Die Sowjets hatten sich sehr viel weniger von der Atom-Wunderwaffe beeindruckt gezeigt, als man in Washington annehmen wollte. Sie waren über die in Los Alamos geleisteten Arbeiten an der Bombe im Bilde. 1950 wurde in London Klaus Fuchs, der von Amerika zurück nach England gegangen war, der Sohn eines deutschen Pfarrers, wegen Hochverrats verhaftet und zu 14 Jahren Gefängnis verurteilt. Er war geständig, militärische Geheimnisse an die Russen weitergegeben zu haben. »Waren sie nicht unsere tapferen Verbündeten, warum sollten wir sie nicht über die technischen Fortschritte unserer Waffensysteme unterrichten? Ich bin dazu erzogen worden, nach meinem Gewissen zu entscheiden«, verteidigte er sich. Ob und in welchem Ausmaß der Wissenschaftler Klaus Fuchs am Remis der Atommächte mitgewirkt hat, wird wohl nie bekanntwerden. Jedenfalls war dieses Remis nunmehr gegeben.

Nach einigen Monaten der Ratlosigkeit befahl Präsident Truman daraufhin den Bau der Wasserstoff-Bombe, der H-Bombe. H, das ist das chemische Zeichen für Wasserstoff; es ist auch der Anfangsbuchstabe von »hell«, »die Hölle«. Wasserstoff kennt keine Kritische Menge; davon läßt sich anhäufen, so viel ein Fernbomber oder eine Interkontinental-Rakete zu tragen imstande sind. Den Wasserstoff atomar anzuzünden, dafür hatten die Techniker das passende Zündholz gefunden: eine Plutonium-Bombe erzeugt die nötige Hitze. Wasserstoff-Atomkerne, die zu Helium-Kernen verschmelzen, das bedeutet einen bis dahin unvorstellbaren Energie-Ausbruch.

Die Superbombe legte ihre erste Probe wieder im Bereich der Marshall-Inseln ab. Ein Paukenschlag folgte dann auf den anderen: Nach der ersten Wasserstoff-Bombe der Russen im August 1953 detonierte eine dritte, eine vierte, eine fünfte der Amerikaner. Wochenschauberichte machten das Nichtmehrzuverstehende sichtbar: ein fliegender Schatten, wie bei einer Sonnenfinsternis! Und dann eine riesige Wasserdampf-Glocke, aus der bösartige Wölkchen wucherten. Eine einzige H-Bombe riß die Insel Elugelab aus dem Meer, hat eine Milliarde Tonnen Korallengrund als Staub in den Himmel geblasen – hat einen Krater, 6 Kilometer im Durchmesser, zurückgelassen. Die Bombe, die Elugelab pulverisierte, kam 700 Hiroshimas gleich. Es ist das Jenseits aller Vorstellung. Max Born nannte die Wasserstoffbombe eine »Erfindung der Hölle«, im Sinne ewiger Verdammnis.

Edward Teller, in Ungarn geboren, hatte ein »vereinfachtes Verfahren« für diese Bombe ersonnen und die Erprobung gegen den Widerstand Oppenheimers durchgesetzt. Oppenheimer wurde, der Unzuverlässigkeit beschuldigt, entlassen. Der schlohweiß gewordene Max Born hat dazu geschrieben: »Oppenheimer und Teller, übrigens auch Fermi und andere Beteiligte, darunter auch russische Physiker, waren einst meine Mitarbeiter in Göttingen, lange vor diesen Geschehnissen, als es noch reine Wissenschaft gab. Es ist schön, so kluge und tüchtige Schüler gehabt zu haben. Es ist wohl mein Fehler gewesen, wenn sie von mir nur Methoden der Forschung und nichts weiter gelernt haben. Nun ist durch ihre Klugheit die Menschheit in eine fast verzweifelte Lage geraten.«

Zum ersten Mal habe ich Edward Teller 1958 gesehen. Es war in Genf bei der 2. Internationalen Konferenz zur friedlichen Nutzung der Atomenergie. Er gab dort nur ein kurzes Gastspiel, aber seinen Auftritt wollte niemand versäumen. Lise Meitner nahm als eine der Delegierten Schwedens an der Konferenz teil. Was mag sie gedacht haben, als Teller, ein Edelweiß im Knopfloch, als Star ans Rednerpult trat? In der Pressekonferenz, die der Sitzung folgte, sah ich ihn aus der Nähe: auffallend buschige Augenbrauen, auffallend blaue Augen, ein schmallippiger Mund. Hektische Bewegungen. Er versuchte geduldig zu lächeln, aber es mißlang immer wieder. Hierin war er, wie mir schien, ein schlechter Schauspieler. Das Smiling geriet zur Grimasse, als ihn die Journalisten bedrängten und wortreich attakkierten.

Die Mainau-Erklärung der Nobelpreisträger

Am 15. Juli 1955 hatten die zum Abschluß der Lindauer Sommertagung versammelten Nobelpreisträger eine Erklärung abgegeben, der insgesamt 52 Laureaten beigetreten sind: »Wir, die Unterzeichneten, sind Naturforscher aus verschiedenen Ländern, verschiedener Rassen, verschiedenen Glaubens, verschiedener politischer Überzeugung. Äußerlich verbindet uns nur der Nobelpreis, den wir entgegennehmen durften.

Mit Freuden haben wir unser Leben in den Dienst der Wissenschaft gestellt. Sie ist, so glauben wir, ein Weg zu einem glücklicheren Leben der Menschen. Wir sehen mit Entsetzen, daß eben diese Wissenschaft der Menschheit Mittel in die Hand gibt, sich selbst zu zerstören.

Voller kriegerischer Einsatz der heute möglichen Waffen kann die Erde so sehr radioaktiv verseuchen, daß ganze Völker vernichtet würden. Dieser Tod kann die Neutralen ebenso treffen wie die Kriegführenden.

Wenn ein Krieg zwischen den Großmächten entstünde, wer könnte garantieren, daß er sich nicht zu einem solchen tödlichen Kampf entwickelte? So ruft eine Nation, die sich auf einen totalen Krieg einläßt, ihren eigenen Untergang herbei und gefährdet die ganze Welt.

Wir leugnen nicht, daß vielleicht heute der Friede gerade durch die Furcht vor diesen tödlichen Waffen aufrechterhalten wird. Trotzdem halten wir es für eine Selbsttäuschung, wenn Regierungen glauben sollten, sie könnten auf lange Zeit gerade durch die Angst vor diesen Waffen den Krieg vermeiden. Angst und Spannung haben so oft Krieg erzeugt. Ebenso scheint es uns eine Selbsttäuschung zu glauben, kleinere Konflikte könnten weiterhin stets durch die traditionellen Waffen entschieden werden. In äußerster Gefahr wird keine Nation sich den Gebrauch irgendeiner Waffe versagen, die die wissenschaftliche Technik erzeugen kann.

Alle Nationen müssen zu der Entscheidung kommen, freiwillig auf die Gewalt als letztes Mittel der Politik zu verzichten. Sind sie dazu nicht bereit, so werden sie aufhören zu existieren.«

Das Manifest war sorgfältig formuliert und hinter verschlossenen Türen niedergeschrieben worden. Graf Lennart Bernadotte, der Ehrenprotektor der Lindauer Tagungen, verlas die Erklärung bei der Abschlußveranstaltung im Hof des Mainauer Schlosses. Sie war ein Protest der Naturwissenschaftler gegen den Mißbrauch der Naturwissenschaften, ein direkter Appell an die Politiker der Welt, fast auf den Tag genau zehn Jahre nach der Explosion der ersten Versuchs-Atombombe in der Wüste von New Mexico.

Die Mainau-Erklärung war nicht angekündigt. Die meisten Pressevertreter hatten sich den Ausklang der Tagung auf der schönen Mainau »geschenkt«; sie waren schon abgereist. Nur ein einziges Mikrofon war noch an Ort und Stelle. Meine Assistentin Fritzi Preuß saß zu Füßen der Nobelpreisträger auf der Treppe, das Tonbandgerät auf den Knien. Die Überspielung zum Südwestfunk war bestellt; der Bericht lief noch am gleichen Tag über den Sender. Das Dokument mit den Unterschriften der Erstunterzeichner ist in dem Buch »Die Mainau« von Alexander und Johanna Dées de Sterio abgebildet. Mehr als dreißig Jahre sind seitdem vergangen. Der Appell könnte heute geschrieben sein. Es hat sich seitdem wenig oder nichts verändert. Die Sorge um den Weltfrieden ist nicht geringer geworden.

Ende 1982 wurde vor dem Haus Altensteinstraße 28 in Berlin-Dahlem, in dem Otto Hahn 15 Jahre gelebt hat, eine Gedenktafel enthüllt. Darauf sind die letzten beiden Sätze jener Mainau-Erklärung 1955 zitiert: »Alle Nationen müssen zu der Entscheidung kommen, freiwillig auf die Gewalt als letztes Mittel der Politik zu verzichten. Sind sie dazu nicht bereit, so werden sie aufhören zu existieren.«

Friedliche Nutzung

Auf der 1. Konferenz zur friedlichen Nutzung der Atomenergie 1955 in Genf wurden mehr als 400 Referate gehalten. Die Beobachter von Presse und Rundfunk erhielten das, was von den Forschern und Technikern vorgetragen wurde, in Form von Kurzauszügen überreicht. Ich hatte mir angewöhnt, die englischen und französischen

Unterlagen mitzunehmen und sie in den Kofferraum des Wagens zu legen. Es bot sich an, den Papierberg am Ende der Konferenz auf die Waage zu legen. Er wog elf Kilo! Das Begleitmaterial für die Ausstellungen wog, des schweren Kunstdruckpapiers wegen, noch etwas mehr. Neben der eigentlichen Konferenz gab es zwei Ausstellungen »Atome für den Frieden« zu besichtigen. Man sah staunende Menschen. So weit also war das Atomzeitalter schon fortgeschritten. Nur zehn Jahre nach Hiroshima!

Erstmals haben die Amerikaner auf dem europäischen Kontinent einen Forschungsreaktor in Betrieb gezeigt. Es war der Reaktor, der Otto Hahn so fasziniert hat. Von der Arbeitsbühne führte ein Gestänge mit den Fühlern von Meßgeräten und beweglichen Sicherungsstäben in die »Brennkammer« hinunter; sie war auf dem Grund des sieben Meter tiefen Bassins gut sichtbar. Die Uranstäbe steckten in einer Lochplatte, »angereichertes Uran«, zu einem Fünftel zerfallbereites Uran 235. Die Kontrollinstrumente auf der Arbeitsbühne gaben die Stärke des Neutronenstroms an. Wenn man sich über das Geländer beugte, sah man die Bewegung des erhitzten Wassers über dem Uran. Aber erst, wenn das Licht im Raum gelöscht wurde, trat das Außerordentliche hervor: Um den Block der Uranstäbe herum leuchtete das Wasser in einem unwirklichen Blau: Die sogenannte Čerenkow-Strahlung, ein Effekt, den Pawel Aleksejvic Čerenkow, der 1958 den Nobelpreis erhielt, aufgeklärt hat. Die Besucher der Ausstellung konnten sich an diesem Leuchten nicht sattsehen. Das war das Glühen einer geheimnisvollen, einer gleichermaßen anziehenden wie gefährlichen Ur-Kraft.

Dieser Schwimmbadreaktor war nur ein Forschungsgerät; er enthielt aber, so stand zu lesen, alle Elemente für das Herzstück eines Atomkraftwerks.

Mit Calder Hall ist die Industriemacht Großbritannien als erste in Europa in das Atomzeitalter eingetreten. Der Tag, an dem die britische Königin das Werk in Betrieb nahm, war der 17. Oktober 1956. Vielleicht wird später einmal von Elisabeth II. eben dies in den Schulbüchern verzeichnet sein, daß unter ihrer Regierung dieser erste Schritt getan wurde. Calder Hall liegt an der Westküste Englands, eine halbe Meile von der Irischen See entfernt, im Lake

District von Cumberland. Die Seenplatte von Cumberland ist der Traum vieler Engländer, hier möchten sie sich einmal zur Ruhe setzen.

Ich hatte Gelegenheit, das Werk schon vor der Eröffnung zu sehen. Der Reaktor ist in über 2 Meter starke Betonwände eingeschlossen. Eisentreppen führen auf den 27 Meter hohen Betonklotz. Oben fahren vier gepanzerte Maschinen; der Reaktor wird von der Decke aus beschickt. Brennstoff ist natürliches Uran, also zu über 99 % Uran 238. In 1700 senkrechten Kanälen, die den Graphitblock durchbohren, stecken die Brennelemente: 130 Tonnen Uran. Auf je 16 Brennelemente trifft ein Sicherungsstab. Die Graphitziegel, die das Uran umgeben, reflektieren die spaltenden Neutronen in das Uran zurück und bremsen ihre Geschwindigkeit auf die beste Wirksamkeit ab. An den Uranstäben strömt Kohlendioxyd entlang; mächtige Gebläse lassen es in geschlossenem Kreislauf zirkulieren. Das heiße Gas gelangt in vier sogenannte Wärmeaustauscher; hier wird die Hitze an Wasser übergeben, das in Rohrschlangen durch diese Austauscher geführt wird. Der überhitzte hochgespannte Dampf jagt dann durch die Turbinen im Krafthaus, nicht anders als im herkömmlichen Dampfkraftwerk. Er strömt zurück; in den beiden mächtigen Kühltürmen, die mit rund 100 Meter Höhe die ganze Anlage überragen, wird er herabgestimmt. Neue Hitze kann übernommen werden. Der Kreislauf nimmt seinen wirksamen Fortgang; er führt immer wieder durch die Turbinen.

Den Rundfunkbericht von der Eröffnung sprach ich unter den Gästen auf der Tribüne, gegenüber dem kleinen, mit weißer Fallschirmseide bespannten Pavillon, von wo aus Englands Königin das Werk in Gang setzte. Sie sagte: »Ich hoffe, daß diese Gelegenheit Antrieb und Ermutigung sein wird für alle, die dieses erregende Unternehmen fortsetzen, hier und an anderen Orten. Es geschieht mit Stolz, daß ich jetzt Britanniens erstes Atomkraftwerk eröffne.« Elisabeth II. legte einen kleinen Schalter um; sie sah erwartungsvoll nach oben. Auf dem Dach des Verwaltungsgebäudes war ein großes Zifferblatt aufgerichtet. Der Zeiger begann zu drehen. Er zählte die Kilowatt, die nunmehr von Calder Hall erstmals dem englischen Verbrauchernetz zuflossen. Bis dahin war die Energie, die Calder

Hall abgab, ausschließlich an Windscale gegangen, eine Fabrik für Plutonium, den Brennstoff der Bombe.

Die Konstruktion von Calder Hall ist nur eine Möglichkeit unter vielen; es gibt verschiedene Reaktortypen. Auch relativ kleine, die Schiffe antreiben. 1960 waren es noch wenige: Die Sowjets hatten ihren Eisbrecher »Lenin«, das erste atomgetriebene Überwasserschiff der Erde. Die »Savannah«, ein amerikanisches Handelsschiff, war das zweite. Unter Wasser dürften die Amerikaner die Ersten gewesen sein; der »Nautilus« ist es schon im August 1958 gelungen, das schwimmende Eis des Nordpols zu unterfahren. 1964 wird ein deutsches Frachtschiff mit Atomantrieb auf den Namen »Otto Hahn« getauft.

In Deutschland hat man sich erst mit Verspätung in die Entwicklung einschalten können. Werner Heisenberg sagte mir einmal zu diesem Thema: »Wir können uns bei dieser tiefgreifenden Entwicklung nicht ausschließen, wenn wir ein Industrieland bleiben wollen.« Dennoch ist vielen Menschen diese Entwicklung eher zu schnell gegangen. Von Anfang an wurde auf die radioaktiven Abfälle hingewiesen, auf den Atommüll, auf strahlende Stoffe, die in unsere Atmosphäre oder in das Grundwasser gelangen können. Die Beseitigung strahlender Rückstände ist ein Problem. Dazu Heisenberg: »Man wird sie sorgfältig sammeln und warten müssen, bis die Radioaktivität abgeklungen ist. Man wird sie aufarbeiten, konzentrieren, strahlungssicher verpacken müssen, um sie schließlich weit von der Küste entfernt ins Meer zu versenken.« Das ist eine unter mehreren Möglichkeiten. Andere Vorschläge gehen dahin, den Atommüll in aufgelassene Bergwerke zu schaffen, in Salzstöcke, in Beton-Mausoleen irgendwo in der Wüste, auf einer einsamen Insel. Oder sollte man die strahlenden Abfälle im Eis der Antarktis aussetzen? Schließlich: Raketen könnten sie in den Weltraum hinaustragen.

Hat man die Gefahren, die vom Atommüll ausgehen, nicht genügend ernst genommen? Ich meine, daß es nie an warnenden Stimmen gefehlt hat. Nachzulesen ist, was ich 1960 in einem Buch über die Abenteuer unseres Jahrhunderts geschrieben habe. Wörtlich: »Die Vorstellung, daß wir in weiterer Zukunft von radioaktiven Abfällen bedrängt werden könnten, hat zweifellos etwas Beängstigendes. Wird die zusätzliche Strahlung, die mit dem entfesselten Atom in unsere Welt kommt, nicht die Gene, die Träger der Erbeigenschaften, schädigen? Ein gespenstischer Gedankengang ist das, der bei krüppelhafter und nicht mehr Mensch zu nennender Nachkommenschaft, bei ›völlig aus der Art geschlagenen Lebewesen‹ enden müßte.« Es ist eine Tatsache, daß man, was die Auswirkungen von Strahlung auf den Menschen anbetrifft, »vorläufig noch im dunkeln tappt«, wie der Nobelpreisträger Hermann J. Muller (1890–1967) einmal gesagt hat. Die Zeitspanne, die zur Sammlung von Erfahrungen mit erhöhter Strahlung zur Verfügung stand, war bisher nicht groß genug, um absolut sichere Schlüsse ziehen zu können. Die Erforschung möglicher Erbschäden beim Menschen müßte Generationen umfassen; erst in Jahrzehnten werden wir wissen, wie sich die Gene unter dem Einfluß eines erhöhten Strahlungsniveaus verhalten. Die zwiegesichtige Macht Atom, die unser Schicksal zu werden verspricht, muß – hier sind sich alle Vernünftigen einig – aufmerksam beobachtet werden. Es kann nur nützen, wenn im Bild der Zukunft alle Gefahrenstellen deutlich angekreuzt werden. Es gibt keine menschliche Welt, auch keine der Zukunft, die ohne Probleme und ohne Risiko wäre. Das »Friedensatom« wird uns nützen, wenn wir gleichermaßen mutig und vorsichtig damit umgehen.

Strahlende Substanzen

Wenn vom »Friedensatom« die Rede ist, denken die meisten zuerst an die Kraftwerke der Zukunft. Dabei ziehen Wissenschaft und Wirtschaft schon lange vielfachen Nutzen aus der Atomkraft; mit jedem Tag werden die strahlenden Substanzen, die im Reaktor entweder planmäßig erzeugt werden oder als »Asche« anfallen, nützlich und segensreich. Diese strahlenden Substanzen sind zu verfolgen, wenn sie dem menschlichen Körper zugeführt werden, ein Verfahren, das der Nobelpreisträger George de Hevesy (1885–1966), ein geborener Ungar, zur genialen Methode entwickelt hat. Von Sir William Thomson, dem späteren Lord Kelvin (1884–1907), der die nach ihm benannte Temperaturskala schuf, stammt die folgende

Überlegung: »Nehmen wir an, alle Moleküle, die in einem Glas Wasser enthalten sind, könnten mit einem Kennzeichen markiert werden. Das Glas leeren wir irgendwo in den Ozean aus und verteilen die gekennzeichneten Moleküle auf alle sieben Weltmeere. In jedem Glas Wasser, das dann irgendwo aus dem Meer geschöpft wird, lassen sich noch ungefähr hundert markierte Moleküle wiederfinden.«

Was Kelvin als ein Stück Theorie vorführte, hat Hevesy in die Praxis übersetzt: Moleküle zu kennzeichnen, um sie, was immer mit ihnen geschieht, wo immer sie hingelangen, wiederzufinden. Hevesy machte es mit den chemischen Elementen wie der Ornithologe mit den Zugvögeln, von denen er einige Exemplare »beringt«, um dann später aus wiedererlangten Ringen den Reiseweg, die Aufenthalte, die bevorzugten Rastplätze festzustellen. Die Chemiker sprechen von »radioaktiven Indikatoren«, von »Spuranzeigern«. Sie machen sich zunutze, daß bestimmte Organe im menschlichen Körper eine Affinität, einen »besonderen Appetit« auf bestimmte chemische Stoffe entwickeln, etwa die Schilddrüse auf Jod. Also bekommt ein Patient einen »Atomcocktail« zu trinken; ein paar Tropfen Jod sind darin; ein kleiner Teil davon ist radioaktives Jod. Das ist ungefährlich. Nach einiger Zeit bestreicht der Geigerzähler die Schilddrüse; er registriert, wieviel sie von diesem radioaktiven Jod an sich gezogen hat. Die Zahl der Impulse gibt ein sicheres Maß für die Arbeitsweise der Schilddrüse.

Radioaktive Isotope vermögen eine noch sehr viel dramatischere Rolle zu spielen. Geigerzähler »tasten« den Schädel eines Patienten ab; sie fahnden nach einem vermuteten Tumor. Das Meßgerät wird erweisen, ob die Vermutung zu Recht besteht; wenn ja, wird es den Tumor genau lokalisieren. Auch in diesem Fall wurde dem Patienten eine strahlend gemachte Substanz eingespritzt; die kranken Zellen ziehen diese Substanz in spezifischer Weise an sich. Wenn operiert werden muß, haben die Ärzte eine sehr genaue Vorstellung von der Lage und der Ausdehnung des erkrankten Gewebes. Geigerzähler sind unbestechliche, unentbehrlich gewordene Werkzeuge der Atomtechnik, ein außergewöhnlich feines Tastorgan für Strahlung, gewissermaßen ein technischer sechster Sinn des Menschen im Zeitalter des Atoms.

Radioaktive Substanzen dienen nicht nur der Diagnose, sie dienen auch der Therapie. Es gibt radioaktive Isotope, deren Strahlung der von Röntgenstrahlen gleichkommt. Ein radioaktives Isotop tritt an die Stelle der Röntgenröhre oder des natürlich strahlenden Radiums. Kobalt 60, das im Reaktor erzeugt werden kann, ist vergleichsweise billig. Es kostete schon vor zwanzig Jahren nur noch den dreitausendsten Teil von Radium. Die Strahlung von Kobalt 60 steht der von Radium nicht nach. So steht heilende Strahlung in genügendem Maß überall und allen zur Verfügung.

Die sogenannte »Kobalt-Bombe« ist keine Bombe, vielmehr ein schwenkbares Bestrahlungs-Gerät, das ferngelenkt werden kann. Eine starke Kobalt-60-Quelle läßt sich vermittels einer »Pupille« auf den Patienten richten. Die Blende läßt sich enger oder weiter stellen. Es gibt Pendelgeräte, die die Strahlungsquellen um den Patienten herum bewegen. Der Strahl bleibt auf den Tumor im Körperinnern gerichtet, doch wird, da die Strahlungsquelle wandert, erreicht, daß das gesunde Gewebe in der Tumornähe möglichst geschont, nur die kranken Zellen im »Brennpunkt« intensiv bestrahlt werden. Radioaktive Isotope haben wie das Radium der Curies Tausenden Leben und Gesundheit erhalten.

Mit radioaktiven Isotopen lassen sich Zusammenhänge erkennen, die bis dahin nicht aufgeklärt werden konnten, so die Wachstumsvorgänge in Pflanzen. In welcher Form nützt eine Pflanze die ihr zugeführten Nährstoffe am besten? Radioaktive Isotope machen Stoffwechselvorgänge im Tier durchschaubar: Man gibt dem Futter Isotope bei und verfolgt ihren Weg mit dem Geigerzähler, etwa bei einer Kuh durch die Mägen, durch den Darm, über den Blutkreislauf bis zum Euter. Wie wird das Futter verwertet? Wo gelangen die Nährstoffe hin? Was kann und wie muß zugefüttert werden, um den Ertrag zu steigern?

Auf ähnliche Weise sind auch technische Vorgänge durchschaubar geworden, ob es sich um die Trennung von Stoffen in einer Ölraffinerie handelt oder um die Dickenkontrolle von Kunststoff-Folien, von Metall- und Lacküberzügen. Ein Beispiel aus der eisenschaffenden Industrie: Die Hochöfen sind mit feuerfestem Material ausgekleidet; das Schamotte-Futter wird durch die Glut langsam zerstört. Die

Metallurgen möchten wissen, wie weit der Verschleiß vorangeschritten ist, ohne den Ofen womöglich vorzeitig außer Betrieb zu setzen. Das läßt sich jetzt von außen her messen. Radioaktive Stoffe sind in das Mauerwerk eingebaut worden, in verschiedenen Tiefen. Mit dem Geigerzähler »horcht« man den Hochofen ab. Ist dieses, ist jenes Strahlungsdepot noch an seinem Platz? Der Geigerzähler zeigt an, wie stark die feuerfeste Wandung noch ist.

Radioaktivität kann ein Zauberschlüssel sein, der eine ungewisse Vergangenheit aufschließt, zeitliche Dimensionen auslotet. Wo Archäologen mit dem Scharfsinn von Kriminalisten glaubten, auf das Alter vorgeschichtlicher Funde schließen zu können, blieb immer ein Rest von Skepsis. Nunmehr bietet der Geigerzähler eine Möglichkeit, das Alter – zu messen. Wie das? Die Höhenstrahlung erzeugt in der Atmosphäre Neutronen. Sie verwandelt die Atomkerne des Stickstoffs in Kerne des radioaktiven Kohlenstoffs C 14, die später wieder zerfallen. Der radioaktive Kohlenstoff wird wie der natürliche von den Pflanzen aufgenommen und, da alles Tierische vom Pflanzlichen lebt, auch von den Tieren und Menschen. Die Aufnahme von C 14 ist mit dem Tod abgeschlossen, ob es sich dabei um einen gefällten Baum, um ein erlegtes Tier, um einen gestorbenen Menschen handelt. Die Halbwertzeit von C 14 ist rund 6 000 Jahre, das heißt, im Verlauf von 6 000 Jahren ist die Hälfte der C 14-Atome zerfallen, in weiteren 6 000 Jahren die Hälfte der Hälfte. Nach 12 000 Jahren ist nur noch ein Viertel des ursprünglich Vorhandenen übrig, nach 18 000 Jahren nur noch ein Achtel. Wenn bei eben geschlagenem Holz der Geigerzähler je Gramm Kohlenstoff 16mal tickt und bei einem hölzernen Grabbalken 8mal, so ist das Holz vor rund 6 000 Jahren gefällt worden. Mit dem Geigerzähler hat man festgestellt, daß die Bibelrollen vom Roten Meer tatsächlich 2 000 Jahre alt sind. Holzkohlenreste aus Lascaux, der berühmten Höhle, die der eiszeitliche Mensch mit Tierdarstellungen versehen hat, wurden mit dem Geigerzähler untersucht. Ergebnis: die Feuerstelle wurde vor rund 16 000 Jahren benützt. Der Amerikaner W. F. Libby (1908–80) hat für diese seine Methode, C 14 zur Altersbestimmung in Archäologie, in Geologie, Geophysik und anderen Wissenschaftszweigen heranzuziehen, den Chemie-Nobelpreis 1960 empfangen.

Vielleicht gelingt es bald, mit strahlenden Substanzen einen noch immer rätselhaften Vorgang – eben diesem Vorgang verdanken wir das Leben auf unserer Erde! – ganz aufzuklären: die sogenannte Photosynthese. Könnten wir eines Tages der Pflanze im Detail nachrechnen, wie sie mit Hilfe des Sonnenlichts Nahrung aufbaut, wäre die Übervölkerung unseres Planeten eine sehr viel geringere Sorge, als sie das derzeit noch ist. Nahrung synthetisch zu erzeugen, nicht ausschließlich auf Boden und Klima angewiesen zu sein, würde es ermöglichen, zumindest akute Notstände leichter zu überbrücken.

Sind Reaktoren sicher?

Der erste Reaktorunfall, von dem die Öffentlichkeit erfuhr, geschah im Oktober 1957 in der Plutoniums-Wiederaufbereitungsanlage von Windscale, in unmittelbarer Nähe von Calder Hall. Ein Reaktor hatte sich überhitzt; radioaktive Substanzen waren über den 120 Meter hohen Abgaskamin entwichen. Ein Teil schlug sich auf den Wiesen in der unmittelbaren Umgebung nieder. Die Kühe gaben einige Wochen lang radioaktive Milch, die man vorsorglich wegschüttete. Der restliche Teil der Radioaktivität wurde an mehreren Stellen in Großbritannien, aber auch diesseits des Kanals, zum Beispiel in Holland, registriert. Die Briten nahmen es mit Gleichmut; dennoch wurde der Name Windscale später in Sellafield umgetauft.

Es dauerte immerhin über 21 Jahre, ehe es wieder zu einem größeren Reaktorunfall kam. Diesmal allerdings wurde die Weltöffentlichkeit aufmerksam. Der Störfall von Three Mile Island bei Harrisburg in den USA war der schwerste, der sich bis dahin ereignet hatte.

Geschehen ist es am 28. März 1979 um 4 Uhr morgens, ausgelöst durch maschinelle Fehlfunktionen im Reaktor. Bei den Versuchen, sie zu beheben, wurde der Unfall aber wesentlich verschlimmert. Eine Meldung der Obersten Atomzulassungsbehörde verbreitete Panik. Es müsse mit der Explosion einer Wasserstoffblase im Reaktordruckbehälter gerechnet werden, hieß es. Daraufhin haben sich

200 000 Menschen ins Auto gesetzt, um zu fliehen; ein Teil wurde von den Behörden vorsorglich evakuiert. Es ist zu dieser Explosion nicht gekommen. Präsident Carter setzte eine Kommission ein, die alle Umstände untersuchte, im besonderen das, was man unter »menschlichem Versagen« zusammenfaßt. Festgestellt wurden mangelhafte Ausbildung des Betriebspersonals, unklare Betriebsanweisungen, fehlende Kommunikation mit anderen Kernkraftwerken über Störfälle, unzweckmäßige Anordnung der Anzeigegeräte in der Betriebswarte und so weiter. Einer der Kontrolleure hatte die Störmeldung weggeworfen oder verloren. Zwei Kontroll-Lampen hätten das Aufsichtspersonal in der Kommandozentrale alarmieren müssen. Eine Lampe war durch ein Etikett verdeckt. Warum das zweite Rotlicht nicht bemerkt wurde, konnte nicht aufgeklärt werden. Der Untersuchungsbericht der Kommission vom 30. Oktober 1979 löste Betroffenheit aus, Gefühle von Unverständnis bis Zorn. Glücklicherweise konnte abschließend festgestellt werden, daß der größte Teil der Radioaktivität zurückgehalten wurde und voraussichtlich keine zusätzlichen Krebstoten daraus resultieren würden. Daß die Medien sich um eine ausgewogene Berichterstattung bemüht hatten, wurde anerkannt, allerdings hätten sie sich mit undurchschaubaren Erklärungen der Behörden und einem nichtverständlichen Jargon der Wissenschaftler herumschlagen müssen. Im übrigen hätte es auch bemerkenswerte Beispiele von unverantwortlicher Berichterstattung gegeben.

Die Lehren von Harrisburg 1979

War der Atomunfall von Harrisburg eine Lehre? Er hätte, wie wir heute wissen, eine Lehre sein können. »Nach menschlichem Ermessen kann nichts passieren«, so hat es oft geheißen. Aber Automatiken können versagen, weil sie irgendwann nachlässig oder nicht fachgerecht gewartet wurden. Wieviele Umstände gibt es, daß jemand nicht richtig informiert war oder informiert werden konnte, etwas mißverstanden hat oder einfach mit seinen Gedanken woanders gewesen ist? Man muß immer und überall mit menschlichem Versagen rechnen, zumal in einer Welt, in der Automatiken den Menschen verwöhnen.

In Harrisburg ist man »noch einmal davongekommen«. Haben die Zeitungen, der Rundfunk, das Fernsehen den Fall bei uns nicht aufgebauscht? Nach einer alten Wahrheit der Journalisten ist eine schlechte Nachricht eine gute Nachricht. Sie wird »verschlungen«; der Hunger nach Sensation erhält Nahrung. Jeder Jahresrückblick des Fernsehens bringt die Redaktion in Verlegenheit: Bestand das abgelaufene Jahr tatsächlich nur aus Unglücksfällen, Großbränden, Wirbelstürmen, Lawinenunglücken, menschlichen Tragödien?

»Nukleare Bedrohung hat etwas seltsam Unwirkliches, ja Gespenstisches an sich. Sie ist nicht zu sehen und nicht zu hören, nicht zu riechen und nicht zu schmecken. Nicht einmal so recht zu begreifen. Das macht das eigentlich Besondere des Reaktorunfalls aus«, schrieb ein Reporter; es handele sich »nicht nur um das plötzliche Entsetzen vor einem GAU, dem größtmöglich anzunehmenden Unfall, sondern auch um das sich lähmend ausbreitende Gefühl der Hilflosigkeit und Ratlosigkeit gegenüber einer unheimlichen anonymen Gefahr«. Der Berichterstatter schrieb, daß man den kochend heißen Reaktor nun langsam abkühlen müsse, damit keine neuen Gefahren entstünden, um dann in monatelanger Arbeit die strahlenden Spaltprodukte und das Plutonium aus dem verseuchten Reaktorbau herauszuwaschen. Die aus ihren Wohnungen geflohenen Einwohner seien inzwischen wieder still und fast heimlich zurückgekehrt. Kein Wunder, daß die Leute – wenn auch erleichtert – kein gutes Gefühl hatten: Konnte man nicht täglich lesen, daß schon kleine Mengen Radioaktivität ausreichen, um Krebs zu erzeugen? Die Entwarnung galt zunächst auch nicht für schwangere Frauen und für Kleinkinder.

Man hat Glück gehabt. Der Anschauungsunterricht kostete wohl viel Geld; er hat aber keine Menschenleben gekostet. Der Reaktor hat gehalten. Es ist wenig Radioaktivität ins Freie gelangt.

Welche Lehren konnte man aus der Beinahe-Katastrophe ziehen? Zunächst die: Was nach dem Urteil der Unfallstatistik »vielleicht einmal innerhalb von tausend Jahren eintreffen könnte«, kann heute oder morgen geschehen, ja nach dem Gesetz der Serie übermorgen nochmal. Unwahrscheinlich, daß es genau auf die gleiche Weise passiert. Eine zusätzliche Lehre: Sicherheit, soweit sie überhaupt erreicht werden kann, wird mehr Geld kosten, als bisher dafür eingesetzt wurde. Die Atomenergie wird teurer. Sie war schon bisher nicht billig zu haben. Wenn man die Entsorgung dazurechnet, nicht billiger als andere Energien. In jedem Fall muß Sicherheit Vorrang haben vor Rentabilität. Ist Atomenergie »unverzichtbar«, so auch – und zuerst – die Sicherheit der Atomanlagen.

Tschernobyl 1986

Es geschah am 26. April 1986. Der Name einer Stadt in der Ukraine, nicht weit von Kiew gelegen, wurde innerhalb von wenigen Tagen zu einem weltbekannten Begriff: Tschernobyl. Die ersten Meldungen über den Reaktorunfall, der sich dort ereignet habe, ließen die Öffentlichkeit noch unbeeindruckt. Das war doch rund 1500 Kilometer von Mitteleuropa entfernt. Eine leichte Nervosität kam erst auf, als man die Umstände erfuhr, unter denen die Medien auf den Reaktorunfall (von einer »Katastrophe« wollte zunächst niemand sprechen) aufmerksam geworden waren. Schwedische Meßstationen hatten überraschend hohe Radioaktivitäten festgestellt; die Schweden vermuteten zunächst einen geheimgehaltenen Unfall auf eigenem Territorium. Das Bewußtsein, daß auch friedlich genutzte Atomenergie Risiken birgt, war in Schweden von Anfang an stärker ausgeprägt als in anderen vergleichbaren Ländern. Olof Palme, der 1986 ermordete Ministerpräsident Schwedens, hatte der Jugend zugerufen: »Ihr seid die erste Generation der Geschichte, die sich keine Fehler mehr erlauben darf.«

Die mit radioaktiven Stoffen beladene Explosionswolke war, wie die Meteorologen bald festgestellt hatten, über die Ostsee gekommen. Das Rätselraten wurde durch eine offizielle Erklärung aus Moskau, die »eine Havarie« in Tschernobyl meldete, beendet. Man hatte an Ort und Stelle gehofft, das Durchschmelzen des Reaktorkerns verhindern und den entstandenen Großbrand löschen zu können. Erst als diese Versuche mißlangen, wurde Moskau verständigt. Die allgemeine Besorgnis hielt sich dennoch in Grenzen. Was weit entfernt geschieht, berührt wenig. Man erfährt jeden Tag von Erdbeben, von Hochwasser, von einem ausgebrochenen Vulkan. Natürlich gab es auch nachdenklich gewordene Menschen, die den Atlas zur Hand nahmen, um mit dem Zirkel auszumessen, daß es in etwa so viele Kilometer von Tschernobyl nach Südschweden sind wie von Tschernobyl nach München oder Düsseldorf oder Hamburg; bei Wolkenströmungen kommt es auf ein paar Kilometer nicht an. Mußte man sich nicht doch Sorgen machen? Die Phantasie wurde von der Realität rasch eingeholt: die Winde drehten. Sie trugen die in Tschernobyl freigesetzten radioaktiven Spaltprodukte nach Mitteleuropa. Innerhalb der Bundesrepublik Deutschland war der süddeutsche Raum am stärksten betroffen. Im Münchner Umfeld wurden am 30. April und 1. Mai 1986 die höchsten Werte gemessen; danach, innerhalb einer Woche, nahm die Luftaktivität deutlich ab. Am 5. Mai ging sie annähernd auf den natürlichen Strahlenpegel zurück. Starke Gewitterschauer hatten das ihre getan, die Luft auszuwaschen. Das wiederum führte zu hohen Aktivitäten am Boden.

Aus dem zeitlichen Abstand gesehen erscheint vieles, was man damals zu lesen und zu hören bekam, übertrieben. Die Wogen der Emotionen haben sich inzwischen einigermaßen gelegt. Die irrationalen Ängste sind aus dem Schwall widersprüchlicher Meldungen, aus einer Vielzahl guter und weniger guter Ratschläge auch im Nachhinein noch gut zu verstehen. Radioaktive Wolken, was immer man sich darunter vorstellen mochte, das hatte noch niemand in dieser Form erlebt. Es gab jedoch auch Panikmache, die Medien haben mitgewirkt, Behörden auch, auch wissenschaftliche Institute haben sich ungeschickt und unglaubwürdig verhalten, waren fachlich überfordert, auf ein Ereignis dieser Art jedenfalls nicht vorbereitet. Es konnte nicht ausbleiben, daß das Unglück und die befürchteten Folgen sofort in die anstehenden Wahlkämpfe einbezogen wurden.

Anfang Juni hat die Gesellschaft für Strahlen- und Umweltforschung in Neuherberg bei München dann in einem Seminar versucht, die eingetretene Strahlenbelastung realistisch zu bewerten: Tatsächlich weiß man auch heute noch sehr wenig über die Gefährdung, die von einer erhöhten Strahlendosis ausgeht. Sie wird wohl von Mensch zu Mensch verschieden hoch angelegt sein. Bisher vermag niemand zu sagen, bis zu welchen Grenzen radioaktive Strahlung eher lebensfördernd ist. Die Radioaktivität beispielsweise der Quellen von Bad Gastein war lange Zeit Bestandteil der Werbung und sicher doch nicht ohne Berechtigung. Zusätzliche Strahlungsdosen empfängt ein Mensch, der viel fliegt, ob das geschäftlich begründet oder sein Hobby ist. Bergsteiger empfangen ein beachtliches Mehr an Strahlung, die Bewohner im Gebirge und im Voralpenraum mehr als die in Niedersachsen oder Schleswig-Holstein. Röntgendiagnose und Röntgentherapie will man in diesem Zusammenhang nicht gern ansprechen. Statistische Zahlen waren nicht erhältlich. Es wird wohl immer geraten, Röntgenuntersuchungen nicht im Übermaß zu wiederholen; eine Durchleuchtung geschieht heute freilich mit relativ geringer Dosis. Sehr oft muß hier wie in anderen Fällen eine »Güterabwägung« vorgenommen werden. Röntgenuntersuchungen, die die Lebenserwartung um Jahre erhöhen, sind mit einem möglichen Minus von Lebenstagen nicht zu hoch bezahlt.

Die Wissenschaftler der Gesellschaft für Strahlen- und Umweltforschung stellten zusammenfassend fest, man könne im vorliegenden Dosisbereich »die Wahrscheinlichkeit, an strahleninduziertem Krebs zu erkranken«, nicht zuverlässig beurteilen. Wenn man die hohen Dosen auf niedrige Werte »linear extrapoliere«, so sei dies ein fragwürdiges Unterfangen. Das rechnerische Krebsrisiko liege bei 1:10000. Da jeder fünfte Bundesbürger irgendwann an Krebs sterbe, habe sich das Krebsrisiko durch Tschernobyl um 0,01 Prozent erhöht. Das aber werde niemals nachzuweisen sein; es gehe in der Statistik unter. Zur Illustration sei gesagt, daß ein allgemeiner Verzicht aufs Rauchen in der Krebsstatistik mit starken, immer stärker werdenden Rückgängen sichtbar würde. Aber wer will das, jedenfalls unter den Rauchern, schon hören?

Nach einem knappen Vierteljahr ist der offizielle Untersuchungsbericht über Ursachen und Ausmaß der Katastrophe von Tschernobyl erschienen. Er ist deutlich genug. Die Staatsanwaltschaft ermittelt gegen Mitglieder der Regierung, die ihrer Aufsichtspflicht nicht oder nicht in genügendem Maß nachgekommen sind. Es wird festgestellt, daß die Havarie »durch eine ganze Reihe von groben Verstößen gegen die Betriebsvorschriften, die Beschäftigte der Reaktoranlage zugelassen haben«, entstanden ist. Es ist von »Verantwortungslosigkeit« und »Schlamperei« die Rede, von »einigen hunderttausend Betroffenen«, von 1000 Quadratkilometern verseuchten Gebietes (ein Gebiet von beispielsweise 30 auf 35 Kilometern), von unmittelbaren Schäden, die (umgerechnet) sechseinhalb Milliarden Mark ausmachen. Die offizielle Zahl von 30 Toten ist vorläufig; niemand zweifelt daran, das sie sich erhöhen wird.

Neue Sicherheitsbestimmungen sollen erarbeitet werden. Die neu ernannten Kontrolleure sind dem Zentralkomitee in Moskau direkt unterstellt. Die Mannschaften, die mit Aufräumungsarbeiten und Reparaturen beschäftigt waren, wurden alle zwei Wochen abgelöst; die anschließenden zwei Wochen verbrachten sie zur Erholung und medizinischen Überwachung an anderen Orten. Man hat Anfang Mai 100000 Menschen evakuiert; ein Teil von ihnen wird nicht mehr in die Heimatorte zurückkehren, sondern in größerer Entfernung angesiedelt. Es könnte sein – Optimisten wagen diese Prognose – daß die Katastrophe von Tschernobyl »neue Wege in der internationalen Zusammenarbeit« eröffnet. Es muß auffallen, daß der ersten Internationalen Konferenz zur friedlichen Nutzung der Atomenergie 1955 eine zweite 1958 und eine dritte 1964 gefolgt sind; seit über 22 Jahren ist es dann zu keiner Zusammenkunft dieser Art mehr gekommen.

Was die Forderung anlangt, die Bundesrepublik Deutschland solle aus der Atomenergie »aussteigen«, so sieht man nach den ersten erregten Wochen die Möglichkeiten dazu realistischer. Zwar möchte niemand mehr glauben, daß ein Ausstieg aus der Kernenergie »das Verlöschen aller Lichter« bedeuten müßte. Auch sind die allermeisten Menschen davon überzeugt, daß die Kernenergie eines Tages von der Sonnenenergie abgelöst sein wird. Dennoch wird mehr und mehr akzeptiert, daß ein »Ausstieg« nicht von heute auf morgen, nur Schritt für Schritt erfolgen könnte. Einen deutschen »Alleingang«, wie er in der ersten Aufwallung der Gefühle verlangt wurde, halten die meisten Fachleute für unmöglich und nicht verantwortbar. Die Bundesrepublik ist von nicht weniger als 200 Atomwerken umstellt, über die nicht verfügt werden kann. Ein Teil der ausländischen Atomkraftwerke wird mit vergleichsweise weniger Sicherheit als bei uns betrieben. Ein Mitspracherecht behalten wir nur, wenn wir auf unseren Sicherheitsstandard verweisen und im Wettbewerb mit den anderen Nationen auch hierin bestehen.

Andererseits: Wenn man davon überzeugt ist, daß in der Energie-Versorgung der Erde die Kernenergie nicht das letzte Wort darstellt, sind verstärkte Bemühungen um alternative Möglichkeiten nötig. Carl Friedrich von Weizsäcker, der Physiker und Bruder des Bundespräsidenten, hat sich »gegen die Kernenergie als Hauptenergiequelle« ausgesprochen, obwohl er sie bis zum Anfang der 70er Jahre »spontan befürwortet« habe. Ludwig Bölkow, der Luft- und Raumfahrtpionier und Mitbegründer des Technologie-Konzerns MBB, hat ein Szenario für das Jahr 2030 entwickelt. Er will Öl und Benzin durch Wasserstoff ersetzen, den Strom für die Produktion des Wasserstoffs aus Solarenergie gewinnen. Wasserstoff läßt sich per Leitung verteilen, auf Tiefkühlschiffen verflüssigt transportieren. Wasserstoff verbrennt in den Motoren ohne Abgase zu Wasser.

In einer neuen Untersuchung über die »Grenzen der Atomwirtschaft« hat ein Team unter Führung von Prof. Klaus Michael Meier-Abich, Wissenschaftssenator in Hamburg, und Bertram Schefold, Professor für Wirtschaftstheorie an der Universität Frankfurt, zwei Konzepte gegenübergestellt: Das Konzept K (für Kernkraft) und das Konzept S (für Sonnenenergie und Sparen). Sie vergleichen die Energieverhältnisse von 1982 mit denen der Jahre 2000 und 2030, so wie sie sich nach ihrer Ansicht entwickeln würden. Das Modell S sei nicht nur ungleich sicherer, sondern auch in zunehmendem Maß wirtschaftlicher.

Alternativen

Ein Reaktorunfall ist etwas anderes als ein gebrochener Staudamm. Die Todeswolke ist etwas anderes als die Wasserwoge, die alles mit sich fortreißt. Dennoch soll nicht vergessen sein: Als 1959 der Staudamm bei Frejus in Südfrankreich brach, starben 421 Menschen. 1963 bei Longarone in Norditalien sind über 2000 Menschen ums Leben gekommen. Wie viele Ortschaften gibt es unterhalb von Staudämmen? Man hat sicher »Lehren« aus diesen Dammbrüchen gezogen, aber: Kann ein für allemal ausgeschlossen werden, daß an anderer Stelle sich derlei oder Ähnliches wiederholt? Ist Wasserkraft, so gesehen, ungefährlich?

Ist Erdöl, das aus einem leckgeschlagenen Großtanker ausfließt und das Leben entlang der Küste hundert Kilometer weit abtötet, nicht auch ein GAU, ein »größter anzunehmender Unfall«? Will die Wirtschaft deshalb auf Öl verzichten? Wer kann, wer möchte darauf verzichten in seinem privaten Verbrauch? Statistiker haben errechnet, daß ein jeder von uns, sozusagen aus der Steckdose heraus, über 100 »Sklaven« verfügt. Es ist dies eine überspitzt klingende, aber treffende Aussage; sie gilt für die Menschen in der Massen- und Industriegesellschaft.

Unbestreitbar sind viele dieser »Sklaven« ein Luxus, den man sich leistet; so war es auch mit den Sklaven in den Haushalten der reichen und mächtigen Römer. Andererseits sind diese »Sklaven aus der Steckdose«, deren sich heute der Großteil der Bevölkerung als einer Selbstverständlichkeit bedient, Voraussetzung und Bedürfnis des modernen Lebens in der Stadt und wohl auch schon auf dem Land.

Man kann einmal überlegen, wie viele Einrichtungen im technisierten Haushalt tatsächlich von der Steckdose her versorgt werden (nicht nur, wie viele Glühbirnen die Räume beleuchten) – vom Kühlschrank über die Kühltruhe und die Herdplatte bis zur Spül- und Waschmaschine, von den Do-it-yourself-Geräten, von Rundfunk und Fernsehen bis zu gelegentlich benutzten Geräten: dem Heizofen, dem Röster, dem Mixer, dem Heizkissen. Auch der Brenner der Ölheizung springt elektrisch an. Ich fürchte, daß die Einsicht, Energie sparen zu müssen, kaum anders als auf dem Weg über die Preise erreicht werden wird. Jede denkbare Energie wird dann wie von selbst teurer und letztlich sehr teuer werden. Ich erinnere mich an ein Gespräch mit Carl Friedrich von Weizsäcker im Jahr 1971. Damals kostete das Benzin 50 Pfennig. Weizsäcker hielt es für möglich, von Umweltproblemen ausgehend, daß eines nicht zu fernen Tages der

Liter Benzin 1 DM und mehr kosten würde. Das klang damals übertrieben, fast unglaublich. Prof. von Weizsäcker hat recht behalten.

Was die Kohle anlangt, so gilt, was auch für das Erdöl Gültigkeit hat: sie ist eigentlich viel zu kostbar, als das man sie in Öfen und – verflüssigt – in Motoren verbrennen dürfte. Was die Natur in Jahrmillionen an Kohle, an Erdgas und Öl angesammelt hat, kann nicht bis zur Neige herausgebaggert und herausgepumpt werden. Große Restlager müssen erhalten bleiben – als die unbedingt notwendigen Reserven für unsere Nachkommen. Die Kohle ist Ausgangsmaterial für alle Kunststoffe, die von der Chemie erzeugt werden können und die überall dort, wo Naturstoffe zu Ende gehen, einspringen müssen.

Beim Abwägen der Risiken sollte man auch nicht jene Gefahren aus dem Blick verlieren, die eigentlich nicht »Unfälle« genannt werden können: eine allgemeine Energiekrise, die in eine Weltwirtschaftskrise einmündet, hätte wohl bürgerkriegsartige Unruhen im Gefolge. Wo Erwartungen und Hoffnungen von Millionen begraben werden, wo allgemeine Arbeitslosigkeit ausbricht wie Anfang der dreißiger Jahre, wo Millionen zur Verzweiflung getrieben sind, ist der Zusammenbruch aller Sicherheit – der inneren wie der äußeren – denkbar: eine soziale Katastrophe, die letzten Endes in Krieg einmünden könnte! Allzuoft schon sind Staaten, die ihrer inneren Schwierigkeiten nicht mehr Herr werden konnten, in einen Krieg geflüchtet.

Neue Erdölfelder gibt es wohl, aber sie zu erschließen ist unverhältnismäßig teuer geworden. Die Erschließung der Erdölkammern unter der Nordsee kostet hundertmal soviel wie die im Nahen Osten noch in den sechziger Jahren. Bis zum Jahr 2000 wird sich der Energiebedarf der Menschheit annähernd verdoppelt haben. Mit den großen Energieträgern Öl, Erdgas und Kohle wird der Weltbedarf nicht zu decken sein. Man muß sich innerhalb der westlichen Welt auf eine Verknappung der Energie einrichten, auf eine starke Verteuerung ohnehin. Möglicherweise wird man um gesetzgeberische Maßnahmen nicht herumkommen.

Die Energielücke, so sagen die meisten Fachleute, könne auf absehbare Zeit nur durch die Kernenergie geschlossen werden. Dies ist kein technisches, es ist ein politisches Problem. Es bedeutet, daß rund 1 000 neue Kernkraftwerke gebaut werden müßten, rund um die Erde.

Was für Möglichkeiten gäbe es daneben? Da wären Kohlevergasung und Kohleverflüssigung. Man hat das schon vor dem Krieg bei uns gemacht: Leuna-Benzin. Aber weder in Kraftwerken, in denen herkömmliche Kohle verbrannt wird, noch in Werken, die Kohlevergasung und Kohleverflüssigung betreiben, ist dies ohne zusätzliche Umweltbelastung möglich. Sollen und müssen Energiebeschaffung und Umweltschutz nicht harmonisiert werden?

Oder doch noch ein weiterer Ausbau der Wasserkräfte, große Staudämme? Es gibt keinen Standort für einen Assuan-Staudamm in Europa. In den österreichischen Alpen, inmitten eisbedeckter Dreitausender, ist eines der kühnsten Kraftwerke verwirklicht – das Tauernkraftwerk Kaprun: 400 Meter unter dem Speichersee Moserboden liegt der Speicher Wasserfallboden mit einem Kraftwerk an der 120 Meter hohen Limbergsperre. Von dort stürzt das Wasser noch einmal 800 Meter tief auf die Turbinen des Hauptwerks ab: eine gigantische Treppe! Man hat die Chance ergriffen, die von der Natur dort angeboten war. Aber es gibt keine Möglichkeiten ähnlicher Größenordnung mehr in den Alpen. Auch in der Schweiz ist alles Gletscherwasser genutzt. »Wir haben das letzte an Wasserkraft herausgemolken«, sagte der Direktor einer Schweizerischen Elektrizitätsgesellschaft, »und auch hier sind uns vom Naturschutz her Grenzen gezogen«.

Die Zeitschriften haben eine ganze Reihe bildwirksamer exotischer Möglichkeiten, kostbare Energie zu gewinnen, vorgestellt: Von hohen Türmen, auf denen sich Windräder drehen, bis zu Gezeiten- und Erdwärmekraftwerken. Frankreich besitzt ein Gezeitenkraftwerk in der Bretagne: Ein Damm sperrt die Mündung der Rance zwischen St. Malo und Dinard. Ebbe und Flut strömen durch die Turbinen. Im toskanischen Lardarello ist es Wasserdampf, der, vulkanisch aufgeheizt, einen Teil des elektrischen Stroms liefert, den die italienischen Bahnen für ihr Netz brauchen. Aber diese Lösungen, so imponierend sie sind, können nur relativ bescheidene Beiträge zur Energieversorgung ihrer Region leisten. Der Energiehunger unserer Zivilisation ist damit nicht zu stillen.

Wohl die erregendste Zukunftsmöglichkeit wäre: Wenn man das Feuer der Sonne auf die Erde holen könnte. Verschiedentlich ist von einer »Zähmung der Wasserstoffbombe« gesprochen worden, aber das gibt eine ganz falsche Vorstellung. Die Wissenschaftler gehen nicht von der Wasserstoffbombe aus; die scheidet als Versuchsgerät gottlob aus. Die Apparaturen, in denen das »Sonnenfeuer« brennen soll, sind elektrotechnische Geräte.

Auf der 2. Genfer Konferenz zur Nutzung der friedlichen Atomenergie 1958 haben die Amerikaner in einer Zukunftsschau vorgeführt, wie man dem ehrgeizigen Ziel der Kernfusion näherzukommen versucht. Arbeiten aus vier Forschungszentren der Vereinigten Staaten waren zu sehen, freilich nur mit Modellen. Doch hat der Aufbau der Fusions-Ausstellung 4 Millionen Dollar gekostet. Die Engländer waren sogar mit dem Original eines Großgerätes präsent, der Fusionsmaschine »Zeta«. Die hatte schon bei der Brüsseler Weltausstellung im selben Jahr große Beachtung gefunden. Amerikaner und Engländer waren sich darüber im klaren, daß die sowjetischen Arbeiten in Dubna mindestens ebensoweit fortgeschritten sein mußten.

Schon 1955 hatte der Präsident der 1. Genfer Atomkonferenz, Prof. Homi J. Bhaba, in seiner Eröffnungsansprache die Voraussage gewagt, es werde »innerhalb der nächsten 20 Jahre« gelingen, die Kernverschmelzung für friedliche Zwecke nutzbar zu machen. Er lieferte damit der Weltpresse die Schlagzeile des ersten Konferenztags. Es fiel auf, daß sich die Vertreter der Weltmächte zwar auch zuversichtlich äußerten, dennoch nicht auf den genannten Zeitraum festzulegen waren. Man schien optimistisch, wollte aber die am ersten Tag zum Ausdruck gebrachte Zuversicht doch etwas relativieren. Admiral Strauß, der Vorsitzende der amerikanischen Atomenergiekommission erklärte, man betrachte die Verwirklichung der Kernfusion als ein langfristiges Projekt, dessen Lösung »zwar noch nicht gelungen ist, aber doch grundsätzlich möglich scheint«. Prof. D. V. Skobelzin, Mitglied der Akademie der Wissenschaften der UdSSR und Vizepräsident der Genfer Atomkonferenz, ein hochgewachsener weißhaariger Herr, lächelte zu diesen Worten verbindlich und zustimmend.

Schon 1957 wurde ich in diesem Zusammenhang auf das Max-Planck-Institut für Physik in Göttingen unter der Leitung von Carl Friedrich von Weizsäcker verwiesen. Weizsäcker, 1912 geboren, war vor dem Krieg eines der jungen Talente im Umfeld Heisenbergs. Als 26jähriger hat er eine Theorie entwickelt, wie man sich die Energieerzeugung in den Sternen vorstellen muß. Wenn irgend jemand in Deutschland, würde er mir erklären können, wie das Feuer der Sonne auf die Erde geholt werden kann. Ich fuhr nach Göttingen, aber Weizsäcker war »schon auf dem Weg nach Hamburg«, um an der dortigen Universität den Lehrstuhl für Philosophie zu übernehmen. Das Erstaunliche an diesem Gelehrten ist seine Vielseitigkeit; er hat sich nicht im Elfenbeinturm verbarrikadiert, sondern ist für viele Themen der Neuzeit offen. Er versucht einen Brückenschlag zwischen westlicher Wissenschaft und östlicher Weisheit. Er ist ein religiöser, ein politisch und gesellschaftlich engagierter Mensch, der in der Gewinnung und Erhaltung des Friedens das Entscheidende dieser Jahre sieht. Ich erinnere mich, wie er einmal von seiner Kindheit sprach: »Als ich vier war, wollte ich Lokomotivführer werden, wie wohl alle Kinder damals, mit sechs dann Forschungsreisender, mit acht Astronom. Mit zehn bekam ich eine Sternenkarte, eine einstellbare, mit der die wichtigsten Sternbilder nach Datum und Uhrzeit bestimmt werden konnten. Ich erinnere mich noch genau an jene wunderbare klare Sternennacht vom 1. August 1924. Da wußte ich schon beides: daß Gott anwesend ist und daß die funkelnden Lichter am Himmel in Wirklichkeit glühende Gaskugeln sind.« 1957 also fragte ich Carl Friedrich von Weizsäcker, ob auch schon in der Bundesrepublik Deutschland an der Realisierung eines Sonnenreaktors gearbeitet würde? »Es gibt bedeutende theoretische Arbeiten in dieser Richtung«, sagte er, »am besten gehen Sie zu Prof. Biermann und zum jungen Schlüter nach München.«

Prof. Ludwig Biermann hat 1958 in Genf ein vielbeachtetes Referat über die Kernverschmelzung gehalten. Er war der Entdecker des sogenannten Sonnenwinds, eines Teilchenstroms, der beispielsweise den Schweif von Kometen unabhängig von seiner Flugrichtung weg von der Sonne drückt. Der »junge Schlüter« hat als 34jähriger einen Lehrstuhl an der Universität München erhalten. Als Gesprächspartner im Fernsehen war er immer ganz »unprofessoral«. Als ich ihn einmal auf seine Jugend ansprach, sagte er: »Wenn man erst einmal die Vierzig passiert, ist es ohnedies mit neuen Ideen vorbei.« Als er dann über Vierzig war, habe ich ihn daran erinnert. Er meinte: »Habe ich das gesagt? Na, hoffentlich ist es nicht so.«

Inzwischen dürften rund um den Erdball etwa 3000 Wissenschaftler an Fusionsproblemen arbeiten, innerhalb der Europäischen Gemeinschaft 800, in Garching bei München 250. Zwei Drittel aller Wissenschaftler und Techniker, die sich in der Bundesrepublik Deutschland mit den Fragen der Fusionsphysik beschäftigen, sind Mitarbeiter des Instituts für Plasmaphysik in Garching bei München.

Die Frage, bis wann ein Fusionsreaktor zu realisieren sei, wird noch immer gestellt und kann bis heute noch nicht beantwortet werden.

Sir John Cockcroft, Nobelpreisträger 1952 und Direktor des britischen Atomforschungszentrums Harwell, hat die 20 Jahre des Inders Bhabas auf 30 erweitert. »Innerhalb einer Generation vielleicht.« Wissenschaftler spielen ungern den Propheten. Auch Cockcroft, der 1967 gestorben ist, war zu optimistisch. Die 30 Jahre sind abgelaufen. Arnulf Schlüter war von Anfang an vorsichtiger: »Wir wissen noch nicht einmal ganz sicher, ob das Problem überhaupt lösbar ist. Aber, wenn es lösbar ist, werden noch viele Jahre, wahrscheinlich einige Jahrzehnte, vergehen, ehe die technische Verwirklichung erreicht ist. Wahrscheinlich nicht mehr in diesem Jahrtausend.« Wer viel mit Wissenschaftlern umgeht, weiß, daß sie Journalisten gegenüber immer die Schwierigkeiten herausstellen. Das ist verständlich: Journalisten lassen ihrer Phantasie gern freien Lauf. Sie setzen ihren Artikeln »Lichter« auf, damit die Sache sich spannend liest. Also bremsen die Wissenschaftler. Die Vorstellung, daß der Menschheit mit dem »Griff nach dem Sternenfeuer« Energie in beliebiger Menge zur Verfügung stünde, muß faszinieren. Eine einzige Voraus-Überlegung: die Atomenergie von heute hängt am Uran; man mag es später durch Thorium ersetzen. Aber diese Bodenschätze werden sich eines Tages ebenso erschöpfen, wie lange zuvor schon Nickel und Blei.

Demgegenüber zeichnet sich mit der Kernfusion eine Entwicklung ab, die ihren »atomaren Brennstoff« aus dem Wasser holt! Die Energie, die ein Hundertmillionenvolk verbraucht, wäre einem mittleren Fluß zu entnehmen. Und Wasser wird es auf unserem Planeten wohl geben, wenigstens so lang, als es überhaupt Leben auf ihm gibt.

Kernverschmelzung bei 100 Millionen Grad

»Die Fusions-Wissenschaftler sprechen von Plasma-Physik«, sagte ich zu Arnulf Schlüter, »demnach verstehen die Physiker unter einem Plasma etwas anderes als die Biologen?« Er dozierte: »Ein Plasma ist für uns ein hocherhitztes Gas. Das Plasma ist ein neuer Aggregatzustand oder auch ein sehr alter. Jedenfalls ein anderer als die jedermann bekannten der Erde: fest, flüssig, gasförmig. Ein neuer Aggregatzustand, weil er jetzt erst faßbar geworden ist. Ein alter Aggregatzustand deshalb, weil er der ›normale‹ Zustand der Materie in der Welt ist. Alle Sterne bestehen aus Plasma, aus hocherhitztem Wasserstoff-Gas. Wir studieren es, indem wir Experimente machen, Formeln ableiten, damit rechnen und die Ergebnisse unserer Überlegungen wiederum mit den Experimenten vergleichen. Was die Sonne uns vormacht, das Verschmelzen von Wasserstoff-Atom-Kernen zu Helium-Kernen, wollen wir auf unserem Planeten kopieren, das ist unser Ziel. Die Astrophysiker sind Plasma-Physiker.«

In einer amerikanischen Broschüre über Kern-Fusion fand ich dieses Bild: Neben einem großen Benzinfaß stand ein Eimerchen mit Wasser. Zur Erklärung: In einem Liter Wasser steckt ebensoviel Energie wie in 300 Liter Benzin! Natürlich ist es nicht so, daß im »Sonnenreaktor« Wasser verbrannt werden soll. Wasser besteht aus Wasserstoff und Sauerstoff; der Sauerstoff ist für die Verschmelzung der Atomkerne nutzlos. Wasserstoff hingegen ist die Energiequelle unserer Sonne. Aber Wasserstoff läßt sich auf der Erde nicht »atomar« verbrennen. Glücklicherweise steckt im Wasser noch eine besondere Art des Wasserstoffs, der sogenannte schwere Wasserstoff, das Deuterium. Er ist nur zu einem kleinen Prozentsatz im gewöhnlichen Wasser vorhanden; auf ungefähr 8000 Atome gewöhnlichen Wasserstoffs trifft 1 Atom der schweren Sorte. Aber dieser schwere Wasserstoff ist durch elektrische oder chemische Verfahren relativ leicht abzutrennen. Noch besser kann das Verschmelzen der Atomkerne beim überschweren Wasserstoff, den man Tritium nennt, erreicht werden. Außerdem liefert Tritium mehr Energie. In der Natur kommt überschwerer Wasserstoff nicht vor; man muß ihn künstlich herstellen. Aber, um die Verschmelzung von Kernen erst einmal einzuleiten, ist ein geeignetes »Zündholz« nötig: sehr hohe Temperaturen. Dazu muß auf elektrischem Weg viel Energie zugeführt werden, eine riesige Energiemenge, ehe die atomare Verschmelzung anläuft und Energie, allerdings dann in einem unvorstellbaren Ausmaß, herauskommt.

Wie soll das alles in der Praxis aussehen? 1971, immerhin 16 Jahre nach unserem ersten Gespräch, verabredete ich mit Arnulf Schlüter eine weitere Fernsehsendung »Sonnenfeuer auf Erden« aus seinem Institut. Wie weit waren die Plasmaphysiker inzwischen gekommen? Wir standen vor einer riesigen Apparatur, dem Gerät »Wendelstein«. »Es ist ein Gerät für Modellversuche«, erklärte Schlüter. »Wir wollen bei kleineren Abmessungen und geringeren Forderungen grundsätzliche Fragen klären, das Verhalten von Plasma unter verschiedenen Bedingungen beobachten. Zunächst experimentieren wir mit Plasma geringerer Dichte und relativ niedriger Temperatur. Das Plasma wird in diesen Kreis-Torus, einen Hohlring, eingeschlossen. Wir sprechen von einem ›Stellarator‹. Bei Geräten dieses Typs werden die Magnetfelder in metallischen Außenleitern erzeugt, die schraubenförmig um den Hohlring herumgeführt sind. Zu der Versuchsanordnung gehört zunächst einmal eine Energiequelle, mit der wir im Innern des Rohrrings normales Gas in Plasma verwandeln. Eines unserer Ziele ist, hohe Temperaturen zu erreichen. Da haben wir zur Zeit einen Weltrekord.« Ich wollte es genauer wissen: »Im Innern der Sonne sollen 12 Millionen Grad herrschen. Welche Temperatur haben Sie erzeugt?« Schlüter: »60 Millionen Grad. Aber: Wir brauchen mehr!

Wir können es ja nicht machen wie die Sonne. Die Sonne macht es in einem komplizierten Prozeß mit vielen Schritten. Wir müssen die notwendige Temperatur in Sekundenschnelle erreichen und für eine kleine Weile aufrechterhalten. Dann läuft der Verschmelzungsprozeß an. Die Mindestzeit hängt wiederum von der Dichte des Plasmas ab. Je dichter es ist, um so schneller laufen die Kernprozesse an. Eine Sekunde ist reichlich, wahrscheinlich genügt weniger. Ich denke: Etwas über 100 Millionen Grad für etwas weniger als eine Sekunde würde ausreichen.« Der Modellversuch wurde mit Bariumdämpfen gemacht; eine Laser-»Kanone« heizte sie zu einem Barium-Plasma auf. Arnulf Schlüter zeigte, wie stark die verwendete Laserstrahlung ist. Er richtete sie auf ein Asbestbrett. Augenblicklich war ein Loch durchgebrannt. »Unsere amerikanischen Konkurrenten haben ihr Versuchs-Unternehmen vor Jahren ›Matterhorn‹ genannt. Wir wollten bescheidener sein: Der Wendelstein ist ein kleiner Vorberg, der die Aussicht auf die Gipfel der Alpen eröffnet und so haben wir unser Gerät ›Wendelstein‹ genannt.

Die große Schwierigkeit ist, daß wir bei den hohen Temperaturen das Plasma festhalten müssen, ohne daß es mit materiellen Wänden, ob das Metall oder Quarzglas ist oder was immer, in Berührung kommt. Keine Materie würde das aushalten. Die einzige Möglichkeit ist, daß man das Gas in Magnetfelder einschließt.«

Wir gingen zu einem anderen Gerät hinüber, das die Plasmaphysiker »Isar I« nannten: ein Hohlring aus Edelstahl, um den schraubenförmig Wicklungen gelegt waren. »Diese Wicklungen erzeugen das Magnetfeld. Damit halten wir das Plasma von der Wandung ab. Ein Kunststück ist das: so, als wollten wir mit Gummifäden eine Gallerte festhalten.«

Aufheizung und Einschluß des Fusions-Plasmas erfordert gigantische Magnetfelder. Dazu sind sehr schnell ansteigende Ströme nötig, sie müssen einem entsprechend großen Energiespeicher entnommen werden. Der Energiespeicher für Isar I besteht aus 2500 einzelnen Kondensatoren; sie sind bis zu 40000 Volt aufzuladen. Der Speicher wird durch Schalten von Funkenstrecken schlagartig entleert. Dabei fließt ein Strom von 21 Millionen Ampere, nach einer Anstiegszeit von etwa einer hunderttausendstel Sekunde.

Noch eine Modell-Anlage ist aufgebaut: »Isar IV«. Sie füllt den Experimentierraum fast ganz aus. Das Gerät ist wohl von allen Seiten her zugänglich; doch bleibt überall nur ein schmaler Gang. In Isar IV sind ungefähr 10 Kilometer elektrischer Leitungen verkabelt. In der Höhe reicht die Apparatur bis fast an die Decke. Der Techniker, der oben zu tun hat, verfügt über nicht mehr Bewegungsfreiheit, als man das im oberen Bett eines Schlafwagenabteils hat. Der ganze Raum einschließlich der Meßkabine ist ein Faradayscher Käfig; er schirmt gegen elektrische Felder von außen ab. Der Quarzglas-Torus wird eben freigemacht. Er hat drei Anschlüsse: Durch einen der Stutzen ist der Hohlring luftleer zu pumpen, durch einen zweiten sind die Meßapparaturen einzuführen, der dritte Stutzen ist Einlaß für das Gas, das im winzigen Bruchteil einer Sekunde mit einer elektrischen Entladung zum Plasma aufgeheizt werden soll.

Die Vorbereitungen für das neue Experiment sind abgeschlossen, die automatisch auszulösende Polaroid-Kamera ist in Stellung gebracht. Die Techniker nennen diese Art Experiment »screw pinch«. Screw heißt »die Schraube«, to pinch »zusammenpressen«. Das Magnetfeld wird das Plasma schlagartig eng zusammenschnüren. Gleichzeitig fließt Strom durch das Plasma. Aus der Überlagerung der Felder resultieren schraubenförmige Magnetfeldlinien. Es entsteht ein so dichtes Kräftenetz, daß das Plasma, wenn irgend möglich, nicht ausbrechen kann. Wir verlassen den Experimentierraum. Nur die laufende Filmkamera bleibt bei den Institutsgeräten zurück.

Das Sekunden-Experiment geschieht auf Knopfdruck: kein Blitz! Kein Knall, der uns hätte zusammenfahren lassen! 40 000 Volt! Über 20 Millionen Ampere! Unser Film zeigt später belichtete Felder. Und die Physiker haben ihre Oszillogramme dokumentiert. Der entscheidende Augenblick ist festgehalten: bei einem Plasma bestimmter Dichte wurde eine Temperatur von soundsoviel tausend Grad für soundsoviel hundertstel Sekunden aufrechterhalten. Wir sind etwas enttäuscht, weder Blitz noch Donner! Aber das, was die Physiker erwartet hatten, ist bestätigt. Arnulf Schlüter meinte: »Für den wissenschaftlichen Laien mag so ein Versuch alles andere als sensationell sein. Für uns ist es ein Schritt nach vorn und wir kommen unserem Ziel eben nur schrittweise näher. Wir sind zufrieden, wenn uns ein Experiment das bestätigt, was wir vorausberechnet haben.«

Könnte man die Frage nach dem »Wann« einer Kernfusion von

dorther nicht noch einmal stellen? Arnulf Schlüter faßt zusammen: »Wir kommen voran. Verschiedene Arbeitsgruppen kommen auf verschiedenen Wegen voran. Welche das Ziel erreicht, immer vorausgesetzt, daß es überhaupt zu erreichen ist, wird sich herausstellen. Geschehen kann es wohl nicht mehr vor dem Jahr 2000. Sagen wir: Es könnte zu Anfang des nächsten Jahrhunderts, also des nächsten Jahrtausends passieren.«

Inzwischen, Mitte August 1986, ist der Temperatur-Rekord der Münchener Plasmaphysiker mit einem gewaltigen Schritt überboten. Amerikanischen Wissenschaftlern ist es gelungen, Wasserstoff auf rund 200 Millionen Grad zu erhitzen. Prof. Harold Furth, Leiter des Instituts für Plasmaphysik an der Universität Princeton, sagte in einer Pressekonferenz, der Rekord habe im Jahr 1980 bei 80 Millionen Grad gelegen. Es handle sich somit um einen »sehr bedeutsamen Meilenstein auf dem Weg zur Kernfusion«. Die Konkurrenten rund um die Erde haben dem nicht widersprochen. Es wurde nur daran erinnert, daß das große Ziel einer Kernverschmelzung nicht allein von der Temperatur her erreicht werden kann, daß vielmehr drei Voraussetzungen gegeben sein müssen: das Plasma müsse bei genügend hoher Temperatur (bisher auf 100 Millionen Grad geschätzt) für eine genügend lange Zeit (in Princeton waren es 150 Millisekunden, eineinhalb Zehntelsekunden also) zusammengehalten werden, natürlich – die dritte Voraussetzung – ein Plasma genügender Dichte. In Princeton war von »mittlerer Dichte« die Rede. Die Voraussetzungen scheinen damit in ihrem ersten Teil übererfüllt, im zweiten fast oder ganz erfüllt, im dritten noch nicht erfüllt gewesen zu sein. Harold Furth sieht die Zukunft optimistisch. Er wagte schließlich eine Voraussage, die es bisher von wissenschaftlicher Seite aus noch nicht gegeben hat: Die Kernverschmelzung würde in seinem Versuchsreaktor TFTR »bis 1989 erreicht sein«.

Wunschenergie Sonne

Als große Hoffnung und endgültige Lösung erscheint in jeder Zukunftsschau die Sonnenenergie. Wir werden eines Tages gelernt haben, Sonnenstrahlung aufzufangen, Sonnenenergie zu speichern, aus neuartigen und billiger gewordenen Sonnenzellen entsprechend preiswerten elektrischen Strom zu holen – auch bei bedecktem Himmel so viel, daß er über Nacht vorhält.

Es wird »Sonnenplantagen« geben von der Größe des Bodensees, vielleicht auch von der Größe Siziliens, die weite Wüstengebiete bedecken. Die Bewohner dieser Länder werden vom Export des dort erzeugten Stroms leben, wie sie »früher« vom Export des Erdöls gelebt haben. Es werden unsere Techniker sein, die diese riesigen Sonneneinfangflächen installieren. Wo sonst könnten sie eingerichtet werden, wenn nicht dort, wo die Sonnenstrahlung stärker und sehr viel dauerhafter ist als bei uns und auch genügend große Flächen zur Verfügung stehen, die nicht anders genutzt werden können. Die Menschheit wird eines Tages über zahlreiche Möglichkeiten verfügen, diese nach unseren Zeitmaßstäben »ewige, nicht zu erschöpfende Energie« einzufangen. Aber auch das wird erst im nächsten Jahrtausend möglich werden.

Das Sonnenenergie-Angebot wird eine Vielzahl technischer Lösungen umfassen. Das wird bei kleinen Brennspiegeln beginnen, mit denen in abgelegenen und armen Gegenden dieser Erde gekocht werden kann. Es wird möglicherweise enden mit der Installation von Raumstationen, die unseren Planeten umlaufen und die aufgefangene Energie drahtlos zur Erdoberfläche übertragen.

Dr. Peter Glaser, Präsident einer amerikanischen »Denkfabrik«, der diese Pläne entwickelt hat, kam zu einem von mir moderierten Gespräch, dem Forum Futurum 1978, das auf Schloß Johannisburg veranstaltet wurde. Das geladene Fachpublikum war davon überzeugt, daß die Utopie von gestern den Weg in die Verwirklichung von morgen angetreten hat. Das Projekt ist greifbar; es ist bereits in die Welt des Reißbretts gerückt. Die wesentliche Frage, wie die Abstrahlung solcher Sonnengeräte zuverlässig ausgerichtet werden kann, scheint gelöst. Ob cin Projekt, wie das von Peter Glaser vorgeschlagene, zum Tragen kommt, ist letztlich keine Frage der technischen Durchführbarkeit, sondern eine Frage der Zweckmäßigkeit, der Kosten, im Vergleich zu anderen Möglichkeiten, eine Frage der Ökonomie also. Die Ökonomie steht mit der Ökologie hier nicht im Widerstreit: Sonnenenergie ist die umweltfreundlichste aller Energien.

Was die Sonne laufend an Masse »zerstrahlt«, verliert sie an Gewicht; jede Minute sind es 250 Millionen Tonnen der Sonnensubstanz Wasserstoff, das vierzigfache Gewicht der Cheopspyramide. In einem Jahr hat die Sonne also einen Masseverlust von fünfzehntausend Cheopspyramiden erlitten. Dennoch brauchen wir keine Sorge zu haben, daß sie sich zu schnell »verausgabt«, sie hat Billionen Jahre Zeit dazu. Aus der Masse der Sonne könnte man über 300 000 Erdkugeln machen.

Wann immer man von Alternativen zur Atomkraft spricht, wird als die eigentliche »Wunschenergie« die der Sonne bezeichnet. Im Wort Alternative steckt das lateinische »alter«, was »der andere« heißt. Eine Alternative bedeutet die Wahl zwischen Möglichkeiten, im Fall von Atomenergie und Sonnenenergie die Wahl zwischen einer »harten« und einer »sanften« Energie, einer gefährlichen und einer ungefährlichen. Die Wahl sollte nicht schwerfallen. Vorausgesetzt, daß wir sie haben. Haben wir sie wirklich?

An jenem Forum Futurum 1978 nahm neben Dr. Glaser auch Dr. Ing. Bernd Stoy teil, Vorsitzender der »Arbeitsgemeinschaft Solarenergie« und Autor des sehr lesenswerten Buches »Wunschenergie Sonne«. Bernd Stoy macht darin eine Rechnung auf, die viele enttäuschen wird, aber eben doch notwendig ist. Sie beginnt mit der Feststellung, daß uns die Sonne das 15 000fache des derzeitigen Gesamtenergiebedarfs auf der ganzen Erde zustrahlt. Die Sonne bestrahlt natürlich nur die jeweilige Tagseite der Erde. Am Äquator ist die Sonnenstrahlung kräftiger als bei uns, in unserem Winter weniger kräftig als in unserem Sommer. Sieben Zehntel der Erde sind mit Wasserflächen bedeckt; da ist so gut wie kein Bedarf. Wir leben im dichtbesiedelten Mitteleuropa; da ist der Bedarf groß. Nach Stoys Rechnung sieht es zunächst so aus, als stellte uns die Sonne hier in Mitteleuropa noch immer das 120fache, im Jahr 2000 vielleicht das

70fache unseres Bedarfs zur Verfügung. Die dichte Besiedlung und der Platzmangel lassen indes nur noch zu, daß wir schließlich von der Sonne ein ganzes Fünftel dessen bekommen können, was wir an Energie brauchen. Aus 15 000 : 1 ist 0,2 : 1 geworden. Das sei optimistisch gerechnet! Seinen Energiebedarf zu einem Fünftel aus Sonnenenergie decken zu können, wäre aber noch immer verlockend genug. Es werden sehr verbesserte und vor allem billigere Solarzellen auf den Markt kommen. Es wird sehr bald wirtschaftlich sein, die Sonne wenigstens bei der Warmwasserbereitung und der Raumbeheizung mit heranzuziehen. Dennoch dürfte es Jahrzehnte dauern, ehe auch nur ein Zehntel des Heizwärmebedarfs von der Sonnenenergie gedeckt werden kann. Es sind wohl eine ganze Reihe neuartiger Sonnenenergiesammel- und Langzeitspeicher-Systeme in der Entwicklung und Erprobung. Das alles mag Vorzüge haben und Erleichterungen bringen. Doch wird die Energie aus der Sonne die Energie aus dem Atom in überschaubarer Zukunft noch nicht ersetzen können.

Bernd Stoy zitierte D. L. Ray vom amerikanischen Atomforum, der die geringe »Dichte« der Sonnenenergie mit einem phantasievollen Vergleich illustriert hat: »Die technische Realisierung der Nutzung von Sonnenenergie ist in etwa mit der Schwierigkeit vergleichbar, die von 10 Millionen Flöhen aufbringbare Kraft dadurch nutzbar zu machen, daß man den Flöhen beibringt, alle zur gleichen Zeit in die gleiche Richtung zu hüpfen.« Dessenungeachtet meinte Dr. Stoy, daß die Frage »Wie beheizen Sie Ihr Haus« – um das Jahr 1990 gestellt – in sehr vielen Fällen so beantwortet werden wird: »Zum größten Teil mit Sonnenenergie.« Stoys Schlußwort lautete: »Langfristig besteht der einzige Ausweg darin, direkt aus der Quelle zu schöpfen und Sonnenenergie für vielfältige Zwecke in andere Energieformen umzuwandeln. Sonnenenergie wird die Wunschenergie.«

Dr.-Ing. E. h. Ludwig Bölkow hat in einem Vortrag 1982 so gerechnet: »Ein Quadratmeter Solarzellen in der Wüste bringt, gekoppelt mit einer Elektrolyseanlage, 56 Kubikmeter Wasserstoff pro Jahr, in der Stuttgarter Gegend immer noch 23 Kubikmeter. Das heißt, daß in der Wüste ungefähr 50 Quadratmeter und bei uns ungefähr 100 Quadratmeter Solarzellenfläche benötigt werden, um das Energieäquivalent von einer Tonne Steinkohle zu erzeugen. Um die ›Ungeheuerlichkeit‹ des Flächenbedarfs ein wenig zurechtzurükken, noch ein kleines Rechenbeispiel: Für den bundesdeutschen Bedarf ist eine Fläche von 3300 Quadratkilometern Sonnenzellen nötig. Das sind 1,3% der Gesamtfläche der Bundesrepublik, die Größenordnung der landwirtschaftlichen Sozialbrache. So erschrekkend ist das also nicht. Es wird nicht notwendig sein, mit den Sonnenzellen historische Stadtkerne zu verschandeln, wir haben genug Industrie- und Verkehrsflächen für diese Zwecke. Planung und Realisierung einer Solar-Wasserstoff-Technik wäre eine lohnende Aufgabe für Ingenieure und Wirtschaftler in den nächsten 40 bis 80 Jahren. Nach dem Zeitalter der Mikroelektronik, der Computer und Roboter, bietet meiner Ansicht nach die Wasserstofftechnologie die Chance für eine dritte industrielle, vielleicht schon nachindustrielle Revolution durch eine wirklich umweltfreundliche und unerschöpfliche Energiebasis.«

Das Naturereignis auf dem Prüfstand

Eine Seilbahn zog uns von Paradiso aus auf den Monte San Salvatore, den Haus- und Aussichtsberg über Lugano. Sie überwindet die 600 Meter Höhendifferenz vom See zum Gipfel in ein paar Minuten. Die wenigsten unter den Feriengästen wissen, daß der Monte San Salvatore in der Blitzforschung eine besondere Rolle spielt. Auf dem Gipfel steht ein großer Sendeturm des Schweizerischen Fernsehens und des Ultra-Kurzwellen-Funks; er ist bis zur obersten Plattform 60 Meter hoch; mit der Blitzantenne sind es 70 Meter. Die Blitzantenne ist kein Routine-Blitzschutz; sie dient als Blitzfänger, soll sich Blitzen als Ziel anbieten. Der Blitzstrom wird einer Meßstation zugeleitet.

Der Monte San Salvatore ist ein freistehender Bergkegel. Auf dem etwas tieferen Vorgipfel San Carlo, 400 Meter weit entfernt, steht ein zweiter Blitzmeßturm. Er ist ebenfalls 70 Meter hoch. Die Spitzen der Türme befinden sich 650 und 700 Meter hoch über dem Spiegel des Luganer Sees, der wiederum liegt 275 Meter hoch über dem Meer. Das Tessin profitiert vom mittelmeerischen Klima. Der Vorfrühling und der lange milde Herbst im Tessin sind berühmt. Aber auch seine Gewitter sind es. Ich habe mich auf dem Monte San Salvatore mit zwei Wissenschaftlern, die durch ihre Blitzforschungen international bekannt geworden sind, getroffen, mit Prof. Karl Berger von der Eidgenössischen Technischen Hochschule Zürich und mit Prof. Hans Prinz von der Technischen Universität München. Hat sich die Errichtung solcher Blitzauffangtürme gelohnt, fragte ich und Professor Berger sagte: »Ja, für die Wissenschaft zweifellos, die Blitze schlagen hier jährlich um die 100mal ein.«

Hugo Binz, der die Blitzmeßstation leitet, steigt jede Woche ein bis zweimal hinauf, um nach dem Rechten zu sehen und, wenn nötig, Reparaturen auszuführen. Ein gesundes Herz und Schwindelfreiheit gehören dazu. Bei Kälte, bei starkem Wind, bei Nebel – auch das gibt es hier oben – sind Auf- und Abstieg eine Strapaze. Blickt man von der kleinen Turmplattform aus in die Tiefe, täuscht die Perspektive vor, die Konstruktion verjünge sich nach unten, so als stünde der stählerne Turm nicht auf breiten Beinen, sondern balanciere wie auf einer Spitze.

Prof. Berger erklärte: »Die Ladungen müssen entsprechend große Spannungen erzeugen, in der Größenordnung 10 bis 100 Millionen Volt. Es entsteht dann meist ein Leitblitz, ein Kanal, der sich öffnet, der entweder von der Wolke zur Erde herunter oder von der Bergspitze ruckweise zu den Wolken hinaufwächst. In dem Moment, in dem dieser leitende Kanal vollständig ist, geht die Entladung vor sich. Die Aufladung ist vielleicht eine Sache von tausendstel, die Entladung von millionstel Sekunden. Ein Blitzschlag kann 100 000, auch 200 000 Ampere erreichen. Es gibt aber auch sehr schwache Blitze, die weniger als 100 Ampere tragen; das sind Ströme, wie sie schon im Lichtbogen eines Schweißapparates auftreten. Solche Blitze können schön aussehen, aber man hört sie kaum.«

Am Turm ist ein tellerförmiges Gerät angebracht, Feldmühle genannt, weil es wie eine Windmühle einen drehenden Teil enthält, der bei Gewitterstimmung laufend das elektrische Feld mißt und die Meßimpulse in den Feldmeßraum weitergibt. Ein Magnetband, eine Endlosschleife, nimmt das Übermittelte automatisch auf und löscht es im zeitlichen Abstand von 5 Sekunden wieder. In dem Augenblick, in dem sich ein Blitz von oben her dem Turm nähert, steigt die Feldstärke rapide an und bricht mit dem Blitzeinschlag zusammen. Automatisch wird dann das zuletzt Registrierte vom Oszillographen gelesen, das Oszillogramm gleichzeitig auf fotografischem Papier festgehalten und zwar das, was sich in der letzten Sekunde vor dem Einschlag, was sich beim Einschlag und in der darauf folgenden Sekunde abgespielt hat. Fotografische Kameras, deren Verschlüsse sich automatisch öffnen, sind auf die Türme gerichtet, auch Hochgeschwindigkeitskameras mit durchrasendem Film. Weitwinkel-Kameras erfassen den Horizont. Erstmals ist es auf dem Monte San Salvatore gelungen, den Blitzstrom oszillographisch zu messen und gleichzeitig die Blitzbahn beim Einschlag in den Turm zu fotografieren.

»Atomzertrümmerung« schon 1928?

Vom Gipfel des Monte San Salvatore aus sahen wir zum benachbarten Monte Generosa hinüber. Er war in den Jahren 1927/28 Schauplatz eines faszinierenden Experiments. Angeregt wurde es von dem deutschen Nobelpreisträger Walther Nernst. Drei junge Physiker mit Namen Lange, Brasch und Urban haben dort versucht, Blitze einzufangen, um mit Hilfe der hohen Spannungen eine »Atomzertrümmerung« zustande zu bringen. Atomzertrümmerung nannte man dramatisch-bildhaft das, was wir heute Kernspaltung nennen. Zwischen zwei Bergspitzen des Monte Generosa haben die jungen Deutschen ein 700 Meter langes, gut isoliertes Seil ausgespannt; daran war 80 Meter hoch über dem Boden ein Drahtnetz mit vielen Spitzen befestigt. An diesen Spitzen entstand bei Gewittern ein Elmsfeuer; Seil und Netz luden sich auf. Zwischen dem einen Ende des Seils und einer großen geerdeten Metallkugel ergaben sich Funkenüberschläge bis zu viereinhalb Metern; das entsprach ungefähr 2 Millionen Volt. Zu einer beobachteten Atomzertrümmerung ist es damals nicht gekommen. Die Versuche wurde abgebrochen, nachdem Urban tödlich verunglückte. Er ist abgestürzt. Mit den eigentlichen Versuchen hatte es nichts zu tun.

Walther Nernst hat den Nobelpreis für Chemie 1920 erhalten »in Ansehung seiner Arbeiten in der Thermochemie«. Unter anderem hat Walther Nernst formuliert, daß man in der Tieftemperaturtechnik den absoluten Nullpunkt (minus 273,15 Grad) nie wird ganz erreichen können. Tatsächlich haben sich die Physiker diesem Punkt auf millionstel Grade genähert, um zu studieren, wie sich die Materie in dieser letzten Grenzzone verhält.

Walther Nernst war ein ausgezeichneter Lehrer, der sich in öffentlichen Vorträgen auch populär auszudrücken wußte. Man hat oft (und meist verkürzt) seinen Ausspruch zitiert, die Erde sei einer Insel aus Schießbaumwolle, also aus brisantem Sprengstoff, vergleichbar. Schon in der ersten Hälfte der zwanziger Jahre hat er dieses Bild gewählt, um auf die Möglichkeit und zugleich auf das Risiko der Atomenergie hinzuweisen: wenn es einst gelingen sollte, die Energie der Atomkerne nutzbar zu machen, so befände sich die Welt in der Lage eines primitiven Völkerstamms, der auf einer Insel auf Schießbaumwolle lebe, vor der Entdeckung des Feuers.

So gut wie unbekannt ist geblieben, daß der berühmte Gelehrte, nachdem 1917 Amerika in den Krieg eingetreten war, um eine Audienz beim deutschen Kaiser bat und sie auch erhielt. Nach seiner Kenntnis amerikanischer Industrien und Wissenschaften halte er – so sein Vortrag im Kaiserlichen Hauptquartier – eine Fortführung des Krieges für aussichtslos. Ludendorff tat das mit begütigendem Schulterklopfen ab.

Manchmal ist davon die Rede, daß auch die Blitzenergie wirtschaftlich genützt werden sollte. Prof. Berger rückt das zurecht: »Ein noch so prachtvoller Blitz wäre bestenfalls eine Mark wert. Schätzungsweise könnten die Blitze, die auf dem Monte San Salvatore jährlich einschlagen, zusammen 300 Franken brutto ergeben. Vorausgesetzt, wir hätten die Möglichkeit, die Leistung von maximal einer Milliarde Kilowatt, die im Bruchteil von Sekunden anfällt, irgendwie zu speichern. Wirtschaftlich ist das also ganz uninteressant, sehr im Gegensatz zum Blitzschutz, der Jahr um Jahr Milliardenschäden verhütet.«

Blitzschutz

Optimaler Blitzschutz ist aus Experimenten im Laboratorium hervorgegangen. Im Hochspannungsinstitut der Technischen Universität München zeigte uns Prof. Hans Prinz seinen Blitzstrom-Generator, der 3 Millionen Volt Spannung erzeugen kann; das ergibt Ströme bis zu 100 000 Ampere. Prof. Prinz forderte uns auf, eine etwas mehr als mannshohe Drahtkugel, ein Gehäuse aus Maschendraht, einen sogenannten Faradayschen Käfig, zu betreten. Blitze, die auf diesen Käfig gelenkt werden, seien in seinem Innern gefahrlos hinzunehmen. Die Gitterkugel ist nach dem englischen Naturforscher Faraday benannt. Im Innern ist man gegen ein äußeres elektrisches Feld, also auch gegen einen Blitz abgeschirmt. Er induziert zwar eine Ladung auf der Oberfläche; das Feld kann aber nicht eindringen. »Etwas Vertrauen in die Naturgesetze gehört dazu«, lächelte Prof. Prinz, als ich einstieg. Die Versuchskommandos klangen einigermaßen gefährlich, das Hinauffahren des Generators wurde über Lautsprecher angesagt. 600 000 Volt! Ich verhehle nicht, daß ich etwas Druck in der Magengrube verspürte. Die Blitzelektrode war auf uns gerichtet. Wir sahen die Blitze, Gleichstromstöße, hervorzucken und mit dem Geräusch von Peitschenschlägen gegen die Maschen unserer Gitterkugel trommeln. Auf die Naturgesetze war Verlaß!

Für die Fernsehkamera wurde es anschließend auch noch mit Wechselströmen versucht. Die fauchenden, leuchtenden, über lange Sekunden hin nicht abreißenden Lichtbögen waren womöglich noch eindrucksvoller. Nach der »Entwarnung« konnten wir heil, etwas betäubt unseren Käfig verlassen.

Später war zu zeigen, wie ein »Kunstblitz« von 35 000 Volt Spannung und 75 000 Ampere einen Rundling aus Birkenholz sprengte. Es klang wie eine Explosion. Auf der Unterlage, einem Aluminiumblech, blieb ein Schmelzstern zurück.

Kleine Modell-Experimente erwiesen: der Segler auf dem Wasser ist bei Gewitter in hoher Gefahr. Der Blitz nimmt nicht immer den kürzesten Weg ins Wasser. Alles, was herausragt, der Mast, ja sogar die Köpfe von Badenden, ziehen ihn an. Segler und Badende sollten bei Aufziehen eines Gewitters rechtzeitig an Land gehen und Schutz suchen. Jedermann kennt das Merkwort fürs Unterstellen: »Von Eichen sollst du weichen, Buchen sollst du suchen.« Ein fatales Mißverständnis: es ist wahrscheinlich entstanden, weil man an Eichen, der rissigen Rinde wegen, relativ eindrucksvolle Blitzbahnen findet, die glatte Buchenrinde hingegen den Blitz ohne auffällige Spuren ableiten kann. Weder Buchen noch Eichen bieten Schutz. Ein Bauer auf seinem Traktor ist besonders gefährdet. Prof. Johannes Wiesinger, heute Professor an der Bundeswehrhochschule in München, rät: »Nicht auf freiem Feld bleiben, nicht glauben, der Gummireifen ›isoliere‹. Der Blitz, der Kilometerwege zurückgelegt hat, überspringt die letzten 20 Zentimeter eines gummibereiften Fahrzeugs ohne jede Schwierigkeit. Auch nicht an den Waldrand fahren. Wo es eine Bodenmulde gibt oder einen Graben, da sollte man sich hineinducken. Und wo auch immer, nicht mit gespreizten Beinen stehen. Man ist, auch wenn der Blitz in 100 Meter Entfernung in den Boden fährt, dann gefährdet. Der Blitz setzt sich in der Erde in der Form von Stromfäden fort, und der Mensch leitet den Strom besser als die Erde. Wer mit geschlossenen Beinen steht, verhindert, daß ein kleiner Teilstrom seinen Weg von einem Bein zum anderen durch den ganzen Körper nimmt. Teilströme können nur ein zehntausendstel oder hunderttausendstel des Blitzstroms betragen und sind selbst dann noch gefährlich.« Jährlich werden in der Bundesrepublik etwa 100 Personen vom Blitz getroffen, davon 40 tödlich.

Im Hochspannungslaboratorium von Berlin-Siemensstadt hatte man für unser Kamerateam eine besondere Schaltung vorbereitet, die das Blitzgeschehen möglichst naturgetreu simulieren sollte: Eine Stoßbatterie lieferte die für den Durchschlag des künstlichen Blitzes notwendige Spannung von einer Million Volt. Ein feiner Draht verband die Elektrode mit einer zusätzlichen Batterie, die die für die Blitz-Wirkung verantwortliche Stromstärke dazu liefern sollte. Mit dem Stromstoß von einer Million Volt wurde der Draht augenblicklich verdampft; der leitende Metalldampf ließ von der zweiten Batterie einen Strom von 200 000 Ampere zufließen. Die Elektrode war auf eine Ziegelmauer, zwei Steine dick, gerichtet. Die plötzliche Ausdehnung der Luft im Blitzkanal – 30 bis 40 000 Grad wurden darin gemessen – wirkte wie eine Explosion. Sie sprengte das Mauerwerk!

Hinterläßt der Blitz, wenn er in die Erde einschlägt, dort eine Spur? Im Urlaub mag, wer einen Blitzeinschlag am Strand beobachtet hat, danach gesucht haben. Tatsächlich kann man sogenannte »Blitzröhren« finden, meist nicht als durchgehendes Ganzes, aber doch Bruchstücke mit dem Querschnitt etwa eines Bleistifts. Im Berliner Siemens-Laboratorium ließ sich auch das demonstrieren. Ein Metallzylinder war mit Quarzsand gefüllt worden. Die Wucht des einschlagenden Kunstblitzes schleuderte einen großen Teil der Füllung heraus und in diesem Teil fanden wir die Bruchstücke der Blitzröhre aus gesintertem Sand.

Wir haben in Berlin eine letzte Probe aufs Exempel gemacht und sind in einem Wagen, dessen Fenster sorgsam geschlossen waren, unter die Blitzelektrode gefahren. Ein Auto – vorausgesetzt, es ist eine Limousine, kein offener Wagen, kein Kabriolet, und die Fenster sind geschlossen – ist ein Faradayscher Käfig, also blitzsicher. Auch die Kabine im Schiff ist es, auch das Abteil im Eisenbahnwagen, auch die Metallgondel einer Seilbahn, auch ein Flugzeug.

Es war ein merkwürdiger Zufall, daß wir, aus Berlin nach München zurückfliegend, in ein Gewitter gerieten. Ich sah – das erste und bisher einzige Mal in meinem Leben –, daß ein Blitz in die Tragfläche vor meinem Fenster einschlug. Die Lichterscheinung war unverkennbar, aber es ist kein Brandmal zurückgeblieben. Für einen Augenblick habe ich die Luft angehalten. Ob der Pilot den Einschlag registriert hat? 20 Minuten später setzten wir in München-Riem pünktlich auf.

Schritte ins Weltall

Die große Utopie

1937 stand ich als junger Assistent neben Otto Willi Gail, einem der Pionier-Reporter aus den ersten Jahren des Rundfunks, vor einem Raumschiff der Zukunft: eine Rakete, auf dem Katapultwagen liegend, im blendenden Licht der Scheinwerfer. Die Schienenbahn auf hohem Viadukt führte in steter Steigung nach oben; sie endete an der Startrampe, die – von unten gesehen – wie der Turm einer Skischanze aussah. Der Absprung des Raumschiffs war im steilen Winkel gedacht. Eine faszinierende Szenerie, die im Filmstudio von München-Geiselgasteig aufgebaut worden war. Wir, die Rundfunkleute, wollten für eine Hörfolge »Filmtricks im Trickfilm« hinter die Kulissen schauen und unseren Bericht mit einer Sensations-Reportage »aus dem Jahre 2000« beginnen.

Damals sagte Otto Willi Gail, der 1925 sein erfolgreichstes Buch »Schuß ins All« veröffentlicht hatte, mit selbstverständlich klingender Beiläufigkeit zu mir: »Sie werden die Reise in den Weltraum noch erleben.« Ich war skeptisch. Darum wollte ich ihn festnageln: »Und Sie nicht mehr?« Gail überlegte einen Augenblick: »Ich vielleicht«, sagte er, »Sie sicher.« Gail hat es nicht mehr erlebt. Er ist 1956 gestorben, im 60. Lebensjahr, ein Jahr vor dem ersten Sputnik, 13 Jahre vor Armstrongs ersten Schritt auf den Mond.

1951 schrieb ich für den Südwestfunk die Hörfolge »Schritt ins Weltall«. Ich stellte dar, wie aus der Utopie von gestern die Wirklichkeit von morgen werden könnte. Die Rundfunksendung war als Hörspiel angelegt, Science-fiction auf der Basis wissenschaftlich abgesicherter Möglichkeiten. Der Inhalt: Die Öffentlichkeit erfährt, daß die Erde von einem bemannten Satelliten, der im geheimen installiert worden war, überwacht wird. Das Hörspiel nahm in gewisser Weise vorweg, was später zur Selbstverständlichkeit wurde, eine Entwicklung, die von Gagarin (1961) über die Orbitalstation Saljut 6 (1977/78) zum Spacelab, dem Raumlabor der 80er Jahre, geführt hat.

Im Herbst 1954 hat dann das Deutsche Fernsehen mit dem ARD-Gemeinschaftsprogramm begonnen. Der Südwestfunk schaltete sich am 26. November zu, seine Fernseh-Premiere. Dieses Mal sollte es ein Dokumentarbericht sein; ich habe das Wort damals für diese neue Sendegattung erfunden: also keine Spielhandlung, kein utopischer Film, ein Bericht mit vorweisbaren Dokumenten, der die Zukunft der Raumfahrt innerhalb weniger Jahre glaubhaft machen sollte. Ein Dokumentarbericht, live aus dem Studio, mit Demonstrationen, Modellen, Zeichnungen, Fotos, mit Filmaufnahmen aus Laboratorien und Versuchsstationen. Keine bebilderte Rundfunkreportage, kein Lichtbildervortrag, vielmehr eine Zusammenschau von Fakten bei ständigem Wechsel von Ort und Zeit, kommentiert vom Autor, der die Experten neben sich sitzen hat. Ich hatte Prof. Hermann Oberth, den Lehrer Wernher von Brauns, dafür gewonnen, und Prof. Eugen Sänger, von dem das Konzept des späteren Space-Shuttle stammt. Die wissenschaftlichen Partner sollten für die Ernsthaftigkeit dieses Berichts bürgen. Raumfahrt von morgen, dargestellt von einem Publizisten allein, würde einem Teil unseres Publikums eher unglaubwürdig erscheinen; Fachleute könnten eine Art Gütesiegel für die Sendung sein. Ich schrieb kein Manuskript, nur einen Ablaufplan, der die Reihenfolge der vorzuzeigenden Dokumente festlegte und den Kameraleuten andeutete, wo was im Studio geschehen würde; die Gespräche waren in Stichworten skizziert. Eine neue Sendeform des Fernsehens, durchgehend live mit einer Vielzahl vorbereiteter Bild- und Filmdokumente, die aber innerhalb des Studiorahmens aus dem Augenblick heraus kommentiert werden sollten.

Am 26. November 1954 also: Der Countdown lief. Schauplatz der Sendung war die sogenannte Stadthalle, die zum Fernsehstudio umgebaut worden war. Die Techniker hatten Wände und Beleuchterbrücken eingezogen und Glaswollmatten zur Verbesserung der Akustik aufgehängt. Einbauten und elektrische Installationen wurden, wie das wohl immer so ist, in allerletzter Minute erst fertig. Äußerlich blieb die alte Stadthalle unverändert. Das eigentliche Fernsehwunder war an der Rückfront zu besichtigen: ein Parabolspiegel, der das hier »hinausgehende« Bild einem Reflektor auf dem Battertfelsen zuwarf, Luftlinie knapp 1 km; eine 16 qm große Aluminiumplatte, genannt »passive Umlenkantenne« beförderte es zur Hornisgrinde, Luftlinie 9 km, dem »Einspeisungspunkt« an der Eurovisionsstrecke nach Frankfurt. Die Stadthalle war, wie betont wurde, nur ein Provisorium. Provisorien sind bekanntlich dauerhaft. Dieses dauerte fast 14 Jahre. Die Ansage für den »Schritt ins Weltall« nahm ich nur noch mit halbem Bewußtsein wahr. Das Rotlicht! Zwei Sätze lang schlug mir das Herz im Hals, dann war das Lampenfieber weg. Es lief leichter als gedacht, das Ansprechen des Zuschauers, die Vorstellung der Partner. Die Filmeinblendungen kamen exakt. Nur einmal polterte etwas von der Staffelei. Und eine Kamera, die ihren Standort wechseln sollte, blieb wie angewurzelt stehen. Der Helfer, der das schwere Zuleitungskabel geschultert trug, starrte mich an, er ließ sich nicht fortzerren. Meine Partner blieben äußerlich gelassen: Hermann Oberth gab sich sarkastisch; er entwickelte seinen stacheligen Charme, Eugen Sänger fing die zugeworfenen Gesprächsbälle zuverlässig auf. Beide vermochten das, was ich versucht hatte, ihnen vor der Sendung zu suggerieren: sie vergaßen die Lampen und Mikrofone, gelegentlich auch ein Stichwort. Dennoch wurden wir auf die Minute fertig.

Ich war Eugen Sänger beim 2. Internationalen Astronautischen Kongreß 1951 in London zum ersten Mal begegnet. Die Vorträge fanden in der Caxton Hall, City of Westminster, statt. In der Pause holte ich ihn aus einer Journalistengruppe heraus. Ob er sich eine Viertelstunde Zeit für ein Rundfunkgespräch nehmen könne? Wo soll es sein, fragte er, ohne sich zu zieren. Mein Vorschlag war, ein paar Schritte zum nächste Park zu gehen und das Interview dort in mein kleines Aufnahmegerät zu sprechen. Wir fanden eine freie Bank, vor der Kinder spielten. Vogelstimmen übertönten das Brausen des nahen Verkehrs. Die Vorübergehenden warfen nur einen schnellen Blick auf uns; keiner blieb stehen. 1951 hörte sich die deutsche Sprache in London noch ungewohnt an. Aber auf einer

Parkbank ist die Gefahr, wissenschaftliche Dinge lehrhaft vorzutragen, geringer.

Es macht keine Mühe, sich an Eugen Sänger und seine Eigenheiten zu erinnern, an die Art, wie er beim Zuhören den Kopf etwas schief hielt, die Hände in die Hosentaschen vergrub, was bei ihm weder Verlegenheit noch salopper Stil war, eher die Bereitschaft, nunmehr ganz und ausschließlich Ohr zu sein. Ich erinnere mich an seine leicht gebückte Haltung, wenn er ging; immer schien es, als habe er eine Zeichnung vor Augen, als rechne er irgend etwas durch. Dennoch wirkte er nicht eigentlich geistesabwesend. Vieles ist mir im Gedächtnis geblieben: Seine meist nachlässig gebundene Krawatte; sein widerspenstiges Haar, das sicher einmal hellblond gewesen war und nun zunehmend ins Silbrige wechselte. Schließlich ist mir seine Stimme gegenwärtig, eine vollklingende Stimme, die wie aus einem Instrument mit Resonanzboden kam. Auch die Art seines Sprechens, bedächtig trotz schneller Sprache. Er formulierte mühelos, sicher, überzeugt, Vertrauen erweckend. Für Journalisten war Sänger ein Glücksfall. Er wußte Fragen aufzufangen und seine Antworten, ganz ohne wissenschaftliche Überheblichkeit, so zu formulieren, daß seine Zuhörer bemüht blieben, das Gesagte im Wortlaut zu zitieren. Sicher war Eugen Sänger damals ein Ärgernis für die Professoren, die von der Höhe des Lehrstuhls herab die Raumfahrt als das Hirngespinst von Utopisten abtun wollten.

Im Fernsehen aufzutreten, machte ihm offensichtlich Spaß. Er saß da, nicht mit dem Gesichtsausdruck eines Mannes, der dabei ist, kostbare Zeit zu opfern für eine aufwendige Veranstaltung. Er war höchst interessiert an der Technik des Fernsehens, auch am Zusammenspiel der Menschen. Die Mühe, die wir uns machten, unser Demonstrationsmaterial zur Geltung zu bringen, imponierte ihm, auch die Begeisterung, mit der jedermann im Studio zum Gelingen beitragen wollte. Damals waren 80 000 Fernsehgeräte angemeldet und ebenso viele noch nicht angemeldet; man konnte die Zuschauer, je Gerät durchschnittlich 6 Personen, auf 500 000 Menschen schätzen. Eugen Sänger hatte genügend Phantasie, um sich vorzustellen, welche Chance sich hier für den Gedanken der Raumfahrt bot.

Die Sendung vom 26. November 1954 war der erste große Fernsehbericht über das Thema Raumfahrt im deutschsprachigen Raum. Erstmals sah das deutsche Publikum die Krümmung des Erdhorizonts, von einer automatischen Kamera aus dem Raum aufgenommen. Erstmals war die Reaktion von Mäusen und Affen im Weltraum zu sehen, konnte das Phänomen der Gewichtslosigkeit verfolgt werden. Die Zuschauer erlebten die Versuche auf dem Raketenschlitten und in der Menschen-Zentrifuge mit, wir machten hautnah deutlich, welchen Anforderungen die Menschen, die den Schritt ins Weltall wagen würden, gewachsen sein müßten. Die Kamera senkte sich auf das Modell einer Kraterlandschaft; unsere Simulation einer Landung auf dem Mond gelang perfekt.

Wir haben damals die Zukunft richtig, ja sogar zeitlich exakt vorausgesagt: Die Landung auf dem Mond, so unsere Schätzung, würde innerhalb von 20 Jahren realisiert sein. Noch nicht 15 Jahre später, am 21. Juli 1969, hat Neil Armstrong seinen Fuß auf den Mond gesetzt. Es haben sich sogar meine Sätze, die seinerzeit von vielen Zuschauern nicht verstanden oder mißverstanden wurden, erfüllt: das Ziel der Raumfahrt sei in Wahrheit nicht der Mond, auch nicht der Mars, auch nicht irgendein ferner Planet, der vielleicht Alpha Centauri umkreist; Ziel der Raumfahrt sei – die Erde.

Nach einem Jahr, im November 1955, trafen wir uns wieder zu einer Live-Abendsendung. Diesesmal kam Professor Eugster aus Bern, ein Fachmann für kosmische Strahlung, hinzu. Wir hatten, vorsichtig geschätzt, 1 Million Zuschauer. Der Titel unserer Sendung klang sehr bestimmt: »Erdtrabant Alpha kreist 1957«. Zum dritten Mal kam Eugen Sänger im Januar 1957 in das Baden-Badener Studio. Ausschnitte aus 30 dokumentarischen Filmen waren für »Schritte ins Weltall (III)« zusammengestellt. Der Start technischer Monde wurde dem Fernsehpublikum (schätzungsweise bereits zweieinhalb Millionen Zuschauer) als unmittelbar bevorstehend angekündigt.

Nach dieser Sendung fanden sich im Postberg einige Zuschriften, die Sänger einen Phantasten nannten, den man nicht ernst nehmen könne. Die Wirklichkeit belehrte rasch: Sputnik I kreiste am 4. Oktober 1957! Mehrere Zuschriften enthielten die Bitte, das, was Eugen Sänger auf meine Frage nach den tieferen Beweggründen zur Raumfahrt geantwortet hatte, im genauen Wortlaut zu erhalten. Sängers

Formulierung lautete so: »Es ist ein elementarer, ein faustischer Trieb, es ist die Freude am Schaffen neuer technischer Dinge, es ist die menschliche und wissenschaftliche Neugierde nach dem Unbekannten, nach dem Aussehen der Rückseite des Mondes, nach den Pflanzen des Mars, nach den fernen Planeten anderer Sonnen. Es ist dieselbe Neugierde, die uns auf den höchsten Berg der Erde, zu den Polen, nach den letzten weißen Flecken der Landkarte getrieben hat.« 1964 ist Eugen Sänger gestorben.

Von Jules Verne zu Hermann Oberth

Es waren zunächst Bücher, die auf die Raumfahrt zuführten. Die Ideen, die von Büchern vermittelt werden, sind ja, wie es das Signet des französischen Verlags Larousse dartut, den Samen des Löwenzahns vergleichbar, die der Wind in großer Zahl fortträgt, mit der Chance, daß zumindest einige an günstiger Stelle landen und sich festsetzen. Mit den Utopien, die schriftstellerischer Phantasie entspringen, geht es nicht anders. Tausende lesen sie mit Vergnügen oder Kopfschütteln, in den Gehirnen von wenigen setzen sie sich fest. Ließe sich das nicht verwirklichen? Wenn es nicht so geht, dann vielleicht anders. Oscar Wilde hat geschrieben: »Eine Landkarte der Erde, die nicht auch Utopia zeigt, ist keinen einzigen Blick wert, denn auf ihr fehlt jenes eine Land, an dem die Menschheit immer anlangt. Ist sie dort angekommen, blickt sie um sich, sieht ein noch schöneres Land und setzt wieder die Segel. Fortschritt ist die Verwirklichung von Utopien.«

Jules Verne war der moderne Klassiker technischer Utopien, auch für die Raumfahrt hat er »die Zukunft erfunden«. Sein Roman »Von der Erde zum Mond« erschien 1863: Sein Raumschiff schoß er aus einer riesigen Kanone mit einem Treibsatz aus Dynamit, der neuen Erfindung Nobels, in den Himmel. Jules Verne setzte die technischen Mittel seiner Zeit ein; so hielten seine Leser das, was er schilderte, für möglich. Noch für uns Heutige ist der Reiz seiner schriftstellerischen »Erfindung« spürbar. Wir sehen, was inzwischen tatsächlich erfunden ist, bei Jules Verne wie durch ein umgedrehtes Fernglas: weit weggerückt, seltsam verfremdet und damit – neu. Überraschend ist, daß er sich für den Start seines Mondprojektils einen Platz in Florida ausgesucht hat, in der unmittelbaren Nähe des heutigen »Raumbahnhofs«, auf Cape Canaveral!

Jules Vernes Buch wurde zum Welterfolg. Für Erwachsene geschrieben, hat es die Jugend später an sich gerissen. Hunderttausende haben es mit brennenden Backen gelesen. Einer war darunter, ein in Siebenbürgen lebender 12jähriger namens Hermann Oberth, dem der Kanonenschuß zum Mond nicht aus dem Sinn kam. Oberths Großvater mütterlicherseits, Friedrich Krasser, ein Arzt und Dichter, hat, 25 Jahre vor der Geburt Hermann Oberths schon, seinen Freunden in vorgerückter Stunde vorausgesagt: »Ihr mögt es glauben oder nicht, ich bin überzeugt davon, daß die Menschen eines Tages auf dem Mond landen.« Warum eigentlich nicht, dachte sein Enkel.

Hermann Oberth interessierte sich schon in jungen Jahren für Physik und Mathematik. Er studierte diese Fächer und wurde Lehrer am Gymnasium von Mediasch. Seinen Jugendtraum von der Mondreise hatte er nicht vergessen, aber wie Jules Verne sich die Sache dachte, ging es wohl nicht! Die Insassen des Raumprojektils hätten den Abschuß nicht überlebt. Wenn die Raumfahrer eine Rakete benutzten, die langsam abhebt und sich dann zunehmend beschleunigt? 400 000 Kilometer ist der Mond von der Erde entfernt. Das ist 10mal der Erdumfang. Eine Rakete, die die Lufthülle der Erde verläßt, müßte den notwendigen Sauerstoff »in der Büchse« mitnehmen: zum Atmen und zum Verbrennen des Treibstoffs beim Flug durch den luftleeren Raum. Der junge Lehrer erfand das »Stufenprinzip«: eine aus drei oder vier »Stufen« zusammengesetzte Rakete müßte es schaffen, eine Flüssigkeitsrakete, die ihre ausgebrannten Teile Stufe für Stufe zurückläßt.

Der 29jährige Gymnasialprofessor Hermann Oberth faßte die Ergebnisse seiner mathematischen und physikalischen Überlegungen in einem Buch zusammen, das 1923 in dem Münchner Verlag Oldenbourg herauskam: »Die Rakete zu den Planetenräumen«. Damit war die Utopie des Jules Verne in die reale Welt der Mathematik, des Reißbretts, des Prüfstands getreten. Oberth hat sein Buch geschrieben, ohne von Konstantin E. Ziolkowsky, einem Mathematiklehrer in Kaluga, zu wissen. Der hatte schon 1903 der russischen »Wissenschaftlichen Rundschau« ein Manuskript eingereicht, in dem er eine Raumfahrt mit Raketen, mit Flüssigkeitsraketen vorschlug. Ziolkowsky wiederum wußte nichts von dem Ostpreußen Hermann Ganswindt, der bereits 1891 den Rückstoß von Raketen technisch nutzen wollte. Ein amerikanischer Universitätsprofessor, Robert H. Goddard, hatte übrigens 1919 den Vorschlag gemacht, eine unbemannte Rakete zum Mond zu schicken; eine Blitzlichtladung könnte ihre Ankunft bestätigen. Dieser Goddard experimentierte bereits mit Höhenraketen. Oberth erfuhr es in letzter Minute; er hat diese Versuche im Nachwort seines Buches erwähnt. Die wissenschaftlich fundierte Raumfahrt hat also drei Väter: den Russen Ziolkowsky, den Amerikaner Goddard, den Siebenbürger Oberth. Oberth lebt noch, 92jährig, in Feucht bei Nürnberg. Sein Buch »Die Rakete zu den Planetenräumen« ist seinerzeit von den Herren des Verlags mit Skepsis aufgenommen worden. Die Hälfte der Druckkosten haben sie sich vom Autor bezahlen lassen. Oberths Frau Tilly hat ihre Ersparnisse dafür geopfert. Die Frage war: Wer würde sich überhaupt für so ein Buch interessieren? Die abenteuerliche Roman-Reise des Jules Verne war reduziert auf eine wissenschaftliche Abhandlung. Bewiesen werden sollte, daß Raumfahrt möglich ist. Wer sich nicht durch das Gestrüpp der Formeln durchzuschlagen wußte, kam um den Genuß der Beweisführung. Die Universität Heidelberg jedenfalls hatte abgelehnt, das Buchmanuskript als Doktorarbeit anzunehmen. Den Professoren erschien das Thema unseriös. Waren die vier Thesen, die Hermann Oberth seiner Abhandlung voranstellte, überhaupt ernst zu nehmen? Raumfahrt, was soll das? Als Oberth 1923 sein Buch veröffentlichte, war der Atlantik noch nicht bezwungen; Lindberghs Flug New York–Paris gelang erst 1927.

Die Thesen Oberths lauteten wörtlich:

1. Beim heutigen Stand der Wissenschaft und der Technik ist der Bau von Maschinen möglich, die höher steigen können, als die Erdatmosphäre reicht.
2. Bei weiterer Vervollkommnung vermögen diese Maschinen derartige Geschwindigkeiten zu erreichen, daß sie – im Ätherraum sich selbst überlassen – nicht auf die Erdoberfläche zurückfallen müssen und sogar imstande sind, den Anziehungsbereich der Erde zu verlassen.
3. Derartige Maschinen können so gebaut werden, daß Menschen (wahrscheinlich ohne gesundheitlichen Nachteil) mit emporfahren können.
4. Unter gewissen wirtschaftlichen Bedingungen kann sich der Bau solcher Maschinen lohnen. Solche Bedingungen können in einigen Jahrzehnten eintreten.

Die Leute vom Verlag haben damals recht behalten, ein Verkaufserfolg wurde das Buch nicht. Immerhin: ein Untertertianer namens Wernher von Braun hat davon Kenntnis genommen. »Es gab da ein Jahrbuch der Kosmos-Hefte, das hieß ›Das Kosmos-Himmelsbuch‹. Darin habe ich Oberths Buch angezeigt gefunden. Ich habe hingeschrieben und es mir schicken lassen. Verstanden habe ich davon nur sehr wenig. Aber dieses Buch hat mich auf den Kurs gesetzt; es ist der Wegweiser für mein Leben geworden«, hat mir Wernher von Braun erzählt. Mit 30 Jahren hat er die ersten Großraketen gebaut. Als Mann in den 50ern hat er den Traum von der Mondfahrt verwirklicht. Zwei Bücher, Jules Vernes »Von der Erde zum Mond« und Hermann Oberths »Die Rakete zu den Planetenräumen«, sind die Bögen der Brücke von der Utopie zur Realität.

Persönlich habe ich Hermann Oberth erst 1950 kennengelernt. Ich fuhr damals mit meinem ersten Volkswagen, ein Tonbandgerät auf dem Rücksitz, nach Feucht. Ein Empfehlungsschreiben von Otto Willi Gail hatte ich in der Tasche. Gail stand schon Anfang der zwanziger Jahre mit allen Pionieren der Rakete in Verbindung, auch mit Max Valier, mit Fritz von Opel, der auf der Rüsselsheimer

Teststrecke sein Raketenauto erprobte. Oberth wohnte in dem alten, ihm gehörenden Pfintzingschloß, das heute das Hermann Oberth-Museum enthält. Damals war das Haus mit Flüchtlingen vollgestopft; an jeder Tür standen fünf Namen. Ich hatte Glück, er war da: Er urteilte sarkastisch, in hartem Siebenbürger Deutsch, über die Erscheinungen der Nachkriegsjahre. Daß seine Existenz nunmehr auf nichts gestellt war, klammerte er aus. Die Zukunft der Raumfahrt sah er wie eine Selbstverständlichkeit vor sich, wenn eine, die einzige Vorbedingung, erfüllt sein würde. Wörtlich: »Sofern die Menschen ihre Kultur nicht durch einen neuerlichen Krieg, bei dem Atomraketen eine fürchterliche Rolle spielen würden, vernichten, wird die zweite Hälfte unseres Jahrhunderts die Erfüllung der Raumfahrtidee bringen. Die Jugend wird Augen- und Ohrenzeuge dieser Geschehnisse sein.« Der damals 56jährige Oberth war optimistisch in der Sache, für sich selbst vorsichtig: Die Jugend würde es erleben, sagte er. Er hat die Verwirklichung seines Traums erlebt: am 4. Oktober 1957, als der erste Sputnik sich aus dem Raum meldete, war er 63 Jahre, am 20. Juli 1969, bei der Landung der ersten Menschen auf dem Mond, 75 Jahre alt. Wernher von Braun nannte ihn einen »genialen Einzelgänger, seinen Zeitgenossen um eine Generation voraus«.

Für meinen »Schritt ins Weltall« hatte mir Wernher von Braun Filmmaterial geschickt, das in Europa noch nicht gezeigt worden war. Beim 9. Kongreß der Internationalen Astronautischen Förderation (IAF) 1958 in Amsterdam, lernte ich ihn dann persönlich kennen. Erstmals traf er in Amsterdam mit seinem »Rivalen« Prof. Leonid Sedow, den man den »Vater des Sputnik« nannte, zusammen. Verständigungsschwierigkeiten gab es nicht. Sedow sprach Deutsch und machte bei dieser Gelegenheit davon Gebrauch. Vor der Kamera hat er wohl grundsätzlich einen Dolmetscher in Anspruch genommen. Nur einmal, beim IAF-Kongreß in Barcelona 1957, als ich ihn kurz nach dem Start des Sputnik um ein Rundfunkinterview bat, machte er eine Ausnahme. Ich fragte ihn, was seiner Meinung nach den Erst-Erfolg des Sputniks vor den Amerikanern ermöglicht habe. Er sah mich durch die dicken funkelnden Gläser seiner Brille vergnügt an und formulierte: »Wir haben uns auf einen

Ort und auf eine Aufgabe konzentriert.« Gemeint war, die Amerikaner hätten sich zuviel Leerlauf geleistet mit den verschiedenen Zuständigkeiten von Heer, Marine und Luftwaffe, die alle bei dem Raumfahrtvorhaben mitreden wollten.

Daß Braun und Sedow sich an den folgenden Tagen in Amsterdam nicht mehr sahen, daran trug ein Zwischenfall am Rande die Schuld. Nach der Eröffnungssitzung waren im Geschiebe der Menge einer jungen Dame die Unterlagen hinuntergefallen. Braun, hinter ihr geschoben, hatte sich augenblicklich danach gebückt, war aber nur mühsam, mit schmerzverzerrtem Gesicht, wieder hochgekommen. Der Hexenschuß fesselte ihn für drei Tage ans Hotelzimmer. Weder Spritzen noch Massagen halfen. Er empfing mich im Hausmantel und hatte dank dieses Mißgeschicks für mich sehr viel Zeit. Das Tonbandgespräch zum Aktuellen war rasch erledigt. Wir kamen vom Hundertsten ins Tausendste, sprachen über seine Jugend, über den Zufall, der ihn auf Oberths Buch stoßen ließ.

»War es der Titel, der Sie gereizt hat? Die Rakete? Die Planetenräume?« Er meinte: »Zunächst wohl die Planetenräume. Meine Mutter war eine begeisterte Amateur-Astronomin. Zur Konfirmation habe ich statt einer goldenen Uhr mein erstes Fernrohr bekommen. Auch mit Raketen hatte ich schon Erfahrung: bei meinem pedalgetriebenen Kinderauto habe ich die Steuerung blockiert, eine Halterung für sechs große Feuerwerksraketen montiert und sie in einer Allee im Tiergarten angezündet. Der Wagen sauste ab, einen Kometenschweif hinter sich. Nach vielleicht hundert Metern raste er gegen die Bordschwelle, dann auf die andere Seite, er lief Zickzackkurs. Schließlich, mit einem Donnerschlag, waren die Raketen ausgebrannt. Sofort war ein Polizist zur Stelle, der mich aufs Revier mitnahm. Es wurde ein Protokoll aufgenommen. Mein Raketenauto hatte glücklicherweise niemanden verletzt. Man meldete die Sache meinem Vater. Mit einer Verwarnung bin ich davongekommen. Das Buch Oberths ›Die Rakete zu den Planetenräumen‹ ist für mich also im richtigen Augenblick erschienen. Es verband mein Hobby mit der großen Idee. Ich war gezwungen, um das Buch mit Gewinn lesen zu können, mich endlich auch mit Mathematik und Physik anzufreunden. Sie wissen doch, daß ich gerade dieser Fächer wegen am Berliner Französischen Gymnasium durchgefallen bin? Mein Vater hat mich deshalb auf eine Internatsoberrealschule bei Weimar geschickt, dann zur Hermann-Lietz-Schule auf Spiekeroog. Von dort aus habe ich mir das Oberthsche Buch besorgt und mich dann auf den Hosenboden gesetzt. Mathematik ist mein Lieblingsfach geworden, ich habe das Abitur mit Glanz und Gloria bestanden.« Ich frage ihn: »Was ist aus Ihrem Fernrohr geworden?« Er lachte: »Das habe ich nach Spiekeroog mitgenommen, aber wir wollten bald höher hinaus. Ich habe dem Direktor vorgeschlagen, ein richtiges Observatorium zu bauen. Das haben wir in Gemeinschaftsarbeit erstellt. Daß ich ihn zum Kauf eines teueren Refraktors überreden konnte, darauf bin ich noch heute stolz.«

Schon damals erwies sich Brauns Talent, für seine Pläne die dafür nötigen Mittel zu beschaffen, auch seine Begabung, Menschen zu begeistern und ein Team zu führen. Wir kamen auf sein Maschinenbaustudium an der TH Berlin zu sprechen und auf sein Volontariat in den Borsig-Werken. »Die 6 Monate bei Borsig haben mir mehr über die praktischen Probleme des Maschinenbaus vermittelt als die späteren Semester im Hörsaal. Den Anfang in der Schlosserwerkstatt werde ich nie vergessen: Der Meister gab mir ein kindskopfgroßes Stück Eisen. Ich sollte einen exakten Würfel zurechtfeilen. Als ich ihn zum dritten Mal vorzeigte, war er kleiner als eine Apfelsine. Der Alte sah sich mein Werk über die staubige Brille hinweg an, er maß mit der Schublehre nach und sagte ein einziges Wort: »Gut«.

Noch in Brauns erstem Semester als Ingenieur-Student, im Frühjahr 1930, kam Oberth nach Berlin, um im Kaufhaus des Westens eine Ausstellung zum Ufa-Film »Die Frau im Mond« zu machen. Braun ging hin und bot seine Mitarbeit an. Er half beim Aufstellen der Modelle und beantwortete Fragen aus dem Publikum. »Jawohl«, behauptete er, »ein Flug zum Mond ist schon in naher Zukunft möglich.«

Wernher von Braun hat Oberth wiederholt »einen großen Mann und genialen Einzelgänger« genannt. Mit seinem Buch »Die Rakete zu den Planetenräumen« habe er »eine Entwicklung angeregt, die in gerader Linie zu den Großraketen, Satelliten und Mondflügen unserer Tage führte. Mit Gründlichkeit und mit einer fast prophetischen Klarheit beschrieb dieses Buch alle wesentlichen Komponenten von Großraketen, die heute oft für Erfindungen der letzten Jahre gehalten werden...« Daß Oberth schon immer ein etwas schwieriger Mensch gewesen sein muß, wollte ich bestätigt hören: »Ach ja«, lachte er, »Genies sind nicht immer leicht zu nehmen. Ich verdanke ihm so vieles. Nicht nur, daß er mir den Leitstern fürs Leben gegeben hat, er hat mich auch mit der praktischen Seite der Raketentechnik in erste Berührung gebracht. Ich werde die tastenden Versuche im Sommer 1930 nicht vergessen, als es darum ging, eine mit Benzin und flüssigem Sauerstoff gespeiste Raketenbrennkammer mit Hilfe eines an einer langen Stange angebrachten Dochtes in Betrieb zu setzen. So rudimentär diese Versuche uns heute erscheinen mögen: sie waren ebenso wesentlich für den Erfolg der Großraketentechnik wie die Versuche Otto Lilienthals oder der Gebrüder Wright für die moderne Luftfahrt.«

Die Zeit, in der Oberth seine erste Flüssigkeitsrakete entwickelte und seine Erfindung, die sogenannte Kegeldüse, erprobte, ist von dem Raketeningenieur Rolf Engel, einem der ersten Mitarbeiter Oberths, dokumentiert: »Man glaubte einfach nicht, daß ein Flüssigkeitstriebwerk realisierbar ist. Es war Rudolf Nebel, der schließlich meinte, man müsse einen Versuch vor einer amtlichen Stelle machen, die beim Gelingen bescheinige, daß unser Triebwerk einwandfrei gearbeitet hat. Nebel überzeugte den Direktor der Chemisch-Technischen Reichsanstalt Dr. Karl Ritter davon, daß Oberth die Kegeldüse vorführen sollte. Oberth kam aus Mediasch (Siebenbürgen) wieder nach Berlin und die kleine Mitarbeitergruppe begann hektisch mit den Vorarbeiten für diese kritische Prüfung. Am 23. Juli 1930 war es schließlich soweit. Wernher von Braun und Klaus Riedel bedienten die Öffnungsventile; ich überwachte den Maihak-Druckmesser. Während Willy Ley noch auf Dr. Ritter einsprach, gingen alle in Deckung. Nebel gab die Zündung. Die Kegeldüse brannte einwandfrei, blubberte zwar ein wenig, aber der Druckmesser schrieb eine ruhige Schubkurve in die angerußte Blechtrommel, die ein von Wernher von Braun gestiftetes Uhrwerk in Drehung versetzte. Als Brennzeit hatte Oberth 60 Sekunden vorgesehen. Es ist schwer, sich die Stimmung aller Beteiligten nach dem Versuch vorzustellen. Zum ersten Male hatte in Europa ein Flüssigkeitsraketentriebwerk funktioniert. Dr. Ritter war beeindruckt. Gewissenhaft wurden die Meßinstrumente nachgeeicht und dann wurde auf dem offiziellen Briefpapier der Chemisch-Technischen-Reichsanstalt bestätigt, daß die Kegeldüse für die Dauer von 60 Sekunden ohne Unregelmäßigkeit gebrannt hat. Dabei wurden 6 kg flüssiger Sauerstoff und 1 kg Benzin verbraucht; es wurde ein konstanter Schub von 7 kp erzeugt. Nach der Aufregung dieses Tages waren wir überzeugt, daß der große Durchbruch gelungen sei. Nebel ließ bei einem Freund das offizielle Gutachten etwa 100mal vervielfältigen, und wir übersandten es an alle Dienststellen, Behörden und Zeitungen. Aber die Reaktion der Öffentlichkeit war kläglich. Mit der großen Wirtschaftskrise mit mehr als 6 Millionen Arbeitslosen traten im Herbst 1930 andere Sorgen in den Vordergrund.«

Im Zweiten Weltkrieg wurde Wernher von Braun technischer Direktor der Heeresversuchsanstalt Peenemünde, Oberth – nach Annahme der deutschen Staatsangehörigkeit – beratender Mitarbeiter. General Dr. Walter Dornberger, der Peenemünder Chef, schrieb über diese Jahre: »Wir haben eine der großen Aufgaben der Menschheit aufgegriffen und eine erste brauchbare Lösung gefunden.« Die »erste brauchbare Lösung« war der Zeit entsprechend eine Waffe. Militärische Überlegungen haben die technischen Entwicklungen damals vorangetrieben; militärische Budgets haben die kostspieligen Versuche ermöglicht. Die Männer, die den faszinierenden Traum der Menschheit, sich vom Heimatplaneten zu lösen und auf kosmische Entdeckungsreisen zu gehen, realisieren wollten, zahlten dafür ihren Preis. Sie unterschrieben den Geheimhaltungsrevers; sie fanden sich mit der Beschränkung ihrer Bewegungsfreiheit ab. Das war auf dem Raketenversuchsgelände Peenemünde nicht anders als im amerikanischen Los Alamos, wo damals an der Entwicklung der Atombombe gearbeitet wurde. Eine wesentliche Erkenntnis ergab sich hier wie dort und über den Krieg hinaus. »Die Zeiten des einsamen Erfindergenies waren vorüber. Nur noch einem anonymen Team aufeinander abgestimmter, selbstlos und sachlich zusammenarbeitender Spezialisten konnte die Lösung gelingen«, schrieb Walter Dornberger später. Die phantasievollen Techniker, die das »größte Abenteuer der Menschheit« vorbereiteten, den »Schritt ins Weltall«, sahen im Wettlauf der Waffen das Sprungbrett für morgen. Wernher von Braun sprach im engeren Freundeskreis von der »unstillbaren Neugierde des Menschen«. Die Eroberung des Weltraums nannte er »unvermeidlich wie den Sonnenaufgang«.

Künstliche Monde

Nach dem Krieg wurden 50 Raketen nach Amerika gebracht; dort erreichte eine V 2 die Höhe von 213 Kilometer. Das geschah über dem Versuchsfeld White Sands, einer Wüste, in flimmernder Hitze, ein paar Meilen von jener Stelle entfernt, wo 1945 die erste Atombombe gezündet worden war. 1954 kam eine amerikanische Nachentwicklung der V 2, die schlankere »Viking«, auf 255 Kilometer Höhe. Beide, V 2 und Viking, waren somit schon »so gut wie« im Weltraum.

Aber schon am 24. Februar 1949, ziemlich genau auf der zeitlichen Mitte zwischen Peenemünde und dem ersten Sputnik, startete eine Zweistufenrakete: »Es hörte sich an«, schilderte ein Journalist, »wie das Rauschen eines ungeheuren Wasserfalls, vermischt mit dem Heulen eines fernen Sturms und dem Donner eines Eisenbahnzugs, der über eine Brücke rollt.« Die Techniker hatten eine amerikanische Signalrakete, die schlanke Wac Corporal, auf die V 2 gesetzt. Nach dem Brennschluß der großen Rakete hob die kleine ab. Ihr Gasausstoß trieb sie höher und höher. Der Raketenpfeil durchmaß das Märchenland des Polarlichts, die leuchtenden Elektronenströme magnetischer Gewitter. Der Flammenstrahl der Rakete war längst erloschen; da stieg sie noch immer wie ein von der Sehne des Bogens geschnellter Pfeil, bis schließlich die Anziehungskraft der Erde ihren Schwung aufgezehrt hatte. Damals wurden über 400 Kilometer Höhe erreicht.

Der Gasmantel der Erde ist in dieser Höhe nur noch ein unvorstellbar dünner Schleier; der Himmel erscheint tiefschwarz; die Sterne sind, auch bei Tag, als ruhige Lichter sichtbar. Bei exakt 403 km Höhe stand die Rakete einen Augenblick lang still, ehe sie sich überschlagend zur Erde zurückstürzte. 403 Kilometer! Sie war 45mal so hoch wie der Himalaja, und sie hatte damit doch erst ein Tausendstel der Mondentfernung erreicht. Das Tausendstel gibt also nicht die richtige Vorstellung: nur viermal schneller müßte diese Rakete werden, und sie würde sich von der Erde lösen können! Auf dem Reißbrett der Konstrukteure erhielt die Zweistufen-Rakete noch eine zusätzliche Stufe als Untermann. Eine Drei- oder Vierstufenrakete konnte es schaffen! Das war einer der bestechendsten Vorschläge Oberths: eine zusammengesetzte Rakete, die ihre ausgebrannten Teile abstößt und ohne den Ballast leerer Tanks ihren Flug fortsetzt.

»In den nächsten 10 oder 15 Jahren wird die Erde einen neuen Begleiter am Himmel bekommen, einen von Menschen errichteten Satelliten, den ersten Stützpunkt der Menschheit im Weltraum«, sagte Wernher von Braun 1952 im Colliers Magazine voraus. Die offizielle Bestätigung dieses Plans wurde zur echten Sensation des Jahres 1955: Der Sprecher des Weißen Hauses gab bekannt, Präsident Eisenhower habe im Rahmen des Geophysikalischen Jahres Plänen zur Konstruktion von künstlichen Erdsatelliten zugestimmt. Wenige Tage später erklären die russischen Professoren Sedow und Ogorodnikow beim IAF-Kongreß in Kopenhagen, auch die Sowjetunion werde technische Erdtrabanten installieren. Die beiden Großmächte haben sich damit festgelegt. Von nun an ist es eine Sache des Prestiges unter den Völkern: wer baut den künstlichen Mond zuerst?

Die Entstehung technischer Erdsatelliten, heute eine Selbstverständlichkeit, wurde einer zweifelnden, einer nur zögernd verstehen könnenden Öffentlichkeit erklärt: gelingt es, eine Rakete auf eine Geschwindigkeit von 8 km in der Sekunde zu bringen – das bedeutet 28 000 km pro Stunde – und sie außerhalb der wirksamen Erdatmosphäre auf eine Kreisbahn umzulenken, so wird sie – da sich dann

Erdanziehung und Zentrifugalkraft der Umlaufbewegung das Gleichgewicht halten – »immerfort um die Erde herumfallen«. Sie wird ein Satellit der Erde, ein künstlicher Mond geworden sein. Die Kommentatoren gaben Details: Der Satellit wird sich laufend melden; er wird Instrumente mit sich führen, die Temperaturen und Strahlungen messen; Sender werden die Ergebnisse übermitteln. Sonnenelemente können die Sendeenergie liefern. Antennen auf der Erdoberfläche werden die Funksignale auffangen, die Durchgänge des Erdtrabanten registrieren; elektronische Gehirne werden die Bahnen, die Bahnabweichungen, errechnen. Diese Satelliten sind Verlustgeräte. Nach einer Umlaufzeit von Tagen, Wochen, Jahren, möglicherweise von Jahrhunderten, werden sie – von den äußeren Gasschleiern der Atmosphäre leicht abgebremst – etwas tiefer und dann immer tiefer in die Erdatmosphäre eintauchen, sich schließlich in den dichteren Schichten heiß reiben, aufglühen und als Sternschnuppen verbrennen. Technische Monde ließen sich »ewig« auf ihrer Bahn halten, wenn ihre Bahn mit der nötigen Präzision ganz außerhalb der Erdatmosphäre gelegt würde. Doch wäre geplant, sie solange wie möglich durch die verschiedenen »Stockwerke« der Erd-Atmosphäre laufen zu lassen, um die Zusammensetzung und Dichte dieser Schichten kennenzulernen. Der Satellit als Instrumententräger, als Forschungsgerät, werde die nötigen Kenntnisse bringen, ehe zu verantworten sei, menschliche Vorhuten hinauszuschicken.

Eine neue Epoche

Am 4. Oktober 1957 geschah es dann: Das Zeitalter der Raumfahrt wurde für jeden hörbar. Ein technischer Satellit umkreiste die Erde in 95 Minuten; man konnte die Funksignale des Sputniks (d. h. »Begleiter«) empfangen. Es gab nur wenige Blasierte, die diesen Signalen nicht fasziniert gelauscht hätten. Der Geburtsschrei einer Epoche: Sputnik I, ein neuer Mond und – ein »roter« Mond! Amerika durchlitt seinen größten Schock seit der Niederlage von Pearl Harbour, einen tiefergehenden noch: das Selbstbewußtsein der hochtechnisierten Nation war getroffen. Sie sah sich dort, wo Technik ein Äußerstes anstrebt, überholt.

Salvatore Quasimodo, der 1959 Nobelpreisträger für Literatur wurde, ein Italiener, brachte das Hochgefühl der Fortschrittsgläubigen dichterisch zum Ausdruck; in der Mailänder Zeitung »Unità« veröffentlichte er einen Hymnus an den neuen Mond: »Am Anfang schuf Gott Himmel und Erde / Am rechten Tag dann setzt er auch Lichter an den Himmel / Und am siebten Tag ruhte er / Nach Milliarden Jahren setzte der Mensch / Geschaffen nach Seinem Bild / Rastlos in seinem Erdenverstand und ohne Furcht an den heiteren Himmel einer Oktobernacht andere Lichter / ähnlich denen, die seit der Erschaffung der Welt kreisen. Amen.«

Das Gedicht wurde, wie Leserzuschriften zeigten, als »Gotteslästerung« empfunden. Hat der Mensch, so fragten sich viele, damit die gesetzten Grenzen überschritten? Macht euch die Erde untertan, so heißt es, aber nicht: macht euch den Himmel untertan. Carl Friedrich von Weizsäcker, der Physiker und Philosoph, setzte dagegen: »Zunächst haben wir uns den Himmel nicht mehr untertan gemacht als ein Junge, der mit einer Flinte Schrot ins Meer schießt, sich den Ozean untertan gemacht hat.« Ein Jahr zuvor hatte Papst Pius XII. die Teilnehmer des 7. Internationalen Astronautischen Kongreß in Rom empfangen. Im Schweizer Saal seiner Sommerresidenz Castel Gandolfo nahm er in einer 14 Minuten dauernden französisch gesprochenen Rede zum Thema Raumfahrt Stellung:

Das Wort »Astronautik« gebe, so sagte er, »die Idee phantastischer Reisen durch die Weiten des Weltalls.« Es geschehe das unter gefährlichen Bedingungen für den menschlichen Organismus, der damit aus seiner natürlichen Umwelt geworfen werde. »Es mag vielen so erscheinen, als ob das Projekt eines solchen Unternehmens sich nur entwickeln könne, wenn man der Vorstellungskraft keine Schranken setzt, wenn man sich dem Spiel der Phantasie ganz anheimgibt. Jedoch«, so fuhr der Papst fort, »haben die grundlegenden Prinzipien, auf welchen die Astronautik aufgebaut ist, seit Beginn dieses Jahrhunderts eine klare und logische Formulierung erfahren. Man findet darin bestätigt, daß es möglich ist, der Erdanziehung zu entkommen, indem man einem Fahrzeug eine genügende Beschleunigung gibt, und man präzisiert, daß diese Beschleunigung durch die Verwendung einer Rakete erreicht wird. Bald hat man auch die Möglichkeit erwogen, menschliche Wesen so zu befördern.«

Der Papst kam auf die geistigen und moralischen Aspekte der Raumfahrt zu sprechen. Dieses Projekt verlange »eine bestimmte Vorstellung der Welt, ihres Sinns und ihrer Zweckbestimmtheit. Gott, der Herr, der in das Herz der Menschen den unstillbaren Durst nach Wissen legte, hatte nicht die Absicht, dem menschlichen Streben, seine Umwelt in Besitz zu nehmen, eine Grenze zu setzen, als er sagte: ›Macht euch die Erde untertan‹. Es ist die ganze Schöpfung, welche ER ihm anvertraut hat... Wenn sich der Mensch bisher auf der Erde sozusagen eingeschlossen fühlte und sich mit den bruchstückhaften Informationen begnügen mußte, die ihm aus dem Weltall zugekommen sind, so scheint es jetzt, daß sich die Möglichkeit bietet, dieses Hindernis niederzureißen. Der Mensch erhält Zutritt zu neuen Wahrheiten und neuen Erkenntnissen, wie sie Gott in so reichem Maß in die Welt hineingelegt hat.« Der Papst endete, ehe er seinen Segen gab, mit der Mahnung: »Aber diese wagemutigen Entdeckungsfahrten in den Raum würden nur dazu beitragen, ein neues Ferment der Uneinigkeit unter die Menschen zu tragen, verknüpfte man sie nicht mit einer tieferen sittlichen Erkenntnis und dem Bestreben, damit den höheren Zielen der Menschheit zu dienen.«

Der erste Satellit Sputnik I umrundete die Erde 1367mal, 92 Tage lang. Aber schon einen Monat nach Sputnik I starteten die Russen den zweiten Satelliten – diesmal mit einem Lebewesen an Bord. In den Funksignalen waren Atmungs- und Herztätigkeit der Laika-Hündin Kudrijawka verschlüsselt; für das Versuchstier gab es keine Rückkehr zur Erde. Sputnik II blieb 162 Tage bestehen; 2370mal ging der technische Mond auf und unter. Dann löste er sich in den tieferen Schichten der Erdatmosphäre als Sternschnuppe auf.

Wie weit lagen die amerikanischen Techniker zurück? Für das Geophysikalische Jahr (vom 1.7.1957 bis 31.12.1958) war eine eigene zivile Rakete entwickelt worden; sie sollte den Satelliten Vanguard (das ist »Vorbote«) auf eine Kreisbahn bringen. Aber der Start am 6. Dezember 1957 mißglückte. Ein amerikanischer Raketeningenieur versuchte zu scherzen: »Großraketen sind launisch wie Primadonnen.«

Jetzt erst erhielt Wernher von Braun den Auftrag, die Scharte mit einer militärischen Rakete auszuwetzen. Amerikas Öffentlichkeit blickte wie hypnotisiert auf das Versuchsgelände Cape Canaveral, eine flache sandige Landzunge an der Atlantikküste Floridas. Fieberhaft wurde gearbeitet, indes der Vorsprung der Russen mit jedem Tag größer wurde. Endlich, am 31. Januar 1958 stand die Jupiter C, die von Braun entwickelte Heeresrakete, auf dem Starttisch. Die Amerikaner hielten den Atem an, als sich die Riesenrakete erhob. Radioteleskope und elektronische Rechner gaben nach bangen Minuten die Gewißheit: Amerika hat seinen ersten Satelliten im All. Er heißt Explorer I (»Erforscher I«), und er wird jahrelang kreisen. Nach gut zwei Jahren hatte er rund 500 Millionen Kilometer zurückgelegt, eine Entfernung, die der von drei Marsreisen entspricht. Freilich, der Explorer war ein Leichtgewicht gegenüber den russischen Satelliten; sein Gewicht entsprach dem einer Nähmaschine; Sputnik I wog so viel wie ein Kühlschrank, Sputnik II wie ein Personenwagen der Mittelklasse. Und, nachdem die Amerikaner zwei weitere Satelliten gestartet haben, brachte die Sowjetunion am 5. Mai 1958 den bis dahin schwersten Erdtrabanten auf seine Bahn: Sputnik III. Er wog 1 325 Kilo. Der erdnächste Punkt seiner Bahn war 230 Kilometer, der erdfernste Punkt 1 880 Kilometer von der Erdoberfläche entfernt.

Der Anteil deutscher Fachleute an der Raketenentwicklung in Rußland ist viel diskutiert worden. Helmut Gröttrup, Leiter des deutschen Raketenkollektivs, das auf der Insel Gorodomlia, einem russischen Peenemünde im Seligersee bei Kalinin, arbeitete und Raketenstarts in Kapustin Jar, östlich von Stalingrad, mit der Schießrichtung auf die Kaspische Steppe, vorbereitete, hat sich in meiner dritten Raumfahrtsendung sehr zurückhaltend dazu geäußert: Wohl hätten die Russen (wie die Amerikaner auch) das Erfahrungsgut der Peenemünder übernommen, die Entwicklung aber dann selbständig weitergeführt.

Erinnern wir uns: drei der vier Voraussagen Oberths waren eingetroffen. Wer wollte noch zweifeln, daß auch die vierte, die, daß Menschen mit »emporfahren« können, sich erfüllen wird?

Schon 1948 haben die Techniker eine Wellenbrücke zum Mond geschlagen. Radarimpulse kamen als deutliches »Echo« zurück.

Genügte, um einen Satelliten zu schaffen, eine Geschwindigkeit von 8 km in der Sekunde, so war, um den Mond zu erreichen, die »zweite kosmische Geschwindigkeit«, die »Fluchtgeschwindigkeit« von 11,2 km in der Sekunde nötig. Am 2. Januar 1959 raste der sowjetische Lunik I (das Wort ist zusammengesetzt aus Luna = Mond und Sputnik), über 7 Zentner Meßgeräte mit sich führend, in 7500 Kilometer Abstand am Mond vorbei. Eine gelbleuchtende Natriumwolke, die die Rakete ausstieß, als sie über ein Viertel der Mondentfernung zurückgelegte hatte, war zu photographieren. Aus Lunik I ist ein künstlicher Planetoid geworden, der – in 15 Monaten – die Sonne umläuft, im sonnenfernsten Punkt seiner Bahn dem Mars näher als der Erde kommt. Zwei Monate später gelang es auch den Amerikanern, mit dem Pioneer IV einen technischen Planeten zu schaffen. In beiden Fällen sollte der Mond getroffen werden, beide Male wurde er verfehlt.

Das nächste »Mondereignis« fand am 13. September 1959 statt. Diesmal waren die Russen ihrer Sache so sicher, daß sie vom Start weg die Positionen des Lunik II der englischen Empfangsstation Jodrell Bank übermittelten. Professor Bernard Lovell berichtete von der Spannung der letzten Minuten: »Amerikanische Kollegen wollten nicht glauben, daß Jodrell Bank die Signale deutlich hatte; ich ließ sie das Piepen aus unserem Lautsprecher hören; sie empfingen es per Telefon über den Atlantik. Der automatische Schreiber des Geräts zeigte, wie die Rakete unter der Anziehungskraft des Mondes immer schneller wurde. Sie schlug um 22 Uhr 2 Minuten 23 Sekunden britischer Sommerzeit auf.«

Den zweiten Jahrestag des Sputnik I, am 4. Oktober 1959, feierte die Sowjetunion mit dem Start einer Rakete, die den Mond umrundete und gespeicherte Bilder der Mondrückseite zur Erde zurücksandte.

1959 legte das Demoskopische Institut in Allensbach 2 000 Bürgern der Bundesrepublik, repräsentativ ausgewählten Personen ab 16 Jahren, die folgende Frage vor: »Als Sie von der Mondrakete hörten, hatten Sie da das Gefühl, das ist alles in allem eher eine gute oder eher eine schlechte Nachricht?« Das Ergebnis: »Eher eine schlechte«, sagten 38 %; »eher eine gute«, meinten 30 %; unentschieden blieben 32 %. Bei den Männern standen 40 Optimisten gegen 33 Pessimisten; bei den Frauen war es umgekehrt: 42 Pessimistinnen gegen 22 Optimistinnen. Bei den jungen Menschen bis 30 überwog die Zuversicht; ab 30 senkte sich die Waagschale immer mehr zur Sorge. Die Herkunft des deutlich werdenden Unbehagens ist nicht rätselhaft: die Menschen Mitteleuropas blicken in das Janusgesicht Frieden–Krieg und – fürchten es. Vielleicht auch fühlen sie sich von den Ereignissen »überfahren«, empfinden unbewußt, was der Schriftsteller Robert Jungk so ausgedrückt hat: »Wir sind nicht wie in den Zukunftsromanen von Wells, Huxley und Orwell durch den weiten Graben der Zeit von dem reißenden Tier Zukunft getrennt ... Die Zukunft hat schon begonnen.«

Daß die Wissenschaft – auch dort, wo militärische und politische Zielsetzungen die Entwicklung vorantreiben – zumindest mitprofitiert, ist nicht bestreitbar. Die Funkinformationen, die wir von unseren Robotern im Raum erhalten, bedeuten neue Kenntnisse über die Kräfte- und Strahlungsfelder, in denen sich unser Planet bewegt. Erdsatelliten und Raumsonden haben ein deutlicheres Bild von den physikalischen Vorgängen gezeichnet, die sich in den oberen Schichten der irdischen Lufthüllen abspielen.

Die sogenannten Tiros- und Nimbus-Satelliten haben Abermillionen von Photos geliefert. Die Gashülle der Erde, in deren untersten Schichten das Wetter braut, wird nunmehr vom Weltraum aus kontrolliert. Fernsehkameras überwachen Wetterfronten und Wirbelstürme. Diese Satelliten übermitteln ihre Bilder den Wetterdiensten; die meteorologischen Zusammenhänge werden erkennbar. Infrarotdetektoren tasten die Erde durch den Gasmantel hindurch ab. Die Differenz zwischen der einfallenden und der an den Weltraum zurückgegebenen Strahlung ist die Energiemenge, die das Wettergeschehen in der Atmosphäre bestimmt.

Eine neue Phase des »Fernsehens« hat begonnen, das uns Nah-Bilder der benachbarten Himmelskörper vermittelt. Das Programm der Amerikaner zielte zunächst darauf ab, Bilder des Mondes aus nächster und allernächster Nähe zu übertragen, noch in den letzten Minuten und Sekunden, ehe die Photosonde mit einer Geschwindigkeit von 9300 Kilometern pro Stunde auf dem Mondboden aufschlägt. Ranger 7 im Juli 1964, Ranger 8 im Februar, Ranger 9 im März 1965 haben Ansichten der Mondoberfläche übermittelt, wie sie von keinem Teleskop der Erde erbracht worden sind. Die Zielgenauigkeit war verblüffend: bei Ranger 9 prallte die Rakete nur sechs Kilometer vom Zielpunkt entfernt im Krater Alphonsus auf. Um die Schützenleistung richtig zu würdigen, ist zu überlegen, was alles bei einem Mondschuß in die Berechnung einzubeziehen ist: die sich drehende Erde, der gewaltige Vorhaltewinkel für den kreisenden Mond, der Brennschluß der Rakete, die dann antriebslos weiterfliegt, die Wirkung der Anziehungskräfte von Erde, Mond, Sonne und Nachbarplaneten.

Venus und Mars

Amerikanische Techniker haben dann, noch keine acht Jahre nach der Installation des ersten technischen Mondes, eine Raumsonde bis in die nächste Nähe der Venus gebracht. Mariner 2 startete im August 1962. Die Sonde passierte den Nachbarplaneten am 14. Dezember in 34830 Kilometer Abstand. Das sind weniger als drei Erddurchmesser. Über eine Entfernung von rund 57 Millionen Kilometern hinweg wurden die Meßinstrumente per Funk eingeschaltet. Mariner 2 begann die Ergebnisse zu übermitteln: Das »Treibhaus« Venus war, wie erwartet, von dichten Wolken verhüllt. Die Infrarot-Sensoren haben eine Oberflächentemperatur von über 400 Grad gemessen. Danach ist die Venus dem Menschen gegenüber unnahbar, ein Reiseziel nur für hitzeunempfindliche Roboter.

Am 18. Oktober 1967 setzte die sowjetische Sonde »Venera 4« auf die Oberfläche der Venus auf. Sie meldete, ehe der Funkkontakt abbrach, eine Temperatur von 270 Grad Celsius. Einen Tag später flog die amerikanische Raumsonde »Mariner 5« in nur 3200 km

Entfernung an der Venus vorbei. Sie stellte in ausgezeichneter Übereinstimmung mit »Venera 4« 260 Grad Celsius fest.

Am 14. Juni 1965 erreichte Mariner 4 nach einer Flugzeit von 240 Tagen den Planeten Mars. Beim Start am 28. November 1964 befand sich der Treffpunkt mit dem Mars, vom irdischen Betrachter aus, »hinter der Sonne«. Als die Sonde dem roten Planeten begegnete – sie passierte ihn in nur 9 000 Kilometer Entfernung! –, hatte die Erde sie und den Mars weit überholt. Die Präzision dieses Fluges stellte alles in den Schatten, was bis dahin erreicht worden war. Am siebten Tag wurde die Bahn von Mariner 4 korrigiert. Ein Sensor, eine Art Photozelle, orientiert sich am Licht des Fixsterns Canopus. Stellen wir uns nur dieses vor: Ein technisches Gerät, mit empfindlichen Roboteraugen bestückt, ist in der Lage, aus dem Meer der Sterne einen, wenn auch besonders hell leuchtenden Leitstern herauszufinden. Über eine Entfernung von 220 Millionen Kilometern meldeten Funksignale, was Mariner 4 bei seinem Vorbeiflug am Mars gemessen hat. Die Marsatmosphäre ist außerordentlich dünn. Eine Landung am Fallschirm wäre, ebenso wie auf dem Mond, deshalb nicht möglich. Die Marsatmosphäre besteht hauptsächlich aus Stickstoff mit Spuren von Wasserdampf; die weißen Marspole sind wohl Reif.

21 Fernsehbilder aus 200 Bildzeilen zu je 200 Punkten, insgesamt also je 40 000 Bildpunkte, in 65 Abstufungen von Schwarz bis Weiß, zeigen die Marsoberfläche. Anders als von den meisten erwartet, ist sie der Oberfläche des Mondes ähnlich. Ringförmige Krater sind zu erkennen, darunter solche, aus deren Mitte sich, wie bei Mondlandschaften, ein Berg erhebt. Die Übermittlung der 21 Fernsehbilder dauerte immerhin zehn Tage. Die Funkimpulse kamen nur noch mit einer ganz unvorstellbar winzigen Leistung an, nämlich mit 0,000000000000000002 Watt. Wenn auch das eine oder andere Signal im Rauschen unterging, durch atmosphärische Störungen »unleserlich« wurde, die erhaltenen Bilder waren in ihrer Art erstaunlich vollständig, unbezweifelbare Dokumente, aus einem Abstand gewonnen, zu dessen Überwindung das Licht fast eine Viertelstunde benötigte. Ein Tag und Nacht fahrender Schnellzug wäre da an die 300 Jahre unterwegs. Es war, um mit einem Werbeslogan zu sprechen, »das fernste Fernsehen, das es bis dahin gab«.

Am 4. Februar 1966 setzte das russische Gerät Luna 9 zur ersten weichen Landung auf dem Mond auf, am Ostrand des sogenannten Ozeans der Stürme. Luna 9 war eine automatische Station mit einer Fernsehkamera, die etwa eineinhalb Kilometer im Umkreis schauen konnte. Aus den Bildern, die zur Erde gesendet wurden, haben die Wissenschaftler geschlossen, daß das Gerät auf schwarzer Basaltlava landete. Der Boden war von Gesteinssplittern übersät; sie rühren entweder von Vulkanausbrüchen oder von Meteoriten her. Die krassen Temperaturgegensätze haben das Material zerkleinert. Daß die Landung nicht ganz weich vor sich ging, erwies ein fortgeschleudertes Bauteil.

Vier Monate später landete die erste Mondsonde der Amerikaner Surveyor 1 auf dem glühend heißen, lufthüllenlosen Mond, elf Kilometer von dem in Aussicht genommenen Zielpunkt im Meer der Stürme entfernt. Sie setzte, nachdem die Bremsrakete den Flugkörper abgebremst hatte, überraschend sanft auf, sprang nach der ersten Bodenberührung nur noch 6 Zentimeter hoch, um dann nach leichtem Schwanken stillzustehen. Wenige Augenblicke später meldete sich die Sonde betriebsklar. Ein Funkbefehl, von einer riesigen Antenne im Staate Kalifornien vermittelt, rief die erste Aufnahmeserie ab. In 12 Tagen wurden über 10000 Mondbilder empfangen. Inzwischen war die Bodentemperatur des Mondes auf 120 Grad angestiegen; dann sank die Sonne. 52 Stunden nach Einbruch der 14tägigen Mondnacht war die Temperatur der Sonnenzellen auf 180 Grad unter Null gesunken. Es bestand wenig Hoffnung, daß die Batterien diesen Kältesturz heil überstehen würden. Als es wieder Tag auf dem Mond wurde, stellte sich heraus, daß sie sich wenigstens teilweise wieder aufladen konnten. Die Mondsonde war in der Lage, noch einmal 800 Bilder zu übermitteln.

Das Auge der Kamera war fast senkrecht nach oben gerichtet, auf einen um 360 Grad drehbaren Spiegel. Farbfilter stellten Farbauszüge her; aus ihnen war zu entnehmen, daß die Mondoberfläche neutral grau ist. Die Bilder sind von hervorragender Qualität, gestochen scharf bis an den Horizont. Sie zeigen eine starre Wüste, augenscheinlich ganz ohne Leben. Da der Mond »nackt« ist, ohne schützende Atmosphäre, gibt es auch keinen Dunst, der die Konturen der

Berge im Hintergrund verschwimmen ließe. Eine steinige Welt mit den Narben des Meteoritenhagels, der in Jahrmillionen aus dem Weltraum niederprasselte. Vergeblich sucht das Auge nach Ungewöhnlichem. Nichts. Nur der Standort ist ungewöhnlich.

Der große Wettlauf

Zu keiner Zeit hat es an Stimmen gefehlt, die in einer bemannten Raumfahrt ein unnötiges Risiko sehen. Warum das Leben von Menschen aufs Spiel setzen, wo technische Roboter zu sondieren vermögen? Hermann Oberth meinte dazu: »Ein Roboter, der auch nur annähernd das leisten soll, was ein Mensch leistet, würde viel zu schwer sein; er wäre hundertmal so schwer wie ein Mensch.« Oberth verwies auf die 300 000 Einzelteile amerikanischer Raketen und die Unzuverlässigkeit, die daraus resultiert: »Wenn nur ein Teil versagt, ist der ganze Einsatz umsonst gewesen. Bedenken Sie: Eine Stadt wie Kassel könnte nicht arbeiten, weil nur ein Einwohner Schnupfen hat.«

Es ist allgemein anerkannt, daß der Mensch in der Kette der Raumflug-Faktoren das schwächste Glied ist. Ein neuer wissenschaftlicher Zweig hat sich herausgebildet, die Raummedizin: welche Anforderungen stellt die bemannte Raumfahrt? Wie sind die Grenzen des Zumutbaren zu testen?

Da ist nach dem Start die Periode der Beschleunigung: für die Besatzung eines Raumschiffes sind es die »schwersten Minuten«. Der Blutkreislauf reagiert am empfindlichsten: Beschleunigungen werden in »g« gemessen; 1 g = 9,81 Meter pro Sekunde. Bei 7 g ist das Blut so schwer wie flüssiges Eisen, bei 11 g wie flüssiges Blei.

Ende 1954 raste in Holoman Base bei Alamogordo ein Schienengleiter über die Bahn; 12 Pulverraketen entwickelten die Schubkraft einer V 2. Im Sitz festgeschnallt war Colonel Dr. Stapp, der Chef des Instituts. In 5 Sekunden wurde der Raketenschlitten auf seine Höchstgeschwindigkeit beschleunigt: 1012 km pro Stunde. »Ich hatte das Gefühl, an einer steilen Wand emporzurasen.« Das Gleis führt über ein Wasserbecken; die Bremsschaufeln stießen hinein. Sie schleuderten eine haushohe Wasserfontäne in die Luft. Für den Bruchteil einer Sekunde hing Dr. Stapp mit dem 22fachen seines Körpergewichts in den Gurten. Er erlitt Blutergüsse um die Augen. »Es tat verdammt weh, ein Schmerz, wie wenn der Zahnarzt einen Backenzahn zieht, ohne Betäubung«, sagte mir Dr. Stapp beim Londoner IAF-Kongreß 1957. Der Chef von Holoman Base wollte niemand zur vorauszusehenden Tortur abkommandieren. Er selbst wirkte gar nicht robust, eher zart und intellektuell; vielleicht machte das die schmale Goldbrille. Auch dies ist ein Aspekt bemannter Raumfahrt: das »Menschenmaterial« muß auf Zerreißfestigkeit getestet werden wie Textilfasern und Metallegierungen. Freiwillige lassen sich für das große Abenteuer foltern. Der Raketenschlitten von Holoman Base war nur ein Anfang. Dr. Harald von Beckh, ein deutscher Raummediziner in amerikanischen Diensten, erzählte mir beim IAF-Kongreß in Rom von seiner Bremsanlage: Der Raketenschlitten rast über eine 10 km lange Bahn, die längste und größte der Welt. Der Brennstoff für eine einzige Fahrt kostet 30 000 Dollar. »Wo das Leben die Grenzen setzt, weiß man nicht. Wir haben eine betäubte Maus in ein Fliegengitter gerollt und sie über die Strecke geschossen. Sie war einer negativen Beschleunigung von ›65 g‹ ausgesetzt und sie ist lebend davongekommen.«

Ein Raumfahrer hat nur bei Start und Landung den Beschleunigungskräften standzuhalten. Er wird, sobald die Raketen schweigen und das Raumschiff antriebslos den kosmischen Gesetzen folgt, für viele Stunden und Tage in einen unirdischen Zustand geraten, den der Schwerelosigkeit. Auf Dauer ist dieser Zustand nicht ungefährlich: das Lebewesen Mensch hat sich im Schwerefeld der Erde entwickelt; den Zustand der Schwerelosigkeit auf unserem Planeten auch nur vorübergehend herzustellen, ist ein schwieriges Unterfangen. Für kurze Zeit, maximal eine Minute, gelingt es: ein Flugzeugpilot nimmt dazu in steilem Sturzflug Geschwindigkeit auf, zieht dann hoch und steigt mit abgestelltem Motor in eine Wurfparabel »ein«, eine Flugfigur, die der eines geworfenen Steins gleichkommt.

Für die Dauer dieses Wurfes sind die Insassen der Maschine praktisch schwerelos. Es ist die typische Situation im Raum: die Begriffe

Raum und Schwerelosigkeit gehören zusammen wie Arktis und Kälte, Wüste und Durst.

Es gehört zur Vorbereitung von Raumflügen, die Testpersonen in den Zustand der Schwerelosigkeit zu versetzen. Manche Menschen reagieren darauf mit den klassischen Symptomen der Seekrankheit, mit Schwindel und Übelkeit bis zum völligen Zusammenbruch. Andere empfinden die Schwerelosigkeit als ausgesprochen angenehm.

Im Tierversuch wurde das Phänomen der Schwerelosigkeit studiert: Mäuse, Affen und Hunde waren schon vor dem Menschen im Weltraum. Die automatische Kamera hat ihr Verhalten gefilmt. Zwei Rhesusaffen von den Philippinen, Pat und Mike genannt, waren die ersten: sie wurden in eine Art Fliegerkombination gepackt und sorgsam in eine Hängematte geschnallt. In den Raum geschossen, waren sie drei Minuten schwerelos und kehrten ohne sichtbaren Schaden am Fallschirm zurück.

Vorbedacht war, daß sich die Besatzung eines späteren Raumschiffes in ähnlicher Lage befindet, wie die eines U-Bootes, das lange Zeit unter Wasser operieren muß. Der Raumfahrer mußte lernen, »in der Büchse« zu leben, ohne ein Fenster öffnen zu können. Was, wenn ein größerer Meteorit die Bordwand durchschlagen sollte? Das Vakuum des Weltraum würde wie eine riesige Saugpumpe wirken, der Kabinendruck rasch nachlassen. Würde genügend Zeit bleiben, ein Rettungsatemgerät anzulegen? Nur schnelles Handeln böte die Chance, das Leck abzudichten. Weniger dramatisch, aber von schleichender Gefährlichkeit konnte die kosmische Strahlung sein. Der bedrohlichste Teil dieser Strahlung ist auf der Erde nicht wahrnehmbar; er wird von der Atmosphäre abgefangen. Möglicherweise stellt der Rest, der bis zu uns durchdringt, sogar eine Voraussetzung für unser Leben dar. Was aber haben wir von den ungeschwächten Strahlungsschauern zu erwarten?

Prof. Jakob Eugster aus Bern hat Samen von Goldgerste und Eier vom Salzkrebs in Thermosflaschen verpackt, an Ballonen auf Höhen von 30 km geschickt. Die kosmische Strahlung ist dort schon fast so stark wie im Weltraum. Die Behälter kamen am Fallschirm zurück. Aus den Getreidekörnern, die von schweren Atom-Teilchen getroffen worden waren, sind Zwergformen entstanden; zentral getroffene

Krebseier waren abgetötet. Auch menschliches Gewebe, vom Darmnetz, wurde der kosmischen Strahlung ausgesetzt. Es war präpariert; eine photographische Emulsion war eingespritzt worden. In Eugsters Laboratorium entwickelte man das Gewebe wie einen Film, die »Durchschüsse« wurden damit sichtbar gemacht. Auseinandergesprengte Atomkerne bestätigten die Verwandlung eines Elements in ein anderes. Was, wenn Steuer- und Kontrollmechanismen in unserem Organismus getroffen würden? Mußte man bei Keimzelltreffern nicht mit Erbänderungen rechnen?

Es stellte sich die Frage, ob der sogenannte Van-Allen-Gürtel, ein Strahlungsring um die Erde, nicht die entscheidende Schranke für eine bemannte Raumfahrt bedeute, ein deutliches »bis hierher und nicht weiter«. Als ich mit Wernher von Braun davon sprach, meinte er, ein Raumschiff würde in sehr kurzer Zeit diesen Strahlungsgürtel durcheilen.

Es erwies sich, daß man in der Sowjetunion mit dem Wagnis der bemannten Raumfahrt vorangehen wollte. Als erster Mensch im Weltraum ist Juri A. Gagarin, damals 27 Jahre alt, in die Geschichte eingegangen. Am 12. April 1961 wurde er vom Kosmodrom Baikonur aus in eine Umlaufbahn geschossen (größte Entfernung 327 km, engste Erdnähe 181 km). Schon 70 Minuten nach dem Start – noch über Afrika – wurde er zur Landung aufgefordert; 10 Minuten später zündete er die Bremsraketen, weitere 10 Minuten später trat er in die Erdatmosphäre ein. Der Flug war nach 108 Minuten – einem Erdumlauf – zu Ende; Gagarin katapultierte sich aus der Kapsel und landete am Fallschirm. Das 4725 kg schwere Raumschiff Wostok 1 (Wostok bedeutet »Osten«) blieb, von großen Fallschirmen abgebremst, einigermaßen heil.

Gagarin berichtete: »Ich sah die Kugelgestalt der Erde am gekrümmten Horizont. Der Übergang der hellen Erdoberfläche zum vollkommen schwarzen Himmel, an dem die Sterne zu sehen waren, ist sehr eindrucksvoll. Die Trennungslinie ist ganz dünn, wie ein Film, der den Globus umgibt. Er ist von zartblauer Farbe.« Die Schwerelosigkeit beschrieb Gagarin mit den Worten: »Arme und Beine haben kein Gewicht mehr. Ich saß nicht mehr auf meinem Sitz, ich hing in der Luft ... Meine Handschrift war unverändert, obwohl die Hand nicht das geringste Gewicht hatte und mein Notizbuch unter der Hand weggleiten wollte.« Seine Zukunftswünsche holten weit aus: »Ich möchte zur Venus fliegen und sehen, was hinter ihren Wolken verborgen ist. Ich möchte den Mars besuchen, um festzustellen, ob es auf diesem Planeten tatsächlich Kanäle gibt.« Sieben Jahre später, am 27. März 1968, stürzte Juri Gagarin mit Wladimir Serjogin in einem Düsenflugzeug ab. Die Urnen wurden an der Kremlmauer beigesetzt. Die Menschen in der Sowjetunion trauerten mit einer Schweigeminute.

Einen knappen Monat nach Gagarins Erstflug, am 5. Mai 1961, wurde Alan B. Shepard, 37, von Cape Canaveral, dem späteren Kap Kennedy aus in den Raum geschossen. Es war ein vergleichsweise »kurzes Vergnügen«. Pilot und Kapsel landeten 15 Minuten später in der Nähe des Bergungsschiffs getrennt am Fallschirm und blieben heil. Shepard erzählte: »Ich war überrascht, wie weich die Redstone zündete und abhob. Ich hatte mehr Lärm und Schütteln erwartet... Als ich zum ersten Mal nach unten sah, nahm es mir fast den Atem, so wundervoll sah die Erde aus... Während des ganzen Flugs fühlte ich mich, obwohl beim Zurücktauchen 11 g erreicht wurden, nie unbehaglich oder bedrängt.« Shepard sollte knapp zehn Jahre später als Fünfter den Mond betreten.

Ein Vierteljahr später, am 21. April 1961, wiederholte ein zweiter Amerikaner, Virgil Grissom, 35, das Experiment. Sein Flug glich dem von Shepard: Flugzeit 16 Minuten, erreichte Höhe 191 km, Landung 490 km von Cape Canaveral entfernt. Grissom mußte einige Minuten schwimmen, ehe er aufgefischt werden konnte. Die Kapsel mit den Instrumenten war inzwischen untergegangen.

Noch im selben Jahr konnte die Sowjetunion ihren Vorsprung in der bemannten Raumfahrt erweitern: am 6./7. August 1961, 4 Monate nach Gagarin, umrundete German S. Titow, 25, 17mal die Erde. Er legte dabei 700 000 km zurück. Mehr als 25 Stunden war er im Weltraum. Wostok 2, etwa viereinhalb Tonnen schwer, wurde wie Wostok 1 vom Kosmodrom Baikonur in Kasakstan, 300 km nordöstlich des Aral-Sees, gestartet. Das Raumschiff bewegte sich zwischen 244 und 183 km über der Erde. Titow richtete Grußbotschaften an die Bevölkerung der Länder, die er überflog. Er landete wie Gagarin mit dem Fallschirm. Beim Empfang im Kreml erzählte er: »Zu Beginn der Schwerelosigkeit hatte ich das Gefühl, mit den Füßen nach oben zu fliegen. Manchmal war mir, als hinge die Erde über mir... Ich habe wenig Appetit gehabt. Schuld war wohl auch eine gewisse Erregung...«

Am 20. Februar 1962, mehr als 10 Monate nach Gagarin, gelangte John H. Glenn, 40, als erster Amerikaner auf eine Umlaufbahn. In einer Mercury-Kapsel umflog er dreimal unseren Planeten. Nach knapp 5 Stunden ging die Kapsel bei den Bahamas nieder; 18 Minuten später wurde Glenn aus dem Wasser gezogen. In einer Pressekonferenz sagte er: »Man paßt sich der Schwerelosigkeit schnell an. Ich hatte gerade mit der Handkamera eine Aufnahme gemacht, da mußte ich einen Schalter bedienen. Ich ließ die Kamera einfach los, ohne sie wegzulegen, um sie mir dann wieder zu greifen. Lediglich eine Filmspule ging mir beim Wechseln verloren. Sie schwebte um ein Schaltbrett herum; ich weiß nicht, wo sie hingeriet... Die Nahrung drückte ich mir aus der Tube in den Mund. Lockeres Gebäck wäre wohl unzweckmäßig; man müßte die Krümel mit dem Schmetterlingsnetz einfangen.« Der Wiedereintritt in die Erdatmosphäre war dramatisch. Mit der Zunahme der Hitze begann die Kapsel außen um das Fenster herum orangerot zu glühen. Handgroße glühende Fetzen wehten weg, Teile vom Bremspaket. Glenn mußte fürchten, der Hitzeschild habe nicht standgehalten. »Ich war bei der Landung in Schweiß gebadet.«

Am 24. Mai 1962 wurde Malcolm Scott Carpenter, 37, als zweiter Amerikaner, in eine Umlaufbahn gebracht. Auch Carpenter flog – wie Glenn – dreimal um die Erde. Der Flug mußte abgebrochen werden, weil der Brennstoffvorrat unerwartet rasch zu Ende ging. Carpenter hatte den Fehler gemacht, Automatik und Handsteuerung gleichzeitig zu benützen. Auch diesmal war die Landung dramatisch. Carpenter meldete nach dem Zünden der Bremsraketen noch, daß das Fluglagekontrollsystem nicht funktioniere. Beim Wiedereintritt in die Erdatmosphäre riß die Funkverbindung ab. Carpenter schoß 400 km über das vorgesehene Landegebiet hinaus. Er trieb drei Stunden im Schlauchboot, bis er herausgeholt werden konnte.

Aber noch kein Vierteljahr nach Carpenters Flug kann die Sowjetunion den ersten Gruppenflug zweier Raumschiffe melden: Am 11. August 1962 wird Wostok 3 mit Adrijan G. Nikolajew, 32, in eine Erdumlaufbahn geschossen, tags darauf Wostok 4 mit Pawel R. Popowitsch, 31. Die Bahnen stimmen fast überein: bei Wostok 3 zwischen 235 und 181 km Erdentfernung, bei Wostok 4 zwischen 237 und 180 km. Die Piloten kommen sich bis auf Sichtweite nah; sie stehen über 6 Stunden lang miteinander in Sprechverbindung. Wostok 3 umrundete die Erde 64mal, Wostok 4 vollendete 48 Erdumläufe. Die Kosmonauten landeten 200 km voneinander entfernt an Fallschirmen, die 5-Tonnen-Raumschiffe, ebenfalls an Fallschirmen, setzten in unmittelbarer Nähe auf. Beim Eintritt in die Erdatmosphäre hatte Nikolajew »ein ungutes Gefühl. Anfänglich nahm die Geschwindigkeit kaum ab, aber dann verstärkte sich der Andruck ... Ohne Training hätte ich es kaum durchgestanden.«

Dritter Astronaut der USA in einer Umlaufbahn wurde Walter M. Schirra, 31. Am 3. Oktober 1962 umflog er die Erde 6mal. Noch immer lagen die Vereinigten Staaten, was die Flugdauer anlangt, weit zurück. Während des ersten Umlaufs stieg die Temperatur im Raumanzug Schirras bedrohlich an. Ob er vorzeitig die Bremsraketen zünden solle? Er konnte die Temperatur noch rechtzeitig herunterregeln.

Mit L. Gordon Cooper, 36, gelang es den Vereinigten Staaten am 15./16. Mai 1963 den Russen gegenüber etwas aufzuholen. Cooper brachte es in 24 Stunden und 20 Minuten auf 22 Erdumläufe; er legte damit fast eine Million Kilometer zurück; Nikolajew hatte ein Dreivierteljahr vor ihm fast das Dreifache geschafft. Beim 19. Umlauf fielen Teile der Elektroanlage aus. Der Wiedereintritt in die Erdatmosphäre konnte nicht mehr elektronisch gesteuert werden. Über ein Schiff, das vor Japan bereit lag, gab Glenn seinem Kollegen per Funk die Abstiegsbefehle. Cooper zündete die Bremsraketen so exakt, daß seine Kapsel nur 6 km von dem bereitstehenden Flugzeugträger entfernt niederging. Er berichtete: »Ich habe die Lichter von Perth in Australien sehen können, sogar den Rauch aus Häusern vor den schneebedeckten Bergen in Tibet.« Der technischen Störungen wegen wurde eine Inspektion der Ersatzkapsel angeordnet; über 500 Mängel waren zu rügen.

Knapp einen Monat nach der Rückkehr Coopers konnten die Sowjets ihren Vorsprung in der bemannten Raumfahrt mit neuen Leistungen unterstreichen: am 14. Juni 1963 wurde Wostok 5 mit Walerij Bykowskij, 28, in eine Umlaufbahn geschossen; 2 Tage lang kreiste er allein um die Erde; dann wurde Wostok 6 gestartet. Pilot dieses Raumschiffs ist Walentina Tereschkowa, 26, die erste Frau im Raum. Die Bahnen der beiden Raumschiffe sind nur um ein weniges verschieden; die Präzision ist bewundernswert. Die Kosmonauten sind 5 bis 6 km voneinander entfernt. Walerij Bykowskij und Walentina Tereschkowa tauschen über Funksprech ihre Beobachtungen aus; von Zeit zu Zeit singen sie gemeinsam ein Lied. Erstmals haben die Ärzte Gelegenheit, in einer vergleichenden Analyse die Auswirkungen der Raumfahrtfaktoren auf den männlichen und weiblichen Organismus zu untersuchen. Walentina Tereschkowa kehrt nach zwei Tagen 22 Stunden und 50 Minuten zurück; sie hat über 2 Millionen km zurückgelegt, mehr als die amerikanischen Astronauten zusammen. Am gleichen Tag, nach der 81. Umrundung der Erde, geht der Flug Bykowskijs zu Ende. Wostok 5 landet wie Wostok 6 in Kasakstan nördlich von Karaganda.

Inzwischen waren über zwei Jahre seit Gagarins Erstflug vergangen: sechs Russen und sechs Amerikaner waren im Raum. Die Mercury-Kapsel wog 1 350 Kilo, das Wostok-Raumschiff 4 730 Kilo, das Dreieinhalbfache. Die Amerikaner haben die Erde bis dahin 34mal umkreist, die Russen 259mal. Rußland hat seinen Vorsprung in der bemannten Raumfahrt erweitert.

Die Frage, ob Amerika diesen Rückstand würde aufholen können, scheint 16 Monate später mit einem neuerlichen Triumph der Sowjetunion endgültig beantwortet: am 12. Oktober 1964 startete Woschod 1 (Wos-chod heißt »Aufgang«; gemeint ist der Aufgang der Sonne, »s« und »ch« sind getrennt zu sprechen), ein noch schwereres russisches Raumschiff. Es hat drei Mann an Bord! Die Kosmonauten waren Wladimir Komarow, 37, der Kommandant, Konstantin Feoktistow, 38, der Bordingenieur, und Dr. Boris Jegorow, 27, ein Arzt. Das Raumschiff wog 5 322 Kilo; es war geräumig. Die Besatzung konnte sich ungezwungen, ohne Raumanzug, im Unterhemd bewegen. Nach 16 Erdumkreisungen in 24 Stunden 17 Minuten landete

Wos-chod 1 rund 560 km nördlich von Baikonur. Die Kosmonauten mußten sich nicht mehr aus der Kapsel katapultieren; das schwere Schiff vermochte »weich« zu landen. Kurz vor der Erdberührung zündeten Bremsraketen.

Erster »Spaziergang« im Raum

Ein weiteres Mal, am 18. März 1965, konnten die Sowjets eine Pionierleistung vorweisen: Wos-chod 2 startete mit den Kosmonauten Pawel Beljajew, 39, und Alexej Leonow, 30, an Bord. Während der zweiten Erdumkreisung in einer Höhe von 482 km und bei einer Geschwindigkeit von etwa 29 000 km/Std. verließ Leonow das Raumschiff. Er war der erste Mensch, der wagte, was man inzwischen – verharmlosend – einen »Weltraumspaziergang« genannt hat. Leonow schwebte frei im Raum. Er hat die gleiche Geschwindigkeit wie das Raumschiff. Eine viereinhalbmeter lange Sicherungsleine verhinderte, daß er wegtrieb. Er blieb 20 Minunten lang außerhalb des Raumschiffs: »Ich verspürte keinerlei Furcht. Was ich empfand, war die unendliche Weite und Tiefe des Universums. Die Anwesenheit von Menschen auf der Erde und die Nähe meines Kameraden im Raumschiff blieben mir immer bewußt.«

Fünf Tage später, am 23. März 1965, schossen nun auch die Amerikaner eine Doppelbesatzung, Virgil I. Grissom, 38, und John W. Young, 34, in die Umlaufbahn. Es war der zweite Raumflug Grissoms. Die 3175 Kilo schwere Zweimann-Kapsel wurde von einer 150 t wiegenden Titan-Rakete hochgetragen. Während drei Erdumrundungen änderte das Raumschiff seine Bahn dreimal. Gemini 3 landete glatt, verfehlte das vorgesehene Landegebiet aber doch um fast 100 km.

Das Gemini-Programm sollte von der Mercury-Serie, die nur kurze Raumflüge möglich machte, zum Apollo-Programm überleiten; Gemini 1 und Gemini 2 waren unbemannt geflogen. Gemini 4 mit James A. McDivitt, 35, und Edward H. White, 34, startete am 3. Juni 1965. Mit diesem Flug holte Amerika im Wettstreit mit der

Sowjetunion einiges auf: 62mal umrundete das 3 566 Kilo schwere Raumschiff die Erde, ehe es nach einer Flugzeit von fast 98 Stunden südlich der Bermudas landete. Beim dritten Umlauf, in etwas mehr als 160 km Höhe, stieg White aus. Er blieb 21 Minuten »draußen«. (Leonows »Weltraumspaziergang« lag ein knappes Vierteljahr zurück.) Auch White hing an einer »Nabelschnur«, er empfing, wie Leonow, seinen Sauerstoff aus dem Raumschiff. Mit einer Preßluftrückstoßpistole manövrierte er.

Mit Gemini 5 gelang es den USA am 21. August 1965 erstmals, die Russen zu übertreffen: L. Gordon Cooper, 38, und Charles Conrad, 35, brachen die Flugzeitrekorde der sowjetischen Kosmonauten. In rund 191 Stunden vollendeten sie 120 Erdumläufe. Cooper war der erste Mensch, der zum zweiten Mal um die Erde flog. In der Mercury-Kapsel hatte er es auf 22 Umläufe gebracht. Bei diesem ihren Langzeitflug befanden sich die Astronauten außerordentlich wohl. Eine Woche Schwerelosigkeit wurde, wie sich erwies, ohne Schwierigkeiten vertragen.

Am 4. Dezember 1965 wurde Gemini 7 mit James A. Lovell, 37, und Frank Borman, 37, in eine Kreisbahn von 232 km Höhe geschossen. Die Astronauten legten ihre Raumanzüge ab; sie flogen im Unterzeug. Elf Tage später holte Gemini 6 mit Walter M. Schirra, 42, und Thomas P. Stafford, 35, sie ein. Das Rendezvous war gelungen! Die nächsten fünfeinhalb Stunden flogen Gemini 6 und Gemini 7 eng nebeneinander. Dann tauchte Gemini 6 zurück und wasserte, nach 26 Stunden Präzisionsflug, 18 Kilometer vom wartenden Flugzeugträger entfernt, südwestlich von Bermuda. Gemini 7 blieb weitere 2 Tage auf der Umlaufbahn. Als dann Borman und Lovell am 18. Dezember nach einem Raumflug von 330 Stunden und 35 Minuten im gleichen Atlantikgebiet aufsetzten, waren so gut wie alle Rekorde in der bemannten Raumfahrt gebrochen. Die Piloten von Gemini 7 haben die Erde 206mal umflogen. Sie führten die Weltrangliste jetzt an. 14 Tage im Raum! Der menschliche Organismus nahm auch zwei Wochen Schwerelosigkeit nicht übel!

Im folgenden Jahr 1966 wurden von Mitte März bis Mitte Oktober innerhalb des Gemini-Programms vier Flüge absolviert; jedesmal war das Ankoppeln an einen unbemannten Zielsatelliten die wesentliche Aufgabe: Neil Armstrong, der später als erster seinen Fuß auf den Mond setzen wird, und Michael Collins, später der dritte Mann der ersten Mondlandung, waren an diesen Rendezvous- und Kopplungsmanövern beteiligt.

Mit Gemini 12 zwischen dem 11. und 14. November 1966 schloß das Gemini-Programm. Die Besatzung bestand aus James A. Lovell, 38, der bis dahin am längsten im Raum war, und Edwin E. Aldrin, 36, der 1969 nach Armstrong als zweiter den Mond betreten wird. Beim Ankoppeln stand Aldrin zweieinhalb Stunden lang in der geöffneten Luke. Er fotografierte eine Sonnenfinsternis über dem Pazifik und immer wieder die Erde. Am 13. November verließ er das Raumschiff für zwei Stunden und sechs Minunten, um angenommene Reparaturen zu üben. Aldrin zog Stecker aus ihren Buchsen und setzte sie an anderer Stelle ein; er hantierte mit Schraubenschlüssel und Drahtschere; er befestigte ein Schleppseil. Die »Nabelschnur« verband ihn mit dem Schiff. Da er immer wieder Pausen machte und ruhig Atem schöpfte, hielt er gut durch. Lovell konnte 59 Erdumkreisungen seinen bis dahin 206 Umläufen zuzählen; nun hatte er unseren Planeten insgesamt 265mal umrundet; er war damit länger im Raum, als irgendein Mensch zuvor.

In Houston-Texas saß mir dieser Jim Lovell gegenüber, ein hochgewachsener Mann, schlank, angenehm, freundlich, gelassen, aber nicht temperamentlos. Marineoffizier und Jetpilot, 40 Jahre alt, verheiratet, 4 Kinder. Ich fragte ihn, was die meisten Nerven koste, das Warten auf den Start, der Start selbst, das Zurücktauchen in die Erdatmosphäre? »Schwer zu sagen. Man muß die Ruhe behalten. Sicher erlebt man den Countdown mit Spannung. Wenn dann die Trägerrakete abhebt, geht zunächst alles automatisch. Man kann das nur mit einem Seufzer der Erleichterung quittieren. Die Rakete ist auf ihrem Weg, wenn nicht noch irgend etwas passiert, wird sie in die Erdumlaufbahn gelangen. Das eigentlich große Erlebnis ist, die Erde zu sehen, den hellblauen Saum des Horizonts, die dünne Lufthülle, die Kontinente, die Wolkenpolster. Für das Rücktauchen in die Erdatmosphäre hat man im Training keine Erfahrung sammeln können. Man wartet ab, was kommen wird.« Er lächelte: »Man hat sich das etwas schlimmer vorgestellt. Beim zweiten Mal hat man schon einen Maßstab.« Ich fragte ihn, ob er bei seinem 14tägigen Flug richtig schlafen konnte. »Nun ja, es fällt schwer einzuschlafen. Aber die Müdigkeit kommt dann doch, und der Schlaf stellt sich ein. Schlafen im Raumschiff ist angenehm, sehr bequem. Es funktioniert besser als auf der besten Matratze. Du liegst nirgendwo auf, du bist schwerelos, dein Körper schwebt. Du brauchst dich nicht dauernd umzudrehen.«

Dr. Berry, der verantwortliche Arzt, zeigte mir die Essenspäckchen, zum Beispiel die Abendmahlzeit des vierten Tages. Wir packen aus einer Folie fertige Würfel, gefriergetrocknet: Erdnuß, Apricot-Cereal-Cubes; das sind Aprikosen, Cornflakes, Zucker und Eiweiß zusammengebacken. Huhnwürfel. Alles in den Mund zu stecken, wie Bonbons oder ein Stück Schokolade. Zu trinken? Grapefruitpulver, im Beutel aufzulösen. »Kann ich eine Mahlzeit nach Deutschland mitnehmen, um sie dem Fernsehpublikum zu zeigen?« »Aber ja. Guten Appetit.«

Im Kennedy Space Center auf Kap Kennedy konnte ich mit dem Direktor Dr. Kurt Debus sprechen. Er trug damals die Verantwortung für alle Starts von Cape Canaveral. Wie Wernher von Braun war er amerikanischer Staatsbürger geworden. Auf überraschend leise Art gab er Anweisungen und Auskünfte; ein Manageringenieur, dem offenbar jedes Detail geläufig war. Die deutsche Herkunft blieb ihm ins Gesicht geschrieben, mit einem studentischen Schmiß auf der Backe, einem »Heidelberg«, wie die Amerikaner es nennen. »Sie müssen sich zuerst unsere Montagehalle ansehen. Von dort haben Sie den besten Blick.«

Die Montagehalle ist, am Rauminhalt gemessen, das größte Gebäude der Welt. Der Aufzug trug uns auf die Höhe des 54. Stocks. Die Halle erhebt sich über einer Grundfläche, die der von 6 Fußballfeldern entspricht. Sowohl das New Yorker UNO-Gebäude wie auch der Kölner Dom würden in ihr Platz finden. Eine Saturn V steht unmittelbar vor der Vollendung. Vier Mondraketen können zu gleicher Zeit montiert werden. Vom Dach des Gebäudes, aus 160 Meter Höhe, sieht man auf den Pathway hinunter, die fünfeinhalb Kilometer lange Straße, die zur Startrampe führt. Ein Koloß von Raupenschlepper wird die 110 Meter hohe Saturn-Rakete im neunstündigen Kriechgang an die Rampe bringen.

Die Fertigung der Raumkapseln geschieht in Los Angeles. Im Clean-Room arbeiten die Monteure in steriler Atmosphäre wie Ärzte im Operationssaal. Mein Fernsehteam wurde entsprechend eingekleidet. Peinlich genau wird darüber Buch geführt, was in die Kapsel eingebracht wird, was wieder herauskommt, nichts darf unprotokolliert entnommen, nichts vergessen werden. Auch nicht die kleinste Gedankenlosigkeit darf passieren. Im Grumman-Werk bei New York werden die hochbeinigen Mondlander in Serie hergestellt. Auch hier wird steril wie im Operationssaal gearbeitet. Der Ablauf ist bis ins letzte durchorganisiert; Raketenleute tragen rote Mützen, Elektroniker gelbe, die Instrukteure dunkelblaue. Die NASA hat uns einen Besuchsplan ausgearbeitet: Washington – Huntsville – Cape Canaveral – Los Angeles – New York. Hotels und Flüge sind vorgebucht. Die gewünschten Gesprächspartner vorgemerkt.

Im Marshall Space Flight-Center in Huntsville, Alabama, sind wir bei Wernher von Braun angemeldet. Im Vorzimmer des Mannes, der Milliardenbeträge verantwortet, treffen wir auf besorgte Mienen: es könnte sein, daß er das vorgesehene Interview absagen müsse: »Aber nein«, kommt Wernher von Braun aus der Tür, »Sie kommen zur besten Zeit. Wir erwarten den Vizepräsidenten Humphrey. Er soll einen Firing Test sehen, Sie können dabei sein. Eine Saturn IB, die Raketenstufe 1, wird probegezündet. Wir messen den Schub der Düse. So ein Brenntest ist sehr eindrucksvoll.«

Gleich nach unserem Interview muß Braun zum Flughafen, um Humphrey, den Resortminister für Raumfahrt, abzuholen. Wir kamen mit einer Filmrolle nicht aus, mußten unterbrechen und den Film wechseln. Der Assistent macht das im sogenannten Dunkelsack. Prompt klemmte etwas. »Nur nicht nervös werden. Sie fädeln es schon richtig ein. Wir haben noch immer Zeit.« Das Interview ging ohne Nervosität zu Ende.

Den Brenntest erlebten wir aus nächster Nähe. Die Beobachter stehen hinter einer Betonwand; sie sehen den Feuerstrahl durch einen Schlitz. Eine Hölle bricht los. Die Gewalt des tobenden Feuers teilt sich dem Boden mit. Der ganze Körper wird mitgeschüttelt. Die Stoßwellen machen hilflos; es ist unbeschreiblich, es ist mit nichts anderem vergleichbar. Nach dem Erlöschen des Feuerstrahls waren wir wie betäubt. Humphrey und Braun standen drei Meter neben uns. Braun kniff, als sich unsere Blicke trafen, ein Auge zu: die Vorführung hatte geklappt. Ein amerikanischer Rundfunkreporter gab sein Mikrofon einfach an Wernher von Braun weiter. »Und die Saturn V wird noch größer, wird die größte Rakete der Welt sein?« sagte Humphrey zu ihm, »the biggest in the world, isn't it, Doctor von Braun?« – »I hope so«, gab Braun zurück.

Die Herren waren schon bei einem Bankett in der Stadt, als die Fensterscheiben des Centers nochmals erzitterten. Eine Explosion? Prof. Ernst Stuhlinger, der mit Projekten der ferneren Zukunft befaßt ist, klärte das auf: »Wir haben einen zweiten Test vorbereitet gehabt, als Reserve, für den Fall, daß der erste Test nicht nach Wunsch verlaufen wäre. Die Saturn jetzt ›abbrennen‹ kommt uns billiger, als den Brennstoff zurückzupumpen.«

Die Mondreise wird vorbereitet

Das Raumschiff für die Mondreise wurde zunächst in einer Erdumlaufbahn erprobt: Im Oktober 1968 umrunden die Amerikaner Walter M. Schirra, 45, Don F. Eisele, 38, und Walter Cunningham, 36, von einer Saturn 1 B hochgetragen, die Erde 163mal. Während des 11-Tage-Flugs werden die Bordsysteme, die Strom- und Sauerstoffversorgung, das Regulieren des Drucks, die Funkverbindungen überprüft. Das Haupttriebwerk des Raumschiffs wurde achtmal gezündet. Mehrmals wurde die Flugbahn geändert. Das Raumschiff erwies sich als hervorragend manövrierfähig. »Ein perfektes Unternehmen«, rühmten die Amerikaner. Kleinere Pannen hat es natürlich gegeben: die Astronauten kamen mit ihrem Arbeitsprogramm in Verzug. Es gab gereizte Auseinandersetzungen zwischen dem eigenwilligen Schirra und der Leitzentrale; Schirra kritisierte zusätzlich aufgetragene Experimente als »am grünen Tisch erdacht und höchst überflüssig«. Für die Rückkehr wollten die Astronauten auf Schutzhelm und Raumanzug verzichten; die Zentrale gab nach: Schutzanzug ist anzulegen, Helm und Handschuhe müssen greifbar bereitliegen. Grund: Eine Erkältung an Bord. Die Besatzung fühlte sich überfordert.

Am 21. März 1968 startete Apollo 8 mit Frank Borman, James Lovell, beide 40, und William Anders, 35, an der Spitze einer Saturn V zum historischen ersten Flug um den Mond. Das Raumschiff kam in eine fast kreisförmige Umlaufbahn, 191 km hoch über der Erde. Nach knapp 2 Erdumlaufbahnen wurde die dritte Stufe der Saturn V noch einmal gezündet. Sie brannte 5 Minuten und 18,6 Sekunden und beschleunigte das Raumschiff von der Kreisbahngeschwindigkeit (rund 8 km/sec) auf die Fluchtgeschwindigkeit (etwa 11,2 km/sec). Aus 223 000 km Entfernung übertrug Apollo 8 in einer Direktfernsehsendung die Ansicht der Erde vom Raumschiff aus. »Die Erde immer weiter zurückweichen zu sehen, verursacht ein seltsames Gefühl in der Magengegend«, bekannte Lovell. Borman später: »Weil ich zunächst nicht einschlafen konnte und befürchtete, für die spätere Arbeit zu müde zu sein, nahm ich eine Schlaftablette, zum ersten Mal in meinem Leben. Als ich aufwachte, fühlte ich mich miserabel. Ich mußte mich zweimal übergeben, und sofort ging es mir besser. Ich weiß nicht, ob das mit einer Virusinfektion oder mit der Tablette etwas zu tun hatte ... Später nahm ich noch einmal eine halbe Schlaftablette, schlief nur halb so gut, und hinterher war mir auch nur halb so übel. Es lag also am Medikament.«

Am 23. Dezember, 12 Uhr 29 MEZ passierte Apollo 8 die Grenze der Schwerefelder zwischen Erde und Mond. Die Geschwindigkeit, die auf weniger als ein Zehntel gesunken war, nahm unter der wachsenden Anziehungskraft des Mondes wieder zu. Kurz vor dem Mond drehte das Raumschiff. Am 24. Dezember 10 Uhr 49 MEZ verschwand Apollo 8 hinter den Mond; die Funkverbindung zur Erde brach ab. Das Haupttriebwerk wurde entgegen der Flugrichtung gezündet. Es brannte über vier Minuten lang; Apollo 8 wurde in eine elliptische Bahn um den Mond gezwungen. Lovell schien erleichtert, als sie hinter dem Mond wieder hervorkamen: »Schön, Ihre Stimmen zu hören.« Die Erdenbewohner sahen die Kraterlandschaft des Mondes aus der Nähe, in einer Direktsendung des Fernsehens, 15 Stunden später noch einmal. Inzwischen war das Raumschiff beim dritten Mondumlauf in eine Kreisbahn, 111 km über dem Mond, gebracht worden. Lovell schilderte: »Der Mond ist eine kalte leblose Welt von schwarz und weiß und grau ... die Erde dagegen ein tröstlicher Anblick, ein leuchtender Saphir auf schwarzem Samt.« Borman verlas als Botschaft die ersten Sätze der Schöpfungsgeschichte und schloß: »Viel Glück, fröhliche Weihnachten. Gott segne euch alle, euch alle auf der guten Erde.« Nach der 10. Mondumrundung wurde das große Triebwerk abermals gezündet, neun Minuten später war das Raumschiff auf Rückkurs. Am 27. Dezember wurde der Triebwerksteil abgesprengt und die Kapsel so gedreht, daß sie mit dem stumpfen Ende vorausflog. Mit einer Geschwindigkeit von rund 40 000 km/std trat Apollo 8 in die Erdatmosphäre ein. Die Reibungshitze stieg beängstigend an. Es war Nacht. »Die Rückkehr war höchst dramatisch, ja irreal. Das ganze Raumschiff leuchtete. Wir saßen wie in einer Neonröhre.« Die drei riesigen Hauptfallschirme entfalteten sich in 3 000 m Höhe. Nach genau 147 Flugstunden, etwa 5 km vom Bergungsschiff entfernt, schlug die Kapsel ins Wasser. »Eine Dusche kam durch die Lüftungsöffnungen. Ich hatte Sorge, wir würden sinken. Wir waren kopfabwärts unter Wasser. Es dauerte viereinhalb Minuten, bis wir die Kapsel wieder aufgerichtet hatten.« Jules Vernes »Reise zum Mond« war von der Wirklichkeit eingeholt.

Wenige Tage später wurde der Jahresbeginn 1969 gefeiert. Das russische Sojus-Programm ging unbeirrt weiter: am 14. Januar wurde Sojus 4 mit Wladimir Schatalow, 41, gestartet, einen Tag später Sojus 5 mit den drei Kosmonauten Boris Wolynow, 34, Alexej Jelissejew, 34, Jewgeni Chrunow, 35. Die Umlaufbahnen differierten geringfügig. Es gelang, die beide Raumschiffe zu koppeln. Das Manöver wurde per Fernsehen übertragen und über Intervision weiterverbreitet. Eine »Raumstation auf Zeit« war entstanden; viereinhalb Stunden lang blieb sie bestehen. Jelissejew und Chrunow stiegen aus Sojus 5 in Sojus 4 um. Das Manöver wurde über der Sowjetunion und über Südamerika bewerkstelligt; insgesamt dauerte es eine Stunde. Sojus 4 landete am 17. Januar mit Schatalow, Jelissejew und Chrunow an Bord, Sojus 5 mit Wolynow am darauffolgenden Tag. »Auf diese Weise wird man kosmische Stationen zusammenbauen und über Jahre erhalten; man wird Besatzungen ablösen und verunglückten Raumfahrern zu Hilfe kommen können«, erklärte Radio Moskau und schilderte die Zukunft: »Mit Hilfe solcher Stationen wird man Bodenschätze, Fischschwärme und Waldbrände entdecken, man wird das Wetter voraussagen, den Schiffs- und Flugzeugverkehr steuern.«

Das Unternehmen Apollo 9 erschien der Weltöffentlichkeit dann viel weniger sensationell; tatsächlich war es um vieles komplizierter, aber die 10-Tage-Reise führte »nur« um die Erde. Am 3. März 1969 erfolgte der Start. Eine Saturn V trug das Raumschiff mit James A. McDivitt, 39, David B. Scott, 37, und Russell L. Schweickart, 33, in eine Umlaufbahn. Noch am gleichen Tag trennte sich das Raumschiff von der dritten Stufe, die Kapsel drehte um 180 Grad; sie koppelte mit der Mondfähre. Am nächsten Tag wurde eine neue Umlaufbahn erreicht. Schweickart und McDivitt krochen durch den Verbindungsgang in die Mondfähre. Sie setzten die Bordsysteme in Betrieb, erprobten Steuerraketen und Abstiegstriebwerk. Insgesamt hielten sie sich 7 Stunden lang im Mondlander auf. Erstmals wurde die 7 m hohe, zerbrechlich wirkende Mondlandefähre im Weltraum getestet. Am 6. März war Schweickart über eine halbe Stunde »außenbords«. Er blieb aber, da ihm am Morgen übel geworden war, in Halterungen gesichert. Der Astronaut erprobte die »Mondausrüstung«, die ihn mit Atemluft versorgt, die gegen Kleinstmeteoriten schützt, die eine Wasserkühlung zum Temperaturausgleich besitzt. Am 7. März werden Trennung, Wendemanöver und Koppeln wiederholt. McDivitt und Schweickart machen die Landefähre los. Apollokapsel und Landefähre üben den Verbandsflug, sie vergrößern den Abstand bis auf 170 km, schließen wieder zusammen und koppeln. Das alles sind Manöver, die bei der Mondlandung über Leben und Tod entscheiden werden. Nach 139 Erdumläufen wasserte Apollo 9 nördlich von Puerto Rico.

Das Unternehmen Apollo 10 baute auf den Erfahrungen von Apollo 9 auf. Nunmehr sollte die Erprobung der Landefähre in unmittelbarer Mondnähe geschehen, sozusagen als Generalprobe. An Bord waren Thomas P. Stafford, 38, John W. Young, 38, und Eugene A.Cernan, 35. Am 18. Mai 1969 ging Apollo 10 auf Mondkurs. Die drei Männer sind guter Laune. Sie haben ein Tonbandgerät eingeschmuggelt, lassen Frank Sinatra »Fly me to the moon« singen und behaupten, sie seien es, die singen. In der Mondumlaufbahn trennt sich die Landefähre vom Raumschiff. Sie nähert sich der Mondoberfläche bis auf 15 km Entfernung. Young sah sie tief unter sich: »Sie sind drunten zwischen den Felsen, sie krabbeln und schnuppern um das Gestein herum.« Stafford von unten: »Jetzt nur noch das Spornrad raus und wir wären da ... Was für 'ne Fahrt! Was für 'ne Fahrt!« Nach Abwurf des Landeteils und Zünden des Aufstiegtriebwerks kommt es zu einem gefährlichen Zwischenfall: die Fähre fängt zu drehen und rollen an. Cernans Puls schnellt von 60 auf 120. Nach dem überstandenen Schreck: »Ich weiß nicht, was zum Teufel das war, Baby, aber das war ein Ding. Ich dachte, so wackeln wir jetzt durch den ganzen Himmel.« Nach achteinhalb Stunden sind Raumschiff und Aufstiegsteil der Landefähre wieder zusammengeführt. Cernan und Stafford klettern zurück. Der Aufstiegsteil wird abgetrennt. Nach 31 Mondumläufen geht Apollo 10 durch Zünden des Haupttriebwerks auf Rückkurs zur Erde. Das Raumschiff wasserte am 26. Mai, 650 km östlich von Samoa. Die Generalprobe war geglückt.

Das Jahrhundert-Ereignis

Am 16. Juli 1969 ist der Tag, an dem Apollo 11 startet. Unter den Blitzlichtern der Fotografen gehen die Astronauten zum Wagen, der sie zur Startrampe bringt. In ihren silberglänzenden Raumanzügen sehen sie aus wie Ritter, die sich zum Turnier fertiggemacht haben.

Auf die Sekunde 9 Uhr 32 Ortszeit hebt die 100 Meter hohe Saturn V ab. Für jeden, der es miterleben konnte, ein unvergeßliches Erlebnis. Über Lautsprecher kommen, jede Ansage mit Beifall beantwortet, die Bestätigungen, Trennung der Stufen. Erdumlaufbahn erreicht. Vier Kurskorrekturen waren vorgesehen, eine einzige – Brenndauer 3 Sekunden – wird nötig. Das Jahrhundert-Ereignis nimmt seinen Lauf. Die erste Landung von Menschen auf dem Mond steht bevor. Sie wird ein Meilenstein auch in der Geschichte des Mediums Fernsehen sein: die erste Übertragung von einem anderen Himmelskörper.

Am 20. Juli 1969 saß ich mit Günter Siefarth und Hans Heine im Kölner Apollo-Sonderstudio, das Ereignis zu kommentieren. Es sollte, was nicht vorauszusehen war, eine Reportage »rund um die Uhr«, eine Marathonsendung über 30 Stunden, werden. An die Stirnwand des großen Fernsehstudios wurden die Bilder aus Amerika projiziert. Unser Verbindungsmann drüben war Werner Büdeler. Meine Hauptaufgabe würde es sein, Fragen aus dem Publikum (man hat in diesen 30 Stunden rund 11000 gezählt) gleichsam aus dem Stegreif zu beantworten. Ein Dutzend Telefonistinnen saß bereit, diese Fragen aufzunehmen und auf Zettel zu übertragen. Sie kamen in Stößen alle 3 Minuten auf meinen Tisch. Ein Gremium von Experten war geladen; sie saßen mir in zwei Viererreihen gegenüber: Prof. Heinz Graul, der Radiobiologe und Nuklearmediziner aus Marburg, Dr. Philip Hartl, Leiter des Instituts für Satelliten-Elektronik an der Deutschen Forschungs- und Versuchsanstalt für Luft- und Raumfahrt, Prof. Heinz Hermann Kölle aus Berlin, der 10 Jahre lang bei Wernher von Braun gearbeitet hatte, Prof. Reimar Lüst, damals Direktor des Instituts für Extraterrestrik, der spätere Präsident der Max-Planck-Gesellschaft, Dr. Winfried Petri vom Institut für Geschichte der Naturwissenschaften am Deutschen Museum, sodann Günther D. Roth, ein bekannter Amateur-Astronom, Prof. Harry O. Ruppe, der Ordinarius für Raumfahrttechnik an der Technischen Universität München, früher ebenfalls im Wernher v. Braun-Team, schließlich Prof. Heinrich Wänke, der Kosmo-Chemiker am Max-Planck-Institut für Chemie in Mainz.

Drei volle Tage, knapp 76 Stunden, waren seit dem Start von Apollo 11 vergangen. Die Astronauten hatten ihre Trennungs-, Dreh- und Kopplungsmanöver planmäßig hinter sich gebracht. Nun zündeten sie das gegen die Flugrichtung gerichtete Triebwerk für die Dauer von nicht ganz 6 Minuten. Eine stark elliptische Umlaufbahn um den Mond wurde damit erreicht, mit weiterem Abbremsen fast eine Kreisbahn, 99 bis 121 Kilometer über dem Mond. Während des 13. Umlaufs machte die Mondlandefähre »Adler« los. Es war 18 Uhr 45 europäischer Zeit, als wir das durchgeben konnten. Noch zweieinhalb Stunden würden bis zur Landung auf dem Mond vergehen. Ein erster Schwung Fragen stand zur Beantwortung an. Nach 30 Minuten

Brenndauer erreichte die Fähre eine Ellipse, die bis 15 km an die Mondoberfläche heranreichte. Noch einmal wurde der Raketenmotor gezündet. Er bremste zwölfeinhalb Minuten lang. Viele Anrufer äußerten die Befürchtung, daß es zu einem Zusammenstoß zwischen Apollo 11 und der unbemannten sowjetischen Sonde Luna 15, die überraschend gemeldet worden war, kommen könnte. Prof. Ruppe erklärte, warum die Gefahr einer Kollision sehr gering sei. Ein Kraftfahrer aus Düsseldorf wollte wissen, ob den Amerikanern der Mond gehören würde, wenn die Landung gelingen sollte. Die Antwort: »Nein, es gibt einen internationalen Vertrag, der von den Vereinigten Staaten und der Sowjetunion unterzeichnet ist. Danach gelten sowohl die amerikanischen Astronauten wie die sowjetischen Kosmonauten als Abgesandte der Menschheit. Die Amerikaner werden nach der Landung ihre Flagge setzen (aus steifem Plastik, weil das Fahnentuch auf dem atmosphärelosen Mond augenblicklich zusammenfiele), aber dies bedeute nicht Besitzergreifung. Auch die norwegische Flagge, die Amundsen 1911 am Südpol einrammte, konnte kein Besitztitel für sein Land sein.« Wie das »Ereignis des Jahrhunderts« ablaufen sollte, das war bis in die technischen und menschlichen Details hinein im voraus bekanntgemacht. Die »Proben« hatten in aller Öffentlichkeit stattgefunden. Das Programm stand fest, bis auf den letzten, den entscheidenden Punkt: ob es glücken würde?

Der Funksprechverkehr zwischen Armstrong, der die Landefähre steuerte, und der Bodenstelle Houston in Texas war mitzuhören (und ist auf den Tonbändern dokumentiert):

»Adler« in 66 m Höhe: »Wir kommen gut herunter.« In 23 m Höhe: »Sieht alles gut aus . . . geradeaus . . . geradeaus . . . wirbeln in 40 Fuß Höhe (13 Meter) etwas Staub auf . . . 30 Fuß (9 Meter) . . . 4 geradeaus . . . weiter geradeaus, etwas nach rechts, einen halben tiefer.«

Houston (Bodenstelle): »Noch 30 Sekunden.« Armstrong: »Kontaktlicht. Okay, Motor abgeschaltet. Handsteuer aus. Hebel zurück. 413 steht.«

Houston: »Wir empfangen euch.« Armstrong: »Houston, hier Basis Tranquillity. Eagle ist gelandet.« (Die Fähre »Adler« ist im »Meer der Ruhe« gelandet). Houston: »Verstanden. Wir sind auf Empfang.

Fast wäre uns die Luft weggeblieben. Jetzt können wir wieder atmen.«

Sie sind gelandet. Es ist genau (nach mitteleuropäischer Zeit): 20 Uhr 17 Minuten und 40 Sekunden. Das Datum: der 20. Juli 1969.

Der Apollo-Flugplan sah für die Astronauten eine Ruhezeit vor, ehe sie aussteigen sollten. Die Menschen vor den Empfangsgeräten mußten sich in Geduld fassen. Die Übertragung aus dem Kontrollraum ging zu Ende. Auch wir wollten abschließen, uns kurz zurückziehen, um zur gegebenen Zeit die Übertragung aus Amerika wieder aufzunehmen. Ich war schon im nur wenige Schritte entfernten Hotel, aber noch nicht im Bett. Ich wollte mir gerade ein Bad einlassen, da schrillte das Telefon. »Kommen Sie bitte zurück, so schnell wie möglich. Wir schalten früher auf. Die Astronauten werden früher als geplant aussteigen.«

Armstrong hatte sich die Erlaubnis geholt, seinen Mondgang eher anzutreten. Die Leitstelle in Houston hatte eingesehen, daß die innere Unruhe der Astronauten ein wirkliches Ausruhen nicht zuließ. Aber die Vorbereitungen des Ausstiegs nahmen dann doch mehr Zeit in Anspruch, als von der Leitstelle dafür gedacht war. Endlich ging die Luke auf. Die auf den Mond mitgenommene Fernsehkamera brachte ein schemenhaftes Schwarzweißbild. Wir versuchten das, was sichtbar wird, zu erkennen: die Stufen der Leiter, ein Bein, das zweite Bein, die vorsichtigen Bewegungen Armstrongs, der sich Schritt für Schritt vorsichtig heruntertastet... Es ist eine unwirkliche Szenerie... wie aus einem Science-fiction-Film.

»Ich bin am Fuß der Leiter«, schildert Armstrong, »die Fußteller der Fähre sind nur ein oder zwei Zoll tief eingesunken, obwohl die Mondoberfläche sehr, sehr feinkörnig zu sein scheint... es ist beinahe wie Puder.« Und dann, als Armstrong den Mondboden betritt: »That's one small step for a man, one giant leap for mankind.« (»Das ist ein kleiner Schritt für einen Menschen, ein Riesensprung für die Menschheit.«) Es ist 2 Uhr 56 Minuten 20 Sekunden mitteleuropäischer Zeit, der 21. Juli 1969.

Niemals zuvor ist bis dahin ein Ereignis der Weltgeschichte bewußter miterlebt worden und von so vielen Menschen zugleich. Über 500 Millionen sahen es im Fernsehen. Es ist »das Jahrhundert-Ereignis«.

19 Minuten nach Neil Armstrong steigt Aldrin aus. Armstrong: »Na, ist das nichts? Ein herrlicher Ausblick.« Aldrin: »Diese Verlassenheit, überwältigend.«

Die Astronauten sammeln Gesteinsproben (22 Kilo Erdgewicht); sie stellen Meßgeräte auf, ein Seismometer, einen Laserreflektor, Instrumente, die dort verbleiben; ein Aluminium-Segel für den Sonnenwind, das zur Erde zurückgebracht werden soll. Der erste Besuch von Menschen auf dem Mond dauert nicht lange. Zweieinhalb Stunden nach dem Öffnen der Luke wird sie wieder geschlossen. Noch einmal geht sie kurz auf; die Raumfahrer werfen, um Gewicht zu sparen, das Nichtmehrbenötigte hinaus. Noch nicht 24 Stunden nach der Landung startet der Aufstiegsteil der Landefähre vom Mond, koppelt dreidreiviertel Stunde später in der Mondumlaufbahn an das von Collins geführte Mutterschiff an. Armstrong und Aldrin kriechen durch den Verbindungstunnel zurück. Der Aufstiegsteil der Mondfähre wird abgetrennt. Apollo 11 schießt sich planmäßig in die Rückkehrbahn zur Erde ein und ist nach 8 Tagen, 3 Stunden und 15 Minuten zurück.

Zunächst müssen die Astronauten in Quarantäne; die Möglichkeit, sie könnten unbekannte Krankheitserreger vom Mond mitgebracht haben, ist zwar unwahrscheinlich, aber doch nicht mit letzter Sicherheit auszuschließen. Danach werden die »Helden Amerikas« rings um die Erde geschickt, um enthusiastisch gefeiert zu werden.

Eine sowjetische Raumstation?

Sind die Sowjets damit abgeschlagen? Das scheint vordergründig so zu sein. Ein Kampf, der entschieden ist? Doch eben das muß es nicht bedeuten. Die Sowjets verfolgen ihren eigenen, einen anderen Weg: Erstmals in der Geschichte der Raumfahrt lassen sie die Besatzungen dreier Raumschiffe zusammenwirken: Sojus 6 (mit Georgi Schonin, 34, und Waleri Kubasow, 34) wurde am 11. Oktober 1969 in eine Umlaufbahn geschossen (engste Erdnähe 168 km, größte Entfernung 223 km). Tags darauf startet Sojus 7 mit Anatoli Filiptschenko, 41,

Viktor Gorbatko, 34, und Wladislaw Wolkow, 33, und erreicht eine Bahn zwischen 207 und 226 km Entfernung. Abermals einen Tag später wird Sojus 8 (mit Wladimir Schatalow, 42, und Alexej Jelissejew, 34) auf eine nahezu identische Umlaufbahn gebracht, 205 bis 223 km über der Erde. Bei diesem Gruppenflug ändern die drei Raumfahrzeuge ihre Bahnen insgesamt 31mal. Dabei kommen sie sich bis auf ein paar hundert Meter nahe. Sojus 8 ist mit dem im Atlantik bereitstehenden Kontrollschiff »Wladimir Komarow« (nach dem verunglückten Kosmonauten genannt) und mit einem Molnija-Nachrichten-Satelliten in Funkverbindung. Aus Moskau verlautete, man habe ein neues Navigationssystem überprüft, neue Bordgeräte und Steuersysteme erprobt. Beim 77. Umlauf von Sojus 6 wird ein interessantes Experiment durchgeführt. Waleri Kubasow erledigt Schweißarbeiten im Weltraum, wie es hieß, durch Fernsteuerung. Der Flug von Sojus 6 dauerte knapp 5 Tage. Das Raumschiff landete am 16. Oktober; mit etwa gleicher Flugzeit kamen Sojus 7 am 17. Oktober und Sojus 8 am 18. Oktober herunter. Die Präzision dieses Gruppenflugs wurde zu Recht bewundert. Schweißarbeiten im Weltraum! Die Sowjets sind dem Ziel, eine Raumstation zu bauen, um weitere Schritte nähergerückt.

Den zweiten Mondflug der Amerikaner nimmt die Weltöffentlichkeit nun schon gelassener auf. Die Zeitungen verzichten auf Extrablätter. Die Leitartikler bedauern die »Zweiten«, die – wie die Erfahrung lehrt – schnell der Vergessenheit anheimfallen würden. Die »Zweiten« sind Charles Conrad, 39, Alan L. Bean, 40, und Richard E. Gordon, ebenfalls 40, als »Schiffshüter«.

Der Start von Apollo 12 am 14. November 1969 geschah pünktlich, ohne Rücksicht auf ein Gewitter, das über Kap Kennedy hereinbrach. Das Raumschiff wurde beim Durchstoßen der Wolkendecke von zwei Blitzen getroffen; die Warnlampen signalisierten Alarm. Es stellte sich heraus, daß die Elektronik den Zwischenfall nicht übelgenommen hat. 11 Minuten nach dem Start war Apollo 12 in einer Parkbahn 191 km über dem Erdboden, zweieinhalb Stunden später auf dem Weg zum Mond. Wieder wurden die notwendigen Manöver anstandslos gemeistert. Die Landung erfolgte im vorgesehenen Zielgebiet. Conrad und Bean haben Pech: nur einen Augenblick

»schaut« die Fernsehkamera in die Sonne; er genügt, die Röhre durchzubrennen. Die Fernsehübertragung vom Mond fällt aus. Der Rundfunk unterrichtet über den Fortgang der Dinge. Man hört die Männer auf dem Mond sprechen; man hört sie rumoren, bei der Arbeit vor sich hinträllern. Sie sammeln Gestein und nehmen eine Bohrprobe. Sie stellen ihre Geräte und Instrumente auf, darunter ein so empfindliches Seismometer, daß Houston ihre Schritte registrieren kann. Sie errichten eine kleine Station, die mit Kernenergie betrieben wird. Dann kehren sie in ihre Landefähre zurück, um 9 Stunden Pause zu machen, zu essen und zu schlafen. Ein zweiter »Mondspaziergang« demonstriert, wie genau sie das Zielgebiet getroffen haben. Er führt zum Surveyor 3, der 1967 gelandet ist, um mit ferngelenktem Schaufelgerät Mondgestein aufzunehmen und von der Erde her analysieren zu lassen. Der Surveyor steht auf dem Grund des kleinen Halo-Kraters. Er ist unbeschädigt. Seine weiß gestrichenen Teile sind vom Mondstaub gepudert.

Conrad und Bean montieren auftragsgemäß die Kamera ab. Nach 3 Stunden und 50 Minuten sind sie zurück; sie haben in dieser Zeit 1 600 Meter zurückgelegt. Auch Apollo 12 war erfolgreich, aber nur noch die halbe Sensation. Die zweite Landung auf dem Mond wurde schon als Selbstverständlichkeit hingenommen, als klare Bestätigung einer perfekten Technik.

Die Beinahe-Katastrophe

Wird das Abenteuer zur Routine? Kann Apollo 13 Neues erbringen? Warum sollte, was zweimal geglückt ist, ein drittes Mal schiefgehen? Am 11. April 1970 starteten James Lovell, 42, John Swigert, 38, und Fred Haise, 36: James Lovell ist der Mann mit der größten Raumerfahrung; für Swigert und Haise ist es die erste Raumreise. Swigert war zwei Tage vor dem Start für den erkrankten Ken Mattingly eingetreten; die Ärzte hatten Verdacht auf Röteln. Pech für Mattingly. An die Möglichkeit einer Katastrophe dachte wohl niemand mehr. Daß nach fünfeinhalb Minuten eines der 5 Triebwerke der zweiten Stufe vorzeitig zu brennen aufhört, machte Lovell keine Sorgen. Über den Bordcomputer werden die Brennschlußzeiten der anderen Triebwerke entsprechend verlängert. 55 Stunden lang ist dann alles normal. Haise kriecht nach einer Inspektion der Landefähre zurück, und da geschieht es: alle drei hören sie den Knall. Lovell: »Es war uns klar, daß etwas passiert sein mußte. Was, wußten wir nicht.« Swigert: »Zwei Sekunden später hatten wir Großalarm. Der Hauptstromkreis B zeigte ganz wenig Spannung.« Haise: »Aus den Meßwerten ging hervor, daß die Brennstoffzelle 3 überhaupt keinen Strom mehr gab... Auch die Zelle 1 war tot... Der Sauerstofftank 2 zeigte keinen Druck... langsam aber sicher ging der Druck auch im Sauerstofftank 1 nach unten.« Lovell: »Ich dachte zuerst an ein elektrisches Problem. Als ich dann aus dem Fenster sah und bemerkte, daß irgend etwas abströmte, wuchs meine Sorge... Meine Überlegungen gingen von ›Wie wirkt sich das auf die Mondlandung aus?‹ bis zu ›Ob wir überhaupt zurückkommen?‹ ... John und Fred ging es ähnlich, obgleich wir darüber nicht sprachen... Wir transferierten dann die gesamte Steuerung und Kontrolle zum Mondlander, um mit dem Abstiegsmotor und der Lagesteuerung der Mondfähre manövrieren zu können. Alles hing jetzt vom Funktionieren der Fähre ab.«

Es gelang, das Raumschiff auf eine Bahn zu bringen, die um den Mond herum zur Erde zurückführen konnte. Inzwischen hatten die Fachleute in der Leitzentrale ausgerechnet, daß der Sauerstoff reichen würde. »Die Kommandokapsel wurde allmählich zur Kühltruhe. Ich glaube, zuletzt hatten wir noch 2 Grad über Null.« Als sie den Geräteteil vom Kommandoteil absprengten, sahen sie, daß er in ganzer Länge aufgerissen war, daß Fetzen und Kabel heraushingen. Ein Sauerstofftank war explodiert. Kapsel und Mondlander mußten bis ganz zuletzt miteinander verbunden bleiben, Steuermanöver konnten ja nur noch vom Mondlander aus vorgenommen werden. Swigert: »Um den Kurs zu halten, wagten wir nicht, unsere Abfälle und Ausscheidungen durch die Schleuse nach draußen zu befördern. Wir suchten alle erdenklichen Gefäße und verschließbaren Beutel dafür zusammen und verstauten sie in der Mondfähre. Sie war wie eine Mülltonne bis oben vollgestopft, als wir uns vor dem Eintritt in die Erdatmosphäre von ihr trennten.« Am 17. April 1970 wasserte Apollo 13, nur 7 km vom wartenden Flugzeugträger entfernt. Obwohl Apollo 13 das Ziel – eine dritte Landung auf dem Mond – nicht erreicht hatte, gehörte dieser Flug zu den großen Ereignissen, an die man sich länger erinnern wird. In allen Teilen der Erde war für eine gesunde Heimkehr gebetet worden. Die drohende Katastrophe hatte das Bewußtsein verstärkt: diese Raumfahrer sind eine Vorhut der Menschheit.

Schon die zweite bemannte Raumfahrt des Jahres 1970 ist wiederum eine Unternehmung Sowjetrußlands: Sojus 9 wurde am 1. Juni 1970 in eine Umlaufbahn (236 bis 249 km über der Erde) geschossen. Adrijan Nikolajew, 40, und Vitali Sewastianow, 35, umrundeten die Erde 280 mal, um nach 18tägigem Flug in Kasakstan, 75 km westlich von Karaganda zu landen. Der Rekord von Borman und Lovell war damit überboten. Eine Hauptaufgabe dieses Fluges war, die Wirkung langdauernder Schwerelosigkeit auf den menschlichen Organismus zu untersuchen. Die Besatzungen in einer Außenstation der Erde werden über längere Zeit dort verbleiben müssen, ehe sie abzulösen sind. Führt das zu nicht mehr gutzumachenden Schäden? Könnte man einer solchen Schädigung vorbeugen?

Das sowjetische Fernsehen hat eine Übertragung vorbereitet. Adrijan Nikolajew, der mit Walentina Tereschkowa, der ersten Kosmonautin, verheiratet ist und mit ihr ein Töchterchen hat, wird sich, so war angekündigt, vom Raumschiff aus mit seiner Familie unterhalten. Das Live-Gespräch kommt wie geplant zustande. Eine Aufzeichnung steht der Weltöffentlichkeit zur Verfügung. Nikolajew macht seiner kleinen Tochter ein besonderes Vergnügen. Er führt ihr vor, was nur ein Raumfahrer-Papa kann. Die kleine Puppe, die sie ihm als Talisman zugesteckt und die er mitgenommen hat, läßt er nun im Raumschiff schwerelos schweben und kreiseln. Ohne daß darauf eingegangen wurde, hatte das sowjetische Fernsehen eine auch in der Sowjetunion besorgt geäußerte Frage damit beantwortet. Würde die kosmische Strahlung bei den Raumfahrern nicht Erbschäden verursachen? Beide Elternteile waren, wie jedermann wußte, dieser Strahlung über längere Zeit hin ausgesetzt gewesen und hatten – ein gesundes Kind.

Der 16-Stunden-Arbeitstag der Kosmonauten wurde vorgeführt. Sie trugen einen Spezialanzug. Sie turnten regelmäßig, schlugen Purzelbäume, streckten Expander. Sie leisteten der Muskelerschlaffung, die mit länger dauernder Schwerelosigkeit einhergeht, aktiven Widerstand. Dennoch schien der 18-Tage-Flug an die Grenze menschlicher Leistungsfähigkeit geführt zu haben. Nikolajew und Sewastianow sind nach der Landung nicht in der Lage gewesen, ohne fremde Hilfe aus ihren Sitzen zu kommen, sich unter Erdenschwere normal zu bewegen. Es dauerte Tage, bis sie sich der irdischen Gravitation angepaßt hatten. Wollten die Sowjets von Anfang an jemals Menschen auf den Mond bringen? Oder hatten sie sich von vornherein andere Ziele gesteckt? Kann man die Mondproben nicht von Robotersonden holen lassen?

Automaten auf dem Mond

Ein vielbewundertes Experiment ging in Szene: erstmals kehrte ein auf dem Mond gelandetes unbemanntes Gerät wieder zur Erde zurück. Luna 16 setzte am 20. September 1970 im »Meer der Fruchtbarkeit«, nicht ganz 1 000 km vom Landeplatz der Apollo 11 entfernt, auf. Ein automatischer Greifer nahm Bodenproben. Nach 26stündigem Aufenthalt startete der Rückkehrteil der Sonde mit dem Mondgestein zur Erde, und Luna 16 wurde im vorgesehenen Zielgebiet geborgen.

Vier Wochen später führten die sowjetischen Techniker ein weiteres Kunststück vor: Luna 17 war am 10. November gestartet, um 130 Stunden später im »Meer der Regenfälle« niederzugehen. Zweieinhalb Stunden später rollte ein Automat, Lunochod 1 (das bedeutet »Mondgänger«), über ein Fallreep. Das Mondauto, ein mit Fernsehaugen um sich blickender Roboter, konnte von der Erde her gesteuert werden. Es signalisierte Hindernisse und verfügte über automatische Bremsen. Der Wagen führte einen Reflektor französischer Herkunft mit; er warf die Laser-Signale des Observatoriums auf dem Pic du Midi zurück. So war der Abstand Erde–Mond (rund 400 000 km) auf den Millimeter genau zu messen. Der Lunochod 1 bewegte sich auf 8 Rädern. Jedes Rad hatte seinen eigenen Antrieb. Das Fahrzeug war mit zahlreichen Meßinstrumenten ausgestattet, zur Beobachtung der kosmischen Strahlung, der Röntgenstrahlung, die von der Sonne kommt, auch der magnetischen Kräfte. Das rollende Mondobservatorium hat zehneinhalb Monate gearbeitet und dabei jeden Monat durchschnittlich einen Kilometer zurückgelegt. Im Oktober 1971 stellte der Automat seine Arbeit ein.

Eine alte Streitfrage erhielt mit Lunochod 1 neue Aktualität: bemannte oder unbemannte Raumfahrt? Sollten nicht Roboter für den Menschen eintreten? Die Lebensfeindlichkeit des Raums spricht dafür. Robotersonden verfügen über »technische Sinne«. Tag und Nacht fließt den Bodenstellen ein Strom von Daten aus dem Raum zu; er wird auf Magnetband gespeichert und von elektronischen Rechnern ausgewertet. Die Kosten? Man schätzt, daß Luna 16 einige hundert Gramm Mondgestein zur Erde gebracht hat, vielleicht ein Kilo. Die Amerikaner haben bei ihren ersten drei bemannten Mondexpeditionen 111 Kilo Mondgestein eingesammelt. Kosten und Gewicht könnten gegeneinander aufgerechnet werden. Aber wesentliche Gesichtspunkte wären dabei außer acht gelassen. Einerseits: Automatische Sonden können an jeder gewünschten Stelle des Mondes landen, auch an Punkten, die für eine bemannte Landung (noch) nicht in Frage kommen. Die, wenn auch kleinen Proben, wären von den verschiedensten Mondgebieten zu holen; das würde einen besseren Überblick ergeben. Andererseits: Ein ferngelenkter Automat wird seine Wahl zwangsläufig »zufälliger« treffen, als das ein intelligenter und wissenschaftlich vorgebildeter Mensch tut. Der kombinierende, der wertende Mensch ist nicht zu ersetzen. Die Frage: »Bemannte oder unbemannte Raumfahrt« ist wohl nur mit »bemannt und unbemannt« zu beantworten. Nicht zuletzt: die Raumfahrt bezieht ihre Faszination von Anfang an aus dem Wagnis des Menschen.

Unabhängig davon wies die Statistik schon für Ende 1969, nach der zweiten Mondlandung also, 870 Satelliten und Raumsondenstarts aus. 1971 zählte man den 1000sten erfolgreichen Start. Zum 1. 1. 1982 waren 1148 aktive Satelliten in Erdumlaufbahnen; das Radar verfolgte 4743 Objekte. Laufend verglühen zurückfallende Teile als

Sternschnuppen. Gelegentlich alarmieren »Rückkehrer« die Weltöffentlichkeit. Am 30. 6. 1986 waren 1 619 »Nutzlasten« im Raum, dazu 4 457 Endstufen und Bruchstücke, zusammen 6 076 Objekte. Von den derzeit umlaufenden funktionsfähigen oder funktionsfähig gewesenen Nutzlasten waren 521 aus USA, 943 aus der UdSSR. Doch zurück ins Jahr 1971: Schon 1970 diagnostizierten die Beobachter der öffentlichen Meinung in den USA eine gewisse Raumfahrtmüdigkeit, vielleicht die natürliche Reaktion auf den Enthusiasmus, der das Jahrhundert-Ereignis begleitet hatte. Politisch drückte sich die Ernüchterung in einer Kürzung der öffentlichen Mittel aus. Immerhin: das Programm sah noch eine Reihe von Mondflügen vor.

Am 31. Januar 1971 startete Apollo 14 mit Alan Shepard, 47, Edgar Mitchell, 40, und Stuart Roosa, 37, an Bord. Als das erste Koppelmanöver erst beim sechsten Versuch gelang, erwog man, das Unternehmen abzubrechen. Shepards 15-Minuten-Raum-Flug lag rund 10 Jahre zurück; war der Kommandant nicht schon zu alt? Abermals wurde die Zweckmäßigkeit bemannter Raumfahrt, nicht zuletzt im Hinblick auf Lunochod, in Frage gestellt. Als aber dann der Bordcomputer kurz vor der Landung »verrückt spielte«, war es Shepard, der die Situation rettete und die Fähre beim vorgesehenen Landepunkt im Fra-Mauro-Gebiet auf 7 Grad schrägem Gelände sicher aufsetzte. Shepard betrat den Mond als fünfter, Mitchell als sechster Mensch. Diesmal übertrug das Fernsehen in Farbe; auf den Bildschirmen erschienen graue, braune, grünliche und violette Töne. Shepard und Mitchell blieben länger, fast 34 Stunden auf dem Mond. Die beiden »Ausflüge« dauerten (vom Öffnen bis zum Schließen der Luke) insgesamt 9 Stunden 22 Minuten. Die Astronauten zündeten Sprengungen, die seismometrisch erfaßt wurden. Instrumente und eingesammeltes Gestein (49 irdische Kilo) führten sie auf einem Handwagen mit sich. Dennoch gerieten sie mit ihrem Arbeitsprogramm in Verzug. Die geplante Ersteigung eines Kraterwalls mußten sie aufgeben. Die Reserven der Lebenserhaltungssysteme drohten vorzeitig zur Neige zu gehen. Rückstart vom Mond, Ankoppeln und Einschuß auf Erdkurs geschahen perfekt; die Fernsehkameras konnten die Landung im südlichen Pazifik am 9. Februar 1971 aus allernächster Nähe erfassen.

Noch nicht 10 Jahre nach Gagarins Erstumrundung der Erde waren 6 Amerikaner auf dem Mond gelandet und heil zur Erde zurückgekehrt. Ende Juli 1971 wurde dann Apollo 15 gestartet. David Scott und James Irvin waren die Amerikaner No. 7 und 8 auf dem Mond, Astronaut Worden verblieb auf der Mondumlaufbahn. Scott und Irvin hatten bereits ein Elektromobil, mit dem sie während ihres Aufenthaltes drei Ausflüge machen und insgesamt 32 km zurücklegen konnten. Eine auf dem Fahrzeug montierte Fernsehkamera ließ die Zuschauer an den Fahrten teilnehmen. Die Astronauten konnten auf dem Mond körperliche Schwerarbeit verrichten. Mit vereinten Kräften zogen sie das Bohrgestänge, das offensichtlich klemmte, heraus und verstauten es auf ihrem Elektromobil. Insgesamt hielten sich die Männer 70 Stunden auf dem Mond auf; das sind fast 3 Tage. Eine auf dem Mond zurückbleibende Kamera übertrug den Rückstart.

Die wissenschaftliche Ausbeute betrug bei Apollo 15 ein Vielfaches der vorausgegangenen Missionen, aber natürlich war es nicht mehr die Weltsensation, das beherrschende Thema der ersten Seite.

Apollo 16 im April 1972 brachte den neunten und zehnten Amerikaner zum Mond, Young und Duke. Mattingly, der bei Apollo 13 ausgeschieden war, bekam seine Chance als Schiffshüter auf der Mondumlaufbahn. Apollo 17 im Dezember 1972 war der Abschluß: Cernan und Schmitt sind wohl für längere Zeit die letzten, die den Mond betreten haben, der elfte und zwölfte Amerikaner. Evans erwartete sie und brachte sie zurück.

Es waren zunächst noch drei, dann zwei weitere Mondlandungen geplant, aber Apollo 18 und 19 wurden abgesagt; der Kongreß wollte sparen. Nach der Definition der NASA waren Apollo 11, 12 und 14 technische Missionen. Ab Apollo 15 wurde von wissenschaftlichen Expeditionen gesprochen, die Technik war zur Routine geworden. Elf Jahre nach dem offiziellen Beschluß des amerikanischen Kongresses wurde das Apollo-Mondunternehmen, wohl das größte technische Abenteuer unserer Zeit, abgeschlossen. Die NASA wollte es für 25 Milliarden Dollar realisieren, und so viel (etwas mehr als 24 Milliarden Dollar) hat es, freilich bei Streichung der letzten beiden Missionen, gekostet.

Insgesamt haben die Mondfahrer 385 Kilo Gestein zur Erde gebracht. Man hat errechnet, was demnach 1 Gramm Mondgestein gekostet hat: rund 65 000 Dollar. Wernher von Braun hat mir 1969 kurz vor seinem großen Triumph gesagt: »Wir verwirklichen einen Menschheitstraum, und wir stoßen damit technische Entwicklungen an. Die Rechnung mit dem Mondgestein ist dummes Zeug. Wir geben das Geld ja nicht auf dem Mond, wir geben es auf der Erde aus.«

Hat Harald Urey, der Chemie-Nobelpreisträger von 1934, sein frohgemutes Wort einlösen können, man möge ihm einen Stein vom Mond bringen und er werde sagen können, wie unser Sonnensystem entstanden ist? Das war eine allzu optimistische Einschätzung.

Jedenfalls haben die Mondlandungen eine Vielzahl von wissenschaftlichen Erkenntnissen gebracht. Deuten die Mondkrater auf Vulkanismus oder sind es Meteoreinschläge? Die Astronauten haben Meßinstrumente auf dem Mond aufgestellt, 10 000 kleine Mondbeben und rund 2 000 schwere Aufschläge wurden registriert. Fünf Jahre nach Beendigung der Mondreisen hat man die Geräte abgeschaltet; der Etat für die Empfangsanlagen auf der Erde wurde gestrichen. Um noch einmal auf die Aussage Wernher von Brauns zurückzukommen: Die Vereinigten Staaten von Nordamerika haben für das Apollo-Programm, für Satelliten und Raumsonden pro Jahr 4–5 Promille ihres Sozialproduktes ausgegeben. Das ist der zwanzigste Teil des US-Verteidigungshaushalts. Und um ein weiteres Mal zu vergleichen: Es ist nicht ganz die Hälfte dessen, was in Amerika für Zigaretten ausgegeben wurde.

Das Ende der heroischen Phase

Spätestens nach Apollo 14 hat sich weltweit das Gefühl verbreitet, daß mit den Mondlandungen eine heroische Epoche der Raumfahrt zu Ende gehen würde. Das Interesse des Publikums begann spürbar zu erlahmen. Die erste Mondlandung, das war zweifellos unvergeßlich, auch noch das gescheiterte Unternehmen Apollo 13, das am

Ende glücklich ausging. Aber so ist es immer: das erste Mal ist nur einmal. Das zweite Mal kann ein Erst-Ereignis bestätigen; es kann bedeuten, daß man nicht nur Glück hatte. Ein drittes Mal kann ein Triumph sein, die Krönung. Aber nur die Erst-Tat bleibt im Gedächtnis. Erinnern wir uns an den Bienenzüchter Sir Edmund Hillary, der als erster den Mount Everest erstiegen hat, und an seine selbstbewußt-trotzige Antwort auf die Frage nach dem »Warum«: »Weil er da ist.« Als er am Südpol Vivian Fuchs traf, der die Antarktis 1957/58 mit seiner Motorschlitten-Karawane durchquerte, nahm die Weltöffentlichkeit diese Begegnung immerhin interessiert zur Kenntnis. Jenen heroischen Marsch zum Südpol, den Amundsen am 14. 12. 1911 als erster erreichte, sein unglücklicher Rivale Scott erst Tage später, um auf dem Rückweg mit seinen Gefährten elend zugrunde zu gehen, wird die Menschheit über unser Jahrhundert hinaus im Gedächtnis behalten. Der Name der ersten, manchmal auch der Name der heroisch Gescheiterten, bleibt im Gedächtnis.

Vor einiger Zeit las ich, unter Hinweis auf Reinhold Messner, der den Mount Everest als erster ohne Sauerstoffgerät bestiegen hat, daß seit Edmund Hillary, den die britische Königin geadelt hat, 100 Menschen auf dem höchsten Punkt der Erde angekommen sind. Der »Kampf ums Matterhorn«, das Erfolgsbuch Carl Haensels, schildert die dramatische Erstbesteigung am 14. 7. 1865 durch E. Whymper. Inzwischen hat eine vierstellige Zahl von Bergsteigern den Gipfel erreicht; er ist eine Kloake geworden. Die Behörden überlegen sich, wie sie dem Mißstand begegnen könnten.

12 Menschen haben ihren Fuß auf den Mond gesetzt und sind heil zur Erde zurückgekehrt, der erste 1969, der letzte Ende 1972. Es wäre schon heute eine Frage für ein Quiz: »An wie viele Namen erinnern Sie sich? Es genügt, wenn Sie mir vier oder doch drei sagen können.« Wahrscheinlich würden die Kandidaten sich nur der ersten erinnern können, Armstrong und Aldrin, vielleicht nur des ersten: Armstrong.

Als ich Armstrong, Aldrin und Collins Ende 1969 in der Berliner Kongreßhalle sprach, war Collins, der »dritte Mann« auf der Mondumlaufbahn, sich dessen sicher, daß er bald der Vergessenheit anheim fallen würde. Er stellte das ohne Groll recht sachlich, fast vergnügt fest, in etwa so: genießen wir unseren Ruhm jetzt hier und heute. Auch Aldrin, der gutmütige, ein wenig schwerblütig wirkende »Buzz«, der hinter Armstrong ausgestiegen war, sagte: »Solange wir zu dritt auftreten, werden wir zusammen gefeiert. Bleiben wird wohl nur der Name Armstrong.« Ich kam bei dieser Gelegenheit scherzhaft auf ihr Alter zu sprechen; alle drei gingen auf die Vierzig zu und das in einer Zeit, in der Jugend Trumpf war und der populäre Satz galt: »Traue keinem über 30.« Collins machte das Spaß: »Man wollte natürlich auch für den Mond junge Leute haben, so jung wie irgend möglich. Aber mit entsprechender Flugerfahrung und – Erfahrung kostet Jahre. Da haben sie auf uns alte Männer zurückgreifen müssen.«

Auf diese heroische Phase der Raumfahrt folgte eine eher auf Wirtschaftlichkeit bedachte Entwicklung, die wohl auch militärische Gesichtspunkte nicht außer acht ließ. Die Zeit der »Wegwerf-Raketen« schien zu Ende zu gehen, wenigstens in der bemannten Raumfahrt. Man startete die sogenannten Space-Shuttles, Gespanne aus Raketen und flugzeugähnlichen Raumgleitern. Die Schubraketen kehren am Fallschirm zurück; sie werden aus dem Meer gefischt. Die Besatzung im Raumtransporter erfüllt ihre Aufgaben auf der Umlaufbahn, setzt dort zum Beispiel Satelliten aus oder fängt Satelliten ein, um sie zu reparieren oder zurückzubringen. All das wurde fast zur Routine und auch eine Art Geschäft. Solche Flüge wurden für wissenschaftliche Missionen, beispielsweise für Programme eines Raumlaboratoriums, »vermietet«. Man wollte sie darüber hinaus mit speziell ausgesuchten »Passagieren« populär machen. Da trat Anfang des Jahres 1986 ein schreckliches Ereignis ein.

Das »Challenger«-Unglück 1986

Die eindrucksvollste Reportage über das »Challenger«-Unglück stammt von einem Journalisten namens Malcolm McConnell, der über 11 Space-Shuttle-Starts berichtet hat. Er erzählt, wie er sich am 28. Januar 1986, 4 Uhr 50, aus dem Bett gequält habe, am dritten

Morgen nach zweimal verschobenen Starts. McConnell war ärgerlich über die Verzögerungen, die es gegeben hatte. Wenn jetzt der Flug »mit der Lehrerin an Bord«, auf den die ganze Nation wartete, ausfallen würde, sanken seine Chancen, im September 1986 als erster Journalist mitfliegen zu können, abermals. Vielleicht fiel »sein« Flug dann überhaupt aus. Er war übrigens noch nicht ausgewählt, nur einer der vielen Bewerber, aber vielleicht war er es, der das große Los ziehen würde.

Um 7 Uhr 48 beobachtete er den rituellen »Auszug der Astronauten« aus dem Quartier zum Start. Sie kamen forschen Schritts daher, sie lächelten und winkten. War ihr Gleichmut gespielt? Mußte ihnen das Hin und Her nicht an die Nerven gegangen sein? Dick Scobee und Mike Smith waren in Vietnam gewesen, der schlitzäugige Willison Onizuka war Testpilot bei der Luftwaffe, Ron McNair, ein Schwarzer, war promovierter Physiker der Technischen Universität von Massachusetts. Judy Resnick war, wie Onizuka, McNair und wie der Kommandant Scobee, bereits in der Umlaufbahn gewesen. Der »erste Ernstfall« war es für Greg Jarvis und für Christa McAuliffe, die als Lehrerin ausgewählt worden war, um über das Fernsehen zur Jugend Amerikas zu sprechen. Also fünf Männer und zwei Frauen, Christa und Judy.

Amerikas 25. Shuttle-Flug! Es hieß warten. Endlich – 2 Stunden über die vorgesehene Zeit war man hinaus – wurde kurz vor halb zwölf der Countdown wieder aufgenommen. Offenbar hatte man sich trotz des scharfen Winds und der Eiseskälte nun doch zum Start entschlossen. Die Reporter gingen aus dem gedeckten Pressestand hinaus auf die offene Tribüne.

Die letzten Minuten, das Herunterzählen der letzten Sekunden. Zündung Haupttriebwerk, Zündung Startraketen, Start! »Challenger« hob ab, wurde schneller, stieg in den stahlblauen Himmel. Der Bericht des Journalisten wörtlich: »Dem bloßen Auge erschien der Aufstieg ganz normal. Die Fähre hatte ihr Drehungsmanöver vollendet und raste weiter in die Höhe. Aber plötzlich hatte ich den Eindruck, der gewohnte Kondensstreifen beginne zu glimmen und unscharf zu werden. Ich hob das Fernglas an die Augen und richtete es auf den Feuerschweif. Mir schien, als löste sich der rechte Booster, eine der beiden feststoffbetriebenen Startraketen, von dem Gespann und wirbelte wie ein qualmendes Feuerrad davon. Rasch sah ich auf die Countdown-Uhr. T plus eine Minute 17 Sekunden – fast eine Minute zu früh für die normale Absprengung. Ein Rundfunkreporter schrie: ›RTLS! RTLS!‹ – das NASA-Kürzel für Startabbruch und Notlandung ... Da war die Stimme von Steve Nesbitt, dem Sprecher der Houstoner Flugkontrolle: ›Wir haben die Meldung bekommen, daß die Fähre explodiert ist.‹ Die Wolke war zu einer schmutziggrauen Wurst geschwollen. Zwei große Teile der Booster-Raketen flogen im Bogen wie scheuende Pferde auf parallelen Bahnen davon. Ich ließ mich auf den erstbesten Sitzplatz fallen, zu keiner Bewegung mehr fähig.«

Das Schreckensbild ging um die Welt. Einer der Fernsehleute hatte die Kamera auf die Gesichter der Eltern von Christa McAuliffe eingestellt. Die Kamera lief und lief: die schrecklichste Indiskretion, die man sich denken kann. Wie lange das dauerte, bis das stolze Lächeln der Eltern zu einer Grimasse erstarrte, bis in das Immer-noch-nicht-verstehen das Entsetzen über die Endgültigkeit des Geschehenen eindrang. Der Augenzeuge McConnell hat seine Gefühle angesichts der Katastrophe zu artikulieren versucht; er habe Angst und Leid, dann Ungläubigkeit und endlich Wut verspürt: »Wut über die eigene Ungeduld, über uns alle, die wir angenommen hatten, diese Raumgleiterflüge – die kompliziertesten technischen Unternehmen, die je in Angriff genommen wurden – seien Routineangelegenheiten wie Zirkusnummern und nicht gefahrvolle Meilensteine auf unserer kühnsten Entdeckungsfahrt.«

McConnell schrieb, seit jenem Ereignis sei nun sehr oft das Wort von der »nationalen Tragödie« gefallen. Der Shuttle habe allen den Traum von Amerikas Größe vermittelt, aber nun seien die Irrtümer klargeworden. Man habe »den Versuch unternommen, das komplizierteste Gerät der Menschheit so billig wie möglich zu bauen«. Es sei bei der Finanzierung und im Management drunter und drüber gegangen. Viel zu früh sei die Raumfähre für »voll einsatzbereit« erklärt worden, damit sie anfangen konnte, »ihre Kosten einzufliegen«. Kommerzielle Satellitenstarts sollten nach Fahrplan erfolgen, und dieser unrealistische Fahrplan wurde mit jeder Budgetforderung der

NASA ehrgeiziger. Die Reise ins All sei »Routine« geworden. 24mal waren die 2250 Tonnen schweren Schiffe von Cape Canaveral aus gestartet und wohlbehalten zur Erde zurückgekehrt. Es habe eine »Durchziehmentalität« geherrscht, eine blinde Überzuversicht, das, was bei den alten Griechen Hybris genannt wurde, Selbstüberhebung, frevelhafter Hochmut gegen die Götter. McConnell sah einige Zeit nach dem Unglück in der großen Montagehalle des Kennedy-Raumfahrtzentrums die Monteure mit Wartungsarbeiten an der Fähre Discovery beschäftigt. Er war sicher, daß es einen neuen Countdown geben würde. »Und wir werden zusehen – mit einem durch die Tragödie geschärften Sinn für den Preis unseres Vordringens ins All.«

Wissenschafts-Astronauten

Dr. Ulf Merbold, geboren 1941, war an Bord der Raumfähre »Columbia« einer von sechs Astronauten, als das erste europäische Raumlabor am 28. 11. 1983 von Cape Canaveral aus in die Erdumlaufbahn getragen wurde, der einzige Europäer bei der Spacelab 1-Mission und der erste Bürger der Bundesrepublik Deutschland im Weltall. Die Nachricht vom Challenger-Unglück erreichte ihn unmittelbar vor der Drucklegung seines Buches »Flug ins All« im Gustav-Lübbe-Verlag. In einem Nachwort schrieb er: »Alles, was möglich ist, die Gefahr zu mindern, wird geschehen. Aber ein Restrisiko wird immer bleiben. Trotzdem werden wir auf unserem Weg ins All nicht umkehren.« Merbolds Reise mit dem Shuttle hat 10 Tage 7 Stunden und 47 Minuten gedauert, eine Reise über 7 Millionen Kilometer. Die Wiederanpassung nach eineinhalb Wochen Schwerelosigkeit dauerte alles in allem 4 Tage. Als sie gelandet waren, schwankte der Boden unter ihm wie nach langer Seefahrt. Mit Hilfe radioaktiver Isotope, die ihm die Ärzte injizierten, wurde festgestellt, daß sich sein Blutvolumen um einen Liter verringert hatte. »Kein Wunder also, daß ich anfänglich noch wackelig auf den Beinen stand.« Noch einmal, schon auf der Verbeugungstour durch Europa, hatte er einen

Augenblick der Schwäche. Das war nach dem Besuch im »Schweizer Verkehrshaus« in der Jesuitenkirche von Luzern, als die schwere Tür ins Schloß gefallen war und die Orgel mit der Musik Johann Sebastian Bachs zu tönen begann: »Ich war so tief ergriffen von so viel Harmonie und Schönheit, daß mir die Knie weich wurden.«

Sowohl bei Ulf Merbold wie auch bei Ernst Messerschmid und Reinhard Furrer, den (bisher) drei Wissenschafts-Astronauten der Bundesrepublik Deutschland, habe ich empfunden, daß die bemannte Raumfahrt jenseits aller Erwägungen um Zweckmäßigkeit und Risiko etwas ist, auf das wohl nie verzichtet werden wird. Als ich Prof. Reinhard Furrer im brechendvollen Großen Hörsaal vor den Studenten der Münchener Technischen Universität sprechen hörte, war die Faszination der Raumfahrt unmittelbar zu spüren.

Im Großen Brockhaus ist das »Abenteuer« definiert als »wunderbares Erlebnis ... zugleich der Bericht darüber«. Die unbemannte Sonde mag Daten und Sachverhalte zuverlässig melden; insofern wird man von einer bewundernswerten Technik sprechen können. »Berichten« kann eine unbemannte Sonde nur den Fachwissenschaftlern, die sich aus den gewonnenen Daten dann »ein Bild machen«. Wirklich »berichten« können nur Menschen, die das Wagnis unternommen haben. Wie anders als durch ihre Berichte in Wort und Bild kann Raumfahrt von den Zeitgenossen als das große Abenteuer gedacht, empfunden und erfahren werden?

Warum hat Reinhard Furrer, geboren 1942, ein hochgewachsener, temperamentvoller Mann, der in seinem Erscheinungsbild dem Flugpionier Otto Lilienthal gleicht, das Wagnis unternommen? »Ich habe mich gemeldet, als ich in der Zeitung las, daß Wissenschaftler für Experimente im Weltall gesucht würden. In meiner Universität habe ich es zunächst einmal verschwiegen. Das war damals doch ein exotisches Vorhaben. Es mußte sich erst herausstellen, ob ich überhaupt eine Chance hatte. In meinem Labor habe ich täglich mit flüssigem Helium, 3 Grad über dem absoluten Nullpunkt, experimentiert, mit Laserlicht, um Kristalle optisch anzuregen, mit supraleitenden Magneten, um herauszukriegen, wie sich Materie unter extremen Bedingungen verhält. Da war nun eine Chance, im Weltall zu experimentieren, wo die Schwerkraft wegfällt. Prof. Dr. Furrer will nicht verstehen, daß er nach dem Challenger-Unglück wiederholt gefragt worden ist, ob er jetzt noch ein weiteres Mal in den Weltraum gehen wolle. »Natürlich will ich das, die Zeit im Raum war viel zu kurz, und ich kann einem jüngeren mit meiner Erfahrung helfen. Sehen Sie, man spricht von Abenteuer. Das Wort, wie es häufig gebraucht wird, bedeutet wohl: jemand ist bereit, etwas zu riskieren. Ein Abenteuer an und für sich wäre für mich Unsinn. Man muß wissen, für was man etwas riskieren will. Zum Beispiel, um im Weltraum Dinge herauszukriegen, die auf der Erde nicht herauszukriegen sind. Wie entwickeln sich Zellen, wie wachsen Kristalle in der Schwerelosigkeit? Und die Konsequenz daraus: wie lassen sich Materialien verändern? Man muß nicht gleich an eine Fabrik im Weltall denken. Es können ausgesuchte Dinge sein, mit deren Hilfe auf der Erde etwas Besonderes zu bewirken ist. Wenn die Faszination groß genug ist, an so etwas mitzuwirken, dann rechtfertigt das auch das Risiko, das man auf sich nimmt. Ich wünsche mir junge Leute, die sich für so etwas einsetzen und morgen als Wissenschafts-Astronaut dabeisein wollen.«

Eine Reise zu Kopernikus

Plato nannte das Weltall »ein bewegtes Abbild der Ewigkeit, von einem schaffenden Gott gestaltet, damit Ewiges gegenwärtig sei«. Dieses Gefühl des Ewigen hat den Menschen bis heute nicht verlassen, so viele Erklärungen inzwischen auch gefunden sind. Immanuel Kant faßte es in die Worte: »Zwei Dinge erfüllen das Gemüt mit immer neuer und zunehmender Ehrfurcht, je öfter und anhaltender sich das Nachdenken damit beschäftigt: der gestirnte Himmel über mir und das moralische Gewissen in mir.« Nikolaus Kopernikus hat die Sternenkunde als den »Gipfel der geistigen Künste, die eines freien Mannes würdigste Beschäftigung« gepriesen. Daß er die Bewegung der Sonne um die Erde als Sinnestäuschung erkannte, war ein großartiger Sieg kritischen Menschenverstands über den als selbstverständlich geltenden Augenschein.

Kopernikus hat bis zum Ende seines Lebens gezögert, sein Werk zu veröffentlichen. Seine »Sechs Bücher über die Umläufe der Himmelskörper« sind erst im Todesjahr des Verfassers erschienen, mit einem merkwürdigen Vorwort des Herausgebers Andreas Osiander, der den Sinn des Ganzen in sein Gegenteil verkehrte. Osiander war Protestant, und Luther hielt nichts von der neuen Lehre des Kopernikus. »Der Narr will die ganze Kunst Astronomiae umdrehen«, urteilte er. Andererseits ließ die katholische Kirche das Werk des Kopernikus unbeanstandet, noch zwei Generationen über seinen Tod hinaus, bis 1616. Der Papst hat die Ansichten des Kopernikus jedenfalls nicht als Abkehr von der »ewigen Wahrheit« empfunden, sie zumindest nicht als Angriff auf die Autorität der Kirche betrachtet.

Wie gefährlich das war, mußte Giordano Bruno erfahren, ein dem Kloster entflohener Dominikaner, der ruhelos zwischen den Hochschulen seiner Zeit wanderte und sein faszinierendes Weltbild so verkündete: »Es gibt zahllose Sonnen und zahllose Erden, die alle in gleicher Weise ihre Sonnen umkreisen, so wie wir es an den sieben Planeten unseres Systems sehen. Die unzähligen Welten des Alls sind um nichts schlechter und weniger bewohnt als unsere Erde, denn unmöglich kann ein vernünftiger Verstand sich einbilden, daß sie, da ihnen doch ebenso wie uns eine Sonne befruchtende Strahlung zusendet, unbewohnt seien und nicht ähnliche oder gar vollkommenere Bewohner tragen als unsere Erde. Die ungezählten Welten des Alls sind alle von der gleichen Gestalt und demselben Rang, denselben Kräften und Gesetzen untertan ... Seid getrost, die Zeit wird kommen, wo jeder die Dinge so sehen wird, wie ich sie sehe!«

Was der ehemalige Dominikaner vor sich sah, war eine unerhörte Herausforderung der menschlichen Phantasie, eine Herausforderung der kirchlichen Autorität, eine Vision, die das Lehrgebäude der »allein seligmachenden« Kirche zum Einsturz bringen konnte. Giordano Bruno zertrümmerte die gläsernen Schalen mittelalterlicher Weltvorstellung. Der Herätiker durfte, als die Inquisition seiner habhaft wurde, keine Gnade erwarten. Er wurde am 17. Februar 1600 in Rom bei lebendigem Leibe verbrannt. Bruno teilte das Schicksal, das den »Irrlehrer« Hus zu Konstanz, die Jungfrau Jeanne zu Rouen und viele tausend »Hexen«, die unter der Folter gestanden, getroffen hat. Der Visionär erlitt seinen Tod acht Jahre vor der Erfindung des Fernrohrs. Er hat sich geweigert zu widerrufen, und er starb ohne Klagelaut.

Am 19. Februar 1973 war der 500. Geburtstag des Kopernikus zu feiern. Ich hatte einen Dokumentarbericht über sein Leben zu machen, der Filmaufnahmen in Polen vorsah. Wir flogen zunächst nach Warschau. Zwei Tage später saßen wir, unser vierköpfiges Aufnahmeteam mit zwei polnischen Begleitern, im Zug nach Krakau.

Das Werk des Kopernikus »De revolutionibus orbium coelestium«, »über die Umläufe der Himmelskörper«, ist im Original erhalten, eine unschätzbare Kostbarkeit, verwahrt in einem Tresor der Jagiellonischen Universitätsbibliothek. Ich konnte es in die Hand nehmen und die für unseren Film wesentlichen Seiten aufschlagen. Kopernikus hat die berühmte Abhandlung in Lateinisch geschrieben. Lateinisch war die Sprache der Gelehrten, die Universalsprache der Gebildeten und Diplomaten. Er hat bis ganz zuletzt sein Manuskript verbessert und ergänzt. Die Einwilligung zum Druck haben ihm seine Freunde, schließlich ein junger Wissenschaftler namens Rheticus, abgerungen.

Kopernikus hat das Weltbild des Ptolemäus als optische Täuschung erklärt: die Erde stehe nicht still, sie bewege sich, und zwar dreifach. Einmal in 24 Stunden um sich selbst, um ihre Achse. Zum zweiten sei sie auch nicht der Mittelpunkt der Welt, da sie die Sonne innerhalb eines Jahres umlaufe, als Planet unter Planeten. Auf Blatt 10 hat Kopernikus die »Kreise« der Planeten aufgezeichnet. Erst Kepler erkannte ja, daß es in Wahrheit Ellipsen sind: auf der Innenbahn der Merkur, auf der zweiten die Venus, dann die Erde mit unserem Mond, dann die Bahn des Mars, dann die des Jupiter, schließlich die des Saturn. »Die Sonne«, das sind die Worte des Kopernikus, »lenkt wie von einem Königsthron aus die Familie der Gestirne.« Sogar die dritte Bewegung der Erde hat Kopernikus erkannt, das langsame Schwanken der Erdachse; die Pole beschreiben in mehr als 25 000 Jahren einen kleinen Kreis. Das die Sonne umlaufende »Raumschiff« Erde ist im Zeitalter der Raumfahrt heute jedem Schulkind leicht vorstellbar. Damals aber klang es wie eine Herausforderung des gesunden Menschenverstands, sich die feste, augenscheinlich ruhende Erde aus dem Mittelpunkt der Welt fortzudenken und sie sich in furchterregendem Flug durch den Himmelsraum vorstellen zu sollen.

Beweisen konnte Kopernikus das nicht. Er konnte nur dartun, daß dann vieles einfacher zu erklären sei. So wurde der Mars »rückläufig«, wenn die schnellere Erde ihn überholte. Die Beweise gelangen erst sehr viel später. Galilei stützte die kopernikanische Weltsicht durch seine Beobachtungen am Fernrohr; dann begründete Isaac Newton die Bewegungen der Planeten aus dem Gravitationsgesetz. Erst 1838 konnte Friedrich Wilhelm Bessel durch genaues Ausmessen eines Fixsterns den Nachweis führen, daß sich der Standort der Erde beim Jahreslauf um die Sonne tatsächlich verändert.

Die Polnische Akademie der Wissenschaften hat zum 500. Geburtstag des Kopernikus eine hervorragende Faksimile-Ausgabe der berühmten Handschrift herausgebracht. Ich sah sie im Schaufenster einer Warschauer Buchhandlung zu erstaunlich niedrigem Preis. Sie war ausverkauft, leider. Ich hätte mich in eine Vormerkliste eintragen können. Mein polnischer Begleiter nahm die hübsche Verkäuferin zur Seite. Dieser Herr, sagte er, wird einen Film über Kopernikus machen. Ich bekam das Exemplar aus dem Fenster, ohne Aufpreis.

Wie sah Kopernikus aus? Sein Porträt findet sich auf der berühmten Astronomischen Uhr im Straßburger Münster. Das Gehäuse und seine Bemalung sind im wesentlichen noch original. Das Porträt des Kopernikus wurde nach einer Vorlage gemacht, deren »Ähnlichkeit« von persönlichen Freunden verbürgt war. Kopernikus hält Maiglöckchen in der Hand. Das Maiglöckchengift war als Herzmittel geschätzt, und Kopernikus, ein vielseitiger, weltinteressierter Mann, war ja auch Arzt. Der Arzt und Chemiker Paracelsus war ein Zeitgenosse des Kopernikus. In die Zeit des Kopernikus fallen die großen Entdeckungsreisen, die Entdeckung Amerikas, die erste Umsegelung der Erde.

Maximilian I., der letzte Ritter, von Dürer gemalt, regierte zu Lebzeiten des Kopernikus, auch Karl V., den Tizian malte, der Kaiser, »in dessen Reich die Sonne nicht unterging«. In Frankreich regierte Franz I., der Leonardo da Vinci ein kleines Schloß an der Loire als Alterssitz zuwies, in England Heinrich VIII., den Holbein gemalt hat. Was für eine Zeit! Den sächsischen Kurfürsten, der Luther beschützt hat, porträtierte Lukas Cranach. Jacob Burckhardt hat dieser Zeit »die Entdeckung der Welt und des Menschen« zugesprochen. Michelangelo malte seinen berühmten Adam an die Decke der Sixtinischen Kapelle.

Wann Kopernikus zuerst »die Erde als Planet« vor sich sah, ist unbekannt. Vielleicht geschah ihm das schon als Student zu Krakau. Krakau war die Königsstadt. In der Kathedrale des Wawel, Krakaus Burg, wurden die polnischen Könige gekrönt und begraben. Das polnisch-litauische Großreich erstreckte sich von der Ostsee bis zum Schwarzen Meer. Polen ist stolz auf seine Geschichte. Die Sigismund-Glocke, die größte in Polen, ist eine Stiftung des Königs. In der Marienkirche Krakaus ist der größte gotische Altar Europas errichtet. Zwölf Jahre lang hat Veit Stoß daran gearbeitet; Kopernikus hat das eben fertig gewordene Werk bewundern können. Unter den Arkaden des Collegium Maius ist der Student Koppernigk gegangen. Wo er gewohnt hat, ist unbekannt, vielleicht in einem der Wohnheime. Überliefert ist, daß so ein Internat 50 Zweibettzimmer hatte, einen Bibliothekssaal mit angeketteten Büchern, einen Speisesaal, eine strenge Hausordnung, die nächtliche Ausflüge verbot. Heute ist im Collegium Maius das Museum der Universität untergebracht. »Alles, was ich bin, habe ich dieser Universität zu verdanken«, schrieb Kopernikus. Nach Krakau studierte Kopernikus drei Jahre lang die Rechte in Bologna, zwei weitere Jahre Medizin in Padua; mit dem Diplom eines Doktors der Rechte kehrte er aus Ferrara heim. Es wird angenommen, daß er auf der Rückreise seine Mutter in Thorn besucht hat. Das Geburtshaus des Kopernikus ist renoviert. Dokumente belegen es als das richtige; Napoleon hat ein anderes gezeigt bekommen. Das Denkmal des Kopernikus vor dem Thorner Rathaus stammt von Friedrich Tieck, dem Schüler Schadows und Freund Goethes. Die lateinische Inschrift besagt, der Thorner habe »die Erde sich bewegen, Sonne und Himmel stillstehen lassen«.

Es konnte nicht ausbleiben, daß zum 500. Geburtstag des Nikolaus Koppernigk der alte Streit um seine Nationalität wieder auflebte: war er Deutscher, war er Pole? Vater und Mutter gehörten unstreitbar zur deutschsprachigen, der führenden Gesellschaftsschicht Thorns.

Er hat deutsch und lateinisch geschrieben. Das ist die eine Seite. Daß er polnisch verstand, wohl auch polnisch sprach, darf man bei diesem tätigen und täglich amtierenden Mann annehmen. Die andere Seite ist, daß »die Lande Preußen« zur Zeit des Kopernikus der Krone Polens unterstanden. Der ermländische Domherr und Administrator Kopernikus hat bei aller Bemühung, eine gewisse Selbständigkeit Ermlands zu wahren, die Schirmherrschaft des polnischen Königs nie in Frage gestellt. Er war bereit, Allenstein (heute Olstyn) gegen den Deutschen Orden zu verteidigen. War er nun Deutscher, war er ein deutschsprachiger Pole? Man müßte sagen: er war Preuße. Er hat Preußen als sein »Vaterland« bezeichnet. Aber man darf dabei nicht an das Friederizianische oder gar das Wilhelminische Preußen denken. Die nationalstaatlichen Begriffe unserer Zeit passen nicht in das 15. und 16. Jahrhundert. Er war ein Europäer seiner Zeit, und als Humanist fühlte er sich keiner Nation im heutigen Sinn, eher einer übernationalen Gelehrtenrepublik zugehörig.

Kopernikus liegt in Frauenburg (Frombork), wo er dreißig Jahre seines Lebens zugebracht hat, begraben, in der Nähe des Altars, an dem er seine Gebete verrichtet hat. Wo genau, weiß man nicht. Keine der Grabplatten trägt seinen Namen, wahrscheinlich ist auch keine an derselben Stelle geblieben. Die Schweden haben die Gräber aufgerissen, den hohen Herren die Ringe abzuziehen. War keine Grabplatte in Auftrag gegeben? Hat ihm der Bischof über den Tod hinaus das Ärgernis nachgetragen: der fröstelnde Domherr hatte die junge und schöne Anna Schilling ins Haus genommen und erst nach wiederholter Mahnung sich entschließen können, sie fortzuschicken.

Bei meiner Abreise aus Polen, auf dem Warschauer Flugplatz, kam die Frage nach der Nationalität des Kopernikus noch einmal zur Sprache. Ein Fallschirmjäger, wohl zur Personenkontrolle abkommandiert, nahm meinen Paß, um darin hin- und herzublättern. Was haben Sie in Polen gemacht, fragte er, und ich sagte: eine Fernsehsendung über Kopernikus. Nach kurzer Überlegung fragte er, ohne aufzusehen: War er nun Pole oder Deutscher? Ich versuchte in kurzen Worten ihm meine Meinung darzustellen. Er gab mir den Paß zurück und sagte: »Ihr Foto ist nicht gestempelt. Man hätte es ohne weiteres austauschen können.«

1. Mit dem Feldionenmikroskop, das 5-millionenfach vergrößert, sind Atome sichtbar zu machen. Das Prinzip ist, wie sein Erfinder Prof. Dr. Erwin Müller sagte, »verblüffend einfach«. Das Ganze spielt sich in einem luftleergepumpten Glaskolben ab: Auf die Spitze einer feinst zugeschliffenen Nadel sind Spuren eines Metalls aufgedampft. Bei angelegter Hochspannung brechen Ionen aus der Spitze hervor, sie bilden – machtvoll auseinandergezogen – die Metallatome auf dem Leuchtschirm der Bildröhre ab.

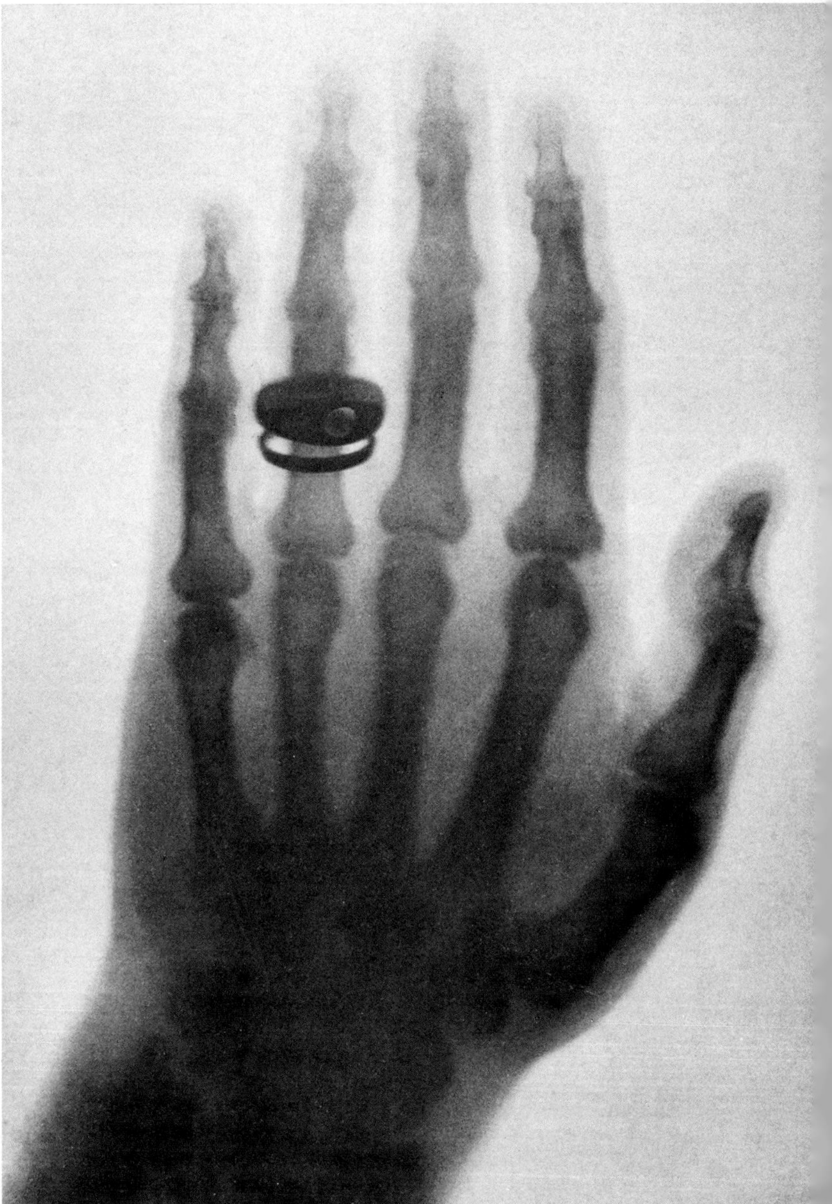

2. Wie Wilhelm Conrad Röntgen die nach ihm benannten Strahlen erforschte, hat er in seinem ersten Bericht »Über eine neue Art von Strahlen« eingehend dargestellt. Wie er sie entdeckte, ist sein Geheimnis geblieben. Die von Röntgen durchleuchtete Hand des Würzburger Anatomen Kölliker ging 1895 als Sensation um die Welt.

3. An der Tagung der Nobelpreisträger in Lindau 1962 nahm Prof. Lise Meitner als Ehrengast teil. Frau Meitner hatte Deutschland 1938 verlassen müssen, noch ehe Otto Hahn und Fritz Straßmann zum entscheidenden Experiment kamen. Otto Hahn hielt sie brieflich auf dem laufenden. Was er zunächst für unmöglich ansah, wußte Lise Meitner zu erklären: Atomkerne des Uran waren auseinandergebrochen, die »Kernspaltung« – eine Tatsache! Otto Hahn ist 1968 in Göttingen, Lise Meitner 1968 in Cambridge gestorben.

4. Niels Bohr hat den Physik-Nobelpreis 1922 für seine Verdienste um die Erforschung »der Struktur der Atome und der von ihnen ausgehenden Strahlung« erhalten. Sein Vortrag bei der 12. Lindauer Sommertagung 1962 über »Atomphysik und menschliche Erkenntnis« war sein letzter öffentlicher Auftritt. Er ist fünf Monate später gestorben.

5. Werner Heisenberg in seinem Münchener Institut 1970. Das Bild an der Wand zeigt den jungen Albert Einstein. Erstmals hat Heisenberg 1925 mit Einstein über Einfachheit und Schönheit der Naturgesetze gesprochen. Damals war Einstein 46, Heisenberg 24. Albert Einstein ist 1955, Werner Heisenberg 1976 gestorben.

6. Im Jahr 1955 wurde die sogenannte Mainau-Erklärung der Nobelpreisträger unterzeichnet. Graf Bernadotte hat sie beim feierlichen Abschluß der 5. Lindauer Sommertagung im Hof des Mainauer Schlosses verlesen; Otto Hahn hat abschließend gesprochen. Auf dem Foto von links nach rechts: Hermann Staudinger, Hermann Joseph Muller, Richard Kuhn, Hans von Euler-Chelpin, Gräfin und Graf Bernadotte, Wendell M. Stanley, Leopold Ruzicka, Otto Hahn, Frederick Soddy, George de Hevesy.

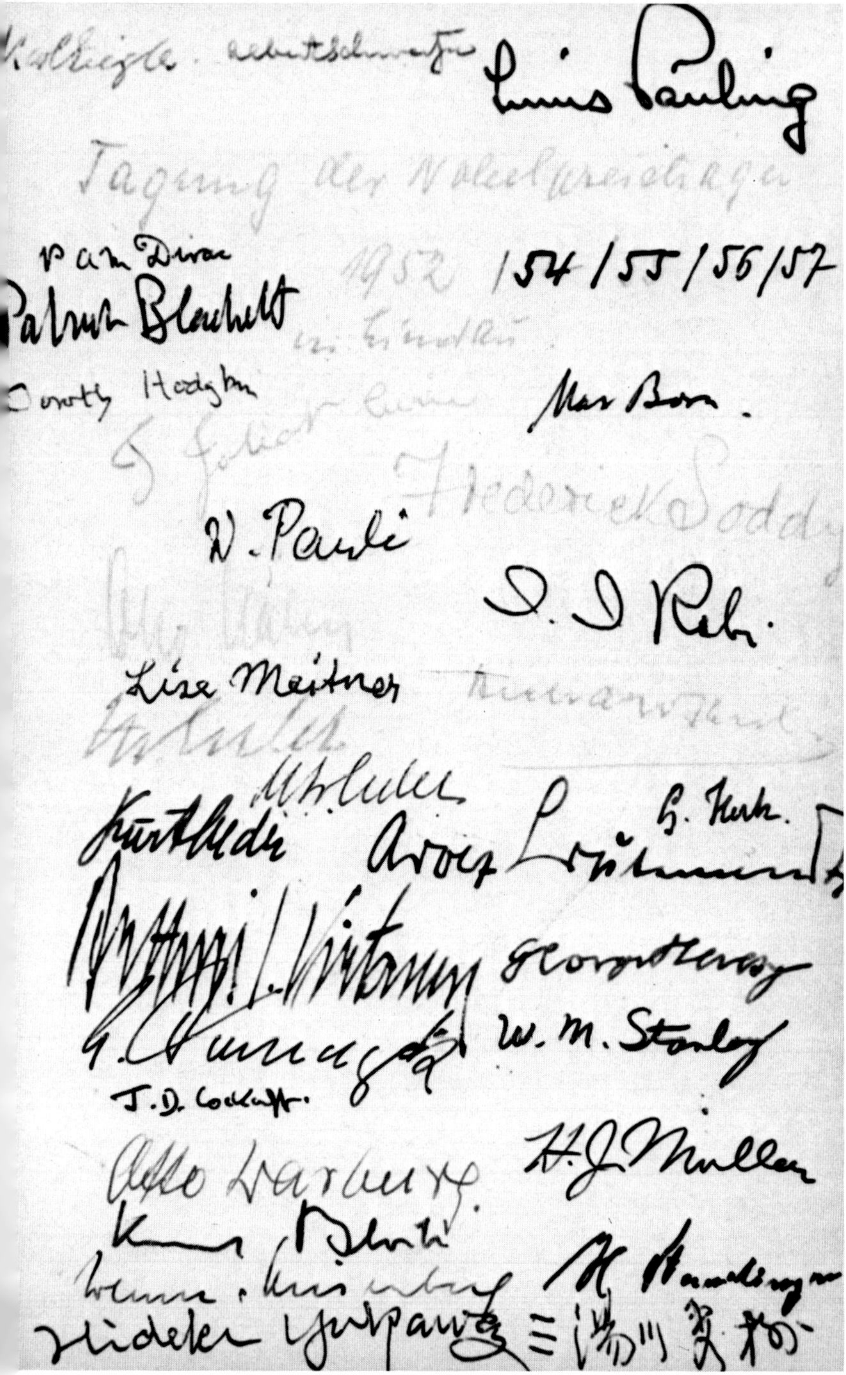

7. Von der 2. Lindauer Nobelpreisträger-Tagung 1952 an sammelt Ernst von Khuon die Unterschriften seiner dortigen Gesprächspartner (Ausschnitt).

8. Ernst von Khuon: »Als ich 1967 Wernher von Braun in Houston besuchte, um die Details der beabsichtigten Mondlandung aus seinem Mund zu hören, hatte ich das Gefühl: Wie kann er nur so sicher sein, daß es gut gehen wird?!«

9. Am 21. Juli 1969 um 3 Uhr 56 mitteleuropäischer Zeit (am 20. Juli 1969 um 22 Uhr 56 Ortszeit in Houston) hat erstmals ein Mensch den Mond betreten. Nach Abschluß der Apollo-Flüge im Dezember 1972 waren 12 Amerikaner auf dem Mond gelandet und heil zur Erde zurückgekehrt.

10. Während der Space-Shuttle-Mission 41B des Raumtransporters »Challenger« vom 3. bis 11. Februar 1984 verließen erstmals in der Geschichte der Weltraumfahrt zwei Astronauten den Raumtransporter ohne Sicherheitsleine mit Hilfe spezieller Manövriergeräte. Hier ist der Astronaut Bruce McCabless II mit seinem »Düsenstuhl« am 7. Februar in etwa 278 km Höhe über der Erde zu sehen.

11. Das Radioteleskop von Effelsberg in der Eifel, das größte bewegliche Radioteleskop der Erde, wurde 1971 in Betrieb genommen. Die turmhohe Konstruktion wiegt über 3000 Tonnen. Die Antennenschale von 100 Meter Durchmesser empfängt Signale aus Entfernungen bis zu 12 Milliarden Lichtjahren. Das Radioteleskop reicht bis an die Grenzen des Universums.

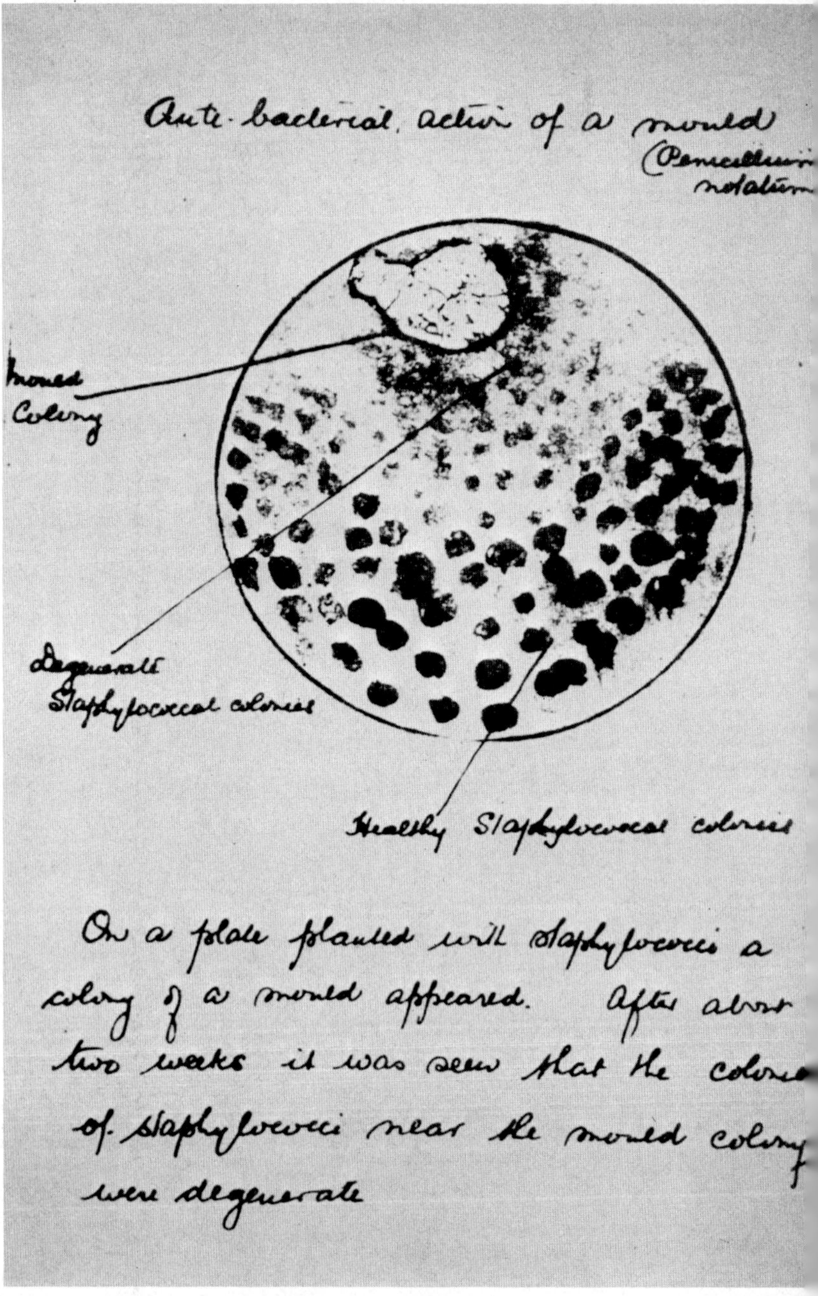

12. Der Eintrag Alexander Flemings vom 30. Oktober 1928 in sein Laborbuch: Fleming hat eine verschimmelte Kultur von Staphylokokken nicht weggeworfen, sondern etwas Merkwürdiges festgestellt: Hatte der kleine Schimmelrasen am Rand die Bakterien nicht irgendwie zurückgedrängt? Daß die Pilzspore sich festgesetzt hat, war ein Zufall. Daß Fleming dabei etwas »aufgefallen« ist, bedeutete – die Entdeckung des Penicillin.

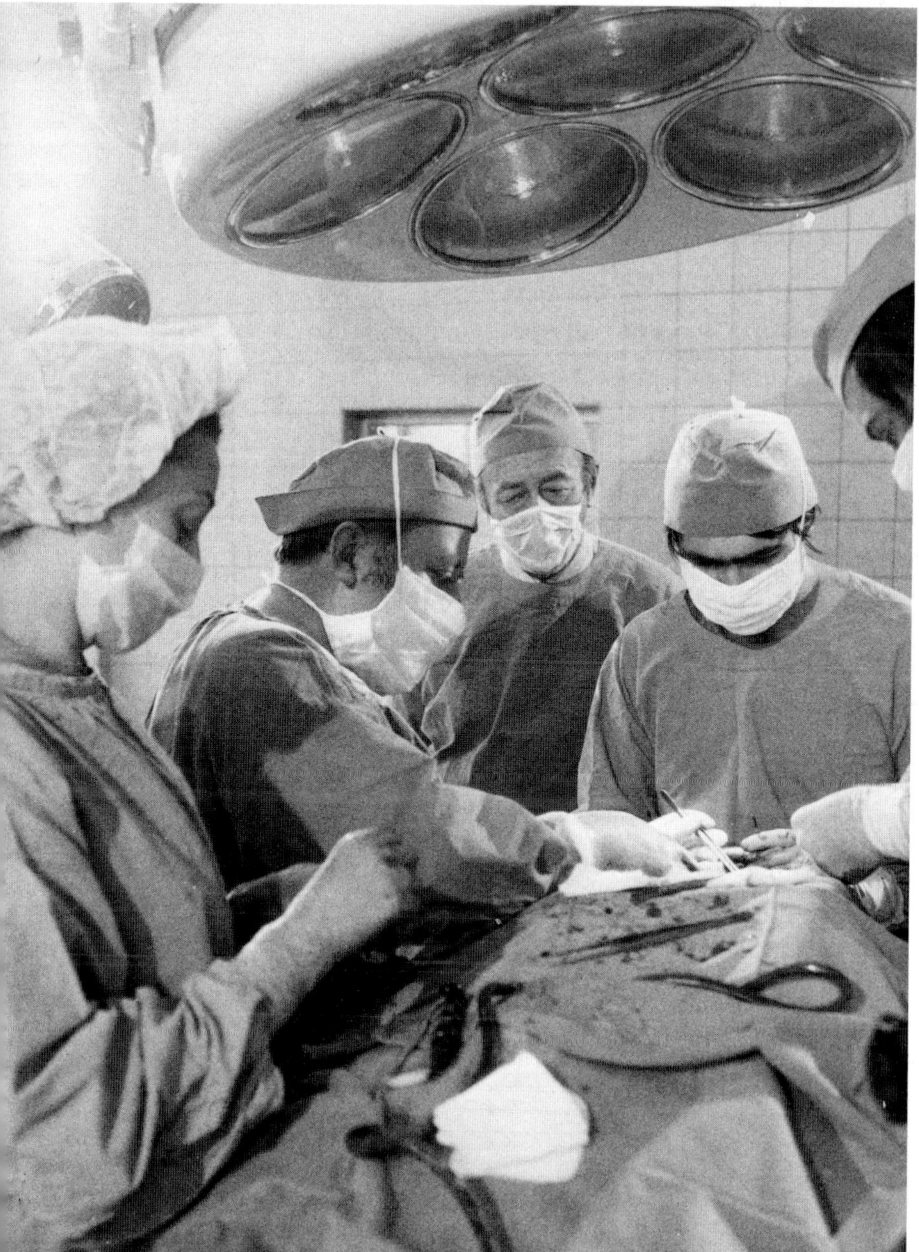

3. Innerhalb der Bundesrepublik Deutschland werden jeden Tag über 4000 Operationen gemacht. Ohne die Fortschritte in der Anästhesie wären die Wagnisse der modernen Chirurgie nicht möglich. In der Kieferchirurgischen Abteilung der Universität Mainz wird ein Risikopatient operiert. Eine Filmkamera dokumentiert die Arbeit des Anästhesisten und der Anästhesie-Schwester.

14. In der Fernsehsendung »Die Sonde im Herzen« schilderte Werner Forßmann seinen Selbstversuch aus dem Jahr 1929: Als junger Assistenzarzt hat er sich einen Katheter durch die Armvene bis ins Herz geschoben. Ein halbes Jahr später spritzte er sich auf diesem Weg ein Kontrastmittel ins Herz, um so die Gefäße im Röntgenbild sichtbar zu machen.

15. Wilhelm Deffner, gezeichnet 1971 im Alter von 100 Jahren. Deffner ist 106 Jahre alt geworden. Er ist einer von 575 Hundertjährigen, die der Würzburger Professor Hans Franke untersucht hat. Deffner wurde in der Fernsehsendung »Die Wissenschaft vom langen Leben« vorgestellt. Sein Rezept für hohes Alter: »Alles in Maßen«.

16. Karl von Frisch hat die »Sprache« der Bienen enträtselt. Den Nobelpreis empfing er mit 87, gestorben ist er mit 96 Jahren. Eine Erkenntnis des Biologen: »Die Natur ist ein Zauberbrunnen. Je mehr man daraus schöpft, um so reicher fließt die Quelle.«

17. Konrad Lorenz ist unter den lebenden Biologen wohl der bekannteste. Im bayerischen Seewiesen, später im oberösterreichischen Grünau, hat er durch viele Jahre die erstaunlichen Verhaltensweisen der wild lebenden Graugänse studiert.

18. Die Höhlen der Eiszeitjäger waren Orte der Magie. Der Maler war der Zauberer, der vor seinen Bildern die Gottheit beschwor, die gemalten Tiere in die Hand des Menschen zu geben. In einem Schacht der Höhle von Lascaux ist diese merkwürdige Szene dargestellt. Eine neue Entdeckung: Eingeritzte »Marken« bezeichnen die Orte bestimmter Sterne. Die Szene ist eine geheime Himmelskarte, die Eingeweihte sich eingeprägt haben. Sie diente der Orientierung bei Nacht. Die Menschen der Steinzeit besaßen astronomische Kenntnisse, 10000 Jahre vor den Babyloniern und den Ägyptern.

19. Vor dreieinhalbtausend Jahren war das heutige Luxor eine Weltstadt: Das hunterttorige Theben. Im Tempelbezirk von Karnak erinnert ein Gedenkstein an Tutanchamun, den »Liebling von Theben«. 1922 stieß Howard Carter im Tal der Könige auf sein Grab; es war der größte Schatzfund in der Geschichte der Archäologie.
Der Autor mit seiner Assistentin Frau Fritzi Preuß in Karnak.

20. Stonehenge bei Salisbury in Südengland ist die größte himmelskundliche Beobachtungsstation aus der Steinzeit. Vor mehr als 4000 Jahren haben Priesterastronomen hier den Kalender festgelegt. Stonehenge war nicht nur ein Observatorium, sondern, wie ein Großcomputer bestätigte, auch ein Rechenzentrum: Mond- und Sonnenfinsternisse konnten mit Hilfe eines 46teiligen Rechenkreises exakt vorausgesagt werden.

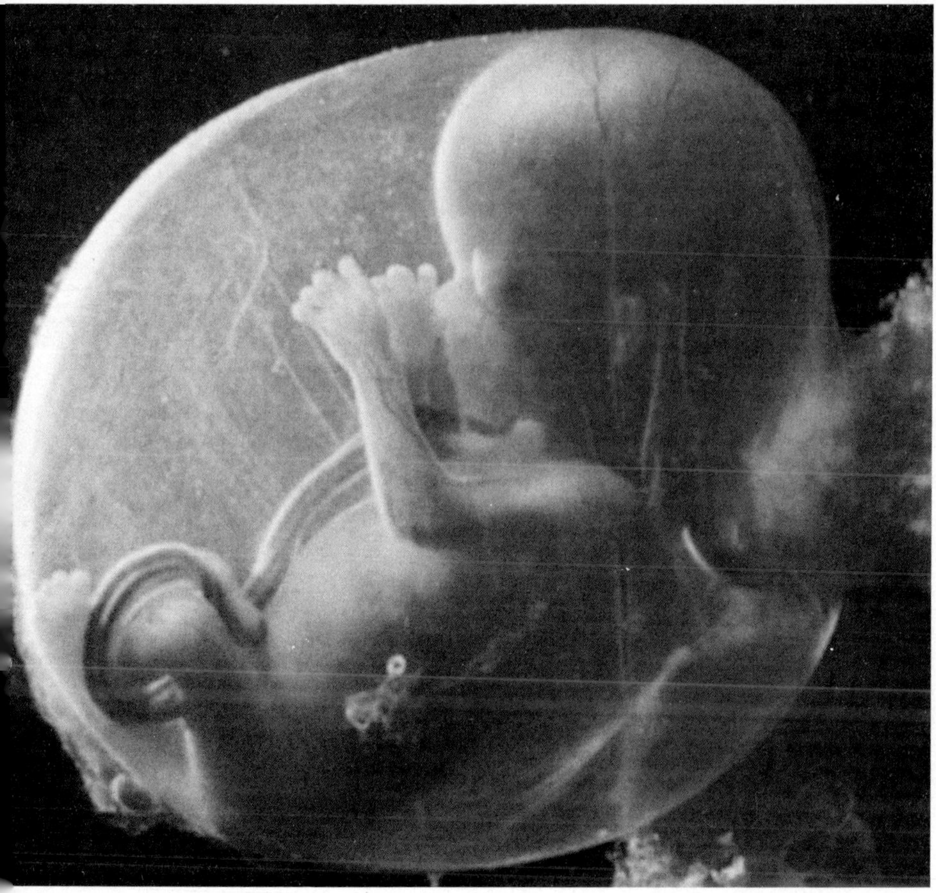

21. Lennart Nilsson hat in Zusammenarbeit mit Stockholmer Kliniken eine wissenschaftlich und künstlerisch einzigartige Bilddokumentation über die Entwicklung des menschlichen Lebens im Mutterleib geschaffen. Ein 3 Monate altes Kind in der Fruchtblase. Es ist 8 Zentimeter lang und 25 Gramm schwer. Ein erstaunlich fertig wirkender kleiner Mensch. Er hat noch viel Bewegungsfreiheit; fast schwerelos schwebt er wie ein Astronaut in der Kapsel.

22. »Roboter auf dem Marsch« war 1955 die erste deutsche Fernsehsendung über dieses Thema. Der Maschinenmensch Sabor I, eine Konstruktion des Baseler Ingenieurs Peter Steuer, wurde dazu ins Baden-Badener Studio beordert. 30 Jahre später haben die Roboter ihre Menschenähnlichkeit verloren; dafür vermögen »Denkmaschinen« und »Elektronengehirne« – Schach zu spielen!

23. In der Hochspannungshalle der Technischen Universität München erwartet Ernst von Khuon in einem Kugelgehäuse aus Metall, einem »Faradayschen Käfig« die Einschläge künstlich erzeugter Blitze, Gleichstromstöße ab 50000 Volt und Wechselstrom-Lichtbögen von 75000 Ampere. Im Innern des »Käfigs« ist der Mensch gegen Blitze abgeschirmt. Darum ist ein Flugzeug, auch eine Limousine, ein Eisenbahnabteil, eine Schiffskabine, die Metallgondel einer Seilbahn, bei geschlossenen Fenstern blitzsicher.

24. Eine einzigartige Gelegenheit: 1984 führte der Autor mit den sieben erfolgreichsten Erfindern der Bundesrepublik Deutschland ein Podiumsgespräch. Von links nach rechts: Dr. Erich Häußer, Präsident des Deutschen Patentamtes, Prof. Hermann Oberth, der Raumfahrtpionier, Prof. Felix Wankel, Erfinder des nach ihm benannten Motors, Dr. Ing. E.h. Ludwig Bölkow, Gründer des Luft- und Raumfahrt-Konzerns MBB, Prof. Ernst von Khuon, der Gesprächsleiter, Prof. Konrad Zuse, Erfinder des ersten Computers, Dipl. Ing. Hans Sauer, Erfinder der modernen Relais, Prof. Artur Fischer, Erfinder u. a. der Fischer-Dübel, Inhaber von 5000 Patenten und Schutzrechten, Prof. Walter Bruch, der Fernsehpionier, u. a. Erfinder des PAL Systems.

Ich überzeugte mich, tatsächlich: die deutsche Paßbehörde hatte das Abstempeln vergessen. »Schauen Sie, in wie vielen Ländern ich mit meinem Paß war. Sie sind der erste, der es gemerkt hat.« Er grüßte militärisch-korrekt, nicht unfreundlich: »Lassen Sie das bitte in Ordnung bringen. Gute Reise.«

Der bedeutendste polnische Historien-Maler des 19. Jahrhunderts, Jan Matejko, zeigt den jungen Kopernikus unter dem Nachthimmel von Frauenburg. Die Utensilien des Gelehrten sind opernhaft ausgebreitet. Das Fernrohr ist anachronistisch; es war ja noch nicht erfunden. Künstlerisch ist das ohne Belang. Die geistigen Abenteuer des Kopernikus sollten durch Blick und Haltung zum Ausdruck kommen. Das ist gelungen: »Unter allen Entdeckungen und Überzeugungen«, so urteilte Goethe, »hat nichts eine größere Wirkung auf den menschlichen Geist hervorgebracht als die Lehre des Kopernikus.«

Unsere Sonne

Seit rund 100 Jahren erst werden Sonnenfinsternisse systematisch beobachtet. In diesen 100 Jahren standen dafür zusammengenommen vielleicht 120 Beobachtungsminuten zur Verfügung. Kurz vor Beginn einer totalen Sonnenfinsternis sieht man, leider nur wenige Sekunden lang, am Sonnenrand Flammen hervorschießen, Spieße aus heißen Gasen, die bis in Höhen von 100 000 Kilometern vorstoßen, riesige Spritzer, die mit Überschallgeschwindigkeit auffliegen.

Wenn dann die immer schmäler gewordene Sichel der Sonne aufgezehrt und die totale Abdeckung erreicht ist, tritt ein zauberhaftes Phänomen hervor: es leuchtet ein Strahlenkranz, der wie ein Flaum weit in den Raum hinausreicht, eine Erscheinung etwa von der Helligkeit des Vollmondes. Diese Korona ist nur während der Sonnenfinsternis zu sehen; sie wird sonst immer von der Helligkeit des Sonnenballs überstrahlt. Das überaus dünne Sonnengas reicht manchmal bis über die Erdbahn hinaus; unser Planet bewegt sich dann in den äußersten Sonnengas-Schleiern. Sie verursachen die wunderbaren Nordlichter.

Die Verhältnisse auf und in der Sonne und ihre Beziehungen zur Erde sind noch in vielem rätselhaft. »Das Bild, das wir uns vom Innern der Sonne machen, wird immer in vollkommenster Weise den jeweiligen Stand der theoretischen Physik und der Kernphysik widerspiegeln. Es ist in steter Wandlung begriffen« (K. O. Kiepenheuer).

Wer die Sonne betrachten will, sollte das nur durch geschwärzte Gläser tun; die Astronomen projizieren das Bild auf Papier. Ist die Luft ruhig, sieht man, bei starker Vergrößerung, die Sonnenoberfläche körnig gemustert, fast »gepflastert«. Die »Pflastersteine« vergehen und bilden sich neu; sie wechseln in Minuten. Die Oberflächentemperatur der Sonne wurde zu rund 6000 Grad ermittelt. Rotglühendes Eisen hat 600 Grad, die weißglühende Wendel einer Glühlampe bis 2000 Grad. Es ist leicht verständlich, daß sich in den leuchtenden Gasen gewaltige Strömungsvorgänge abspielen. Die Sonnenflecken, die auf den Registrierblättern der Observatorien wie kleine Sommersprossen aussehen, sind riesige Gebilde. Sie können den Durchmesser der Erde haben, manchmal das Fünffache davon. Die Wissenschaftler erklären sie als Abkühlungsgebiete. Zuerst erscheinen dunkle »Poren«; daraus bilden sich Grüppchen. Im Verlauf von Tagen erblühen sie zur vollen Größe und vergehen dann wieder. Nur selten überleben sie mehrere Umdrehungen der Sonne. Seltsamerweise nimmt die Fleckentätigkeit der Sonne periodisch zu und wieder ab. Der Anstieg vom Minimum zum Maximum erfolgt in etwa fünf bis sechs Jahren. Auf den Photos, die mit großen Fernrohren gemacht wurden, haben die Sonnenflecken etwas Blumenartiges. In diesen »Blumen« sind unvorstellbare Kräfte, riesenhafte Magnetfelder und elektrische Ströme wirksam. Sie heizen die Fackeln auf, bringen das Gas zum Leuchten, verursachen Eruptionen, die eine ungewöhnlich starke Ultraviolett- und Röntgenstrahlung aussenden. Sie vermögen Schauer von Atomteilchen auszuschleudern, die unseren Funkverkehr lahmlegen können.

Mit dem Spektroskop läßt sich die chemische Zusammensetzung der Sonne analysieren; wir finden rund 20000 der sogenannten Fraunhoferschen Linien. K. O. Kiepenheuer hat den Informationsgehalt des Sonnenspektrums mit dem des Telefonbuchs einer Großstadt von 200000 Einwohnern verglichen.

Seit 1930 gibt es ein Gerät, mit dem sich die Eruptionen am Rand der Sonne wie auch die Korona beobachten lassen, ohne eine Sonnenfinsternis abwarten zu müssen. Es ist der Koronograph des französischen Astrophysikers Bernard Lyot (1897–1952). Eine Kegelblende deckt die eigentliche Sonnenscheibe ab, wie das der Mond bei der Sonnenfinsternis tut. Dann werden die sogenannten Protuberanzen sichtbar, aus der Sonne hervorbrechende Massen, die auf schwarzem Grund rot leuchten, Fontänen glühender Gase, die bis zum Vielfachen des Erddurchmessers in den Raum hinauswehen. In diesem hinreißenden Schauspiel wird die großartige Gewalttätigkeit unserer Sonne deutlich.

Dennoch klassifiziert die Wissenschaft unsere Sonne nur als einen Stern durchschnittlicher Größe und durchschnittlicher Leuchtkraft. Sie steht zwischen den »Roten Riesen«, die hundert- bis tausendmal größere Leuchtkraft entwickeln, und den »Weißen Zwergen«, die der Erde vergleichbar klein, aber außerordentlich heiß sind. Ein Würfel von 1 cm Seitenlänge aus der Materie eines »Weißen Zwergs« würde eine halbe Tonne wiegen.

Lichtjahr-Entfernungen

Schon immer hat die Sternensaat mit ihren Bildern, die Welt der Fixsterne, die Phantasie der irdischen Betrachter bewegt. Ovid, der gefeierte Dichter Roms, sah auf der Milchstraße die Götter zum Palast des Zeus schreiten. An der Milchstraße wohnten die Unsterblichen. Nach einer griechischen Sage, die Tintoretto 1575 gemalt hat, ist sie entstanden, als Zeus den mit Alkmene gezeugten Herakles seiner schlummernden Gattin Hera an die Brust legte. Der Knabe sog die göttliche Milch so heftig, daß sie weithin bis über den Himmel spritzte. Das mittelalterliche Weltbild sah die Sternbilder an eine Kugelschale, die äußerste der gläsernen Sphären, geheftet. Das Fernrohr Galileis durchstieß auch diese Schale: »Jenseits der Sterne sechster Größe erblickst du ein Heer anderer Sterne, die sich dem unbewaffneten Auge entziehen. Sie sind so zahlreich, daß man es kaum glauben kann.«

Seit den Tagen Galileis haben die Forscher die Tiefen des Kosmos wieder und wieder auszuloten versucht. Das Errechnete wurde von Mal zu Mal umgestoßen. Mit irdischem Weg-Maß gemessen ergaben sich Zahlen, die nur noch Mathematiker benennen können. So haben die Astronomen ein kosmisches Maß eingeführt: das Lichtjahr, die Strecke, die ein Lichtstrahl in einem Jahr zurücklegt.

Die Geschwindigkeit eines Lichtstrahls zu messen, unternahm der Däne Hans Römer im Jahr 1676, also 66 Jahre nach der Entdeckung der Jupitermonde. Der größte dieser Monde umlief den Planeten in 42 Stunden 27 Minuten 33 Sekunden. Das Verschwinden und Wiederhervorkommen war auf Bruchteile einer Sekunde genau festzustellen. Hans Römer stellte fest, daß sich der Jupitermond immer mehr verspätete, je weiter sich die Erde auf ihrer Jahresreise um die Sonne von dem viel weiter draußen laufenden Jupiter entfernte. Und daß der kleine Mond bemüht war, seine Verspätung einzuholen, sobald die Erde wieder auf den Jupiter zulief. Er schloß daraus, daß der Lichtstrahl keineswegs, wie man gedacht hatte, »urplötzlich« da ist. Er brauchte Zeit für seine Reise. Römers Rechnung ergab, daß das Licht mit einer phantastischen Geschwindigkeit reist. Der Gelehrte kam schon damals in die Nähe des richtigen Resultats: 300 000 Kilometer pro Sekunde! Die Maßeinheit für das Universum, »das Lichtjahr«, ergibt sich daraus: in einem Jahr legt das Licht 365 mal 24 mal 60 mal 60 mal 300 000 = 10 Billionen Kilometer zurück. Eine Kilometer-Zahl mit 13 Nullen! Ein ungeheuerliches Maß, unmöglich, es sich wirklich vorzustellen!

Mount Palomar

Mit dem Teleskop auf dem kalifornischen Mount Palomar sehen die Astronomen 2 Milliarden Lichtjahre tief ins All. Dieses Teleskop gehört zu den »Weltwundern« der Neuzeit. Ein Hohlspiegel sammelt die Lichtspuren der fernsten Sonnen. Allein der Glasblock von 5 Meter Durchmesser wiegt 300 Zentner. Er war beim Einbau 1948 nicht fehlerlos geschliffen. An einer Stelle, einen halben Meter vom

Rand entfernt, hatte er einen winzigen »Buckel«, den zweitausendsten Teil eines Millimeters hoch. Also mußte der Spiegel wieder ausgebaut werden, um den Buckel abzutragen.

Das Teleskop auf dem Mount Palomar ist kein Mammut-Fernglas, eher eine Präzisionskamera, die durch eine Automatik dem eingestellten Ziel selbsttätig folgt und auf der photographischen Platte bei stundenlanger Belichtung die Spuren des Sternenlichts festhält, Licht, das nach Millionen Jahren bei uns eintrifft. Was wir sehen, ist also Vergangenheit, die unvorstellbar weit zurückliegt. Die Sterne in den Tiefen des Alls könnten längst erloschen sein, schon ehe es Menschen auf dieser Erde gegeben hat; wir würden sie immer noch sehen.

Ob das »Auge« auf dem Mount Palomar optisch übertroffen werden kann, ist fraglich. In den Maßen ist es jedenfalls übertroffen, durch das sowjetische 6-Meter-Spiegelteleskop im Kaukasus. Es hat, wie jeder Photograph weiß, keinen Sinn, ein nicht ganz scharfes Bild über eine bestimmte Grenze hinaus zu vergrößern. Und wir bekommen das Bild der Sterne nicht scharf genug, selbst nicht von der Kuppe des Mount Palomar aus, unter dem klaren Himmel von Kalifornien, wohl auch nicht in der relativ staubfreien Luft über den Bergen des Kaukasus. Ist die Gashülle, die unserem Planeten anliegt, nach kosmischen Maßstäben auch nur eine hauchdünne, so leben wir Menschen doch wie auf dem Grunde eines Ozeans, der das, was außerhalb ist, nur durchscheinen läßt.

Deutlichere Bilder wären wohl nicht zu erwarten, ehe es möglich wurde, aus der Erdatmosphäre herauszutreten. Wo aber endet diese? Physikalisch etwa bei 120 Kilometer Höhe oder auch erst bei 200 Kilometer. In 120 Kilometer Höhe herrscht schon das Schweigen des Weltraums; die Luftschleier sind so dünn geworden, daß sie den Schall nicht mehr leiten. In 200 Kilometer Höhe ist die Luftdichte so gering, daß sie auch bei sehr schnell bewegten Körpern kaum noch Bremsung hervorruft. Erst außerhalb der letzten Gasschleier aber wäre wirkliche »Klarsicht« gegeben. Eine Raumstation mit einem Teleskop an Bord ist für das Ende der 80er Jahre unseres Jahrhunderts geplant.

Indes hat sich für uns, die wir gewissermaßen auf dem Grund des

Luftmeers leben, eine weitere Möglichkeit ergeben, »Nachrichten« aus dem Weltall zu empfangen. Die Erdatmosphäre hat sozusagen »ein zweites Fenster«, durch das wir wohl nicht hinausblicken, aber doch »hinaushören« können. Die »Teleskope« der sogenannten »Radioastronomie« sind Antennen, hervorgegangen aus der Nachrichtentechnik, aus der Entwicklung des Radar im Zweiten Weltkrieg. Wir müssen uns an die Vorstellung gewöhnen, daß es in der Radioastronomie keine Sternwartkuppeln, keine Fernrohre, keine Spiegel und Linsen aus Glas gibt, daß aber diese Antennen sehr viel weiter reichen als die optischen Geräte der herkömmlichen Astronomie. Tatsächlich reichen sie bis an das »Ende des Universums«, vermögen sie Informationen aufzufangen von den »äußersten Vorposten in Raum und Zeit«.

Radioteleskope

Der Hohlspiegel von Jodrell Banks in England, eine Antennenschale von 75 Meter Querschnitt, galt viele Jahre lang als das empfindlichste Radioteleskop der Erde. Das Radioteleskop von Jodrell Banks ist südlich von Manchester errichtet, in einer Wiesenlandschaft mit weidenden Kühen. Bernard Lovell, der Direktor der Station, dürfte der bekannteste Radioastronom unserer Zeit sein, ein Forscher, der es verstanden hat, die neue Wissenschaft Radioastronomie populär zu machen. Lovells Vorträge in der BBC, der British Broadcasting Company, haben Millionen Engländer mit Begeisterung gehört, zumal sie die Botschaft des »British first« verkündeten. In Jodrell Banks werden die »Sphärenklänge«, die aus den Tiefen des Kosmos kommen, analysiert. Im Lautsprecher des Kontrollraums ist nur ein Rauschen hörbar; es scheint nichts, keinerlei Information zu enthalten. Aber die Astronomen starren auf einen Meßstreifen, der hinter der Glaswand eines Schranks sich von rechts nach links bewegt. Eine zitternde Nadel zeichnet in Kritzelschrift das Auf und Ab einer Kurve: die Radiowellen eines Objekts jenseits unserer Milchstraße. Die Nadel gibt die leise Berührung wieder, die sie von fern empfängt, eine Kunde von chaotischen Ereignissen, die sich im scheinbaren Frieden des Universums abspielen, besser gesagt abgespielt haben, vor vielen Jahrmillionen schon, denn seit Jahrmillionen sind diese Radiowellen zu uns unterwegs. Jodrell Banks ist seit 1947 in Betrieb. Inzwischen hat ein vergleichbares Gerät, das Radioteleskop von Parkes in Australien, mit einer 64-Meter-Antennenschale seinen Betrieb aufgenommen.

Kurze Zeit später lernte ich Prof. Wolfgang Priester kennen, den Direktor des Instituts für Astrophysik an der Universität Bonn. Priester trat mit der zweiten Mondlandung im November 1969 in das Gremium ein, das mich bei der Beantwortung der Zuschauerfragen im Fernsehen unterstützt hat. Bonn war dabei, ein Radioteleskop zu erstellen, das Jodrell Banks weit übertreffen sollte. Es war in dieser Zeit noch nicht in Betrieb. Aber die Niederlande hatten ein Radioteleskop anderer Bauart erstellt, ein Synthese-Radioteleskop, das von Westerbork. Die Genehmigung, dort Filmaufnahmen zu machen, erhielten wir über die Universität von Leiden. Das Teleskop von Westerbork liegt im Norden Hollands, in einem abgelegenen Waldgebiet südlich von Groningen.

Für die Antennen wurde eine Schneise durch den Wald geschlagen. 12 Parabol-Antennen stehen, auf 2 Millimeter genau von Ost nach West ausgerichtet, in einer eineinhalb Kilometer langen Reihe. Von einer Antenne zur nächsten sind 144 Meter Abstand. Die beiden letzten Antennen sind auf Schienen verfahrbar. Die Abstände lassen sich da erweitern oder verkürzen. Die Fahrantennen können mit jeder Antenne der festen Zehnerreihe zu interferometrischen Messungen zusammenwirken. Interferenz bedeutet Überlagerung von Wellen. Eben damit sind unsichtbare »Radioquellen« im Universum mit einer erstaunlichen Sicherheit zu orten.

Die Antennenschalen von Westerbork, parabolische Reflektoren mit einem Durchmesser von 25 Metern, sammeln die Radiowellen in ihrem Brennpunkt; dort sitzt die Auffänger-Antenne des »Empfängers«. Die Schalen sind mit rostfreiem 8-mm-Maschendraht bespannt. Aus der Entfernung ist das Drahtgespinst gar nicht zu sehen; erst in der Bewegung glänzt es wie Seide. Eine vom elektronischen Rechner gesteuerte Automatik besorgt die Nachführung der Antennen. Mit der Drehung der Erde »bewegen sich« die anvisierten Himmelsobjekte. Der elektronische Rechner stimmt die Ergebnisse aufeinander ab. Die »Wellenbilder« werden in Beziehung zueinander gesetzt, das strahlende Objekt möglichst »scharf« eingestellt. Dr. Ernst Reimond, der Direktor der Radiosternwarte, erklärte uns das Verfahren: »Der elektronische Rechner verarbeitet in Sekundenbruchteilen die astronomischen Zahlen. Er nimmt die über Lochstreifen zugeführten Befehle und Informationen zur Kenntnis. Er speichert die Zahlen in magnetischen Gedächtnissen, hält sie auf Magnetbändern zugriffsbereit, ruft Zwischenergebnisse ab, beliefert Schreibwerke und Zeichengeräte.«

Wir sahen das Wellenbild einer Strahlungsquelle vor unseren Augen entstehen. Es ist einer Karte mit Höhenlinien ähnlich. Um einen »Berg« herum sind »Höhen« zu sehen. Mit zunehmender Entfernung vom Mittelpunkt flachen sie ab, entsprechend der zurückgegangenen Intensität der Signale. Das Radioteleskop von Westerbork arbeitet mit den Sternwarten von Leiden, Groningen und Utrecht zusammen. Es hat 18 Millionen Gulden gekostet. Die Signale, die es empfängt, kommen bis aus 8 Milliarden Lichtjahre Entfernung.

Es sind errechnete Entfernungen, jeder menschlichen Vorstellung entzogen: zur nächsten Nachbarsonne Alpha Centauri sind es 4 Lichtjahre. Ein Lichtjahr ist in etwa der durchschnittliche Abstand von Sonne zu Sonne innerhalb unseres Milchstraßensystems. Ab jetzt wollen wir als »Multiplikationsfaktor« die Zahl 100 000 nehmen. 100 000 Lichtjahre, das ist der Durchmesser der großen Spiralnebel, die wie unsere Milchstraße Milliarden Sonnen umfassen. Und diese 100 000 Lichtjahre abermals verhunderttausendfacht ergeben 10 Milliarden Lichtjahre. Das – so meint die Wissenschaft heute erkennen zu können – ist in etwa der Radius des Universums.

Die ersten Anfänge der Radioastronomie reichen bis 1932 zurück. Da hatte ein amerikanischer Hochfrequenztechniker namens Karl Jansky in New Yersey (USA) per Zufall ein Rauschen ausgemacht, das aus der Richtung des Zentrums unserer Milchstraße kam. Seine Beobachtung machte Aufsehen, aber die astronomische Fachwelt rührte sich nicht. Die Angaben schienen zu unbestimmt. Eine Fach-

Radioastronomie existiert erst seit Ende des Zweiten Weltkrieges. Sie hat seitdem unser Bild des Kosmos völlig verändert. Die Radioastronomen sprechen in diesem Zusammenhang von den »goldenen Sechzigern«; umstürzende Entdeckungen wurden in den 60er Jahren gemacht. Wolfgang Priester erinnert sich, wie die Dinge begannen: »Ich habe als junger Student an der Sternwarte von Göttingen die große Aufregung miterlebt, als die ersten Meldungen aus Amerika kamen, man habe punktförmige ›Radiostrahler‹ am Himmel entdeckt.« Das war 1946. Da war sofort die Frage: Was sind das für Objekte? Und: Welcher physikalische Prozeß ist in der Lage, Radiowellen dieser Art zu produzieren? Und die dritte Frage, die auch heute noch ungelöst ist: Woher kommt die Energie dafür? Fünf Jahre später waren 77 »Radioquellen« geortet. Aber keine einzige dieser Quellen war mit irgendeinem uns optisch bekannten Objekt zu identifizieren. Das waren lauter Unbekannte. Im Jahre 1952 dann – inzwischen waren die Radioteleskope sehr viel besser geworden – gelang es Walter Baade, einem in Deutschland geborenen, am Mt.-Wilson- und Mt.-Palomar-Observatorium in Kalifornien arbeitenden Astronomen, an der Stelle, wo die zweitstärkste Radioquelle des Himmels ist, ein Objekt optisch zu orten, das dafür verantwortlich sein konnte. Es war das eine große Überraschung; es stellte sich nämlich heraus, daß es kein Stern unserer Milchstraße war, sondern daß diese Radioquellen weit draußen im Weltall, große Spiralnebel in den Tiefen des Universums, sind. Damit wurde alles noch viel merkwürdiger, denn das mußten dann Objekte sein, die Strahlung in einem ungeheuren Maße produzierten. Sonst wären sie aus solcher Entfernung nicht zu beobachten. Von da an sprach man nicht mehr von Radiosternen, sondern von Radiogalaxien. Die neuerliche Überraschung kam dann im Dezember 1960, als der amerikanische Astronom Sandage meldete, er habe doch »Radiosterne« entdeckt; sie stimmten mit optisch erfaßten Objekten überein. Das stellte sich wieder als Irrtum heraus. Man untersuchte das Licht dieser »Radiosterne«, indem man es mit Hilfe eines Prismas in ein Spektrum zerlegte, und da zeigte sich, daß die Linie des Wasserstoff-Atoms nach Rot verschoben war. Und diese Rot-Verschiebung machte klar, daß es sich um keinen nahen Fixstern handeln konnte, sondern um ein Objekt, viel weiter draußen, am Rand des Universums. Das mußte eine ganz andere Art von astronomischen Objekten sein. Sie sehen nur aus wie Fixsterne, sind aber etwas anderes. Es sind »quasi stellare Objekte«, abgekürzt »Quasare«. Diese Quasare, die in ihren Dimensionen winzig klein sind gegenüber den Radiogalaxien, produzieren eine Strahlungsmenge, die weit über der liegt, die ein normales, großes Sternensystem produzieren kann. Solch ein Quasar strahlt so hell wie 100 Milliarden Fixsterne. »Wie es aber dazu kommt, das wissen wir nicht, bis jetzt jedenfalls nicht.«

Die Entdeckung der Pulsare

Was die Antennen der Radioastronomie auffangen, sind letzte »Wellenausläufer« von gigantischen Geschehnissen, die jede Vorstellung sprengen. Eine Erklärung ist nur mit Computer-Rechnungen – und einer Phantasie, »die Undenkbares sich ausdenkt«, möglich. Die Geschichte der sogenannten Pulsare ist dafür ein aufregendes Beispiel, eines der phantastischen »Abenteuer« der Radioastronomen. Prof. Priester erzählte: »Es war an einem Tag im November 1967. Die Radioastronomen von Cambridge hatten eine neue Antennenanlage in Dienst gestellt. Sie wollten damit den Himmel auf Erscheinungen von Radiostrahlung absuchen. Mit der Auswertung der Empfangsstreifen war eine junge Studentin namens Jocelyn Bell beauftragt. Sie hatte Hunderte von Metern registrierter Kurven zu untersuchen. An einigen Stellen fand sie kleine ›Zappeleien‹, die jeder erfahrene Radioastronom als Störungen, als Zündfunken vorbeifahrender Autos etwa, abqualifiziert hätte. Aber Jocelyn Bell war pedantisch genau, sie schrieb alle diese kleinen Störungen mit auf und machte die erstaunlichste Entdeckung der 60er Jahre. Es stellte sich nämlich heraus, daß diese Zappeleien immer wieder an der gleichen Stelle des Himmels kamen, also keine irdische Störung sein konnten. Diese Ausschläge kamen von Radiowellen aus dem Sternbild Vulpecula. Das wurde nun genauer untersucht. Und da kam es dann zu der wirklich großen Überraschung: Es zeigte sich, daß diese Radiowellen in immer gleichen Abständen mit maschinenhafter Präzision kamen, immer ganz scharfe Signale im Abstand von 1,33 Sekunden. Wie war das zu erklären? Man mußte phantastische Möglichkeiten in Betracht ziehen. Konnte es sich um Signale von intelligenten Lebewesen handeln? Unsere Cambridger Kollegen waren klug genug, die ganze Entdeckung erst einmal geheimzuhalten. Intern nannten sie diese Objekte LGM, ›little green men‹ , ›kleine grüne Männchen‹, im Spaß oder doch halb im Spaß gesagt. Es galt herauszufinden, was hinter diesen scharfen Radiosignalen aus dem Kosmos steckte.

Schließlich wurde festgestellt, daß jedes dieser Objekte, von denen solche Signale ausgingen – inzwischen kennt man über 50 davon – in einem ganz bestimmten Takt ›morste‹. Die wirkliche Lösung kam im Januar 1969. Da hatte man nämlich abermals einen solchen ›Pulsar‹ entdeckt, und zwar in dem bekannten Krebsnebel. Dieser Krebsnebel hat Geschichte. Im Juli des Jahres 1054 haben chinesische und auch japanische Astronomen die Explosion eines Fixsterns beobachtet. Heute nennt man das Supernova. Das war ein sehr auffälliges Himmelsereignis: ein hell leuchtendes Objekt, das sogar bei Tag neben der Sonne sichtbar war. Es ist interessant, daß in Europa damals niemand diese Beobachtung für wert gehalten hat, sie aufzuzeichnen. Wir waren damals noch im wissenschaftlich tiefsten Vor-Mittelalter. Der Stern stand 23 Tage lang am Tageshimmel und wurde dann langsam immer schwächer. Was man heute durchs Fernrohr am Nachthimmel sieht, ist ein bizarrer Gasnebel, eine Gaswolke, die mit einer Geschwindigkeit von 1100 km pro Sekunde weiter expandiert, die Explosionswolke jener Supernova. Zwei weitere Supernovae wurden später beobachtet, eine von Kepler. Eigentlich sollte man alle 300 Jahre ungefähr so eine Stern-Explosion sehen können. Wir wären bald wieder dran, mit so einem Ereignis.

Das ›Aufflammen‹ einer Supernova entsteht aus dem Zusammenstürzen von Kernbrennstoff. Man muß sich das so vorstellen: wenn im Laufe des Lebens eines Fixsterns sein Kernbrennstoff im Innern aufgebraucht ist, somit keine Energie im Innern mehr produziert wird, stürzt der Stern in sich zusammen. Man kann ausrechnen, was passiert mit diesem Objekt, das unter der Wirkung der Schwerkraft auf ein ganz kleines Volumen zusammengepreßt wird, vielleicht 10

Kilometer im Durchmesser. Da entsteht Materie von ungeheurer Dichte. Eine Streichholzschachtel solcher Materie müßte eine Milliarde Tonnen wiegen. Unvorstellbar. Man muß einfach versuchen, diese errechnete Zahl hinzunehmen. Mit dem Einsturz des Sterns fängt er sehr schnell zu rotieren an. Es ist auszurechnen, daß so ein Stern mit 10 Kilometer im Durchmesser sich dann in einer Sekunde einmal um seine Achse dreht. Man kann weiter ausrechnen, daß das Objekt sogar bei dieser rasenden Umdrehung stabil bleibt. Damit bietet sich für die Erklärung der ›Pulsare‹ eine relativ einfache Deutung an: wenn nämlich auf der Oberfläche so eines gewissermaßen ›gepanzerten‹ Sterns da und dort ›Löcher‹ sind, aus denen Strahlung austritt, dann wird man bei der Drehung eine Art ›Leuchtturm-Effekt‹ erhalten, in Form scharfer Radiosignale. Mit der Entdeckung dieses neuen Sternentyps haben wir einen ganz neuen Aggregatzustand der Materie vor uns, ein großes Objekt, das praktisch ein riesiger Atomkern ist, aus Neutronen in dichtester Kugelpackung. Ein weiteres Rätsel für die Astrophysiker.«

Ich fragte Prof. Priester, was aus Jocelyn Bell geworden ist. »Miss Bell gehörte zu dem Team von Prof. Antony Hewish; sie hat ihren ›Master of Science‹ oder ihre Doktorarbeit damit gemacht, aber dann sich entschlossen zu heiraten. Ich weiß nicht, wie sie heute heißt. Sie wohnt in Southampton, hat sich aber leider völlig aus der wissenschaftlichen Arbeit zurückgezogen. Sie ist Hausfrau geworden.« Und Prof. Antony Hewish? Er hat 1974 mit Sir Martin Ryle, ebenfalls Professor in Cambridge, den Nobelpreis für Physik geteilt. Sie erhielten den Preis »für ihre Pionierarbeiten in der Radioastronomie, Ryle für seine Beobachtungen und Erfindungen, im besonderen in der Technik der Synthese-Radioteleskope, Hewish für die entscheidende Rolle bei der Entdeckung der Pulsare.« Sicher war dem Professor »die entscheidende Rolle« nicht abzusprechen. Die Entdeckung selbst geht auf die Studentin Jocelyn Bell zurück.

Martin Ryle hat das Synthese-Teleskop erfunden. Otto Robert Frisch, der Neffe Lise Meitners, hat in Cambridge die Geburt und die Entwicklung der Radioastronomie miterlebt. Das Erstaunlichste, so berichtet er in seinen Lebenserinnerungen, sei »die unglaubliche Sensibilität der gewaltigen Spiegel«. Es ist bei den unvorstellbaren

Entfernungen im Kosmos ja nur ein allerfeinster Wellenhauch, der die Antennen erreicht. Als das Mullard-Radioobservatorium 1958 eingeweiht wurde, habe jeder Gast beim Mittagessen neben seinem Teller ein weißes Kärtchen vorgefunden, auf dessen Rückseite zu lesen war: »Beim Umdrehen dieser Karte haben Sie mehr Energie verbraucht, als alle Radioteleskope der Erde jemals vom Weltraum empfingen.«

Bis zu den letzten Außenposten in Raum und Zeit

Am 12. Mai 1971 wurde dann das größte bewegliche Radioteleskop der Erde in Betrieb genommen. Das Wort »bewegliche« ist zu betonen. Es gibt nämlich größere, die aber unbeweglich sind. Der größte Radiospiegel mit 305 Meter Durchmesser wurde bei Arecibo in Puerto Rico errichtet. Er ist über einem Talkessel, einem riesenhaften Teesieb vergleichbar, ausgespannt. »Unbeweglich« ist das Radioteleskop von Arecibo, weil es von den Astronomen nicht auf bestimmte Ziele gerichtet werden kann. Es bewegt sich aber mit der Erddrehung und »fährt« dabei das Himmelsgewölbe ab.

Das Radioteleskop von Effelsberg in der Eifel – 40 km von Bonn entfernt – steht schneeweiß vor dem dunklen Hintergrund bewaldeter Hügel, in einer Talsenke. Aus der Entfernung ist seine Größe schwer abzuschätzen; die Landschaft bietet keinen Vergleichsmaßstab. Am Fuß des Teleskops, den Kopf im Nacken, erkennt man die Wucht der turmhohen Konstruktion. Ein Stützwerk mächtiger Stahlrohre, darüber ein Fachwerk von Verstrebungen, unterfängt den mit 2 352 Aluminiumplatten ausgelegten Riesenspiegel von 100 m Durchmesser. Die Gesamtoberfläche beträgt mehr als 9 000 qm. Die Kabine über dem Brennpunkt der Schüssel »schwebt« in 98 m Höhe.

Das Teleskop wiegt über 3 000 Tonnen, so viel wie ein Kreuzer oder wie eine vollgetankte Saturn V vor dem Mondstart. Das Teleskop ist auf einem Schienenkranz drehbar; die vier Eckpfeiler des Grundrahmens stehen auf Fahrwerken, die von Elektromotoren angetrieben sind. Eine Drehung um 360 Grad dauert neun Minuten. Die lautlose Bewegung ist kaum wahrzunehmen. Die Antennenschale ist zugleich um 90 Grad zu kippen; das geschieht in viereinhalb Minuten. Wir konnten die letzten Schweißarbeiten in Turmhöhe aus nächster Nähe verfolgen. Währenddessen dreht, hebt und senkt sich die Schale, in der man fest zu stehen vermeint. In die langsamen Bewegungen des Teleskops miteinbezogen hat man Mühe, sich eines leichten Schwindelgefühls zu erwehren: es ist, als bewegte sich die Erde zugleich mit der Drehung des Himmelsgewölbes.

Für die Auftragsfirmen Krupp und MAN war der Bau des Effelsberger Radioteleskops eine Aufgabe, die eigentlich Unvereinbares verlangte: eine Stahlkonstruktion, vergleichbar einer turmhohen Brücke, fest genug, um Sturmböen standzuhalten, zugleich spielerisch leichte Beweglichkeit, Feinmechanik, die Präzision einer Qualitätsuhr.

Die Antennenschale ist, wie die Techniker sagen, ein Rotations-Paraboloid. Die Abweichungen von der Idealform dürfen nur Bruchteile der Wellenlänge betragen, die mit dem Gerät noch empfangen werden sollen, Millimeter also für 2-cm-Wellen. Wenn der Spiegel, dessen Fläche der eines Fußballfeldes entspricht, gekippt wird, muß die elastische Stahlkonstruktion den Gravitationskräften nachgeben; der Riesenspiegel muß sich verformen. Er ist aber so berechnet, daß die Verschiebungen sich größtenteils gegenseitig aufheben, die Schale aus einem Paraboloid in ein anderes überführt wird, die Antenne – entsprechend nachgeführt – im Brennpunkt bleibt. Selbst bei böigem Wind muß sich das Teleskop präzise steuern lassen. Auch in den Übergangszeiten, wenn die Sonne das Metall einseitig aufheizt, während in den Schattenpartien noch Frost herrscht, muß der Reflektor seine Form halten. Nur so kann er die aus dem Kosmos einfallenden Radiowellen exakt genug in seinem Brennpunkt sammeln, nur so können sie – entsprechend verstärkt und gefiltert – der Wissenschaft die gewünschten Aussagen liefern.

Hält die Riesenschale in der Bewegung inne, ist es, als habe man eben neue geheimnisvolle Signale aufgefaßt. Die Arbeit im Steuerhaus sieht prosaischer aus: elektronische Rechner arbeiten mit mathematischen Programmen. Auf den Oszillographen zappeln

Schwingungskurven. Zitternde Zeichenstifte malen Zickzackwege auf das Millimeterpapier. Die »Sphärenklänge« aus den Tiefen des Universums sind nur ein krächzendes Rauschen. Das Bewußtsein bleibt überwältigend: mit diesem Teleskop sind kosmische Objekte zu orten, unsichtbare Welten weit hinter den sichtbaren Sternen der klassischen Astronomie.

Es ist die Hoffnung der Radioastronomen, mit dem neuen Teleskop in der Eifel 10, vielleicht 12 Milliarden Lichtjahre tief in den Kosmos »hineinhorchen« zu können, somit bis an die Grenzen des Universums zu gelangen, bis zu den »letzten Außenposten in Raum und Zeit«.

Abenteuer der Chemie und Wagnisse der Medizin

Eine neue Welt

Die Philosophen der Antike sahen die Welt aus vier Urelementen aufgebaut, aus Feuer, Wasser, Luft und Erde. Plinius, der beim Untergang von Pompeji im Jahre 79 n. Chr. ums Leben kam, hat das naturwissenschaftliche Wissen seiner Zeit in 37 Büchern zusammengefaßt. Er kannte bereits sieben Metalle. Die Araber haben diese Metalle den Gestirnen zugeordnet.

Die Alchimie war der Auftakt zur Chemie als Wissenschaft: ein poesievolles Vorspiel, in dem nach Zusammenhängen zwischen den Vorgängen in Schmelzöfen und Retorten einerseits und den Bewegungen am Sternenhimmel andererseits gesucht wurde. Goethe meinte, daß damit »die Natur, wenn auch vielleicht auf phantastische Weise, in einer schönen Verknüpfung dargestellt« worden sei. Aber in der Renaissancezeit ging es damit zu Ende. Betrüger versuchten es mit Taschenspielertricks; sie zauberten Gold in die Tiegel. Sie gaben vor, den »Stein der Weisen« zu besitzen, der unedle Metalle in edle verwandeln kann, und um ein »arcanum« zu wissen, das ewige Jugend schenke.

Bis zum Jahre 1700 waren fünfzehn Elemente bekannt; im 18. Jahrhundert wurden neunzehn neue entdeckt, im 19. Jahrhundert weitere fünfzig. Heute lernen wir in der Schule: Das Gebäude der Natur ist aus zweiundneunzig Elementen errichtet. Die Atomphysik hat zusätzlich Elemente »jenseits des Uran«, Transurane, herzustellen gewußt; so ist man auf über hundert Elemente gekommen. Die Stoffe der Erde zu erkennen und sie zu verwandeln, das sind die Aufgaben der Chemie. Aufbau und Umsetzung chemischer Stoffe läßt sich in einer Kurzschrift darstellen, in der Sprache der chemischen Formeln. Sie ist international. Damit versteht ein Kanadier den Japaner, ein Inder den Europäer. Das Dickicht der Formeln mag für viele ein Alptraum der Schulzeit sein. In Wahrheit ist damit der Zugang zu einer Welt gewonnen, die reich ist an Überraschungen, an geistigen Abenteuern. Goethe urteilte, die Chemie habe »in der neueren Zeit eine Hauptveränderung hervorgebracht. Sie zerlegte die natürlichen Körper und setzte daraus künstliche auf mancherlei Weise wieder zusammen; sie zerstörte eine wirkliche Welt, um eine neue, bisher unbekannte, kaum möglich geschienene, nicht geahnte Welt wieder hervorzubauen.«

Eine »kaum möglich geschienene« Welt zu schaffen bedeutet in unserer Zeit das Erzeugen von Treibstoffen, Sprengstoffen, Farben, Kunststoffen, chemischen Fasern, Geschmackstoffen, Duftstoffen, Heilmitteln. Wir sind von tausend Dingen umgeben, die ihre Entstehung, ihre Zweckmäßigkeit, auch ihre Schönheit der Chemie verdanken. Dem modernen Menschen erscheint dies alles selbstverständlich. Daß sich die Welt, in der wir leben, mit jedem Tag weiter verändert, fällt nur wenigen auf. Und nur sehr wenigen ist bewußt, daß die Chemie es ist, die den eigentlichen Sockel unserer Zivilisation, das Fundament unseres technischen Zeitalters errichtet hat.

Im Deutschen Museum zu München wandert der Besucher, der in die Geschichte der Chemie eingeführt werden soll, durch vier Laboratorien. Aus dem alchimistischen unter gotischem Kreuzgewölbe gelangt er in das heller, auch nüchterner wirkende Laboratorium des Antoine Laurent Lavoisier (1743–1794), in dem bereits exakt gemessen und gewogen wurde. Lavoisier hat in Kniehose und Spitzenhemd vor den Rokokodamen und -herren ein Experiment besonderer Art vorgeführt: unter einem mächtigen Brennspiegel verbrannte er einen Diamanten, um darzutun, daß er, der härteste der Edelsteine, nur aus Kohlenstoff besteht. Lavoisier war seinem Land, dem König und nach ihm den Jakobinern als Chemiker nützlich. Er wußte das Schießpulver zu verbessern. »Nordamerika verdankt seine Freiheit dem Pulver der Franzosen«, sagte er und meinte damit, »meinem Genie!« Dessenungeachtet mußte er unter dem Fallbeil sterben. Als ehemaliger Steuereinnehmer des Königs war er für die Ideologen der Revolution ein »Volksfeind und Blutsauger«. Seine nicht unerheblichen Einkünfte hatten es ihm erlaubt, die Chemie als eine ernste Liebhaberei zu betreiben. Das nur halbherzig vorgebrachte Gnadengesuch seiner wissenschaftlichen Kollegen ist mit der Begründung abgelehnt worden: »Die Republik braucht keine Gelehrten.«

Im Deutschen Museum gelangt der Besucher aus dem Laboratorium des Lavoisier in das Labor des Justus von Liebig. Liebig, der von 1803 bis 1873 lebte (der junge Liebig also noch mit dem alten Goethe), hat die neuen Grundlagen der Agrikultur-Chemie geschaffen. Ohne sie wären die hinzugekommenen Millionen Menschen nicht zu ernähren. Aus dem Liebigschen Labor heraus führt der Besucherweg in die Moderne: heute dienen Hunderte von Techniken den Zielen der Chemie: Lösen, filtrieren, erhitzen, destillieren, abdampfen, ausfällen, auskristallisieren, mit flüssiger Luft kühlen, im Lichtbogen schmelzen. Ein beachtliches technisches Arsenal unterstützt die Arbeit des Chemikers: Destillationskolonnen, Hochdruckapparate, Hochvakuumpumpen, Ultramikroskope, Mikrowaagen, Spektroskope.

Es gibt einen Lehrer-Schüler-»Stammbaum«, der zeigt, wie viele Nobelpreisträger über mehrere Generationen hinweg aus der Schule Liebigs hervorgegangen sind. Zu seinen unmittelbaren Schülern gehörte August Kekulé, der 1865 die Ringstruktur des Benzols gefunden, Max von Pettenkofer, der die Grundlagen der neuzeitlichen Hygiene geschaffen hat. Sie haben den Nobelpreis nicht empfangen; es gab ihn noch nicht. Die alljährlichen Preise, die als die höchsten Auszeichnungen im Reich der Naturwissenschaften gelten, wurden erstmals 1901 vergeben: für Physik an den Deutschen W. C. Röntgen, für Medizin an den Deutschen Emil von Behring, dessen Serum die Diphterie besiegt hat, für Chemie an den in Berlin lehrenden Holländer van't Hoff, einem der ersten Vertreter der physikalischen Chemie. Jacobus Henricus van't Hoff hat in jungen Jahren die Biographien von mehr als 200 Naturforschern gesammelt. Daraus wollte er ableiten, wie neue Gedanken zustandekommen, welchen Begabungen, welchen Lebensumständen der Wissenschaftler seine Erkenntnisse und Entdeckungen verdankt.

Vant't Hoff hat, als er mit 25 Jahren seine erste Professur an der neu gegründeten Universität von Amsterdam übernahm, in seiner

Antrittsrede über »Die Phantasie in der Wissenschaft« gesprochen. Seine Definition der Phantasie: »Es ist die Fähigkeit, sich irgendein Ding so deutlich vorzustellen, daß sich seine sämtlichen Eigenschaften mit ebenso großer Bestimmtheit erkennen lassen, wie durch die einfache Beobachtung.« Erstaunlich ist, daß van't Hoff schon damals, vor über 100 Jahren, eine Zeit heraufkommen sah, in der »der wissenschaftliche Mechanismus« anders arbeiten würde. »Vormals waren nur unwiderstehlicher Drang und außergewöhnliche Begabung imstande, alle Schwierigkeiten zu überwinden, die einer wissenschaftlichen Laufbahn im Wege standen. Heutzutage liegt dieser Weg offen und ist ein breitgetretener. Die seltenen Gaben, darunter die Phantasie, geraten in ein ungünstiges Verhältnis den allgemein verbreiteten gegenüber.« Weniger Phantasie könne aber »durch ein großes Opfer an Arbeit ausgeglichen« werden, meinte van't Hoff. »Die wissenschaftliche Entdeckung ähnelt nunmehr dem Zusammenschießen einer Festung von verschiedenen Seiten, dem vorsichtigen Erklettern der Trümmer und dem Kampf, um die Fahne bei der gemeinschaftlichen Ankunft oben aufzupflanzen.« Die moderne Teamarbeit ist mit diesem Bild vorausgesehen.

Der 1967 verstorbene Heidelberger Vitaminforscher Richard Kuhn hat an die Überlegungen van't Hoffs angeknüpft. Die Phantasie sei »nicht nur die Voraussetzung jeder künstlerischen Leistung, sondern auch die jeder technischen Erfindung und naturwissenschaftlicher Entdeckung«. Selbst die Mathematik bedürfe der Phantasie, wie Lenin festgestellt habe, übrigens auch die Politik, die ja als »die Kunst des Möglichen« gelte. Zur Überlegung des Möglichen gehört zweifellos Phantasie.

Zu den Schülern Kekulés gehörte Adolf von Baeyer, Chemie-Nobelpreisträger 1905, dem die Synthese des Indigo gelang. Dessen Schüler wiederum war Richard Willstätter, der mit seinen Untersuchungen über die Blütenfarbstoffe und das Chlorophyll zu neuen Methoden in der Erforschung von Naturstoffen kam und damit die Grundlagen für weite Gebiete der heutigen Biochemie geschaffen hat. Willstätter hat den Chemie-Nobelpreis 1915 erhalten. Willstätter wiederum war Lehrer und Doktorvater von Richard Kuhn, dem ich oft zugehört habe.

Richard Kuhn, Professor in Heidelberg, ein auch körperlich gewichtiger Mann, war ein mitreißender Redner. Er sprach mit lauter Stimme und, obwohl in Wien geboren und aufgewachsen, ohne Wiener Akzent. Richard Kuhn hat sich bei seinen Überlegungen »wie Phantasie zustande kommt«, mit der sehr komplizierten Struktur der Gehirnsubstanzen befaßt: »Man stellt sich heute vor, daß in den 12 bis 15 Milliarden von Ganglienzellen eines menschlichen Gehirns elektrische Potentiale auf- und abgebaut werden. Manche dieser Potentialänderungen sind reproduzierbar; dann sprechen wir von Erinnerungsvermögen oder vom Gedächtnis. Andere erweisen sich als nicht reproduzierbar. Dann haben wir es vergessen. Für Assoziationen, die Verknüpfung von Vorstellungen, auf die es in der Wissenschaft und auch sonst ankommt, sind die im richtigen Moment reproduzierbaren Abläufe entscheidend. In diesem Sinn kommt dem Gedächtnis, seiner Schulung und Übung, eine überragende Bedeutung für die Gewinnung wissenschaftlicher Erkenntnisse zu ... Die Entwicklung ist dahin gegangen, daß heute der Fortschritt nur noch teilweise von Assoziationen des einzelnen abhängt. In zunehmendem Maße sind es Assoziationen, die aus dem Gedankenaustausch verschiedener Menschen hervorgehen. Wir sprechen von Spezialisten und vom Teamwork.«

Richard Kuhn hat den Chemie-Nobelpreis 1938 für seine Vitaminforschungen zugesprochen bekommen, zur selben Zeit 1939, als ihn Adolf Butenandt »für seine Arbeiten über Sexualhormone« empfangen sollte. Der Nobelpreis für Medizin 1939 ging an Gerhard Domagk, »für die Entdeckung antibakterieller Effekte des Prontosil«, des ersten Sulfonamids. Die drei deutschen Wissenschaftler haben ihre Preise damals ablehnen müssen. Die Verleihung des Friedenspreises an Carl von Ossietzky, der in ein deutsches Konzentrationslager gebracht worden war, wurde von den Machthabern in Berlin als Provokation verstanden. Im Gegenzug war deutschen Staatsangehörigen die Annahme von Nobelpreisen verboten worden. Erst nach dem Krieg, im Dezember 1947, konnten Kuhn, Butenandt und Domagk ihre Urkunden und Goldmedaillen in Empfang nehmen. Die Geldbeträge waren nach den Statuten an die Stiftung zurückgeflossen.

Er war als glänzender Redner bekannt. Als man ihn im Großen Saal des Berliner Rathauses am 11. Mai 1890 zur 25. Wiederkehr des Tages, an dem er die berühmte Ringformel des Benzols gefunden hatte, feierte, erhob er sich in bester Laune zur Dankesrede. Er wolle nicht als Genie gefeiert werden, sagte er, und darum darlegen, wie sein Gedanke zustande gekommen sei: »Ich saß und schrieb an meinem Lehrbuch, aber es ging nicht recht. Mein Geist war bei anderen Dingen. Ich drehte den Stuhl nach dem Kamin und versank in Halbschlaf. Wieder gaukelten die Atome vor meinen Augen, wie damals, als ich in London mit dem letzten Bus heimgefahren war, outside auf dem offenen Oberstock. Damals hat mich der Schaffner aufgeweckt; ich hatte Mühe, mich der Strukturen, die ich vor mir gesehen hatte, noch zu erinnern. Ich habe später wiederholt Gesichte dieser Art gehabt. So war mein geistiges Auge, als ich da am Kamin zu träumen begann, geschärft. Was ich sah, waren tanzende Atomgruppen. Sie waren in Bewegung, schlangenartig sich windend und drehend. Und siehe, was war das? Eine der Schlangen erfaßte den eigenen Schwanz und höhnisch wirbelte das Gebilde vor meinen Augen. Der Benzolring! Wie durch einen Blitzschlag bin ich erwacht und habe den Rest der Nacht damit zugebracht, das im Halbschlaf Gesehene niederzuschreiben und auszuarbeiten.« Kekulé forderte seine Zuhörer auf, das Träumen zu lernen, um vielleicht so die Wahrheit zu finden. »Veröffentlichen Sie neue Träume aber erst dann, wenn Sie sie bei wachem Zustand geprüft haben!« mahnte er.

Zweierlei unternimmt die Chemie: sie klärt und erklärt die Zusammensetzung von Stoffen. Sie zerlegt hunderttausend Verbindungen in ihre Elemente. Das wird Analyse genannt, und die Chemie baut andererseits aus diesen Elementen neue Verbindungen auf, Stoffe, die zum weitaus größten Teil in der Natur nicht vorhanden waren. Dieser Aufbau heißt Synthese.

Die Chemiker sprechen von anorganischer und organischer Chemie. Die anorganische Chemie, das ist die Welt der Mineralien, der Erze und Erden. Hingegen befaßt sich die organische Chemie mit Stoffen, die ursprünglich der lebendigen Welt entstammen. Sie enthalten Kohlenstoff, organische Chemie ist Kohlenstoff-Chemie. Die Kohle selbst ist ja kein Gestein, sie ist untergegangener Wald, vor Jahrmillionen versunkenes Leben. Die organische Chemie umfaßt mehr als eine Million Verbindungen, ein Vielfaches der anorganischen Stoffe. Die Unterscheidung geht zurück auf eine Zeit, in der die Chemiker glaubten, daß nur die lebende Natur so erstaunliche Synthesen wie die von Zucker oder Eiweiß vollbringen könnte.

Es war Friedrich Wöhler, der lebenslange Freund Liebigs, der 1828 mit 28 Jahren in seinem Berliner Laboratorium eine Entdeckung von geschichtlicher Bedeutung machte, daß nämlich aus cyansaurem Ammonium, aus einem anorganischen Salz also, eine tierische Substanz, nämlich Harnstoff, aufzubauen war. Wöhler setzte sich sofort hin und schrieb humorvoll an Jacob Berzelius, seinen Lehrer in Stockholm: »Ich kann sozusagen mein chemisches Wasser nicht halten und muß Ihnen sagen, daß ich Harnstoff machen kann, ohne dazu Nieren oder überhaupt ein Tier, sei es Mensch oder Hund, nöthig zu haben.« Das bedeutete, daß die Chemiker in Zukunft bei der Herstellung vieler Substanzen nicht mehr auf tierische und pflanzliche Ausgangsstoffe angewiesen waren, sondern die Hoffnung bestand, fürderhin Arzneimittel, Farb- und Riechstoffe ohne den Umweg über die Natur direkt aus der Retorte heraus zu gewinnen. Die chemischen Gesetze waren offensichtlich gleichermaßen für »tote Kristalle« wie für »Substanzen des Lebens« gültig.

Chemische Arbeitsweisen reichen teils weit zurück. Die Kunst des Destillierens ist der Natur abgeschaut: die Sonne entzieht der Erde das Wasser. Die aufsteigenden Wolken kühlen sich ab; Regentropfen fallen zur Erde zurück. Die Chemie macht es nach, wenn sie reine Destillate, duftende Extrakte, heilsame Essenzen, flüchtige Geiste gewinnen will. Aus den einfachen Retorten des Mittelalters sind Destillier-Kolonnen entstanden, in denen sich die Flüssigkeiten nach der Stufenleiter ihrer Siedepunkte trennen.

Auch Schmelzen, Lösen und Mischen sind alte Praktiken. Beim Ausfällen scheidet sich das, was man in eine unlösliche Form übergeführt hat, am Boden ab. Beim Auskristallisieren treten Gebilde zusammen, die den Eisblumen am Fenster, den Schneeflocken, den Quarzen im Berg gleichen. Beim Zerlegen von Schmelzen und Lösungen bedient sich die Chemie elektrischer Ströme, die Gleiches zu Gleichem schicken. Durch Elektrolyse entsteht Aluminium, Magnesium, die Welt der Leichtmetalle, die Flügel unseres Jahrhunderts.

Die Elektrophorese vermag selbst die sehr zerbrechlichen Eiweißstoffe schonend zu trennen. Ein elektrischer Strom sortiert die Bausteine des Stoffes, der untersucht werden soll; sie setzen sich in Bewegung; sie wandern verschieden schnell. Die es eilig haben, sammeln sich oben; langsamere setzen sich dahinter; die langsamsten stehen zuunterst an. Auf diese Weise schichten sich die Bestandteile übereinander, ohne daß etwas zerstört wird. Der Schwede Arne Tiselius, Biochemiker an der Universität Uppsala, hat für diese Methode den Chemie-Nobelpreis 1948 erhalten.

Mit der sogenannten Papierchromatographie kann man die Zusammensetzung von Lösungen ermitteln. Die Tropfen fließen auf saugendem Papier auseinander; deutlich trennt sich ein Stoff vom anderen; wieder wandert der eine rascher, der andere langsamer. Farbig wird das Getrennte auf dem Chromatogramm sichtbar. Die Bestandteile der Lösung »fächern« sich auf; winzigste Mengen lassen sich bestimmen. Richard Synge, ein englischer Biochemiker, erhielt für seine Untersuchungen auf diesem Gebiet den Nobelpreis 1952.

Im Spektroskop hinwiederum »verraten« sich die Elemente einer Substanz, mit der man eine Flamme färbt, durch charakteristische Linien. Das Spektroskop geht auf die wissenschaftlichen Klassiker Fraunhofer, Kirchhoff und Bunsen zurück.

Der Schwede Theodor Svedberg ließ Lösungen in Zentrifugen rotieren. 1925/26 baute er eine Ultrazentrifuge, die Kraftfelder bis zum 100 000fachen der Fallbeschleunigung ergab. Auch damit sind Stoffe »auszusortieren«. Bewiesen wurde, daß die Natur Riesenmoleküle herstellt, die aus einer Million und mehr Atomen zusammengesetzt sind. Svedberg erhielt den Nobelpreis 1926. Der Nobelpreis kann also auch das Ausarbeiten einer neuen Untersuchungs- oder Herstellungsmethode belohnen. So hat Henri Moissan den Preis 1906 nicht für die Entdeckung des Elements Fluor erhalten, sondern für die Einführung des elektrischen Ofens in die Chemie. Schon 1894 war es ihm gelungen, winzige Diamantsplitterchen zu erzeugen. Es hat dann noch über 60 Jahre gedauert, bis Wissenschaftler und Ingenieure wirtschaftliche Verfahren zur Herstellung künstlicher Diamanten für technische Zwecke, etwa als Schleifmittel oder für Bohrkronen, entwickeln konnten.

Im Labor tasten sich die Chemiker schrittweise voran. Sie suchen Zugänge ins Neuland des Bis-dahin-noch-nicht-Gewußten. Grundlagenforschung will sich nicht um die mögliche Auswertung der Dinge kümmern; sie sammelt einen Wissensschatz, der dann zur Verfügung steht. Svedberg schrieb: »Der Zusammenhang zwischen der Grundlagenforschung und der technischen Anwendung ist im Laufe der Jahre immer deutlicher hervorgetreten. Der zeitliche Abstand zwischen einer wissenschaftlichen Entdeckung und der entsprechenden technischen Erfindung wird immer kürzer und kürzer.«

Farbenchemie

In einem kleinen Schrank der Chemieabteilung des Deutschen Museums sind die sogenannten »Meisterpräparate« zu sehen, erstmalig hergestellte Stoffe aus der Hand großer Chemiker. Ein Glas enthält dunkelblaues, kupferrot schimmerndes Pulver: künstlicher Indigo aus dem Reagenzglas des Adolf von Baeyer, gestorben 1917. Er war es, der die deutsche Farbstoffchemie begründet hat. »In meiner Zeit sind 30 Elemente entdeckt worden«, stellte er fest. Baeyers berühmter Schüler Emil Fischer, der den Traubenzucker synthetisch hergestellt und das Veronal schuf, erzählte: »Baeyer war von unendlicher Geduld. Er konnte das Reagenzglas dreiviertel Stunden lang über der Flamme hin und herbewegen.«

Heute sind es weit über 10000 Farbstoffe, die aus dem Steinkohlenteer kommen. Pflanzen- und Tierfarben, das Rot der Krappwurzel, das Blau des Indigo, das Gelb der Färberdistel, das Purpurrot der Schnecke, sie werden längst nicht mehr verwendet. Aus einer braunschwarzen Flüssigkeit, die in Kokereien und Gaswerken anfällt, erschafft die moderne Chemie Farben, die ebenso leuchtend, die beständiger und – billiger sind. Für ein Gramm des Naturfarbstoffs Purpur wurden einst 10000 Schnecken benötigt. Das Färben eines

Königsmantels kostete zur Zeitenwende umgerechnet etwa 50 000 Mark.

Die moderne Farbenchemie reicht bis in das Zeitalter der Queen Victoria zurück. Den ersten Teerfarbstoff schuf ein junger Engländer, William Henry Perkin: ein Anilin-Violett, das Mauvein. Der Erfinder war weitsichtig und geschäftstüchtig; er ließ sich den Farbstoff sofort patentieren. Die Malvenfarbe wurde große Mode. Dem deutschen Lehrer des jungen Perkin, August Wilhelm Hofmann, den die Queen nach England berufen hatte, gelang die Synthese des zweiten Teerfarbstoffs. Er nannte ihn Rosanilin; in Deutschland wurde er Fuchsin genannt, in Paris »Hofmanns Violett«. »Farben aus Teer«, sagten die Hersteller von Naturfarben abschätzig. »Farben aus Teer« klang den experimentierenden Chemikern anders: welche Chance! Karl Graebe, der Münchener Assistent von Baeyer, stellte Alizarin, den roten Farbstoff der Krapp-Pflanze, künstlich her. Graebe meldete seine Erfindung am Londoner Patentamt unter dem 25. Juni 1869 an und kam Perkin damit – um einen Tag zuvor! Dieser eine Tag bedeutete einen Vorsprung von 14 Jahren; 14 Jahre lang gehörte der englische Markt der deutschen Erfindung. Alizarin war der erste künstliche licht- und waschechte Farbstoff. Bald darauf stürzte Karl Graebe zu seinem Chef; er hatte einen tiefblauen Niederschlag im Reagenzglas. Unzweifelhaft war dies Indigo, der »König der Farbstoffe«. Es dauerte 25 Jahre und verschlang fast das ganze Aktienkapital der Badischen Anilin und Sodafabrik, bis die Großsynthese gelang. 1897 verließen die ersten Fässer mit Indigopaste den Ludwigshafener Fabrikhof. Die BASF versicherte, daß es sich wirklich und wahrhaftig um synthetischen Indigo handle und nicht um einen kaufmännischen Bluff. Die Pflanzer in Indien und Java stellten sich von Indigostauden auf Tee, Reis und Zuckerrohr um.

1901 entdeckte der Elsässer René Bohn das Indanthren-Blau, das Baumwolle noch schöner, leuchtender und echter färbte als Indigo. Indanthren bedeutete »indigoähnlicher Farbstoff aus Anthracen«. Auch diese Farben sind aus dem Teer hervorgegangen. Ihre Wasch- und Lichtechtheit ist erstaunlich; der Farbstoff überdauert die Faser.

Chemiefasern

Jährlich wachsen Millionen von Menschen zu, die nicht nur essen, die sich auch kleiden müssen. Wolle und Baumwolle lassen sich nicht in unbeschränktem Maß erzeugen; die Ausweitung der Produktion findet ihre Grenzen dort, wo das Nahrungsbedürfnis der Menschheit den Boden noch zwingender beansprucht.

Wo und wann die Geschichte der Chemiefasern begann, ist schwer zu sagen. Den Anfang machten begabte Träumer, erfinderische Gelehrte. Robert Hooke, Professor in London, der sich mit Isaac Newton um Prioritäten stritt, schrieb vor rund 300 Jahren: »Oft dachte ich darüber nach, daß wohl ein Verfahren zu finden sein müßte, eine künstliche, leimige Substanz zu schaffen, die vielleicht nicht ganz so gut, vielleicht sogar besser ist als die Ausscheidungen oder was es sonst sein mag, aus denen der Seidenwurm seinen Fadenknäuel spinnt.« Und Réaumur, der das Thermometer einführte, meinte später: »Seide ist eigentlich nur eine Art an der Luft getrockneter Gummilösung. Sollte es nicht möglich sein, aus Gummi- oder Harzlösungen ein der Seide gleichendes Gebilde herzustellen?« Den Träumern folgten die Experimentierer, schließlich die Tatmenschen, die das Neue herbeizwingen. Die erste verwendbare Kunstseide schuf ein Franzose, der Graf de Chardonnet; unsere Urgroßmütter sprachen von Chardonnetseide. Der Graf de Chardonnet ist 1942 in dürftigen Verhältnissen gestorben. Heute sind Seidenstrümpfe ein Billigartikel. Diese »Seide« kommt aus der unbelebten Natur, sie ist aus Kohle, aus Erdöl gesponnen.

Aus Steinkohlenteer kommt Phenol, daraus ein schneeweißer, salzähnlicher Stoff, Caprolactam. Bei 260 bis 270 Grad wird dieser Stoff »polymerisiert«; jeweils 200 Moleküle schließen sich zu einem langen Kettenmolekül zusammen. Eine zähe Schmelze entsteht; sie läßt sich durch Düsenöffnungen pressen und zu Fäden ausspinnen. Die Fäden erstarren an der Luft; sie sind mit hoher Geschwindigkeit abzuziehen und aufzuspulen. Auf das Vier- und Fünffache ihrer ursprünglichen Länge verstreckt, wird die Faser noch reißfester. Mit einem Paar hauchdünner Strümpfe, die man zusammendreht, ist ein Wagen der Mittelklasse abzuschleppen! Der Ozeanriese hängt heute, wenn er in den Hafen bugsiert wird, an einem Tau aus synthetischer Faser.

In Amerika entstand Nylon. In den Laboratorien bei Du Pont fand ein Mitarbeiter des Dr. W. H. Carothers beim Reinigen eines Gefäßes einen Rückstand; der ließ sich, als man ihn erwärmte, zu Fäden ausziehen. Diese Substanz ließ sich zu außerordentlich festen und elastischen Fäden verstrecken. Das war 1930. Es dauerte über sieben Jahre, bis die neue Faser produktionsreif war. 1938 gab der amerikanische Konzern die Geburt der neuen Chemiefaser Nylon bekannt.

Im gleichen Jahr wurde im Labor des IG-Werks Lichtenberg eine dem Nylon ähnliche Faser, das Perlon, gefunden. Der Erfinder Paul Schlack gab zu geschmolzenem Caprolactam die winzige Menge einer Säure. Er schmolz das Glasrohr zu und stellte es über Nacht in den Ofen. Dr. Paul Schlack schilderte mir die Dinge, als ich ihn nach dem Krieg in Bobingen bei Augsburg besuchte, so: »Am nächsten Morgen sah ich sofort, daß der Versuch gelungen war. Tags zuvor war das geschmolzene Caprolactam noch dünnflüssig und glasklar gewesen, nun war es zu einer festen hornartigen Masse erstarrt. Kein Zweifel, die einzelnen Ringmoleküle hatten sich zu Kettenmolekülen umgebildet. Doch dann kam die zweite Überraschung: die Masse war nicht spröde, wie so oft bei ähnlichen Versuchen. Sie war zäh und hochelastisch; sie ließ sich biegen. Man konnte sie einschmelzen; die Schmelze ließ sich zu einem Faden ausziehen. Es stellte sich heraus, daß dieser Faden sich verstrecken ließ, kalt verstrecken, ohne zu reißen.« Der deutsche »Zwillingsbruder« des Nylon wurde Perlon genannt. Das Publikum gebraucht die Markennamen, die ihm täglich begegnen; sie lassen sich leichter merken als die chemische Bezeichnung. Nylon und Perlon kennt jedes Kind; es sind Polyamide; Orlon und Dralon sind für den Chemiker Polyacrylnitril; Dacron, Terylene, Diolen, Trevira sind Polyester. Allen diesen Fasern ist gemeinsam, daß ihr chemischer Name mit Poly- beginnt. Polymerisation ist der Zusammenschluß von Einzelmolekülen zu Kettenmolekülen.

Textilien ohne Farbe sind unvorstellbar. Jede neue Faser aus der Retorte, jede neue Mischung von natürlicher und synthetischer Faser, verlangt neue Farbstoffe, neue Farbverfahren. Dabei ist Färben nur eine, die auffälligste Form der Textilveredelung. Wenn die Techniker von »Ausrüstung« sprechen, so meinen sie: Waschen, Bleichen, Appretieren, Imprägnieren. «No iron«, »kein Eisen«, ist eine Bezeichnung für Stoffe, die kaum gebügelt werden müssen. Mancher mag geglaubt haben, die Fasern aus der Retorte würden King Cotton, »König Baumwolle«, umbringen. Nun aber erschien eine Baumwolle, die chemisch behandelt war, die kaum knitterte und kostbar aussah. Der Thron von »König Baumwolle«, den viele wanken sahen, war eher gefestigt.

Kunststoffe

Ich will die Kunststoffe in unserem Alltag nicht aufzählen. Wer käme damit zu Ende? Nehmen wir einen: das Polyäthylen. Ein elastischer Stoff, aus dem biegsame Flaschen, Isolatoren für Starkstrom- und transatlantische Fernsprechkabel, auch gefriersichere Rohre, atmende Folien und Wetterballone gemacht werden. Polyäthylen ist leichter als alle anderen Kunststoffe; es schwimmt auf dem Wasser. Zuerst, in den dreißiger Jahren, haben die Engländer es herzustellen gewußt, mit einigem Aufwand. Bis 2000 Atmosphären Druck gehörte dazu. Eine Zufallsbeobachtung im Max-Planck-Institut für Kohleforschung in Mülheim-Ruhr ergab, daß es auch ohne Druck geht. Wenn nur Spuren eines Katalysators – eines Stoffs, der bei der »Verbindung« die Rolle des Heiratsvermittlers spielen kann – vorhanden sind. »Wir wollten unseren Augen nicht trauen«, berichtete Prof. Karl Ziegler, Leiter des Max-Planck-Instituts für Kohleforschung. »Wir haben immer wieder Freude an den Gesichtern von Besuchern, denen wir zeigen, wie das Polyäthylen im offenen Becherglas entsteht.« Ziegler erhielt den Nobelpreis für Chemie 1963 mit Giulio Natta zusammen, einem Kunststoff-Chemiker aus Mailand.

Man kann Kunststoffe »züchten«, mit ganz bestimmten Eigenschaften für einen ganz bestimmten Zweck, »Werkstoffe nach Maß« schaffen. In solchen Fällen sind sie den entsprechenden Naturstoffen überlegen, alles andere als das, was sie im Anfangsstadium und in

Notzeiten gewesen sind: »Ersatz«, ein Wort, das aus dem Deutschen unübersetzt in andere Sprachen übergegangen ist.

Es gibt einen Satz, der die Spannweite der Kunststoffe ausdrückt: »Stoffe zwischen Stahl und Flüssigkeit«. Beim Plexiglas – um ein Beispiel zu nennen – ist der Chemie ein besonderes Kunststück gelungen: ein biegsames Glas! Ein Glas, das in jede Form zu gießen ist; ein Glas, das nicht splittert. Ein Glas, das sich auf Kristallglanz polieren läßt. Ein organisches Glas, das nur halb soviel wiegt wie anorganisches Glas.

Es gibt Schäume, die leicht wie Daunen sind, elastisch wie Schwämme; auch Schäume, die erstarren, ein federleichtes und hervorragend isolierendes Material: das Styropor. Polystyrolschäume enthalten drei bis vier Milliarden Poren auf den Kubikmeter; sie sind 15fach leichter als Kork. Sie halten warm, sie halten kalt; sie schlukken Schall.

Es gibt Kunststoffe ohne Beispiel, etwa Teflon, ein Fluorkohlenstoff, der seine Existenz auch einer Zufallsbeobachtung Ende der dreißiger Jahre verdankt. Erstmals im Frühjahr 1943 ist Teflon, zunächst noch in kleinen Mengen, erzeugt worden. Es ist praktisch unzerstörbar, eine chemische »Drachenhaut«, die ungewöhnliche Hitze überdauert, die ausgezeichnet isoliert, die aggressive Säuren abweist. Die teflonbeschichtete Bratpfanne ist übrigens nicht, wie hämisch behauptet wurde, ein »Abfallprodukt der Raumfahrt«, Teflon ist 30 Jahre älter.

Die Silikone sind aus Kohle und Sand zu machen. Seltsam genug, daß daraus hervorragende Schmiermittel entstanden sind, »Fette«, die über einen weiten Temperaturbereich hin unverändert bleiben, eine Schmierung, die das Getriebe überdauert. Silikonkautschuk ist biegsames, gummiartiges Material, ein »elastischer Kitt«, der auch bei klirrender Kälte und brütender Hitze nicht spröde wird. In den zwanziger Jahren schuf Albert Stock, ein Deutscher, die wissenschaftlichen Grundlagen; F. S. Kipping, ein Engländer, baute sie aus. In den frühen dreißiger Jahren übertrugen amerikanische Chemiker das theoretisch Gefundene in technisch verwertbare Formen. Ende des Krieges und kurz danach begann die Herstellung im großen. Ich erinnere mich an die Münchener Kunststoff-Tagung 1950.

Die meisten Teilnehmer sahen »Silikongummi« da zum ersten Mal. Einer der Vortragenden hatte eine Probe von der Mailänder Messe mitgebracht. Zum Vergnügen des Auditoriums ließ er den Silikonball im Großen Physiksaal der Technischen Hochschule springen. Nur 10 Jahre später waren die Silikone bereits ein Alltagsbegriff.

Heilmittel aus der Retorte

Der Wunsch nach schmerzlindernden und einschläfernden Mitteln ist so alt wie die Menschheit. Die Narkose gehört zu den Wohltaten unserer Kultur. Es war die Chemie, die wirksame Narkosemittel auffand und ihre ungefährliche Dosierung möglich machte: 1846 wurde erstmals eine Äthernarkose, 1847 eine Chloroformnarkose durchgeführt. Heute steht dem Arzt eine Vielzahl von abstufbaren Narkosemitteln zur Hand.

Von Narkose und Anästhesie ganz abgesehen, dürfte es nicht einen erwachsenen Menschen in unserer Zivilisation geben, der in seinem Leben nicht irgendwann einmal von den »Schätzen aus chemischer Hand« genommen hat. Eine unabsehbare Zahl von Heilmitteln aus der Retorte hat die Medizin zur Verfügung. 1850 setzte die Französische Gesellschaft für Pharmazie 4 000 Francs für denjenigen Chemiker aus, dem die künstliche Herstellung des Chinin gelingen sollte. Chinin, damals die einzige Droge gegen Malaria, wird aus der Rinde eines tropischen Baums gewonnen. »Die Wettbewerber sind angewiesen, ihre Ansprüche vor dem 1. Juni 1851 anzumelden. Mindestens 250 g des synthetischen Stoffs sind einzusenden.« 250 Gramm! Niemand hat den Preis abholen können. Erst mehr als 30 Jahre später fand der 24jährige Dr. Ludwig Knorr bei der Suche nach einem Malariamittel sein berühmtes Antipyrin. Es vermochte Fieber zu senken und Schmerzen zu lindern. 1896 stellte dann Friedrich Stolz in Hoechst das Pyramidon her. Die chemische Formel des Pyramidon ist der des Antipyrin ähnlich. Aber Pyramidon wirkte, bei besserer Abstufbarkeit, stärker. Kurz darauf, zur Jahrhundertwende, erschien das Aspirin. So eine Tablette wiegt ein halbes

Gramm; der Jahresverbrauch geht in die Zehntausende von Tonnen. Die Ärzte sahen sich gezwungen, vor Arzneimittel-Mißbrauch zu warnen, dem allzu leichten und allzu häufigen Griff nach der Tablette. Aber mit Vernunft und Vorsicht genommen, sind Schmerzmittel ein Geschenk der Zivilisation: sie blasen Schmerzen fort, sie ziehen den Schlaf herbei. Sie lassen neue Kräfte sammeln.

Das Chinin, vor Jahrhunderten schon den Inkas bekannt und von den Spaniern nach Europa gebracht, wird noch immer verwendet. Es ist im Laboratorium zu synthetisieren; die Isolierung aus der Chinarinde kommt aber billiger. Im Kampf gegen die Malaria ist das Chinin von dem 1932 synthetisierten Farbstoff Atebrin unterstützt worden. Den Rückzug der Malaria konnte aber erst das DDT erzwingen. Der Schweizer Paul Hermann Müller fand im DDT ein Kontaktgift für Insekten. Malaria wird von der Anopheles-Mücke übertragen wie Flecktyphus von Läusen. Jede Seuche, die von Insekten verbreitet wird, war mit DDT wirksam zu bekämpfen. Paul Hermann Müller aus dem Labor der Farbenfabriken Geigy in Basel erhielt dafür den Nobelpreis für Medizin 1948. Er empfing Ehren in aller Welt und er hätte als einer der größten Wohltäter der Menschheit in die Geschichte der Menschheit eingehen können, hätte man sein DDT nicht weitgehend zurückziehen müssen.

Als man in den fünfziger Jahren feststellen mußte, daß der Bestand einer Reihe von Vogelarten, von Adlern, Fischadlern, Wanderfalken und Pelikanen aus unerklärlichen Gründen zurückging, war ein Zusammenhang allenfalls zu ahnen, jedoch noch längst nicht erkannt. Es stellte sich am Ende heraus, daß DDT auf den Hormonhaushalt der Vögel einwirkt; es behindert die Bereitstellung von Calcium für die Schalen der Eier. Die Vögel legen wohl Eier, die Schalen waren aber zu dünn, um das Leben, das sich darin entwickelte, schützen zu können.

Gegen gewisse Indizien, daß DDT der Grund sein könnte, sprach zunächst, daß man dieses geheimnisvolle Phänomen auch bei Vögeln beobachtete, die auf abseitigen Inseln nisteten, wo sie, wie man glaubte, mit DDT gar nicht in Berührung kommen konnten. Schließlich entdeckte man, daß es über die Nahrungsketten weitergegeben worden war: im Bodenschlamm eines Sees fand man 14 mg DDT pro

Tonne, bei den im Schlamm lebenden Garnelen waren es schon 0,44 g – das 30fache – in den Fischen, die von den Garnelen leben, noch einmal das Zehnfache, in den Heringsmöwen, die die Fische fressen – 100 g pro Tonne Vogelgewicht. Die Konzentration war somit auf das 7 000fache angewachsen! Der amerikanische Weißkopfadler, das Wappentier der USA, war vom Aussterben bedroht! Die Vögel legten nur noch dünnschalige zerbrechliche Eier.

Man hat angereichertes DDT dann überall entdeckt, selbst in der Antarktis, im Körper von Robben und Pinguinen. Es hat sich in der Milch von Kühen, auch in der Muttermilch, gefunden. Es ist eine Substanz, die, wie sich herausstellte, nicht in ihre letzten harmlosen Element-Bausteine zerfallen will. Bisher ist nicht bekannt, wo die Toleranzgrenzen für uns sind. Glücklicherweise scheint der Mensch hohe Konzentrationen über Jahre hinweg zu vertragen. Dennoch ist allerhöchste Vorsicht geboten! Die Anwendung von DDT ist nunmehr in zahlreichen Ländern generell untersagt, nur noch für Seuchen-Notfälle erlaubt. Die Malaria, die beinahe ausgerottet war, ist leider wieder im Vormarsch.

Paul Ehrlich

Es waren chemische Farben, die die gefährlichsten Krankheitserreger unter dem Mikroskop sichtbar gemacht haben. Robert Koch färbte mit Anilinfarben. Der Gedanke lag nahe, den Farbstoff, den die Bakterien aufnehmen, so zu gestalten, daß er sie nicht nur sichtbar machte, sondern zugleich umbrachte. Paul Ehrlich begann 1885 Farbstoffe auf ihre Arzneiwirkung hin zu prüfen. Er fand, daß Methylenblau gegen Malaria wirkt. Er suchte weiter. Dr. Sahatschiro Hata aus Japan, der Assistent Ehrlichs, nahm sich der Geduldsarbeit an. »4 G's gehören zum Erfolg«, sagte Ehrlich, »Geduld, Geschick, Geld und Glück.« Das Präparat mit der Labornummer 606 erwies sich schließlich als wirksam gegen die Erreger der Schlafkrankheit und, was zur Weltsensation wurde, gegen die Erreger der Syphilis. Fritz Schaudinn, Zoologe am Hamburger Institut für Schiffs- und

Tropenkrankheiten hatte die Syphiliserreger 1905 unter dem Mikroskop entdeckt, kleine blasse Spiralen. Nur 4 Jahre später war das Salvarsan gefunden, das erste Chemotherapeutikum, die erste chemisch erzeugte Arznei.

Das Kapitel der Chemotherapie ist vielleicht die wichtigste medizinische Leistung dieses Jahrhunderts. Daß die meisten Infektionskrankheiten ihre Schrecken verloren haben, hat unsere durchschnittliche Lebenserwartung um Jahrzehnte verlängert.

Die Sulfonamide

Mit Farbstoffen hat also das Kapitel Chemotherapie begonnen (»Ehrlich färbt am längsten«), und Farbstoffe waren es, die einen neuen Abschnitt dieses Kapitels eingeleitet haben. Die Entdeckung wurde im Herbst 1932 gemacht: der 1895 in der Mark Brandenburg geborene Gerhard Domagk untersuchte in den Elberfelder Laboratorien der Bayer AG, ob und wie die Azo-Farbstoffe auf Bakterien wirken. Ein ziegelroter Azo-Farbstoff, später Prontosil genannt, erwies sich als Treffer. Hunderte weißer Mäuse wurden mit Streptokokken infiziert, jeweils die Hälfte anschließend mit dem neuen Farbstoff behandelt. Die behandelten Tiere überlebten; die anderen gingen ein. Würde das neue, später so genannte Sulfonamid auch beim Menschen wirken? Der Entdecker Domagk erlebte das auf dramatische Weise in der eigenen Familie. Seine Tochter hatte sich mit einer Stricknadel gestochen, eine an sich ganz harmlose Verletzung. Tatsächlich wuchs sich die Streptokokken-Infektion zu einer lebensgefährlichen Sepsis aus. Domagk wagte den Einsatz und gewann: sein Prontosil konnte die Tochter retten. Dem Prontosil sind zahlreiche andere Sulfonamide, neue Variationen und Kombinationen, gefolgt. Die Sulfonamide sind vielseitig verwendbar, sie sind relativ gut verträglich, relativ einfach herzustellen.

Ich bin Gerhard Domagk erstmals bei der 1. Sommertagung der Nobelpreisträger in Lindau begegnet. Sein Tisch war von den Fotografen belagert; einer schoß Bilder von einer Leiter aus: »Bitte schauen sie nach oben, noch mal bitte, etwas freundlicher bitte, noch freundlicher, Sie müssen lächeln!« Domagks Geduld schien erschöpft; er protestierte, noch halb amüsiert, schon halb ärgerlich. Da kam der Fotograf herunter, sich zu entschuldigen: »Daß ich überhaupt da bin, verdanke ich Ihnen, Herr Professor. Sie haben mir im Lazarett Smolensk das Leben gerettet.« »Da war ich aber nicht«, sagte Domagk. »Ihr Prontosil war da!« Der Fotograf schilderte die Umstände. Dann sagte er: »Ich verkaufe die Bilder an die Zeitungen; das ist mein Beruf. Das beste Porträt aber, das können Sie mir glauben, kommt bei mir zu Hause in einen schönen Rahmen.«

Im Juli 1951 war Domagk mit 55 Jahren ein fast kahler Mann; auf den ersten Blick wirkte er etwas spröde; der Auftritt schien ihm doch etwas peinlich. Otto Warburg, Nobelpreisträger für Medizin 1931, war mit am Tisch. Ein schwieriger Mensch. Ein Herr, der sein Institut so autoritär wie nur irgend möglich geführt hat. In wissenschaftlichen Auseinandersetzungen war er von schneidender Unerbittlichkeit. Es stand zu befürchten, daß er die Szene kurz beendete, aber ich hörte ihn sagen: »Lieber Domagk, das müssen Sie sich schon gefallen lassen. Man sollte Ihnen auf allen Bergesgipfeln Denkmäler setzen. Ihre Sulfonamide haben vielen Tausenden das Leben gerettet. Die Menschen müssen Ihnen dankbar sein.« Domagk lächelte ein wenig hilflos: »Ach, wissen Sie, ein neues Heilmittel ist nur anfänglich interessant. Dann ist es selbstverständlich. Jedermann hat darauf Anspruch. Und so soll es ja sein.«

Das Penicillin

Rund 40 Jahre lang, seit Paul Ehrlichs Salvarsan, sind es synthetische, in der Retorte aufgebaute Heilmittel gewesen, die gegen bakterielle Infektionen mit großem Erfolg eingesetzt wurden. Da erschien, noch während des Zweiten Weltkrieges, etwas Neues. Es war wieder eine Großtat der Chemie, doch griff sie diesmal auf ein Produkt der Natur zurück: die Entdeckung des Penicillin ist wohl eines der größten Ereignisse in der Medizingeschichte, zudem ein Paradebeispiel für die Rolle, die der Zufall in der Geschichte der Naturwissenschaften immer wieder spielt. Der Nobelpreis 1945 ging zu gleichen Teilen an drei vom englischen König geadelte Briten: an den in Schottland geborenen 64jährigen Sir Alexander Fleming von der London University, an den in Berlin geborenen 39jährigen Sir Ernst Boris Chain und an den in Australien geborenen 47jährigen Sir Howard Walter Florey, beide von der Oxford University.

Die Geschichte des Penicillin hat siebzehn Jahre zuvor begonnen, im September 1928, als Alexander Fleming eine, wenn man so will, zufällige Beobachtung machte. Eigentlich war ein Labor-Mißgeschick die Ursache. Eine ärgerliche Angelegenheit, um so ärgerlicher, je pedantischer der ist, dem sie widerfährt. Der Hergang ist verbürgt, von Fleming selbst, und von Boris Chain, der Flemings Bericht zehn Jahre später ausgegraben und dazu gesagt hat: »Die Wirklichkeit ist nicht weniger interessant als es die Legenden sind, die sich gebildet haben.«

Der Bakteriologe Dr. Alexander Fleming arbeitete in seinem Laboratorium im Londoner St. Mary's Hospital. Er war damals 47 Jahre alt. Was er tat, war Routinearbeit. Er überprüfte das Wachstum von Bakterienstämmen, die er auf Nährböden angesiedelt hatte. Er hob einen Glasdeckel nach dem anderen von den Schalen, um nachzusehen, wie sich die Kulturen entwickelt hatten. Da war ihm doch eine Kultur verdorben! Ein Schimmelrasen! Offensichtlich hatte sich eine Spore auf den Nährboden niedergelassen, als bei einer früheren Gelegenheit der Deckel abgehoben worden war. Wann ist es passiert, dachte er. Vielleicht habe ich vergessen, den Deckel draufzusetzen, vielleicht stand die Schale über längere Zeit offen. Wie auch immer, Boris Chain stellt im nachhinein dazu fest: »Der Zufall bestand nicht eigentlich darin, daß eine einsame Spore eines seltenen Pilzes durch Flemings Laborfenster genau auf den Nährboden in die vorübergehend offenstehende Petrischale flog. So etwas geschieht öfter einmal. Der eigentliche Zufall bestand darin, daß Fleming entgegen den Gepflogenheiten des bakteriologischen Labors die Petrischale mit der Staphylokokken-Kolonie über längere Zeit, ›mindestens 4 bis 6 Wochen‹, auf der Laborbank, wenn auch dann zugedeckt, hatte stehenlassen. Der Schimmelpilz hat damit die Gelegenheit erhalten, sich nicht nur – eine Momentsache ist das – festzusetzen, sondern auch, sich zu entwickeln und auszubreiten. Es hat sich übrigens nicht um einen seltenen Pilz gehandelt; er ist in den meisten Londoner Gärten zu finden.«

Die angesetzte Kultur war jedenfalls verschimmelt, also verdorben. Fleming wollte sie schon in den Abfalleimer kippen, da, im selben Augenblick, stutzte er. Eine Beobachtung »am Rande«, wörtlich und im übertragenen Sinn: am Rand der Schale rund um die Kolonie, die der eingedrungene Schimmelpilz gebildet hatte, war eine freie Zone, ein Ring entstanden. Da waren die Staphylokokken verschwunden, zurückgedrängt, irgendwie auf Abstand gehalten. Sah es nicht aus, als habe der Schimmelpilz sie zum Rückzug gezwungen? Oder was sonst war geschehen?

Dieser Augenblick der Überlegung nach einer »zufälligen« Beobachtung, das Aufmerksamwerden bei der Routinearbeit, weil etwas anders ist als erwartet, somit »verwunderlich« erscheint und bei näherem Zusehen verwunderlich bleibt, bedeutet – die Entdeckung. Besser gesagt: es bedeutet, daß Fleming »an der Schwelle« seiner Entdeckung stand, einer Entdeckung, die ihn in die Reihe der großen Wohltäter der Menschheit gestellt hat. Zur wissenschaftlichen Entdeckung gehört, wie hier deutlich wird, daß der Entdecker nun den folgerichtigen Schritt über die Schwelle tut, das Beobachtete im Licht der Erfahrung prüft, die Bedeutung erkennt und – auch dies gehört dazu – das Entdeckte bekanntmacht.

Fleming selbst hat dazu gesagt, er verdanke seine Entdeckung einem »stroke of good fortune«. Im englischen »stroke« steckt das deutsche Wort »Streich«, im Sinn von Schlag oder Hieb, wie in unserem »Handstreich« oder auch »Geniestreich«. Das Wort stroke wird auch beim Billardstoß verwendet, beim Blitzschlag, beim Geistesblitz und bei der Pointe im Witz. Auch beim Schicksalsschlag und eben im »stroke of good luck«, was wir mit Glücksfall oder Glückstreffer übersetzen können. Fortuna, die Glücksgöttin, so drückte Fleming es aus, hat die Hand im Spiel gehabt.

Ich habe einmal mit Feodor Lynen, dem Nobelpreisträger der Medizin 1964, darüber gesprochen. Er meinte, daß gerade in der

Arzneimittel-Forschung der Zufall eine besondere Rolle spiele. Indessen sei »selbst der Zufall nicht ganz zufällig«. In der Regel trete er im Verlauf systematischer Forschungsvorhaben auf und weise dem, der ihn zu bewerten weiß, den richtigen Weg. Schon Louis Pasteur habe dazu festgestellt: »Dans le champs de l'observation le hasard ne favorise que les ésprits préparés.« Übersetzt: »Auf dem Felde der wissenschaftlichen Beobachtung begünstigt der Zufall nur diejenigen, deren Geist (auf das, was der Zufall bringt) entsprechend vorbereitet ist.«

Jahrzehnte später noch hat Fleming den Gedanken in sich bewegt, wie leicht ihm die Entdeckung hätte entgegen können. Wenn er die verdorbene Kultur weggeworfen hätte! Sicher wäre das geschehen, wenn er – und nun dachte er sich allgemein-menschliche Situationen aus – »schlechter Laune gewesen wäre. Mein Verstand hätte von einer jungen Frau ausgefüllt sein können. Wenn ich unter den Nachwirkungen einer zu schweren Mahlzeit gelitten hätte oder einfach zu träge gewesen wäre, um etwas zu merken.«

Fleming hat etwas gemerkt. Er hat nicht daran gedacht, dies könnte »eine Sternstunde« sein. Dazu ist er ein viel zu nüchterner, wohl auch pedantischer Wissenschaftler gewesen. Die Sache interessierte ihn einfach; er begann zu experimentieren. Der Schimmelpilz wuchs, so konnte er feststellen, auf Fleischbouillon, und das bei Zimmertemperatur, am besten. Wie lang war es her? Wird das Zufallsexperiment zu wiederholen sein? Fleming »impfte« die verschiedensten Bakterienkolonien mit Schimmelsporen. Seine Vermutung, daß der Schimmel eine Substanz absondern könnte, die Bakterienkeime abtötet, wurde immer wahrscheinlicher, wurde fast zur Gewißheit. Staphylokokken, auch Streptokokken und andere Bakterien, das ergeben seine Versuche, sterben ab, auch die Bazillen des Milzbrands, des Starrkrampfs, der Diphterie. Gewisse Colibakterien und Bazillen der Influenza behaupten sich. Zusätzlich stellt sich heraus, daß eine Pilzlösung den Leukozyten, den weißen Blutkörperchen, die der Organismus bei Infektionen als Schutztruppe einsetzt, nichts anhaben kann. Der Pilz ist verträglich; er unterstützt die Abwehr des Körpers.

Aber hat nicht schon der große Pasteur die Beobachtung gemacht, daß gewisse Mikroorganismen das Wachstum des Milzbrandbazillus behindern, daß Typhus- und Cholera-Bazillen damit zu schädigen sind? Warum hat Pasteur das nicht weiter verfolgt?

Es kam darauf an, das in der Nährlösung gebildete Penicillin anzureichern, es in größeren Mengen zu gewinnen. Aber das war eine Aufgabe für Chemiker; der Bakteriologe Fleming sah sich hier überfordert. Er war doppelt überfordert, weil dieses Penicillin ein chemisch überaus empfindlicher Stoff ist. Die Wirkung auch winzigster Mengen in einer Lösung ließ sich jedenfalls nachweisen, etwa bei Entzündungen der Augenbindehaut.

Im Mai-Heft 1929 des British Journal of Pathology und im besonders angesehenen »Lancet« veröffentlichte Fleming seine Berichte. Er deutete an – vorsichtig, wie es die Art des Wissenschaftlers ist –, daß sich der Medizin hier Möglichkeiten eröffnen könnten. Tatsache war, daß die englischen Arzneimittel-Chemiker abgewinkt haben. Die Schwierigkeiten, diesen Stoff Penicillin zu extrahieren, schienen zu groß. Fleming sah das ein; er resignierte. Erst ein Jahrzehnt später ist der aus Deutschland emigrierte Ernst Boris Chain beim Studium der Literatur auf den Artikel im »Lancet« gestoßen und hat Flemings Entdeckung ausgegraben.

Freilich, dieser Ernst Boris Chain interessierte sich für eine ganz andere Substanz, das Lysozym. Auch auf dieses war Fleming gestoßen, ein Zufall? Auch das Lysozym wirkt antibakteriell, aber nicht in sehr eindrucksvoller Weise. Etwas Lysozym findet sich im Nasenschleim und in der Tränenflüssigkeit. Als Chain seine Arbeit über das Lysozym vorbereitete, hat er generell Literatur über Substanzen gesammelt, die das Wachstum von Bakterien behinderten. »Ich fand die gegenseitige Wachstumshemmung von Bakterien, Streptomyceten, Pilzen und Hefen mehr als 200 Mal erwähnt. Die Geschichte im ›Lancet‹ erregte in diesem Zusammenhang mein besonderes Interesse. Die Veröffentlichung von Alexander Fleming war zehn Jahre alt. Das Phänomen war eindrucksvoll beschrieben. Allerdings hatte ich, im Gegenteil zu Fleming, nicht die Anwendung in der Medizin im Sinn. Bei mir ist es wirklich nur wissenschaftliche Neugier gewesen, nichts weiter. Ich wollte eigentlich nur wissen: was ist das für eine Substanz, wie ist sie chemisch gebaut, warum wirkt sie so?«

Chain und Florey, sein Chef in Oxford, verabredeten, jetzt einmal systematisch die chemischen, biochemischen und biologischen Eigenschaften all der antibakteriellen Substanzen, die von Mikroorganismen produziert wurden, zu untersuchen. Boris Chain: »Unser erstes Penicillin, ein braunes Pulver, war noch in einer Verdünnung von 1:1 000 000 zwanzigmal wirksamer als die Sulfonamide, die damals zur Verfügung standen. Nur: das eigentliche, das Herstellungsproblem war damit keineswegs gelöst.

Die Ausbeuten waren viel zu gering. Es erbrachte zu wenig, den Pilz auf Nährböden zu züchten, in Schalen, in Wannen, in Bettschüsseln. Man sagte uns, als wir um entsprechende Mittel für größere Modelleinrichtungen baten, das sei etwas für die Industrie, nicht für ein Universitätslabor. Also reiste Florey nach Amerika, um die Pharmaleute dort für unsere Sache zu gewinnen. Die Amerikaner haben die Großproduktion während des Krieges dann möglich gemacht. Sie konnten zu Recht sagen: das Penicillin wurde in England entdeckt, wie man es herstellt, in Amerika.«

Die Herstellung des Penicillins, seine Einführung in die Heilkunde, bestätigte den Wert jener Arbeitsweise, die in der modernen Wissenschaft üblich geworden ist. Die Forscher arbeiten im Teamwork, im Verein mit anderen, die möglichen Wege werden gleichzeitig und nebeneinander untersucht, die Ergebnisse ausgetauscht.

In einem Heft des amerikanischen Nachrichtenmagazins Time aus dem Jahr 1944 ist die Geschichte des Penicillins erstmals im Zusammenhang dargestellt worden. Das Titelblatt zeigte ein Porträt Flemings mit der Unterschrift: »Der Mann, dessen Penicillin mehr Menschenleben retten wird, als der Krieg gefordert hat.«

Aber gehörte, wie viele schon damals meinten, der Ruhm nicht den Wissenschaftlern in Oxford, die das Heilmittel erst verfügbar gemacht haben? Ich habe mich mit meinem Kamerateam in Oxford angemeldet. Das Universitätsviertel von Oxford wirkt auf liebenswürdige Weise wie aus einem mittelalterlichen Traum entstiegen. Würden nicht die zweistöckigen Omnibusse dichtauf fahren, könnte man glauben, hier sei alles in Ferien. Im Rosengarten, der zum Magdalenen College gehört, fanden wir einen Gedenkstein zur Erinnerung an die Arbeit der Oxford-Gruppe. Es sind 10 Wissenschaftler namentlich aufgeführt. Im Herbst 1984 lebten noch drei davon. Mit zwei von ihnen sind wir verabredet, mit Prof. Abraham und mit Dr. Heatley. Professor Edward Abraham hat mit Chain eng zusammengearbeitet. Dr. Norman Heatley war der Arzt, der Penicillin zum ersten Mal am Menschen erprobt hat. »Der Text auf dem Stein«, sagte ich zu Sir Edward, »spricht davon, daß die ganze Menschheit in Ihrer Schuld stehe. Sie beide sind übriggeblieben von den Menschen, die hier verzeichnet stehen.« »Ja. Von Margret Jennings, Floreys zweiter Frau, abgesehen, der es gesundheitlich leider nicht gut geht, sind wir beide die letzten.« Ob die Entdeckung Flemings »verlorengegangen« wäre, hätte Chain sie nicht wiederentdeckt?

Prof. Abraham meinte: »Das ist schwer zu sagen. Unsere Arbeiten während des Krieges haben jedenfalls gezeigt, daß das Penicillin tatsächlich die Substanz mit dieser außerordentlichen Bedeutung für die klinische Medizin war. Das konnte Fleming so nicht vorhersagen, auch Florey und Chain nicht, zu Beginn ihrer Untersuchungen.«

Und Dr. Heatley bestätigte mir, daß jene tragische Geschichte von dem Polizisten, der eben nur beinahe gerettet werden konnte, keine Legende ist: »Seine Infektion – er hatte sich im Gesicht an einem Rosendorn verletzt – war verhängnisvoll fortgeschritten. Man mußte ihm ein Auge entfernen. Er schien unrettbar verloren. Man entschied sich, das neue Penicillin einzusetzen. Wir verfügten nur über eine sehr begrenzte Menge, konnten deshalb nicht viel geben, doch er erholte sich auf erstaunliche Weise. Aber dann ging unser Penicillin zu Ende, die Erreger der Infektion holten auf, und er starb. Wir hatten nicht genügend viel Penicillin, um ihn über eine gewisse Zeit hinweg, wie das notwendig gewesen wäre, damit zu versorgen.«

Ich sagte: »Was bewegt Sie, wenn Sie an diesem Stein vorbeigehen und Ihre Namen lesen?« Sir Edward lachte: »Er sieht etwas nach Grabmal aus, aber natürlich ist es ein gutes Gefühl, mit einer Forschung verbunden gewesen zu sein, die großen Nutzen für die Menschheit erbracht hat.« Und Dr. Heatley ergänzte: »Ja, ich bin wirklich sehr glücklich bei dem Gedanken, gerade in diesem besonderen Labor zu eben dieser besonderen Zeit gewesen zu sein.«

Heute hat jede Apotheke rund um die Erde Antibiotika vorrätig, mit denen Infektionen, die noch vor einer Generation als hoffnungslos gelten mußten, beherrscht werden können. Kurz nach dem Zweiten Weltkrieg war Penicillin noch eine Kostbarkeit. Aber als ich 1951 auf einer abgelegenen dalmatinischen Insel gefährlich erkrankte, war das Zaubermittel auch dort vorhanden.

Dem Penicillin folgten Streptomycin, Chloromycetin, Aureomycin und andere. Gemeinsam ist ihnen, daß sie von Mikroorganismen erzeugt werden: es sind die später so genannten Antibiotika. Der Name ist ihnen 1945 von Selman Waksman (Nobelpreis 1952) gegeben worden. Sein Streptomycin war das erste Antibiotikum, das gegen die Tuberkulose wirkte. Parallel dazu hat übrigens Domagk sein Conteben, später sein Neoteben geschaffen. Halbsynthetische Antibiotika und vollsynthetische Sulfonamide haben sich vielfach ergänzt. Ein Ziel, dem Robert Koch vergeblich nachstrebte, ist in den Jahren nach dem Zweiten Weltkrieg endlich erreicht worden: Medikamente gegen die Tuberkulose.

Nach dem Krieg war Sir Alexander Fleming schon ein weißhaariger Herr. Er wirkte still und zurückhaltend, irgendwie so, als habe ihn der triumphale, aber verspätete Erfolg seines Penicillins nicht ganz mit den Jahren der Resignation versöhnen können. »Wo immer ich hinkomme«, lächelte er, »wollen mir die Leute dafür danken, daß ich ihnen das Leben gerettet habe. Aber es ist die Natur, die das Penicillin macht. Ich habe es nur gefunden.«

Fleming ist 1955 gestorben, Florey 1968, Chain 1979.

Vitamine, Hormone, Fermente

Die Biochemie ist es, die sich den Rätseln des Lebens von der Chemie her nähert. In der Tat ist die Verarbeitung von Sinnesreizen, ist jede Lebensäußerung, auch eine »seelische« Regung, mit chemischen Umsetzungen verbunden. Mit tieferen Einblicken in das stoffliche Gefüge des Lebens ergaben sich auch neue Ansatzpunkte für die Medizin.

Unter den Meisterpräparaten im Deutschen Museum steht auch ein Gläschen mit gelben Nadeln: es ist das Vitamin A, das Paul

Karrer in Zürich synthetisiert hat. In einem anderen Glas findet sich eines der Geschlechtshormone, die Adolf Butenandt isolierte und später in der Retorte nachgebaut hat. Die Vitamine, die Hormone, die Fermente gehören zu den geheimnisvollen Wirkstoffen, für die Wilhelm Auerswald den Vergleich gefunden hat, sie würden »wie der passende Schlüssel in ein Schloß eingreifen, wobei die Kleinheit des Schlüssels in keinem Verhältnis zu dem sich öffnenden Tor steht«.

Die Geschichte der Vitamine ist noch gar nicht alt. Erst 1912 vermutete der Amerikaner Casimir Funk, daß die vielfach beobachteten Ausfallerscheinungen bei unnatürlicher Nahrung, etwa der Skorbut, als Mangelkrankheit zu deuten seien. An was mangelt es? »Vitamine« nannte er die lebensnotwendigen Stoffe, nach dem lateinischen vita für Leben und erklärte ihre Wirkung als »zündende Funken« im Körpergeschehen.

In den Jahren 1913 bis 1948 wurden nicht weniger als 12 Vitamine in ihrer chemischen Beschaffenheit aufgeklärt und im Laboratorium nachgebaut. 1933 gelang Tadeusz Reichstein in Zürich die Synthese des Vitamins C aus Traubenzucker, 1945 fand man eine industriell verwertbare Synthese des Vitamins A. Wieder, wie bei den Farben und Kunstfasern, ist es die Chemie, die der Natur die Produktion dieser Stoffe nachmacht. Bei den Hormonen ist es nicht anders. Der englische Physiologe Ernest Henry Starling (1866–1927), Professor in London, hat ihnen diesen Namen gegeben (aus dem griechischen »erregen, antreiben«). Vitamine sind Importware, die mit der Nahrung dem Körper zugeführt werden müssen; Hormone entstehen im Körper. Ein Beispiel: in Gefahrenmomenten gibt ein Gehirnzentrum Befehl an die Nebenniere, das Hormon Adrenalin auszuschütten. Dadurch wird der Mensch in die Lage versetzt, für kurze Zeit »Übermenschliches« zu leisten. Die sogenannten »Verzweiflungskräfte« werden von Milligrammen eines Hormons ermöglicht.

Fermente schließlich sind Stoffe, die, in den Zellen gebildet, den Auf- und Abbau von Körperbausteinen ermöglichen. Ein einziges Gramm des sogenannten Labferments vermag 100 Liter Milch gerinnen zu lassen.

Es wird berichtet, daß der römische Kaiser Claudius mit Belladonna, dem Sud der Tollkirsche, vergiftet wurde. Die Tollkirsche Atropa Belladonna gehört zur Familie der Nachtschattengewächse wie die Kartoffel, die Tomate und die Tabakpflanze. Der Name Tollkirsche besagt, daß ihr Genuß »von Sinnen« bringt; Atropa erinnert an die griechische Schicksalsgöttin, die den Lebensfaden abschneidet. Belladonna heißt das Gift, weil »schöne Frauen« damit den Augen einen verführerischen Glanz zu geben wußten, indem sie die Pupille durch Einträufeln weiteten.

Friedlieb Ferdinand Runge (1795–1867), der mit Fließpapier Substanzen voneinander zu trennen wußte, somit frühe Chromatogramme schuf, konnte dem Geheimrat Goethe, den er im geliehenen Frack, eine Katze unter dem Arm, aufsuchte, die Wirkung des Tollkirschengiftes vorführen. Er träufelte seiner Katze Atropin ins Auge. Goethe war von der Erweiterung der Pupille sehr beeindruckt. Er bedankte sich mit einem Päckchen Kaffeebohnen, damals eine Rarität. Runge isolierte daraus den Wirkstoff Coffein, der anregt und wachhält. Heute wird Atropin nicht nur in der Augenheilkunde verwendet; es wird seiner krampflösenden Wirkung wegen auch bei Gallen- und Nierenstein-Koliken gespritzt.

Die Wirkung von Atropin wurde mir in einem Münchener Universitätsinstitut vorgeführt: ein »Versuch am isolierten Organ«. Man hatte in die Glasapparatur ein Stückchen Dünndarm von einem Meerschweinchen eingesetzt. Durch Einspritzen von Acetylcholin wurde ein Krampf ausgelöst, der Dünndarm in geradezu dramatischer Weise zusammengeschnürt. Man spritzte Atropin dagegen und sofort begann der Darm sich zu strecken, der Krampf sich zu lösen.

Vor fast 200 Jahren stieß ein englischer Arzt, William Withering (1741–1799), bei der Überprüfung von Rezepten der Volksmedizin auf die Herzwirksamkeit der Blätter des Fingerhuts. Der Fingerhut enthält das herzwirksame Gift in unterschiedlicher Menge, je nachdem, wo er wächst und wann er gepflückt wird. Erst mit dem isolierten Wirkstoff können die Ärzte exakt dosieren. Die Bedeutung moderner Digitalispräparate ist schwerlich zu überschätzen. Herz- und

Kreislaufkrankheiten stehen statistisch an der Spitze unserer Zivilisationsleiden, noch weit vor dem Krebs.

In den Apotheken der Bundesrepublik werden jährlich etwa 70 Millionen Einzelrezepturen hergestellt. Der weitaus überwiegende Teil der Arzneimittel kommt aber aus pharmazeutischen Fabriken. Die Wissenschaftler dort sind eigentlich immer auf der Suche nach neuen Wirkstoffen und Wirkstoff-Kombinationen, die diese oder jene Nebenwirkung ausschalten.

Auf einer Reise in Indien 1981 sprach ich mit Wissenschaftlern der Hoechst AG, die dort, auf einem Subkontinent mit einer ganz anderen Flora und Fauna, nach neuen Ausgangsstoffen suchen und dabei das Erfahrungsgut der indischen Volksmedizin miteinbeziehen. Aus den behaarten Samen afrikanischer und asiatischer Strophantus-Pflanzen ist das berühmte Strophantin gewonnen. Die Glykoside wirken bei lebensbedrohlichen Anfällen von Herzschwäche rascher als Digitalis, bei akutem Herzkollaps, bei Angina pectoris haben sie hunderttausendfach Leben gerettet.

Medikamente dieser Art können in der Langendorff-Apparatur geprüft werden, so genannt nach dem deutschen Physiologen Oskar Langendorff, der diese Technik schon vor dem Ersten Weltkrieg erfunden hat. In den linken Vorhof eines Meerschweinchen-Herzens ist eine Kanüle eingebunden. Das Herz wird von einer Tyrode-Lösung durchströmt, die der Blutflüssigkeit in ihrem Gehalt an Kalium, Kalzium und Kochsalz in etwa entspricht. Die Lösung ist durchperlt von einem Gemisch aus 95 Prozent Sauerstoff und 5 Prozent Kohlensäure. Schon Langendorff hat toxikologische Versuche mit Herzgiften gemacht, mit Atropin, auch mit Muskarin, dem Gift des Knollenblätterpilzes. Er hat die Herzpulsationen damit verlangsamt und beschleunigt, die Schlag-Energie des Herzmuskels herabgesetzt und verstärkt, Herzen erschöpft und wieder belebt. Ein wirksames Medikament wird also dem Meerschweinchenherz zugeführt. Was für Veränderungen ergeben sich? Diese Beobachtungen sind von elementarem Wert: Herzmuskel und Herzarznei stehen sich, frei von anderen Einflüssen, gegenüber. Freilich wird die Arznei später nicht an einem isolierten Organ, sie wird im Steuer- und Regelsystem des lebendigen Organismus wirken. Darum haben die Versuche am »isolierten Organ« die Experimente am lebenden Tier leider nicht ganz ersetzen können.

Siege über den Schmerz

So gut wie nichts in unserem Alltag, in unserer modernen Zivilisation ist selbstverständlich. So gut wie alles ist das Ergebnis wissenschaftlicher Bemühungen.

Als ein selbstverständliches Recht der Menschen unserer Zivilisation wird in Anspruch genommen: keine Schmerzen dulden zu müssen. Die Versuchung liegt nahe, bei jeder kleinen Unpäßlichkeit nach der Schmerztablette zu greifen, sei es auch nur, um »den Abend zu retten«. Das Wort von den »Schätzen aus der Retorte« klingt, da der kritische Verstand Distanz wahren möchte, wie ein Werbespruch der pharmazeutischen Industrie. Dennoch: wo sonst wäre das Wort angebrachter als da, wo die Chemie Mittel schafft, Leiden zu erleichtern, Schmerzen zu stillen.

20 Prozent des Umsatzes an Medikamenten sind Mittel gegen Schmerz. Zur Jahrhundertwende erschien bei Bayer die Acetylsalizylsäure, das Aspirin, das zum meistverwendeten Medikament der Erde geworden ist. Der spanische Kulturphilosoph Ortega y Gasset hat einmal vom »Zeitalter des Aspirin« gesprochen. Aber wer weiß noch, daß es ein Dr. Felix Hoffmann war, der das Aspirin zu Elberfeld geschaffen hat? Über 70 Jahre nach seiner chemischen Erfindung hat es in einer Bord-Apotheke die ersten Menschen zum Mond begleitet.

Was eigentlich ist Schmerz? Er mag als »bellender Wachhund« auf eine lebensbedrohliche Gefahr aufmerksam machen. Aber hat Schmerz, wenn die Gefahr erkannt ist, nicht dann seinen Sinn verloren? Steht er nicht der Genesung eher im Weg? Bewußt wird uns der Schmerz im Gehirn, diesem geheimnisvollsten und rätselhaftesten Organ, das Empfindungen registriert, selbst aber empfindungslos ist. Ein Schmerzzentrum gibt es ebensowenig wie ein Schlafzentrum. Wie kommt es, daß das Gehirn eines Menschen, dessen Bein vor dreißig Jahren amputiert wurde, noch immer schmerzende Frostbeulen registriert, einen »Phantomschmerz«? Die Physiologen haben dieses Rätsel bisher nicht gelöst. Sie haben sich auf bescheidenere Fragestellungen zurückgezogen, etwa auf die Mechanismen der Schmerzleitung: mit welcher Geschwindigkeit geben die Nervenfasern den Schmerzreiz weiter?

Bei wiederholtem Gebrauch von Morphium (Morphin) als Schmerzlinderungsmittel kann sich rasch Gewöhnung und Süchtigkeit (Morphinismus) einstellen. Schmerz- und Dopingmittel sind übrigens an Mäusen leicht zu testen: der steif hochgestreckte Mäuseschwanz zeigt Morphin-Wirkung an. Die Physiologen haben bei der Suche nach einem krampflösenden Mittel unter anderem das später so genannte Dolantin untersucht. Als die gespritzten Testmäuse den Schwanz charakteristisch hochreckten, war klar: das Mittel wirkte zusätzlich wie Morphin, ohne eine Narkose zu verursachen. Darum spritzt der Tierarzt an der Rennbahn Mäusen den Speichel der Pferde unter die Haut; stellen die Nagetiere den Schwanz hoch, sind die Pferde gedopt.

Narkosen

Die moderne Narkose will dem Patienten nicht mehr zumuten, als unbedingt notwendig. Dreierlei ist notwendig: ihn schmerzfrei zu halten. Schmerzen, auch wenn sie nicht bewußt werden, erhöhen seinen Blutdruck. Sodann, den Patienten unter der Schwelle des Bewußtseins schlafend zu halten und: so viel Muskelentspannung zu erreichen, wie es der Eingriff erfordert. Früher mußten diese drei Forderungen von einem Mittel, dem Äther (Äthyläther), erfüllt werden. Das bedeutete eine tiefe und damit gefährliche Narkose. Heute werden verschiedene Narkotika, ein jedes Narkotikum mit seiner spezifischen Wirkung, kombiniert. Das läßt mit geringeren Mengen auskommen. Die gewissenhafte Arbeit des Anästhesisten erlaubt eine Operation ohne Zeitdruck. Das wiederum ist eine große Erleichterung auch für den Chirurgen. Das Notwendige kann um so sorgfältiger geschehen.

Rudolf Frey, von 1960 bis 1982 Professor für Anästhesiologie auf dem Mainzer Lehrstuhl, dem ersten dieser Art in der Bundesrepublik Deutschland, hat meine Frage nach dem Narkose-Risiko so beantwortet: »Um das Jahr 1900 war es an einer großen Chirurgischen Universitätsklinik noch 1:100. Heute ist es im Weltmaßstab aller Länder 1:3000. Und an einer großen deutschen Universitätsklinik etwa 1:10000.«

Im Mittelalter wurden »Schlafschwämme« verwendet, getränkt mit einem Aufguß aus Opium, Stechapfel, Hanf, Mandragora und Eisenhut, eine gefährliche Mischung, zudem von unsicherer Wirkung. Wir lesen die Berichte aus der chirurgischen Praxis von damals mit Schaudern. Viele Patienten wurden vor Angst und Schmerzen ohnmächtig – eine Wohltat für den Patienten wie auch für den Chirurgen. Am 16. Oktober 1846 demonstrierte William Morton im Massachusetts-Hospital zu Boston vor einer Versammlung von Ärzten seine Äthernarkose. Er wandte sich an den wartenden Chirurgen: »Your patient is ready« (»Ihr Patient ist bereit«). Sieben Jahre später entband der Leibarzt Ihrer Majestät, Doktor Snow, Queen Victoria unter Zuhilfenahme von Chloroform. Eine »Narcose à la reine«, wie man sie noch jahrelang nannte.

Heute steht eine Vielzahl von Narkosemitteln und -verfahren zur Verfügung. Sie richten sich nach dem Zustand des Patienten, nach der Art des Eingriffs. Ohne die Fortschritte der Anästhesie wären die Wagnisse moderner Chirurgie nicht möglich, auch nicht der Alltag im Operationssaal. Die jährliche Zahl der chirurgischen Eingriffe in der Bundesrepublik Deutschland liegt bei eineinhalb Millionen; jeden Tag sind es über 4000.

Wir sind bei Prof. Scheunemann, dem Direktor der Kieferchirurgischen Abteilung an der Universität Mainz, gewesen. Er operiert einen Risiko-Patienten, der zwar erst 61 Jahre alt ist, aber zwei Schlaganfälle hinter sich hat. Vereinbart war, daß die Fernseh-Kamera die Arbeit des Anästhesisten und der Anästhesieschwester dokumentieren soll.

Im sogenannten »Einleitungsraum« wird die Narkose vorbereitet. Der Blutdruck wird gemessen. Der Patient hat bereits Medikamente erhalten; Erregung und Reflexe sind gedämpft. Eine Plastikkanüle wird in die Handrückenvene geschoben. Sie bleibt für die Dauer der Operation in der Vene legen, als Anschluß für die Infusionen. Dr. Kuleschinsky ist Facharzt für Anästhesie; er muß die besondere Gefährdung dieses Patienten bei jeder Maßnahme bedenken. Über den Atembeutel wird die Atmung des Patienten in Gang gehalten. Er bekommt noch reinen Sauerstoff. Immer wieder wird der Blutdruck kontrolliert. Ein Abfall ist von den Medikamenten her zu erwarten. Mit Hilfe des Laringoskops, eines Sichtgeräts, wird das Einführen des Tubus vorbereitet. Ein lokal wirkendes Anästhetikum soll Abwehrreflexe ausschalten. Der Plastik-Tubus, ein gesteifter Schlauch, wird in die Luftröhre geschoben, der elastische Führungsstab zurückgezogen; eine »Inkubationsnarkose«. Der Tubus wird abgedichtet. Ein kleiner Ballon, der aufzublasen ist, verhindert, daß Blut und Schleim in die Lunge gelangen können. Der Patient erhält jetzt ein Lachgas-Sauerstoffgemisch, 80:20 etwa. Die Anästhesieschwester horcht mit dem Stethoskop, ob der Tubus richtig sitzt, ob beide Lungen gleichmäßig beatmet werden. Mit dem Druck auf den Atembeutel füllen sich die Lungen des Patienten, hebt und senkt sich sein Brustkorb. Der Patient wird in den Operationssaal gefahren. Hier wird er an das Narkosegerät angeschlossen, von da an automatisch beatmet. Er erhält eine Infusion, in Wasser gelöste Elektrolyte, Natrium, Chlor, Calzium, Kalium, Phosphor. Vor zehn Stunden hat der Patient das letzte Mal getrunken. Die Infusion wird in das Narkoseprotokoll eingetragen. Dort ist die Blutgruppe verzeichnet. Die Blutgruppenbestimmung ist noch einmal gemacht worden, eine zusätzliche Kontrolle, die der Gabe von Blutkonserven vorausgeht. Das Leben hängt an der beatmenden Maschine. Jede erdenkliche Vorsorge ist getroffen, daß die Zufuhr des betäubenden Lachgases und des lebenerhaltenden Sauerstoffs keine Unterbrechung erfährt. Der Puls des Patienten ist befriedigend. Schwester Annegret steht vor dem Abschluß ihrer zweijährigen Fachausbildung zur Anästhesieschwester. Der Patient atmet einen halben Liter pro Atemzug. Die Herztätigkeit wird protokolliert: das Elektrokardiogramm. Im Zukken des gekritzelten Lichts auf dem Monitor ist Leistung und Belastung des Herzens dokumentiert.

Prof. Scheunemann operiert bereits. Eine subtile Operation, die viel Zeit erfordern wird. Die totale Ausräumung der Halslymphknoten. Der Blutverlust wird über Transfusionen ausgeglichen, die Tropffolge wird nachreguliert: jede Infusion, jedes Medikament wird auf dem Protokoll vermerkt. Vergegenwärtigen wir uns die Situation: der Patient auf dem Operationstisch wird durch Drogen unter der Bewußtseinsschwelle »schwebend« gehalten. Er ist an einen Apparat angeschlossen, der ihn mit berauschendem Gas beatmet, er ist in seiner Willenlosigkeit kontrolliert und bewacht, er ist völlig entspannt und ohne Schmerzen.

Das Anästhesie-Zentrum der Universität Marburg wird von Prof. Heinz Oehmig geleitet. Wir haben dort Gelegenheit, einmal mitzuverfolgen, wie ein Computer eine Operation überwacht. Das geatmete Volumen wird fortlaufend registriert, das Atemzeitvolumen angezeigt. Der Patient erhält 24 Prozent Sauerstoff. Das Narkosegas ist Halothan. Der Patient erhält ein Sauerstoff-Lachgas-Halothan-Gemisch. Es ist exakt zu dosieren, der Patient darf auf keinen Fall zu wenig Sauerstoff bekommen. Alle meßbaren Größen werden fortlaufend mitgeschrieben.

Dr. Roland Tauber operiert einen Leistenbruch. Der Patient auf dem Operationstisch ist ein 28 Jahre alter Türke, ein athletischer Mann. Die Daten, auf Magnetband gespeichert und von einem Rechner ausgewertet, könnten eine Vorlage ergeben, nach der in Zukunft Narkosen »gefahren«, automatisch gesteuert werden. Daß der Patient damit einer »seelenlosen Maschine« ausgeliefert wäre, verneint Prof. Oehmig: »Wir befinden uns ja in einer ähnlichen Situation wie die Kapitäne der Passagierflugzeuge. Auch sie sind umgeben von zahlreichen technischen Geräten, von Rechnern und Automaten, die ihnen angeben, wie die Lage des Flugzeugs ist, wie der Kurs ist, wo oben und unten ist. Genauso verstehen wir solche und ähnliche elektronische Einrichtungen für die Zukunft der Anästhesie.« In Marburg läuft ein Forschungsprojekt mit dem Ziel einer »computergestützten« Anästhesie; die Professoren Emil Graul, Adolf Habermehl und Heinz Oehmig arbeiten zusammen. Man kann sich sehr wohl vorstellen, daß in einer gar nicht mehr fernen Zukunft die Narkosen von Computern geführt werden, besser gesagt, der Anästhesist über einen Computer Entscheidungshilfen angeboten erhält.

Auf ähnliche Weise, wie Menschen zum Mond und zurück gebracht wurden, lassen sich Narkosen steuern. Wenn erkennbar wird, daß sich die tatsächliche Entwicklung vom programmierten Weg zu entfernen droht, hat der Arzt die Möglichkeit einzugreifen, gewissermaßen das Steuer selbst zu übernehmen, einem nicht vorhersehbaren Zusammenbruch rechtzeitig entgegenzuwirken. Möglicherweise gewinnt die Schmerzforschung als Ganzes vom elektronischen Rechner her neue Ansatzpunkte für neue Lösungen.

Die Sonde im Herzen

Daß heute Herzoperationen, ja Herzüberpflanzungen gemacht werden können, geht auf den Selbstversuch eines jungen Arztes, Werner Forßmann zurück. Er wagte, was vor ihm keiner gewagt hat: in einem Selbstversuch 1929 schob er sich einen Katheter, wie man ihn zur Untersuchung der Harnwege benützt, durch die Armvene ins Herz. »Beim Einführen des Katheters hatte ich während des Gleitens an der Venenwand entlang ein Gefühl leichter Wärme, wie wir es bei intravenösen Einspritzungen von Kalziumchlorid empfinden. Besonders stark verspürte ich die Wärme hinter dem Schlüsselbein, gleichzeitig einen leichten Hustenreiz. Ich führte den Katheter 65 cm tief ein; diese Entfernung hatte ich mir für den Weg ins Herz ausgerechnet.« Werner Forßmann ist, den Arm unter einem Tuch verborgen, mit der Sonde im Herzen die Treppen zum Röntgenraum im Keller des Krankenhauses von Berlin-Eberswalde hinuntergegangen. »Ich habe mich hinter den Durchleuchtungsapparat gestellt und mir vor den Schirm einen Spiegel halten lassen, um den Versuch auf dem Schirm kontrollieren zu können.« Forßmann sah die Spitze der Sonde in der rechten Herzkammer. Er ließ einen befreundeten Arzt rufen, um einige Aufnahmen zu machen, und hat dafür den Katheter noch einmal zurückgezogen und wieder vorgeschoben. Man war also offensichtlich in der Lage, Druck und Strömung im Herzen zu untersuchen, Blut dem Herzen zu entnehmen und Untersuchungen über den Sauerstofftransport im Herzen zu machen.

Den nächsten Schritt tat Forßmann einige Monate später. Diesmal wollte er versuchen, ein Kontrastmittel ins Herz einzubringen, um nicht nur den Herzschatten, sondern auch die Verästelung der Gefäße im Röntgenbild zu erkennen. Man müßte, so meinte er, bei der Drohung eines Herzstillstands Medikamente direkt ins Herz spritzen können, ohne die Brust öffnen zu müssen. Aber Forßmann war nicht mehr davon überzeugt, daß das ungefährlich sei. »Einen Katheter kann man sofort zurückziehen. Das Kontrastmittel aber, eine chemische Lösung, muß das Herz erst ausstoßen. Wie es darauf reagieren würde, war unbekannt. Ein Schock lag im Bereich des Möglichen.« Forßmann führte sich abermals den Katheter ins Herz und spritzte eine Natriumjodid-Lösung ein. Für einen Augenblick verspürte er ein leichtes Schwindelgefühl. Und für eben diesen Augenblick sah er auf dem Schirm die Lungenschlagader gut durchgezeichnet. In weniger als einer Sekunde hatte das Herz die Kontrastflüssigkeit ausgestoßen. Es hat den Eingriff nicht übelgenommen. Aber, um zu besseren Bildern zu kommen, mußte man wohl eine bessere Kontrastflüssigkeit finden und auch eine bessere Aufnahmetechnik. Man mußte Reihenversuche machen, nun doch mit Tieren, und das kostete Geld.

Glücklicherweise hatte ein Berliner Röntgenologe, Dr. Gottheiner, ein röntgenkinematographisches Verfahren entwickelt, mit dem schnell ablaufende Körpervorgänge zu verfolgen waren. 1930 konnte Werner Forßmann das schlagende Herz eines Hundes auf dem Röntgenfilm vorweisen. Der damalige Assistenzarzt trat damit vor den 55. Kongreß der Deutschen Gesellschaft für Chirurgie 1931. Sein Vortrag, der letzte am letzten Tag, wurde ohne Wortmeldung zur Kenntnis genommen. »Die Zeit ist für derartige Dinge noch nicht reif gewesen. Es fehlte so vieles, was erst später entwickelt werden konnte, ehe meine Methode das wurde, was sie heute ist: eine Routinemethode.«

Werner Forßmann hat den Weg, den er einst eröffnete, nicht weiter verfolgen können. Nach dem Krieg hörte man von Fortschritten auf diesem Gebiet aus Amerika. In Deutschland erinnerten sich nur wenige, wo und wie die Dinge begonnen hatten. Forßmann glaubte sich längst vergessen. Bis ihn ein Telegramm aus Stockholm erreichte: mit André Cournant und Dickinson Richards, zwei weithin bekannten Forschern, erhielt er, der zur Zeit der Verleihung Kassenarzt war, den Nobelpreis für Physiologie und Medizin 1956.

Ich habe mit Werner Forßmann wiederholt gesprochen:

»Auf die Idee bin ich schon als Student gekommen. Beim Physiologieunterricht hatte ich ein altes Lehrbuch, darin war abgebildet, wie Chauveau und Marey – in den 60er Jahren des vorigen Jahrhunderts – eine Sonde in das Herz eines Pferdes einführten, um den Blutdruck zu messen und die Druckschwankungen aufzuschreiben. Das wurde für mich aktuell in meiner ersten Medizinalpraktikantenzeit, als ich sah, daß unsere damalige klinische Herzdiagnose nicht sehr exakt war. Wir konnten abhorchen, wir konnten abklopfen, wir konnten auch schon das Röntgenbild sehen; aber das genügte alles nicht, um eine feiner differenzierte Diagnose zu machen. Wir waren manchmal überrascht, wenn auf dem Obduktionstisch etwas ganz anderes herauskam. Und da dachte ich eben immer wieder an dieses Bild mit dem Herzkatheter beim Tier. Ich dachte mir, wenn man auf irgendeinem ungefährlichen Wege in das menschliche Herz hineinkäme, ohne die Herztätigkeit zu irritieren durch Narkose oder solche Sachen, müßten Erkenntnisse zu bekommen sein, die wesentlich exakter sind als das, was uns damals klinisch zur Verfügung stand, einschließlich des EKG. Immer hatte ich dieses Bild vor Augen. So bin ich mit einer gewissen Ungeduld, ja einer Art Besessenheit, auf das Problem losgegangen.«

»Sie waren sich aber doch im klaren, daß Sie mit Ihrem Leben gespielt haben bei diesem Selbstversuch?«

»Ich habe dieses Experiment beim Menschen nicht für gefährlich gehalten, die einfache Einführung des Katheters jedenfalls nicht. Denn das war in vielen Tierversuchen beschrieben und beim Menschen sind die mechanischen Verhältnisse noch günstiger als beim Tier. Wenn man beispielsweise bei einem Kaninchen in die kleinen Gefäße eine solche Sonde einführt, ist der Kreislauf doch erheblich behindert. Der zweite Schritt war die Überlegung: wo machst du es beim Menschen? Beim Tier macht man es natürlich von der Halsvene aus, das geht sehr schön und sehr glatt – aber wer würde sich um einer diagnostischen Maßnahme willen die Halsvene punktieren oder gar freilegen lassen? So bin ich darauf gekommen, es vom Arm aus zu machen.«

»Ihr Chef, der Sanitätsrat Schneider, hatte Ihnen den Selbstversuch verboten.«

»Ja, und das habe ich wohl verstanden. Es ist also unrecht, wenn man gesagt hat, der Mann wäre engstirnig gewesen. Ich würde in der Verantwortlichkeit des Chefs wahrscheinlich genauso gehandelt haben.«

»Sie haben sich jedenfalls darüber hinweggesetzt. Haben Sie nicht doch Angst verspürt?«

»Nun, ich mußte irgendwie erweisen, daß das Risiko gering ist und man es jedem Patienten zumuten kann. Das Einführen des Katheters erschien mir, wie gesagt, nicht als Problem. Angst habe ich erst bei der Versuchsserie gehabt, bei der ich mir Kontrastmittel in das Herz eingespritzt habe; denn da war's ja nun so: was drin war, war drin.«

»Sie haben Ihren Nobelpreis 1956 bekommen; Ihre Versuche lagen da siebenundzwanzig Jahre zurück. Hat das Nobelpreis-Komitee nun im Nachhinein den jungen Mann ausgezeichnet, der seinen Kopf durchsetzte und eine großartige Idee an sich ausprobierte? Wie, glauben Sie, hat man argumentiert?«

»Prof. Liljestrand, der Stockholmer Physiologe, der damals die Laudatio auf uns gehalten hat, hat mir gesagt: ›Wir ehren Ihre Entschlußkraft, Ihren Einsatz, Ihren Heroismus, aber dafür bekommen Sie den Nobelpreis nicht. Sie bekommen ihn, weil aus Ihrer ersten Arbeit hervorgeht, daß Sie ganz neue Ideen hatten und ein neues System kardiologischer Untersuchungen aufbauen wollten.‹«

»Prof. Felix, der Nachfolger Sauerbruchs an der Charité, hat einmal gesagt, Sie seien der letzte Romantiker in der Medizin. Von Erscheinungsbild und Sinnesart her doch nicht, meine ich. Was hat er damit sagen wollen?«

»Ich glaube, Felix wollte sagen, daß die Art, wie ich angefangen habe zu forschen, mit primitivsten Mitteln, im Alleingang, gewissermaßen ›mit einem Taschenmesser aus einer alten Zigarrenkiste etwas schnitzen‹, heute nicht mehr möglich ist. Die Forschung ist so aufwendig geworden, daß man Neues mit so primitiven Mitteln nicht mehr herausbringen kann, sondern eben den ganzen Aufwand der großen Institute und Laboratorien braucht.«

»Ein Amerikaner hat Sie einmal ›the typical man before his time‹ genannt.«

»Er wollte wohl damit ausdrücken, ich hätte die durchschlagende Idee zu einer Zeit gehabt, in der noch niemand da war, sie zu verstehen und mir diesen Bruch des Tabus zu verzeihen. Denn das Eindringen in das Herz, das war der Bruch eines Tabus. Billroth hatte gesagt, die Bauchchirurgie sei nun abgeschlossen. Mehr könnte man nicht erreichen. Wer das Herz angreifen wolle, der sei kriminell.«

Leben aus der Retorte

Am 16. Oktober 1973 berichtete dpa aus Rom, daß der Bologneser Arzt Prof. Daniele Petrucci im Alter von 51 Jahren an einem Herzinfarkt verstorben sei. »Mit seinen Versuchen, ein menschliches Ei im Reagenzglas zu befruchten und einen Embryo künstlich aufzuziehen, hatte Petrucci Skandale und heftige Auseinandersetzungen über den Beginn des menschlichen Lebens, über die Abtreibung und die Definition der menschlichen Persönlichkeit ausgelöst«, hieß es wörtlich.

Nur fünf Jahre zuvor hatte mein Kollege Ulrich Stockmann ihn in Bologna besucht und für den Kirchenfunk des SWF einen Film angekauft, der Petruccis Versuche dokumentierte. Es stellte sich aber bald heraus, daß der Südwestfunk damit ein sehr heißes Eisen angefaßt hatte. Der Programmdirektor entschied, den Film nur »in einem größeren Rahmen« zuzulassen und – vorausgesetzt, daß ich diese Aufgabe überhaupt übernehmen wolle – Petrucci dazu einzuladen, um ihn einer Diskussionsrunde von Wissenschaftlern und Ärzten gegenüberzustellen.

Petrucci kam. Ein interessanter Mann. Mit seinem schwarzen Kinnbart sah er aus, wie man sich den Mephistopheles auf der Bühne vorstellt. Aber er war nicht ohne Humor. Seinen Sohn, etwa im Abituralter, hatte er mitgebracht: »Er ist nicht aus der Retorte«, sagte er.

Meine Gesprächsrunde, um das vorauszuschicken, bestand aus Prof. Klaus Goerttler von der Universität Heidelberg, einem Pathologen, dem Moraltheologen Pater Damian aus der Benediktiner-Abtei Maria Laach und dem Schriftsteller Thomas Regau, mit bürgerlichem Namen Heinz Stauder, einem Doktor der Medizin, der Petrucci in seinem Buch »Menschen nach Maß« scharf angegriffen hatte. Am Ende der Diskussion lautete meine Frage an die Teilnehmer des Gesprächs: »Wie beurteilen Sie nunmehr die Versuche Petruccis? Sind sie wünschenswert, sind sie notwendig, sind sie bedenklich, sind sie gefährlich?« In gebotener Höflichkeit entschied sich die Runde einheitlich für »bedenklich«. Ich fügte eine weitere Frage an: »Halten Sie es für möglich, daß es eines nicht zu fernen Tages gelingen wird, einen Homunculus aus der Retorte zu erschaffen?« Wieder übereinstimmend sagten meine Gesprächspartner »ja« und Goerttler setzte hinzu: »Ich fürchte, ja.«

Unsere Sendung »Leben aus der Retorte« begann mit einem Film aus England: unsere Zuschauer sahen in etwas mehr als tausendfacher Vergrößerung die Vorwärtsbewegung von Spermatozoen, von Samenzellen, einen Ausschnitt aus einem Zug von vielleicht 200 Millionen Samenzellen, von denen vielleicht eine einzige ihr Ziel erreichen wird: das reife, die Befruchtung erwartende Ei. Der energisch peitschende Schwanz treibt die Samenzelle voran, mit der – an ihrer Winzigkeit gemessen – überraschenden Geschwindigkeit von 15 Zentimetern in der Stunde. Der Kopf jeder dieser winzigen Samenzellen enthält die väterlichen Erbfaktoren. Sie werden im Kind vielleicht mit der Farbe der Augen, seiner Haarfarbe, seinem Gesichtsschnitt, seinem Gang, seinen charakteristischen Bewegungen oder auch mit gewissen Eigenarten seines Wesens hervortreten. Vererbung bleibt ein letztlich wunderbares Geschehen, wenn auch viele Mechanismen des Lebens enträtselt sind. Es bleibt, so selbstverständlich und alltäglich es ist – ein Wunder.

Rund 270 Tage dauert der geheimnisvolle Prozeß von der Zeugung des menschlichen Lebens bis zum Augenblick der Geburt. Wissenschaftliche Neugier berührt hier eine Sphäre, der sich die meisten Menschen nur mit einer gewissen Scheu nähern, einmal, weil die Sitten viele Tatsachen dieser Sphäre als ein Tabu hüten, zum anderen, weil befürchtet werden muß, das Wunder könnte des Wunderbaren entkleidet werden. Wohl die meisten Menschen schrecken auch bei der Vorstellung zurück, die geheimnisvollen Vorgänge vorgeburtlichen Lebens könnten aus der Verborgenheit und Geborgenheit des Mutterleibes heraus in eine Retorte versetzt werden, in den Glaskolben eines biologischen Laboratoriums, in eine technische Apparatur.

Der Schriftsteller Aldous Huxley hat seinen utopischen Roman »Brave new world« 1932 geschrieben. »Brave« wird mit »tapfer, mutig, unerschrocken« ins Deutsche übersetzt. Man könnte auch »wacker« sagen, wacker in einem ironischen Sinn, etwa so: »Wacker, macht nur so weiter, Ihr werdet es weit bringen!« Huxleys Roman beginnt mit einem Rundgang von Studenten durch eine biologische Fabrik mit Abfüllvorrichtungen, Brutöfen und vollen Flaschenregalen. Die Fließbänder bewegen sich unmerklich langsam, mit 33 Zentimeter in der Stunde, durch die Etagen der Fabrik. Das beförderte Gut erreicht nach 267 Tagen sein Ziel: die Flaschen mit den fertig entwickelten »Kindern« werden entkorkt.

Huxley hat seine Utopie in das Jahr 600 n. F. »nach Ford« verlegt. Aber schon 20 Jahre später schrieb er im Vorwort zur Neuauflage, daß diese Zukunft sehr viel schneller auf uns zukommen könne. In Huxleys Buch ist die alte Idee aufgenommen, der Gedanke eines Menschleins aus der Flasche, den schon Paracelsus gedacht, wofür er sogar Rezepte hinterlassen und den Goethe in den zweiten Teil seines »Faust« aufgenommen hat. Wir wissen, daß eine Befruchtung außerhalb des Körpers, eine sogenannte »Retortenschwangerschaft«, inzwischen längst von Biologen und Ärzten praktiziert wird.

Daniele Petrucci stellte uns die nach seinen Angaben gebaute und von ihm so genannte »Biologische Wiege« auf den Tisch. Sie war aus Plexiglas gefertigt, mit wenigen Handgriffen auseinanderzunehmen und wieder zusammenzubauen. Petruccis Film zeigte, daß darin Keimlinge mit Blutplasma und Sauerstoff versorgt, bei gleichem Druck und gleicher Temperatur, wie sie im Mutterleib gegeben sind, herangewachsen waren. Ein Kontrollgerät hat den Zufluß der Nährflüssigkeit geregelt. Prof. Petrucci hatte Wochen zuvor ein Ei außerhalb des Mutterleibs mit dem männlichen Samen befruchtet. Das kleine Geschöpf in der Retorte unterschied sich in nichts von einem natürlichen Embryo gleichen Alters. Ärmchen und Hände waren schon gut zu erkennen. Auch die Beinchen. Auch die Augen. Petrucci war Professor an der Universität Bologna. Anästhesist, wie betont wurde, kein Embryologe. Es gab Fortschrittsgläubige, die in ihm ein Genie sehen wollten. Entsetzte Kritiker nannten sein Tun unverantwortlich. Man charakterisierte ihn als »typischen, sehr umsichtigen, sehr begabten Laboratoriumsarbeiter, der aber die ethischen und metaphysischen Hintergründe seiner Versuche außer acht lasse«. War es nicht eine Mißachtung der Menschenwürde, ein menschliches Wesen im Laboratorium zu entwickeln? Petrucci behauptete, dies sei ihm bis zu einer Lebensdauer von neun Wochen gelungen. Die Embryonen seien »in der Form absolut normal, nur etwas kleiner« gewesen. Die Nährsubstanz habe bei fortschreitender Entwicklung nicht mehr ausgereicht. »Wir haben die Versuche in diesem Stadium abgebrochen.«

In Petruccis Film war zu sehen: ein Follikel aus dem menschlichen Eierstock unter dem Mikroskop. Normalerweise platzt so ein Follikel nach 4 Wochen. Der Follikelsprung: das reife Ei ist dann frei. Es wird aus dem Eierstock entlassen, um durch den Eileiter in die Gebärmutter zu gelangen. Petrucci hat ein »technisches Bett« vorbereitet. Die Unterlage ist ein synthetischer Schwamm in seiner Plastikschachtel. Die Nährflüssigkeit fließt durch einen dünnen Schlauch ein: Blutplasma, das bei zwei Atmosphären Druck mit Sauerstoff übersättigt ist. Das Blut ist von Frauen im Anfangsstadium der Schwangerschaft entnommen. Der Schwamm saugt sich voll. Seine Hohlräume nehmen die Funktion der Blutgefäße wahr. Der Sauerstoff tritt in Form kleiner Bläschen aus. In der Plastikkammer herrscht Normaldruck, also eine Atmosphäre. Das Kohlendioxyd wird abgeführt. Zirkulierendes Warmwasser hält die Temperatur konstant bei 37 Grad.

Das Ei im technischen »Nest« war ungefähr 1 Millimeter groß. Ohne die Zellen, die es umgaben, nur 1 Zehntelmillimeter, mit dem bloßen Auge gerade noch sichtbar. Es wog noch nicht die Hälfte eines millionstel Gramms. Ein Schwall von Samenzellen wurde in die Kammer geschickt. Neue Einstellung: ein Spermium ist dabei, die Membrane der Eizelle zu durchbohren. Das Entscheidende ist, daß es das Zentrum der Eizelle erreicht. Prof. Petrucci hat im infraroten Licht gefilmt, wie die Vereinigung erfolgte, dann die Zellteilung im

Zeitraffer: nach ungefähr 30 Stunden sind es zwei Zellen, dann vier, dann acht, dann sechzehn und so weiter. Es entsteht eine Morula, so genannt, weil das Zellgebilde wie eine Maulbeere aussieht. Nach rund 140 Stunden, einer knappen Woche, wird das Zellgebilde exzentrisch; es verformt sich. In dieser Zeit würde es sich in der Schleimhaut der Gebärmutter einnisten. Ende der dritten Woche ist der Embryo fest mit dem Schwamm verbunden. Der Schwamm übernimmt die Rolle der Placenta, des Mutterkuchens.

Wieder im Zeitraffer, alle zwei Stunden eine Aufnahme: der Embryo gegen Ende des zweiten Monats. Man sieht die Anlage der Augen, der Wirbelsäule, des Herzens, der Leber. Man kann das Herz pulsieren sehen. Noch ist es nur ein U-förmiges Rohr; erst später bilden sich die vier Herzkammern aus. Durch die Nabelschnur erhält das kleine Geschöpf Sauerstoff und Nahrung, gibt es Kohlendioxyd und Schlackenstoffe an die künstliche Placenta zurück. Bis zur 9. Woche reichte der Film Petruccis.

Ein schwedischer Photograph, Dr. h.c. Lennart Nilsson, hat in Zusammenarbeit mit Stockholmer Instituten und Kliniken eine künstlerisch wie technisch großartige Bilddokumentation über die Entwicklung des menschlichen Lebens im Mutterleib geschaffen: damit zeigte er jedem Laien, daß im Anfang des dritten Monats so gut wie alles »angelegt« ist, ein Stadium, das Petrucci in seiner »Biologischen Wiege« offenbar erreicht hat. Der Embryo wird nun Fetus oder Fötus genannt. Noch nicht kleinfingergroß bewegt sich der Fötus in seiner Fruchtblase. Im stoßdämpfenden Fruchtwasser schwimmend, ist er an seiner Nabelschnur fest verankert. Er kann die Ärmchen bewegen, er streckt die Beinchen und – sein Geschlecht ist erkennbar.

Wann der Mensch beginnt Mensch zu sein, das ist eine Frage, die verschieden beantwortet wird. Für unsere Juristen beginnt die Rechtsfähigkeit des Menschen mit der Vollendung der Geburt, § 1 des BGB, Paragraph eins des Bürgerlichen Gesetzbuches. Der vorgeburtliche Mensch heißt dort »die Leibesfrucht«. Das Erbrecht allerdings setzt das zur Zeit des Erbfalls noch nicht Geborene, »das Kind, das unterwegs ist«, lebenden Geschwistern gleich. Der Göttinger Professor Erich Blechschmidt schrieb in seinem Buch »Vom Ei zur Zelle«: »Ein Mensch wird nicht Mensch, sondern ist ein Mensch und zwar in jeder Phase seiner Entwicklung.«

Im dritten Monat bilden sich die Knochen; bis dahin war das Skelett ein Stützgewebe aus Knorpeln. Die Ober- und Unterarme sind von der Mitte aus zu den Enden hin gewachsen, die Hände voll ausgebildet. Jeder Finger hat einen kurzen Nagel. Ein erstaunlich fertig wirkender kleiner Mensch. Die Beinchen müssen noch aufholen. Sie stoßen schon kräftig. Sie wirbeln das Fruchtwasser auf. Das Kind hat noch viel Bewegungsfreiheit; es vermag sich zu drehen, kopfoben wie kopfunten zu schwimmen. Es schwebt gewichtslos wie ein Astronaut in der Kapsel. Die Nabelschnur dreht sich mit, das Kind kann sie nicht verknoten. Der Bewegungsraum wird im vierten und fünften Monat zusehends kleiner. Der Fötus lutscht am Daumen; er übt das Saugen. In der Mitte des sechsten Monats ist das Kind etwa 30 Zentimeter groß; mit annähernd 50 Zentimeter kommt es zur Welt.

Das im Mutterleib heranwachsende Kind wechselt zwischen Schlaf und Wachsein. Es gibt schon jetzt Hinweise auf sein Temperament. Manche Kinder bewegen sich wenig, so als wollten sie nicht stören. Andere Kinder sind überaus lebendig. Sie sind anspruchsvoll, wollen beachtet werden. Sie stoßen mit den Füßen, versetzen der Mutter Püffe, bringen sich in Erinnerung. Sie reagieren auf die Außenwelt, sie zucken zusammen, erschrecken bei lauten Geräuschen. Ungewohntes beunruhigt sie, ob es ungewohnter Lärm ist oder ungewohnte Ruhe. Das Kind ist schon eine Persönlichkeit, noch ehe es »das Licht der Welt erblickt«.

Nach den beeindruckenden Bildern Lennart Nilssons kam Petrucci auf seine Versuche zurück: »Ich verstehe, daß sie nicht nur Enthusiasmus, sondern auch Horror hervorgerufen haben. Es ist ein Mißverständnis, wenn man glaubt, ich wollte die Schöpfung menschlichen Lebens im Laboratorium bewerkstelligen, auf ähnliche Weise, wie man Kunststoffe herstellt. Ich bin vielmehr daran interessiert zu studieren, wie man eine Retortenschwangerschaft ermöglicht, etwa nach dem Verfahren: man entnimmt einer Frau, deren Eileiter verschlossen sind, das Ei auf unblutige Weise. Man befruchtet es außerhalb des Körpers und pflanzt es in den Uterus zurück. So kann die

Frau ihr Kind austragen und Mutter werden. Wann, in welcher Phase der Entwicklung, pflanzt man am besten ein? Das muß man herausbringen.« Ich fragte Petrucci, für wann er mit der Geburt von Retortenbabys rechne? Er meinte: »Heute davon zu sprechen ist so, wie wenn jemand im Reisebüro eine Fahrkarte zum Mond bestellen möchte. Wohl sind die Apparate, die der Mensch dorthin geschickt hat, auf dem Mond eingetroffen, aber Menschen sind noch nicht dort gelandet. Ich möchte sagen, daß wir auf dem Feld der Retortenschwangerschaft genausoweit sind.« Anzufügen ist, daß unser Gespräch am 23. September 1968 stattfand, der erste Mensch dreiviertel Jahr später, am 20. Juli 1969 seinen Fuß auf den Mond gesetzt hat.

Die Menschmaschine

Automaten in Menschengestalt gab es bereits im Altertum. Die von Dädalus geschaffene Statue der Aphrodite sei durch inwendig fließendes Quecksilber bewegt worden, vermutete Aristoteles und merkte hellsichtig an: »Wenn jedes Werkzeug auf Geheiß oder gar vorauswissend sein Werk tun könnte, wenn so die Weberschiffchen selbst weben könnten, dann bräuchten die Herren keine Sklaven mehr.«

Tatsächlich begann die Industrielle Revolution im 18. Jahrhundert mit lochkartengesteuerten Webstühlen. Jacques de Vaucanson (1709–82) wußte nicht nur den mechanischen Webstuhl zu verbessern, sondern auch die Phantasie seiner Zeitgenossen anzustoßen: er schuf einen künstlichen Flötenspieler und eine mechanische Ente, die schnatterte, fraß und verdaute. Hundert Jahre zuvor schon hatte der französische Philosoph Descartes über die »Tiermaschine« nachgedacht; Tiere erschienen ihm als »Automaten ohne Seele«. Ein 1748 im holländischen Leiden anonym erschienenes Buch mit dem herausfordernden Titel »Die Menschmaschine« (l'homme machine) ging darüber hinaus. Der Autor La Mettrie, ein französischer Arzt, glaubte in den mechanischen Schöpfungen Vaucansons die Anfänge einer vielversprechenden Entwicklung zu erkennen. Der Mensch sei, schrieb er, nichts anderes als ein höchst komplizierter Mechanismus, eines Tages technisch nachzubauen, »eine erstaunliche, mit viel Kunst und Geschicklichkeit verfertigte Uhr, eine Maschine, die ihre Federn selbst aufzieht«.

Mit Vaucansons Flötenspieler hat die klassische Epoche der Automatenbaukunst begonnen, das Zeitalter der »Androiden«, der menschenähnlichen Automaten. Höhepunkt dieser Ära sind die von Vater und Sohn Jacquet-Droz 1772–74 gebauten und noch heute funktionierenden Puppen: ein Schreiber, ein Zeichner und eine musizierende Dame am Harmonium. Sie wurden an den Fürstenhöfen Europas vorgeführt und versetzten die Menschen des Rokoko in Entzücken. Wir können die Puppen im Historischen Museum von Neuchâtel bewundern. An jedem ersten Sonntag im Monat werden sie in Aktion vorgeführt.

Der schreibende Knabe schreibt bis zu 40 Buchstaben. Zwischendurch taucht er die Feder ins Tintenfaß. Er malt die Buchstaben in sorgfältiger Schönschrift, wie eben ein Kind seines Alters.

Sein Zwillingsbruder kann zeichnen. Sein »verschleierter« Blick machte ihn zum besonderen Liebling der Damen. Er zeichnet das Porträt der Marie Antoinette. Die Beifallsäußerungen mögen das leise Geräusch des Mechanismus übertönt haben, der im Rücken des Knaben untergebracht ist: ein System von Kurvenscheiben, die ein schleifender Hebelarm abfährt. Überzeugend ist das gemacht, wie so eine Zeichnung zustande kommt. Der Zeichner setzt ab, die Hand kehrt zurück, fügt hier etwas zu und dort; er verbessert an der Frisur.

Die dritte Puppe ist, wie gesagt, eine musizierende Dame, la musicienne: kein Musikautomat, bei dem der Spieler nur so tut, als ob. Die Finger drücken die Tasten wirklich nieder. Die Musizierende läßt an Hoffmanns Erzählungen denken: ein Geschöpf, das Leben gewonnen hat. Ein kleiner zusätzlicher Trick: der Busen hebt und senkt sich. Die Dame atmet! Dem Spiel der Hände folgen die großen Puppenaugen mit den geweiteten Pupillen.

Der Automat als Kunstwerk war nun nicht mehr zu überbieten. Triviale Nachfolger landeten auf dem Jahrmarkt. Das Spielerische machte dem Nützlichen Platz. Die in der zweiten Hälfte des 19. Jahrhunderts aufkommenden Industrie-Automaten faszinierten nur noch Techniker und Industrielle. Erst mit dem Begriff »Roboter«, der Anfang der 20er Jahre in einem Drama des Tschechen Karel Čapek auftauchte, kehrte etwas von der Dämonie der Menschmaschine zurück, eine Grusel-Erinnerung an Beschreibungen magischer Menschenschöpfung, etwa des Prager »Golem«.

Der Roboter-Knecht

Von Neuchâtel aus sind wir nach Lörrach in Baden gefahren, um im Entwicklungslabor von Prof. Dr. Hans Kleinwächter eine »anthropomorphe Maschine« in Aktion zu sehen. Kleinwächters »Syntelmann« ist ein »Roboter-Knecht«, der jede Bewegung seines Meisters »mitmacht«. Zur Vorführung des Mensch-Maschinen-Systems sitzen Mensch und Maschine in einem Raum. Sie könnten aber tausende Kilometer voneinander entfernt sein. Im Nebeneinander soll nur die verblüffende Übereinstimmung der Bewegungen deutlich werden.

Gesteuert wird der technische »Sklave« vermittels eines Gelenksystems, das – am Arm des Meisters festgeschnallt – von den Technikern Exo-Skelett, also Außen-Skelett genannt wird. Die Bewegungen des Exo-Skeletts werden in elektrische Signale verwandelt. Sie steuern, auf den Sklaven übertragen, dessen elektromotorische und pneumatische »Muskeln«. Die Gliedmaßen des »Sklaven« machen die Bewegungen des Meisters synchron mit. Man spricht von anthropomorphen, also menschenähnlichen Maschinen. Die Menschenähnlichkeit ist kein Werbegag. Ein technisches Gerät mit den Möglichkeiten menschlicher Arme und Hände wird bis zu einem gewissen Grad »menschenähnlich« konstruiert sein müssen: mit Schulter-, Ellbogen- und Handgelenk. Die technische Arbeitshand ist eine bewegliche Zange. Das technische Handgelenk übertrifft das menschliche: es ist um 360 Grad, also rundum drehbar. Das Exo-Skelett des Meisters enthält eine ganze Reihe von Sensoren, so für die Winkel der Gelenke. Sensoren steuern die Antriebsmotoren der technischen Arme.

Prof. Kleinwächter hat seine Konstruktion »Syntelmann« genannt, eine Abkürzung von Synchron-Tele-Manipulatur, ein synchronferngesteuerter technischer Arm also. Syntelmann wurde im Auftrag des Ministeriums für Bildung und Wissenschaft entwickelt. Eine »Menschmaschine« dieser Art ist in der Lage, in Räumen, die von starker Strahlung erfüllt sind, Reparaturarbeiten auszuführen, auch Wartungs- und Rettungsdienste zu leisten. Der Syntelmann kann Bomben entschärfen, Sprengstoffpakete öffnen, Arbeiten auf dem Meeresgrund wie in der Erdumlaufbahn oder auf dem Mond erledigen.

Die Frage nach der Alternative »Bemannte oder unbemannte Raumfahrt« ist damit erneut gestellt. Prof. Kleinwächter sagte: »Beides ist sinnvoll und notwendig. Man kann aber auch beides kombinieren. Stellen Sie sich eine Mars-Expedition vor: ein bemanntes Raumfahrzeug umkreist den Planeten Mars oder bleibt auf einer Marsbahn stationär. Eine unbemannte Sonde, eine Art Syntelmann geht auf den Mars herunter und wird nun aus verhältnismäßig kleiner Entfernung vom Menschen ferngesteuert. ›Der Meister‹ ist auf der Marsumlaufbahn, sein ›Sklave‹ auf der Marsoberfläche. Er macht nach, was ihm vorgegeben wird und zwar nicht mit Minuten-, sondern mit nur Sekundenverzögerung.«

Der Maschinensklave besitzt eine Doppeloptik als Augenpaar. Die Optik vermag Interessierendes heranzuziehen; sie ist scharf zu stellen; die Blende, die technische Pupille ist zu verengen. Syntelmann wird herandirigiert: eine Tür ist zu öffnen, der Schlüssel ins Loch zu stecken und umzudrehen, die klassische Aufgabe für kontrollierte Bewegung.

Der Syntelmann-Sklave vermag mit einem rohen Ei zu hantieren. Die Sensoren in der Handzange, der Tastsinn des Maschinensklaven macht es möglich, das zerbrechliche Hühnerei so fest zu fassen, daß es dem Griff nicht entgleitet, dennoch zart genug, die Eischale nicht einzudrücken.

Man ist an die berühmte »Eiserne Hand« des Götz von Berlichingen erinnert. Sie wird auf der Burg Jagsthausen bei Heilbronn gezeigt. Mit Erlaubnis der Familie Berlichingen haben wir sie aus der Vitrine geholt. Der Mechanismus ist noch teilweise intakt. Daumen und Zeigefinger lassen sich krümmen. Durch Druck auf den Außenknopf springt der Zeigefinger wieder in die gestreckte Lage. Der Druck auf einen Innenknopf streckt den Daumen. Ursprünglich sprangen die vier Finger neben dem Daumen zugleich auf. Schließen und Öffnen der eisernen Hand wurde durch Übergreifen mit der gesunden Hand bewerkstelligt. Der Ritter mit seiner Prothese hat das Schwert damit nicht führen können. Immerhin konnte die eiserne Hand einen Fahnenschaft halten, auch die Zügel führen. Sie war, dem Harnisch angepaßt, als Kunsthand kaum zu erkennen.

Myo-elektrische Prothesen

Auf der Brüsseler Weltausstellung 1958 wurde die moderne Version einer eisernen Hand gezeigt: ein Meisterstück der Mechanik, darüber hinaus eine elektromechanische Leistung: die sogenannte Domowic-Hand aus Jugoslawien. Sie konnte zugreifen, etwas tragen. Sie konnte mit verschiedenen Gewichten entsprechend umgehen. Die elektrischen Signale wurden der Hand über Kabel zugeleitet. Die Hand wirkte, wie sie so über Drähte bewegt wurde, gespenstisch. Des Geräuschs wegen hat sie sich nicht einführen können. Der Elektromotor wurde durch Anziehen und Nachlassen der Rückengurte, durch Bewegungen des Schultergelenks gesteuert.

Inzwischen ist man damit um vieles weiter. Wir haben in Italien Plastikhände gesehen, in Form und Farbe erstaunliche Kunsthände, die auf eine nahezu vollkommen wirkende Weise bewegt werden können. Prof. Hannes Schmidl, der Direktor des Prothesenzentrums Budrio bei Bologna, hat diese sogenannten myoelektrischen Prothesen entwickelt.

Gesteuert werden die Hände von den Aktionsströmen der Muskeln; ein Amputierter kann sie durch Anspannen der Muskeln im Oberarmstumpf willkürlich hervorrufen. Er muß sich dazu nicht anstrengen. Abgenommen werden diese Ströme durch Elektroden auf der Hauptoberfläche. Es sind Ströme von Mikro-, also millionstel Volt. Um die Kunsthand bewegen zu können, müssen sie 20 bis

40 000mal verstärkt werden. Der Kunstarm ist nur 1 800 Gramm schwer. Die in ihm untergebrachten Kleinmotoren hoher Leistung müssen zuverlässig und leise arbeiten; sie müssen gegen elektrische Störungen von außen abgeschirmt sein. So eine Armprothese muß etwa 4 000 Bewegungen je Tag bewältigen. Prof. Schmidl zeigte uns eine der Nickel-Cadmium-Batterien, die in die Prothese eingebaut sind. Energie für 4 000 Bewegungen! Kann die Batterie das leisten? »Sie reicht dafür ganz sicher aus. Der Amputierte hat sogar noch eine Reserve und während der Nachtstunden ist die Batterie aufzuladen. Wir haben dazu eigens ein Ladegerät konstruiert, das an die Steckdose anzuschließen ist.«

Ein Mechaniker, der seinen Arm als 17jähriger durch einen Arbeitsunfall verloren hat, zeigte uns, daß er mit der Prothese einen fallenden Tennisball auffangen kann. Ein hübsches junges Mädchen von 19 Jahren, ohne linken Arm geboren, lernt gerade, mit der myoelektrischen Prothese umzugehen. Sie versucht, mit einer Pinzette elektronische Kleinteile aufzunehmen, eine Geschicklichkeitsprüfung, der sie sich mit Ernst und Ehrgeiz unterzieht. Sie wird das Programm innerhalb weniger Tage schaffen.

Prof. Schmidl hat uns eine Tischrunde von Doppelamputierten zusammengestellt: ein 27jähriger Ingenieur, der als Student bei einem chemischen Versuch beide Arme verlor. Er ißt seine Suppe ohne Schwierigkeiten. Ein 37jähriger Webmeister schneidet sein Fleisch. Der nach einem Verkehrsunfall Doppelamputierte führt Messer und Gabel ohne Mühe. Auch der 23jährige Angestellte, ebenfalls ein Verkehrsopfer, kann das. Die Doppelamputierten essen und trinken in der Öffentlichkeit, ohne Aufsehen zu machen, ohne Neugier oder Mitleid herauszufordern. Alle drei fahren unfallfrei Auto. Alle drei sind berufstätig. Diese verstümmelten Menschen waren vor kurzem noch völlig hilflos. Sie mußten gefüttert werden, sie konnten nicht allein zur Toilette. Mit diesen neuen Prothesen ist ihnen Selbständigkeit und Selbstbewußtsein zurückgegeben.

Hannes Schmidl ist von seiner Arbeit besessen: »Ich glaube, daß wir noch im ersten Stadium der Entwicklung sind. Wir haben hier damit begonnen, zunächst eine Prothese für Unterarmamputierte zu schaffen und können nun schon Oberarmamputierte gut versorgen, ja sogar Amputierte, bei denen der Arm aus dem Schultergelenk ausgelöst ist. Möglich wurde das, weil wir eine Mehrkanalsteuerung entwickelt haben; durch Teilung haben wir aus dem Muskel-Aktionspotential zwei Signale gewonnen. Um auch kombinierte Bewegungen des gesamten Armes möglich zu machen, wird es vielleicht nötig werden, zur Steuerung statt der Muskelströme die Nervenströme selbst zu verwenden. Es wird sehr schwierig sein, die einzelnen Nervensteuerungen zu selektieren, sie dem Mechanismus der Hand und des ganzen Arms zuzuordnen. Die Prothese über die Nerven direkt zu bewegen, das wäre die große Zukunftsmöglichkeit.«

Hannes Schmidl hat 1963 mit der Entwicklung seiner myoelektrischen Prothesen begonnen. Vor ihm hatten sowjetische Ärzte und Techniker erste Versuche unternommen. Es hat einige Zeit gedauert, bis man zu praktikabler Anwendung kam; in der Anfangszeit ist die Elektronik noch nicht weit genug entwickelt gewesen. In der Raumfahrt wurden diese winzigen Schaltungen und ausreichende Verstärker entwickelt, die nun eine künstliche Hand, die der natürlichen des Menschen bisher am nächsten kommt, beweglich machen: eine Menschmaschine, die der Humanitas dient.

Rätsel des Lebens

Die Entfaltung des Lebens

Julian Huxley, der englische Biologe und Philosoph, malte die Riesigkeit des Universums aus: »Es gibt über hundert Millionen sichtbare Milchstraßen und eine jede enthält etwa hundert Millionen bis 10 Milliarden Sterne.« Diese ungeheure Welt sei fast ausschließlich von Strahlung, Atomen und atomaren Bausteinen erfüllt, »ein gigantischer und chaotischer Jazztanz von Partikeln und Strahlungen«. Dem riesenhaften Kosmos setzte Huxley die räumliche Enge des biologischen Bereichs, der Heimstätten des Lebens, entgegen, die »keinesfalls mehr als den trillionsten Teil des sichtbaren Universums, wahrscheinlich aber noch weniger, ausmachen«. Die erreichte Organisationshöhe sei aber hier »unendlich viel größer«. Die chemischen Bausteine der lebenden Substanz »haben Moleküle mit Zehn-, ja Hunderttausenden von Atomen, alle in typischen Mustern angeordnet«; jede noch so winzige Zelle sei entsprechend kompliziert aus einer Vielzahl dieser Bausteine zusammengesetzt. »Höhere Säugetiere wie der Mensch und die Wale können über hundert oder gar tausend Billionen von Zellen verschiedenster Typen in ihrem Körper vereinigen.« Die Zahl der Zellen allein in unseren »Denkteilen« – der Hirnrinde – sei etwa siebenmal so groß wie die der gesamten menschlichen Weltbevölkerung. Was die menschliche Phase der Entwicklung (unter mehr als einer Million anderer Arten) anlange, so habe sie »vom ersten trüben Aufdämmern bis zur Gegenwart zeitlich höchstens ein halbes Tausendstel in der Geschichte des Lebens« eingenommen.

Die Entfaltung des menschlichen Lebens in einem so winzigen Winkel des Kosmos und in erdgeschichtlich so kurzer Zeit macht die unfaßbare Erstaunlichkeit dieses Vorgangs nur noch unfaßbarer. Das Bild, das Huxley entwarf, fand seine Fortsetzung in einem anderen, das von Prof. G. Schramm vom Max-Planck-Institut für Virusforschung in Tübingen stammt: wollte man die Erbfaktoren der ganzen Menschheit auf engstem Raum zusammenpacken, so würden sie in einem Kügelchen von etwas mehr als Stecknadelkopfgröße Platz finden.

Die Wissenschaft, die den »Ozean« des Lebens ausloten möchte, fördert laufend neue Tatsachen, Antworten und Deutungen, gleichzeitig aber neue Fragen und Rätsel zutage. Wie hat sich das Leben auf der Erde organisiert, welche Formen, welche Formeln, welche Schlüssel hat es benützt? Wie mag es geschehen sein, daß die Atome und Moleküle sich gruppierten und ordneten, schließlich jene Eiweißklümpchen sich zusammenfanden, in denen wir das erste Auftreten lebensfähiger Substanzen erkennen können? Die Naturwissenschaften, die das Geschehene zu rekonstruieren versuchen, werden – vorausgesetzt, daß dies überhaupt möglich sein sollte – nur bis vor die allerletzte Frage gelangen, die da lautet: »Göttliche Schöpfung« oder »Selbstzeugung«? Urzeugung, das wäre eine Art Zufall, der irgendwann einmal, wahrscheinlich unter der Einwirkung der Höhenstrahlung, auf unserem Planeten geschehen mußte, wie es etwa der russische Forscher A. I. Oparin in dem 1936 erschienenen Buch »Der Ursprung des Lebens« dargestellt hat. »Wenn ich als Naturwissenschaftler die Frage nach dem Ursprung des Lebens zu beantworten versuche«, erklärte dagegen der 1911 geborene amerikanische Biologe Melvin Calvin, der den Chemie-Nobelpreis 1961 »für seine Forschungen über die Aufnahme des Kohlendioxyds in der Pflanze« erhielt, »so bedeutet das nicht, daß ich davon überzeugt wäre, man könne eine Antwort darauf wirklich und restlos innerhalb der Naturwissenschaften finden. Es kann sich nur darum handeln, in diesem Bereich nach einer Antwort zu suchen, ohne die metaphysischen Hintergründe zu berühren.«

1838 glaubte Johannes Müller, der Lehrer von Virchow und Helmholtz, als er das erste Protein, einen einfachen Eiweißkörper, entdeckte, damit den »Grundstoff des Lebens« gefaßt zu haben; Berzelius, Müllers Lehrer, riet, ihn »Proteion«, »das Erste«, zu nennen.

Inzwischen wurden eine ganze Menge Proteine entdeckt. Die Welt der Eiweißkörper setzt sich aus komplizierten Gebilden zusammen, vorwiegend aus 20 verschiedenen Säuren, die sich vom Ammoniak herleiten, den sogenannten Aminosäuren, wozu in der lebenden Materie noch andere, ebenfalls sehr verwickelt aufgebaute Substanzen kommen. Das Zueinanderfinden dieser Substanzen wird wiederum von besonderen Eiweißkörpern, den sogenannten Enzymen, angeregt und gesteuert, von »Katalysatoren des Lebens«, die wie Heiratsvermittler fungieren, Verbindungen zustandebringen, ohne selbst an ihnen teilzunehmen. Die Biochemiker sind dabei, dieses Labyrinth zu entwirren. Sie vermögen die Verknüpfung der »Aminosäureketten« an die Tafel zu zeichnen. Aber diese Ketten liegen nicht plan; sie sind seltsam gefaltet, schraubenförmig gedreht, und diese eigentümlich geformten Körper muß man sich in die Moleküle der Eiweißkörper räumlich eingefügt denken.

Die Behauptung, daß »ein Zufall« die Natur »über die Schwelle des Lebens« geführt habe, wird von kühnen Vergleichen begleitet. Die Möglichkeit, daß es spontan geschehen sein könnte, »sei geringer als die Chance, aus einem willkürlich entleerten Setzkasten den 1. Akt des ›Faust‹ erstehen zu lassen«. Atome sind jedoch mehr als »Schriftzeichen«; Atome sind mit Anziehungskräften ausgestattet, die einer gewissen Ordnung entgegenkommen.

1953 versuchte ein junger Amerikaner namens Stanley L. Miller, ein Schüler des 1981 verstorbenen Nobelpreisträgers Harold C. Urey, der den schweren Wasserstoff entdeckt hat, die Entstehung des Lebens in der Glaskugel zu rekonstruieren. Die Uratmosphäre habe, so nahm er an, keinen Sauerstoff enthalten; es habe nur Methan, also Sumpfgas, Ammoniak und Wasserstoff gegeben, giftige Dunkelwolken, die über einem kochenden Ozean lagerten und in denen furchtbare Gewitter tobten. Miller schuf ein Röhrensystem mit zwei Glasbehältern; in den einen ließ er die Gase seiner »Uratmosphäre« einströmen; im zweiten erhitzte er Wasser. Wasserdampf und Gase vermischten sich; sie wurden an Elektroden vorbeigeführt, zwischen denen ununterbrochen Funken zuckten. Acht Tage lang ging das so. Wir können dieses Experiment unheimlich, vermessen oder auch naiv nennen: Miller versuchte in einer einzigen Woche nachzuahmen, was die Natur in ungezählten Millionen Jahren – vielleicht auf ähnliche Weise – vollbracht hat. Das Ergebnis: in der roten Lösung, die sich bildete, fand er eine winzige Menge, ein ganzes Milligramm organischer Substanzen. Immerhin! Es waren Aminosäuren darunter, Eiweißbausteine, wenn auch kein Eiweiß, wenn auch nicht – noch lange nicht! – »Leben«. Adolf Butenandt, Deutschlands führender Biochemiker, sagte dazu: »Wenn auch der Weg von der Entstehung erster Aminosäuren bis zur Bildung eines Eiweißmoleküls gewiß ein weiter, der Weg von einem Eiweißmolekül bis zur Organisation eines lebendigen Teilchens ein noch viel weiterer sein mag, die Frage, welche organischen Verbindungen in den Kreisprozessen vergangener erdgeschichtlicher Perioden ohne Lebewesen entstehen konnten, ist jetzt experimentell angreifbar geworden.«

Hier muß an Wilhelm Conrad Röntgen und Max von Laue erinnert werden. Der Durchgang von Röntgenstrahlen durch Kristalle hat die Natur dieser Strahlen enthüllt, zugleich konnte auf diese Weise der innere Aufbau von Stoffen enthüllt werden. Die Wissenschaft gewann erstmals eine Vorstellung von der räumlichen Anordnung der Atome. Schon ein Jahr nach Laues Physik-Nobelpreis erhielten ihn 1915 die Braggs je zur Hälfte, der Vater Sir William Henry, damals 53jähriger Professor an der London University und sein Sohn Sir William Lawrence, 25 Jahre alt und schon Professor an der Victoria University in Manchester. Die Braggs haben in teils gemeinsamer, teils getrennter Arbeit die Grundlagen der Röntgenanalyse von Kristallstrukturen geschaffen.

Der »junge« Bragg wurde 1938 (da war er 48) Nachfolger von Rutherford in Cambridge; nicht zuletzt dadurch wurde Cambridge eine Hochburg der Röntgenanalyse. Max Ferdinand Perutz, geboren 1914 in Wien, und John Kendrew haben dort Proteine erfolgreich durchleuchtet, diese Grundstoffe des Lebens, die aus Zehntausenden von Atomen aufgebaut sind. Sie konnten herausfinden, wie das Molekül des Hämoglobin beschaffen ist; der rote Blutfarbstoff ist wie der grüne Farbstoff der Pflanzen, das Chlorophyll, eine Schlüsselsubstanz des Lebens. Perutz und Kendrew teilten sich in den Chemie-Nobelpreis 1962; den Preis in Physiologie oder Medizin erhielten im selben Jahr zu gleichen Teilen Francis Crick und James Watson aus

Cambridge zusammen mit Maurice Wilkins aus London. Sie hatten aufklären können, wie die »kleinste Lebenseinheit«, die Desoxyribonukleinsäure aufgebaut ist. Der Name ist selbst den Biochemikern zu umständlich; sie sagen und schreiben DNS. Dieser Stoff sei aus zwei Molekülketten zusammengesetzt, die »wie die Holme einer Wendeltreppe« spiralig umeinander gewunden sind. In diese Wendeltreppe seien in wechselnder Aufeinanderfolge gewisse »Muster« eingeknüpft; mit der Variation dieser Muster ist die Lebensvielfalt gegeben. Mit diesem Bild war zu zeigen, wie aus einem DNS-Molekül sich jeweils zwei bilden und wie die genetische Information weitergegeben wird, ein Codierungssystem und seine Umsetzung und Übersetzung in die spezifischen Strukturen verschiedener Eiweiße. Eben das ist gemeint, wenn vom »genetischen Code« die Rede ist, der die Fortdauer des Lebens ermöglicht und im wesentlichen bei Mensch und Tier und Pflanzen und selbst Bakterien übereinstimmt.

Watson hat in seinem Buch »Die Doppelhelix« nach eigenen Worten geschildert, »wie Wissenschaft wirklich gemacht wird«. Es ist ein herrlich respektloses Buch, das viele Wissenschaftler schockiert hat, gerade in England, zumal Watson seine Kollegin Rosalyn Franklin darin schlecht wegkommen läßt und er auch sonst flapsig urteilt. Anfänglich war das Buch jedenfalls ein Skandal, wurde aber – wohl eben deshalb – ein Publikums-Bestseller. Mehr und mehr Stimmen rühmten Watsons Freimut. Der Autor habe gezeigt, daß es in der Welt der Wissenschaft gelegentlich auch recht unernst zugehe und man im Umgang mit Konkurrenten auf Finten und Tricks nicht verzichte. Watson teilte mit, daß die endgültige Fassung des – die Priorität sichernden – Artikels für die Zeitschrift »Nature« am letzten Märzwochenende 1953 fertig war, aber noch getippt werden mußte. Wörtlich: »Unsere Schreibkraft im Cavendish war nicht zur Hand und so wurde meine Schwester mit dieser kleinen Arbeit beauftragt. Es war kein Problem, sie zu überreden, einen Sonnabendnachmittag dafür zu opfern. Wir brauchten ihr nur zu sagen, daß sie auf diese Weise an dem wahrscheinlich größten Ereignis in der Biologie seit Darwins Buch beteiligt war.« Der junge Amerikaner schreibt das ohne falsche Bescheidenheit so hin und warum auch nicht? Es ist – die Wahrheit.

Lebende Kristalle

1957 hatte ich Gelegenheit, mich mit Wendell M. Stanley vom Rokkefeller Institute für medizinische Forschung in Princeton an Deck eines Bodenseedampfers sehr ausführlich zu unterhalten. Wir hatten bei Sonnenschein unsere Liegestühle nebeneinander gerückt. Stanley, Nobelpreisträger von 1946, hat 1935 als erster das Virus einer Pflanzenkrankheit, das Tabakmosaikvirus, in Form von Kristallen nachgewiesen und dann gezeigt, daß eben diese für »leblos« gehaltenen Kristalle sich in den Pflanzenzellen zu vermehren in der Lage sind. »Lebende Kristalle« – dies war eine völlig neue Vorstellung. In der Tat berührte die Wissenschaft damit ein Lebensgeheimnis, und Stanley war davon überzeugt, daß die Enträtselung dieser »Grenzzone des Lebens« gleichzeitig in das Herz anderer Rätsel, so das Geheimnis des Krebses, führen würde.

Die Gene, also die Träger der Erbeigenschaften, und die Viren (»Gebilde der Zwielichtzone des Lebens« nannte sie Stanley) vermehren sich nur innerhalb lebender Zellen. Die Gene werden von einer Zellengeneration zur anderen übertragen, und es gibt auch etwas in der Krebszelle, was von Zelle zu Zelle übertragen wird. »Alle drei, die Viren, die Gene und der Krebs, sind von der Struktur der Nukleinsäure abhängig«, sagte Wendell M. Stanley. Er sprach von den Versuchen, die an der Universität von Kalifornien in Berkeley von Dr. Heinz Fraenkel-Conrat gemacht wurden, der 1910 in Breslau geboren, seit 1936 in den USA lebt. Das Experiment hat clevere Zeitungsreporter ausposaunen lassen, Dr. Fraenkel habe »Leben in der Retorte nachgeschaffen«. Wenn dies auch eine maßlose Übertreibung war, der Fraenkel energisch entgegentrat, so handelte es sich doch um ein sensationelles Experiment.

Fraenkel-Conrat hatte ein Tabakmosaikvirus isoliert: ein »Stäbchen«, bestehend aus einem Kernfaden, aus Nukleinsäuren, um den Protein gewickelt ist. Es gelang ihm, die beiden Teile zu trennen. Jedes für sich, so glaubte er feststellen zu können, war »tot«. Aber nun: Fraenkel brachte das Kunststück fertig, die Teile wieder zusammenzufügen, das abgelöste Protein zu veranlassen, sich erneut um das Stäbchen aus Nukleinsäure zu wickeln, das fortpflanzungsfähige

Virus zu rekonstruieren. Die Bestandteile waren übrigens nicht, wie sich später herausstellte, beide »leblos«; Dr. Fraenkel war nicht »über die Lebensgrenze gewechselt«. Vielmehr stellten kurz darauf zwei deutsche Forscher aus dem Viruslaboratorium in Tübingen, Alfred Gierer und Gerhard Schramm, fest, daß schon der Stäbchenkern aus Nukleinsäure für sich allein die Eigenschaften des Virus besitzt, in der lebenden Wirtszelle nicht nur die gleiche Nukleinsäure erzeugt, sondern auch jene Proteinwicklung wiedererschafft, mit der er sich dann umhüllt. Stanley nannte dies »eine sehr bedeutende Entdeckung«. Mit der Nukleinsäure sei die »Schlüsselsubstanz des Lebens« ermittelt.

Wie ein Virus in einer Zelle wirkt, davon machten sich die Wissenschaftler in etwa diese Vorstellung: es heftet sich an die Zelle; sein Inneres, die Nukleinsäure, fließt in den Zelleib ein und setzt sich in deren »Kommandoturm«, dem Zellkern, fest. Von nun an gibt sie dem Stoffwechsel der Zelle neue Befehle, stellt die Produktion gleichsam »auf Viren« um. Der Stoff- und Energiehaushalt der Zelle wäre mit den Fließbändern einer Fabrik zu vergleichen, das Eindringen eines Virus mit einer »fehlerhaften Lichtpause aus dem Konstruktionsbüro«, nach der untere Instanzen die Arbeitstakte an den Fließbändern umdisponieren, so daß schließlich »eine Serie schöner Maschinen herauskommt, die nur den einen Fehler haben, daß sie nicht funktionieren und deshalb im Betrieb unnütz und auch sonst unverkäuflich sind«, wie Wolfhard Weidel, Direktor am Max-Planck-Institut für Biologie, in seinem Buch »Virus – die Geschichte vom geborgten Leben« dargestellt hat.

Das Ausloten jenes dunklen »Ozeans«, mit dem wir das rätselhafte Leben verglichen haben, geschieht an mehreren Stellen: Ich erinnere mich an einen Vortrag Adolf Butenandts in den 50er Jahren. Er war, als er ans Pult trat, wohl das genaue Gegenteil eines versponnenen Gelehrten, eher einem jungen Industriekapitän ähnlich. Es ging um biochemische Fragen, um die Wirkstoffe, die das Leben der Insekten bestimmen. In seinem ersten Satz beantwortete er den Laienvorwurf, welchen Sinn es wohl haben könne, so spezielle Themen anzugehen, wie die der Insektenwelt. Die wissenschaftliche Biochemie, so sagte Butenandt, versucht unter Anwendung der Physik und Chemie

»Grundformen des Lebens zu analysieren, die für alle Organismen gelten. Sie erfüllt den Auftrag der Wissenschaft, das Wesen des Menschen selbst und der ihn umgebenden und auf ihn bezogenen Natur zu erkunden. Dabei ist sie frei in der Wahl ihrer Objekte und benützt je nach Fragestellung und Methode die verschiedensten Organismen des Tier-, Pflanzen- oder Mikrobenreichs.« Butenandt erinnerte daran, daß die für alle Lebewesen geltenden Gesetze der sogenannten klassischen Vererbungsforschung zu einem großen Teil an Insekten erkannt wurden. In der Tat ist für die Genetiker, die Vererbungsforscher, das interessanteste Versuchtstier eine Fruchtfliege, die Drosophila. Die Zellkerne ihrer Speicheldrüse enthalten Riesenchromosomen, die hundertmal größer sind, als die der meisten Lebewesen. Chromosomen sind fadenförmige Gebilde; bei der Drosophila sehen sie wie Ketten aufgefädelter Scheibchen aus. Einzelne Gene, die geheimnisvollen Erbträger, konnten diesem Querscheibenmuster zugeordnet werden.

Butenandt suchte sich für seine Untersuchungen zunächst die Augenfarbstoffe von Insekten aus. Von dort her hatte es noch niemand versucht. Aus den Augen von 7 800 Schmeißfliegen wurden in seinem Tübinger Institut 19 Milligramm Augenfarbstoff, erstmals in reiner kristalliner Form, gewonnen. Sofort ergab sich eine interessante Querverbindung zur Medizin. Die Augenfarbstoffe, die sogenannten Ommochrome, erscheinen als Farbanteil auch in gewissen Antibiotika. Aber dies war nur ein Nebenergebnis. Etwas anderes und wichtigeres stellte sich heraus: Da es Insektenrassen gibt, die keinen Augenfarbstoff bilden können, und diese Rassen durch Mutation (Veränderung oder Ausfall eines Gens) entstanden waren, gelang es erstmalig nachzuweisen, daß die Erbfaktoren im Zellkern bestimmte Außenmerkmale eines Organismus ausprägen. Es konnte gezeigt werden, daß – um ein menschliches Beispiel zu wählen – die Erbanlage, das Gen für blaue Augen tatsächlich die Iris blau färbt. Die Gene sind es, die bestimmte Fermente steuern; im Bau der Erbfaktoren liegt die Information für den Aufbau bestimmter Eiweißstoffe. Ein erstes Steuerungsrädchen greift in ein zweites ein und so weiter. Biochemische Mechanismen steuern das »Uhrwerk des Lebens«.

Den Nobelpreis hat Adolf Butenandt übrigens nicht für diese

Arbeiten, sondern für seine Forschungen noch vor dem Zweiten Weltkrieg erhalten.

Anfänge der Biochemie

Adolf Butenandt ist in Bremerhaven geboren. Chemie und Biologie waren schon in der Schule seine Lieblingsfächer. Er entschloß sich, in Marburg Chemie zu studieren. 1921 hatte die Inflation schon begonnen. Der Beruf des Chemikers schien bessere Aussichten zu bieten. Aber Butenandt merkte bald, daß ihn »die Chemie nur in ihrer Beziehung zur Biologie wirklich fesselte«. Also studierte er auch Biologie, obwohl der alte Geheimrat Korschelt ihn warnte: »Daß Sie nicht zwischen zwei Stühle zu sitzen kommen und die Chemiker Sie für einen Biologen, die Biologen Sie für einen Chemiker halten.« Das Fach »Biochemie« gab es damals noch nicht. Aber Butenandt meinte, es müsse einen Weg geben, diese Fächer zu verknüpfen. Er zog 1924 nach Göttingen, um bei Adolf Windaus zu studieren. Der wurde sein Doktorvater. Thema der Dissertation 1927: die Aufklärung der chemischen Struktur des Rotenon. Das war ein Pfeilgift aus Wurzelsud, mit dem die Eingeborenen des malaiischen Archipels auf Fischjagd gingen. Für Windaus eine Sache am Rande; sein Hauptarbeitsgebiet waren die Sterine und die Gallensäuren. 1928 erhielt Windaus den Chemie-Nobelpreis zugesprochen für seine »Erforschung des Aufbaus der Sterine und ihrer Beziehung zu den Vitaminen«. Damals war er schon auf dem Weg zu seinem wahrscheinlich größten Erfolg, der Entdeckung des Vitamin D, eines Schutzmittels gegen Rachitis. Der antirachitisch wirksame Stoff wurde vornehmlich aus dem Lebertran von Thunfischen gewonnen. Butenandt: »Ich verdanke Windaus sehr viel. Er war es, der mich Walther Schoeller von den Berliner Schering-Werken vorschlug. Schoeller hatte Windaus gebeten, ihm bei der Isolierung und Erforschung der weiblichen Sexualhormone zu helfen. Man wußte damals nicht viel darüber, nur daß sie in den Keimdrüsen erzeugt werden, durch innere Sekretion in die Blutbahn gelangen und zum Teil im Harn wieder ausgeschieden werden.« Nur zwei Jahre später, im Spätsommer 1929, konnte Butenandt eine erste Notiz über das »Progynon, ein kristallisiertes weibliches Sexualhormon« (später Östron genannt) veröffentlichen. Das war ein großer Erfolg des 26jährigen Forschers: die erste Isolierung und Reindarstellung eines weiblichen Sexualhormons. »Eine mühselige Arbeit, die nur mit Hilfe der Industrie hat gelingen können.« Schering hatte die Vorarbeit organisiert: Der Harn von schwangeren Frauen wurde an den Universitätskliniken gesammelt, Zehntausende von Litern zu Konzentraten aufgearbeitet, diese im Labor weiter fraktioniert. Man verwendete die verschiedensten Lösungsmittel, um den wirksamen Stoff Stufe für Stufe anzureichern. Biologische Tests mußten die Fortschritte erweisen. Nur an der Wirkung war zu erkennen, in welchen Partien das Hormon sich anreicherte. Die chemische Natur war ja noch unbekannt. Am Ende lag es in Form winziger Kristalle vor, wenige Milligramm. Das also war der Stoff, der den Reifungsprozeß der Follikel im Eierstock steuert! Erst wenn die Chemiker einen Stoff kristallisiert finden, sind sie sicher, daß sie ihn damit in reiner einheitlicher Form vor sich haben, einen Stoff, dessen chemischen Aufbau sie dann mit einer Strukturformel angeben können.

Zwei Jahre nach der Isolierung des weiblichen Keimdrüsen-Hormons Östron folgte die Reindarstellung des männlichen Hormons Androsteron. Diesesmal wurden 15 000 Liter Männerharn in einer Berliner Polizeikaserne gesammelt. Die Androsteron-Kristalle wogen 15 Milligramm, eine Ausbeute 1 000 000 000 : 1.

Butenandt bekam einen Lehrstuhl in Danzig. Dort isolierte er in dreijähriger Arbeit aus rund 50 000 Eierstöcken von Schweinen 20 Milligramm des zweiten weiblichen Sexualhormons Progesteron, das für den Eintritt und die Erhaltung einer Schwangerschaft unentbehrlich ist. Drei Sexualhormone waren gefunden; sie gehören alle drei zur Stoffgruppe der Steroide, sind biologische Verwandte des »Gallenfetts« Cholesterin. Mitarbeiter Butenandts war damals Erika von Ziegner; sie ist Butenandts Frau, die Mutter seiner sieben Kinder geworden. Ihren Charme und eine erstaunliche Jugendlichkeit hat sie sich bis ins Alter erhalten.

Ist ein Wirkstoff, der im Organismus ja nur in allerwinzigsten

Mengen produziert wird, erst einmal in seiner chemischen Bauart aufgeklärt, läßt er sich bald auch synthetisieren, also nachbauen, oft auf einem chemisch sehr viel einfacheren Weg. Manchmal gelingt es auch, Variationen zu schaffen und damit die Wirkung des Naturstoffs zu übertreffen. Peter Karlson, Professor in Marburg, ein späterer Mitarbeiter Butenandts, hat diese Arbeiten als ein Stück »chemischer Kriminalistik« bezeichnet.

Nach dem Zweiten Weltkrieg hat Adolf Butenandt die rätselhaften Wirkstoffe untersucht, die der Verständigung der Insekten untereinander dienen, jener Botenstoffe, die den Partner über weite Entfernungen herbeirufen. Es gelang, den Sexual-Lockstoff, den die Weibchen des Seidenspinners in besonderen Drüsen bereiten und der von den palmwedelförmigen Fühlerantennen der Männchen »geortet« wird, zu isolieren und seine chemische Konstitution aufzuklären. Aus 500000 Seidenspinner-Drüsen hat man in Butenandts Tübinger Laboratorium 12 Milligramm des reinen Lockstoffs gewonnen und es vermocht, diese Substanz nicht nur zu analysieren, sondern auch chemisch nachzubauen. Erstaunlich war, daß dieser Lockstoff von so hoher spezifischer Wirkung – nur das Seidenspinnermännchen, kein anderer Falter nimmt ihn als zwingenden »Ruf« wahr – relativ einfach konstruiert ist. Der Zugang zu einem weiten Gebiet, eben dem der Sexuallockstoffe, war damit geöffnet. Man hatte einen Schlüssel gefunden, der in der Folge praktische Bedeutung bei der Bekämpfung jener Schmetterlinge gewonnen hat, deren Raupen als Pflanzenschädlinge gefürchtet sind.

Prof. Butenandt wußte, daß eine »Resistenz« gegen solche Duftstoffe nicht zu befürchten ist. Der »betörende« Duft lockt Myriaden von Männchen in ihr Verderben; sie enden in Lockstoff-Fallen. Die Fortpflanzung der »genarrten« Schädlinge ist billionenfach unterbrochen.

Als Butenandt Präsident der Max-Planck-Gesellschaft war, hat er mir dazu eine reizende Anekdote erzählt: »Bei einem Besuch in Amerika saß die charmante Frau eines Kollegen neben mir. Sie war von meinen Untersuchungen über die Lockstoffe der Insekten fasziniert und fragte mich, ob meine Ergebnisse nicht auch für den Menchen nutzbar zu machen seien. Ich habe das bedauernd verneint und dafür den temperamentvollen Vorwurf empfangen: ›Ach, Doktor, warum verschwenden Sie Ihre Zeit mit Schmetterlingen?‹«

Forschungen in der Schweiz

Butenandt erhielt den Chemie-Nobelpreis 1939 »für seine Arbeiten über die Keimdrüsenhormone« zur Hälfte; die andere Hälfte fiel an Leopold Ružička von der TH Zürich »für seine Arbeiten an Polymethylenen und höheren Terpenen«. Terpene werden in vielen ätherischen Ölen gefunden. Bei der Arbeit über das Östron kam der Amerikaner Edward E. Doisy aus St. Louis etwa gleichzeitig mit Butenandt ans Ziel, doch wurde der Preis Butenandt gegeben, weil dieser inzwischen drei Sexualhormone gefunden hatte. Doisy holte sich den Nobelpreis für Medizin 1943 »für seine Entdeckung der chemischen Natur des Vitamins K«. Vitamin K kommt im Eidotter und im Sesamöl vor; es hat mit der Blutgerinnung zu tun. Ružička, 16 Jahre älter als Butenandt, erklärte mir einmal die »zwei Häkchen« auf seinem Namen, den man »Rutschitzka« ausspricht, um zu erläutern, wie schwierig es für die Nobelstiftung sein kann, die Nationalität eines Wissenschaftlers festzustellen: »Ich habe den Preis als Schweizer empfangen; seit 1917 bin ich Schweizer Bürger. Geboren bin ich in Vukovar, das ist in Kroatien, und das war vor dem Ersten Weltkrieg Österreich-Ungarn, nach dem Ersten Weltkrieg Königreich Jugoslawien, heute ist es ein Bundesstaat der Volksrepublik Jugoslawien.« Er hob die Schultern, wie um sich zu entschuldigen, daß ihn die Weltpolitik so zwischen alle Stühle gesetzt hätte. Leopold Ružička war ein humorvoller Mann mit einem buschigen weißen, immer etwas gesträubten Schnurrbart. Er war übrigens Hermann Staudinger, dem »Vorkämpfer der Makromoleküle«, die ihm die Kollegen nicht glauben wollten, freundschaftlich verbunden. Der war zwar nur 6 Jahre älter, aber sein Lehrer in Zürich gewesen. Er hat den Chemiepreis erst nach Ružička bekommen. Dazu Ružička: »Das war allerhöchste Zeit; ich hab mich schon geniert. Im übrigen bedeute der Name Ružička ›Röschen‹. Die Rose ist die schönste

Blume, und es gibt Rosen ohne Dornen, von der Sorte bin ich.« Ružička lebte offensichtlich vergnügt und lachte viel. Er war nicht nur ein großer Chemiker, sondern auch ein großer Kunstkenner, ein Sammler und Mäzen. 1976 ist er gestorben, somit 89 Jahre alt geworden.

Ružičkas Nobelvortrag schlug einen Bogen von dem schwedischen Chemiker Berzelius (1779–1848), der viele Elemente entdeckt hat und die chemische Analyse einführte, über Kekulé bis zu Richard Willstätter. Es erweise sich auch hier, daß jeder Wissenschaftler auf den Schultern derjenigen stehe, die vor ihm geforscht hätten.

In seiner Züricher Zeit (1905–1912) arbeitete Richard Willstätter vor allem über das Chlorophyll, den grünen Pflanzenfarbstoff. Er ging dabei vom unberührten Naturprodukt aus, von frischen Blättern und Blumen. Vorsichtig wurde der Blattfarbstoff, chemisch ein Magnesium-Komplex, in seine Komponenten getrennt, das Molekül Schritt für Schritt sehr behutsam abgebaut. Die chemische Verwandtschaft des grünen Pflanzenfarbstoffs mit dem roten Blutfarbstoff wurde dabei offenbar. Im Berliner Kaiser-Wilhelm-Institut kamen diese Arbeiten dann zu einem vorläufigen Ende. In Willstätters Lebenserinnerungen hat die Dahlemer Vorkriegszeit ihren besonderen Rang, die Farben der Blüten und Früchte, die Farbstoffe der Kornblume und der Rose, der Preiselbeeren, des Rittersporns, des Mohns und der Dahlie. Der Krieg machte diesen Forschungen ein Ende. Die Körbe mit den geschnittenen Blumen wurden in die Lazarette gebracht. Die meisten Mitarbeiter waren schon eingezogen, dem Rest wurde die Aufgabe zugewiesen, eine wirksame Gasmaskenfüllung zu finden. Im November 1915 erfuhr Willstätter durch den Anruf aus einer Berliner Redaktion, daß ihm der Nobelpreis zugesprochen sei für »seine Forschungen, die Pflanzenfarbstoffe, besonders das Chlorophyll, betreffend«. Im März 1916 zog Willstätter als Nachfolger Baeyers nach München um. Er wandte sich den geheimnisvollen Enzymen (auch Fermente genannt) zu, jenen Stoffen, die in kleinsten Mengen den Ablauf chemischer Reaktionen steuern, den Stoffen, die der Chemiker mit der Silbe »-ase« enden läßt. Zehn Jahre später legte Willstätter sein Amt, verletzt durch antisemitische Strömungen, nieder, und 1939 verließ er Deutschland, »seine geliebte deutsche Heimat«, und ging in die Schweiz. Sein Haus in München, die wertvolle Bibliothek, die Möbel und Bilder hat er zurücklassen müssen, um die Auswanderung bewilligt zu bekommen. In seinen Lebenserinnerungen, in der Villa Eremitaggio am Lago Maggiore geschrieben, schildert Willstätter das Hochschulleben seiner Zeit sehr lebendig; die Bitterkeit darüber, daß er in die Emigration gezwungen wurde, ist doppelt spürbar.

Auch Tadeusz Reichstein, der Basler Ordinarius für organische Chemie, kam aus dem Vielvölkerstaat der österreich-ungarischen Monarchie. Er ist in Galizien geboren, im später polnischen Wloclawek. Die Eltern sind mit dem Zweitkläßler in die Schweiz umgezogen. Eine ungefähr gleichzeitige Schulreform kam ihm zugute und das Schwyzerdütsch lernte er im Handumdrehen. Nach dem gesetzlich vorgeschriebenen 10-Jahres-Aufenthalt wurden die Reichsteins dann 1916 eingebürgert. Auch Reichstein war Schüler von Hermann Staudinger, der ja bis 1926 in Zürich lehrte. Er wurde sein Assistent und seine erste Arbeit machte ihn auch schon bekannt: die Erforschung der Aromastoffe des Kaffees. Als Staudinger dann nach Freiburg im Breisgau ging, wechselte Reichstein in die Industrie. Er lernte dort Ružička kennen, der dem nur zehn Jahre Jüngeren anbot, in seinem Universitätsinstitut mitzuarbeiten. »Eigentlich nebenbei«, während der Ferien nämlich, fand Reichstein die Synthese des Vitamin C. Zunächst waren nur winzige Mengen zu gewinnen; es lohnte sich eigentlich nicht. Aber 1933 gelang es ihm, Traubenzucker in beliebiger Menge herzustellen.

Mit Reichsteins Dozentur an der Eidgenössischen Technischen Hochschule in Zürich ergab sich eine neue Forschungsrichtung: Reichstein ging daran, die Stoffe zu untersuchen, die die Nebennierenrinde ins Blut abgibt. Wenn man herausbringen würde, wie die Natur sie gebaut hat, könnte man sie chemisch nachbauen und als Medikament verwenden. Das Ausgangsmaterial besorgte sich Reichstein im Schlachthof. 1 000 Kilogramm Nebennieren wurden zu 1 Kilo Trockenmasse verarbeitet, daraus 25 Gramm der möglicherweise wirksamen Substanz gewonnen und darin dann nicht weniger als 20 verschiedene, aber einander sehr ähnliche Stoffe entdeckt. Darunter waren sechs Hormone, die für Wirkungen der Nebennieren eintreten konnten. Und sie gehörten überraschenderweise zur Klasse der Sterine, die von der Gallensäure, vom Vitamin D und den Sexualhormonen her bekannt waren. Sie können sich ineinander umwandeln. Reichstein versuchte, sie synthetisch aus Gallensäure, die ja reichlich zur Verfügung steht, herzustellen.

1955 hatte er das Desoxycorticosteron in Händen. Die anderen fünf Hormone waren aus Gallensäure nicht zu gewinnen. Reichstein versuchte es dann mit verschiedenen Herzglykosiden. Er setzte seine Hoffnung schließlich in die Samen bestimmter afrikanischer Pflanzen und fand sie tatsächlich auf einer Expedition nach dem Zweiten Weltkrieg: ein vortrefflicher Ausgangsstoff für die synthetischen Nebennierenhormone und damit für das berühmte Cortison.

Reichstein, ein Mann mit dunklen Augen hinter der goldgeränderten Brille, meist mit schief sitzender Krawatte, war ein Meister in der Zurückhaltung. In seiner Stockholmer Rede zum Nobelpreis 1953 sagte er, ohne die Stimme auch nur zu heben: »Diese Arbeit soll ohne Rücksicht auf praktische Ziele weitergeführt werden; wir glauben aber, daß sie möglicherweise auch von praktischem Nutzen sein wird.«

Gekrönte Wissenschaft

Die Überreichung der Nobelpreise sind das glanzvollste Schauspiel der Stockholmer Wintersaison. Jeweils am 12. Dezember, dem Todestag Alfred Nobels, werden die von ihm gestifteten Preise für Physik, für Chemie, für Physiologie oder Medizin, für Literatur und Frieden übergeben, dazu seit 1968 ein Nobel-Gedächtnispreis für Wirtschaftswissenschaften, den die Bank von Schweden gestiftet hat. Der Friedenspreis wird als einziger vom Storting, dem Norwegischen Parlament, zuerkannt und gleichentags in Oslo überreicht. Dieser Friedenspreis ist – wie könnte es in dieser unruhigen Welt anders sein! – fast immer umstritten. Auch der Literaturpreis ist das oft. Anders bei den Naturwissenschaften. Hier sieht die Weltmeinung im Nobelpreis die höchste Auszeichnung, die absolute Krönung wissenschaftlicher Leistung.

Ich bin zweimal in Stockholm gewesen, um der Nobelpreisverleihung beizuwohnen, 1973 und 1985. Beide Male hatte ich Glück. Unsere Filmaufnahmen waren jeweils schon im Frühsommer verabredet, unabhängig davon, wer die Preisträger sein würden. Beide Male stellte sich zum Beginn des Winters heraus, daß Deutsche dabei waren: 1973 Ernst Otto Fischer, der sich den Chemie-Preis mit dem Engländer Wilkinson teilte, sodann Karl von Frisch, der mit Konrad Lorenz und Nikolaas Tinbergen den Preis für Medizin erhielt. 1985 war es dann Klaus von Klitzing, der den Nobelpreis für Physik in Empfang nehmen konnte. Klitzing erhielt den Preis für die Entdekkung des nach ihm benannten Effektes, der einen Durchbruch in der Festkörperforschung darstellt. Ein Effekt, der unter anderem für die Mikroelektronik von grundlegender Bedeutung ist. Die Jugendlichkeit des Preisträgers, sein Lächeln in der Erregung des Augenblicks, als er aufgefordert war, den Preis aus der Hand des Königs entgegenzunehmen und die Fanfaren zu seinen Ehren erklangen, wurde von Millionen Menschen im Fernsehen beobachtet, hat ihm die spontane Sympathie der Welt eingebracht.

Alfred Nobel ist auf dem Stockholmer Nordfriedhof bestattet. Er ist 1833 in Stockholm geboren, 1896 in San Remo gestorben. Das Familiengrab der Nobels wirkt anspruchslos, bedenkt man, daß dieser Mann ein riesiges Vermögen erworben hat und 33 Millionen schwedischer Kronen – zur Jahrhundertwende! – hinterließ, mit deren Zinsen laut Testament die Preise auszustatten waren.

Im Sitzungsraum der Nobelstiftung hängt ein Porträt Nobels. Es ist nach seinem Tod erst gemalt: der Erfinder in seinem Laboratorium, offensichtlich ein kranker Mann, bei aller Weltläufigkeit ein einsamer Mensch. Er war ein schwieriger Mann, scheu, sarkastisch urteilend, auch über sich selbst. Eine große Jugendliebe war ihm gestorben. Mit 43 Jahren lernte er ein Mädchen kennen, eine Wiener Blumenbinderin, die sich 18 Jahre lang von ihm aushalten ließ, um sich dann mit einem anderen davonzumachen. Er hätte sie geheiratet, wäre sie bereit gewesen, nur etwas Schulbildung nachzuholen, aber sie hatte nur ihre Vergnügungen im Sinn. Die Frau, die Nobel sofort hätte heiraten wollen, war, wie sie ihm sagte, nicht mehr frei. Er traf sie nach Jahren wieder, eine geborene Comtesse Kinsky, die nachmalige Bertha von Suttner. Sie war es, die den Skeptiker Nobel dazu bestimmte, einen Friedenspreis auszusetzen. Zeitlebens verbunden blieb der Erfinder nur einer Frau, seiner Mutter. Sie starb kurz vor dem Sohn.

Der Vorsitzende des Direktoriums der Nobelstiftung, Prof. Ulf von Euler, Nobelpreisträger der Medizin 1970, empfing mich in der Bibliothek der Stiftung. Euler wirkte skandinavisch kühl, er wählte seine Worte sorgsam wie ein Diplomat, machte mich dann aber, eher vergnügt, darauf aufmerksam, daß die Sprache hinsichtlich der Bedeutung des Nobelpreises verschiedene Akzente setze: Im Deutschen spreche man vom Nobelpreisträger, obwohl der Preis nicht wie ein Orden angelegt, also nicht getragen wird. Im Wort »tragen« sei Würde und Bürde enthalten. Man trage Verantwortung, eine Last, die Bürde einer Verpflichtung. Im Französischen heißen die Empfänger der Preise lauréats; lauréatus, das ist »der Lorbeergeschmückte«. Lorbeer krönt den Sieger im Wettbewerb. Ehre, Ruhm und Glanz sind im Lorbeer enthalten, la gloire, die Glorie, an der die Nation teilhat. Die Engländer sprechen vom nobelprizewinner wie vom Sieger im Rennen, auch vom Gewinner einer Lotterie. Das Sportliche ist enthalten, die Konkurrenz, die Freude am Gewinnen, das »to be the first«, der Erste zu sein, schneller und besser als die anderen. Die Schweden hinwiederum sagen nobelpristågare, Nobelpreisnehmer. Auch das Materielle, der Scheck mit dem hohen Geldbetrag, ist da eingeschlossen.

Ulf von Euler, der den Nobelpreis für seine Forschungen über Nerven und Gehirn erhalten hat, ist 1983 gestorben. Er war der Sohn des schwedischen Enzymforschers Hans von Euler-Chelpin, der den Chemie-Nobelpreis 1929 empfing; Hans von Euler ist 1873 als Sohn eines bayerischen Generals geboren und 1964 gestorben. Er ist also über 90 geworden, ein temperamentvoller Mann mit knarrender Stimme, dessen sehr gelichtetes rötliches Haar nicht weiß werden wollte und der, schon hoch in den 80ern, noch eine Reise nach Japan antrat.

Die Schweden genießen es, die Augen der Welt bei den Nobel-Feiern auf sich gerichtet zu wissen. Die Vertreter der Massenmedien erhalten jede Unterstützung. In den Tagen vor der Verleihung kommen Bulletins heraus, die besagen, wann und auf welchem Weg die Nobelpreisträger eintreffen werden, wie viele Familienmitglieder mitkommen, wie alt die Kinder oder schon Enkel sind. Die Boulevard-Presse macht sich mit Vorliebe an die Kleinen heran. Sie zitiert, was die so von sich geben. Man habe im Kreis der Familie gar nicht gewußt, daß Papa so gescheit sei. Mama sagt, er sei dumm, man könne ihn zu Hause keinen Nagel einschlagen lassen.

Die Entgegennahme der Preise erfolgt besonders feierlich. Man hat das Zeremoniell, Frack mit Orden, langes Abendkleid, Bühnendekor und Fanfaren, gegen alle Neuerungsvorschläge verteidigt. Selbst die Kameraleute des schwedischen Fernsehens tragen Frack. Das Podium des Stockholmer Konserthuset ist in den Farben Schwedens geschmückt: gelbe Chrysanthemen, ein hellblauer Teppich. Die Feier wird in Schweden live in voller Länge übertragen. Die Länder, aus denen die Ausgezeichneten des Jahres stammen, schließen sich an, bringen zumindest längere Ausschnitte, in jedem Fall den feierlichen Moment der Preisübergabe. Eine Würdigung durch den Sprecher der verleihenden Institution endet jeweils mit persönlichen Worten und der Aufforderung, den Nobelpreis aus der Hand des Königs entgegenzunehmen. Die Zeremonie wird vormittags an Ort und Stelle geprobt. Natürlich ohne König und Königliche Familie, die ihren Part am späten Nachmittag ja kennen. Und ohne Publikum, das zur Generalprobe nicht zugelassen ist. Aber Presseleute sind da und nützen die Gelegenheit zu zwanglosen Interviews zwischen den Regieanweisungen der Veranstalter, den Einsätzen für die Musik, für die Fanfaren und für die Laureaten. Wer am Abend, sozusagen auf dem Höhepunkt seiner Karriere, im Licht der Kronleuchter und Scheinwerfer auf der Bühne vor der Weltöffentlichkeit und der eigenen Familie den Nobelpreis empfangen wird, ist dankbar dafür, daß jemand da ist, der ihm vorher zeigt, wie das alles vor sich gehen wird. Ich fragte Ulf von Euler, wie die Auswahl praktiziert wird: immer mehr Entdeckungen werden in Teamarbeit gemacht. Da müssen also auch immer mehr Preise aufgeteilt werden. »Das ist wirklich ein Problem. Es passiert heute sehr oft, daß Gruppen von mehreren Personen zu einem wichtigen wissenschaftlichen Ergebnis kommen und damit ist die Auswahl recht schwierig. Man muß im Auge behalten, daß nach den Statuten ein Preis unter höchstens drei Personen geteilt werden kann. Drei Personen aus einem größeren Team herauszugreifen, könnte eine Ungerechtigkeit für die anderen bedeuten. Deshalb ist es schon vorgekommen, daß ein Preis nicht verteilt werden konnte.«

»Ist es nicht beim Elektronenmikroskop so gewesen? Es ist in Stockholm nicht honoriert worden.«

»Ich glaube, das wird allgemein anerkannt, daß das Elektronenmikroskop eine preiswürdige Erfindung ist. Aber da war es eben so, daß es stufenweise und von vielen entwickelt und verbessert worden ist. So ist es nicht geglückt, bedauerlicherweise, drei bestimmte Personen auszuwählen. Leider. Das ist sicher unbefriedigend.«

»Marie Curie hat einmal geklagt, der Nobelpreis habe ihr so viel öffentliche Aufmerksamkeit gebracht, daß sie kaum noch zur wissenschaftlichen Arbeit gekommen wäre. Der Preis kann also auch zur Last werden?«

»Ich meine doch, daß die Vorteile überwiegen. Zum Beispiel: wenn ein Nobelpreisträger um Forschungsmittel ansucht, bekommt er sie leichter als mancher andere. Natürlich kommt es vor, daß er gedrängt wird, in Komitees und Kommissionen mitzuwirken, Vortragsreisen zu machen und ähnliches. Aber ich glaube, im großen und ganzen klagen die meisten nicht.«

Wie wird man Nobelpreisträger?

Ich habe danach eine Rundreise gemacht, um zu hören, was deutsche Nobelpreisträger zu ihrem Preis sagen: Manfred Eigen hat den Chemiepreis 1967 empfangen, da war er 40. Ich versuchte es so: »Wenn nun ein Student durch die Tür käme und die etwas naive Frage an Sie stellen würde: Was soll ich tun, um eines Tages auch den Nobelpreis zu bekommen? Was würden Sie ihm raten?«

»Ja, ich würde ihm die Geschichte von dem jungen Mann erzählen, der, den Geigenkasten unter dem Arm, in New York auf der Straße einen Passanten anhält: ›Können Sie mir den Weg zur Carnegie Hall zeigen.‹ Der Passant überlegt, schaut ihn von oben bis unten an und sagt: ›Ich würde üben, üben, üben!‹ Ich weiß nicht, ob ich es besser sagen kann.«

»Sie haben den Nobelpreis bekommen für das Messen von ›unmeßbar schnellen Reaktionen‹, wie einmal formuliert worden ist.«

»Unmeßbar schnell hieß damals eben ›millionstel Sekunde, milliardstel Sekunde‹. Man hat da ein wenig das Gefühl, es seien Rekorde zu brechen. Was damals für unmeßbar galt, das wollte ich in den Bereich des Meßbaren hereinholen und das hat auch geklappt.«

»Sie sind von dorther auf die Frage gestoßen, wie wohl das Leben entstanden sein könnte?«

»Ja. In der Natur finden wir sehr viele dieser ›unmeßbar‹ schnellen Reaktionen. Wir bezeichnen das als schnell, was schnell ist im Vergleich zu unserer Wahrnehmung. Da aber unsere Wahrnehmung – das, was in unserem Gehirn vor sich geht – auf chemischen Reaktionen basiert, müssen die um so schneller ablaufen, sonst könnten sie nicht die Basis der Wahrnehmung sein. Insofern nimmt es vielleicht nicht wunder, daß man gerade im Bereich des Belebten sehr viele dieser Reaktionen antrifft und wir damit zu den grundlegenden Fragen geführt wurden: Wie ist das Leben entstanden?«

»Sie haben in Göttingen studiert. Sie sind in Göttingen geblieben. Sie waren zwar oft im Ausland, aber Sie sind immer zurückgekommen.«

»Ich hatte viele Berufungen, insbesondere nach Amerika. Ich bin immer sehr gern dort gewesen, aber ich bin auch sehr gern hier. Und die Arbeitsbedingungen hier waren so gut, daß ich es eigentlich nie für sinnvoll ansah, meine Zelte hier abzubrechen und sie anderswo wieder aufzuschlagen. In Kontakt bleiben kann man auch durch Reisen.«

»Es ist bekannt, daß Sie ein guter Pianist sind. Sie haben, noch als Erwachsener, Stunden genommen. Was bedeutet die Musik für Sie?«

»Ich bin mit der Musik groß geworden. Mein Vater war Musiker. Es ist einfach etwas, was zu meinem Leben gehört, was ich deshalb auch gern ernsthaft betreiben möchte.«

Ernst Otto Fischer fragte ich, ob ihn der Preis überrascht hätte: »Hat sich der Nobelpreis bei Ihnen irgendwie angekündigt? Hatten Sie eine Ahnung, waren Sie darauf vorbereitet?«

»Von meiner eigenen Einschätzung her hat er sich bestimmt nicht angekündigt. Es gab Kollegen, die gemeint haben, meine Arbeit könnte vielleicht später zu einer solchen Auszeichnung führen. Otto Hahn hat einmal zu mir gesagt, das könnte ein Nobelpreis werden. Aber ich hab' das nicht ernst genommen. Kurz vor der Bekanntgabe kam eine schwedische Journalistin zu mir und behauptete, sie habe in Stockholm davon etwas läuten hören. Sie wollte da sein, wenn die Nachricht durchkäme. Aber sie wurde selbst unsicher, als die Meldung nicht so schnell durchkam, wie sie es erwartete.«

»Was ist der eigentliche Antrieb für einen Forscher? Die Neugier? Warum forschen Sie?«

»Für mich besteht das Herzstück der Forschung darin, Probleme aufzugreifen, die in ihrer Lösbarkeit absolut offen sind. Wenn sie erst mit Sicherheit lösbar sind, grenzt es für mich bereits an eine ›Fleißaufgabe‹.«

Mit Feodor Lynen verband mich die gemeinsame Schule. Wir haben das Abitur an der Münchener Luitpold-Oberrealschule gemacht. Wir gingen zwar nicht in dieselbe Klasse, hatten aber dieselben Lehrer. Lynen war vier Jahre älter. »Wir hatten gute Pauker«, sagte er mir wiederholt. »Das waren noch Originale.« An der Universität wurde Heinrich Wieland, der Chemiepreisträger 1928, Lynens Professor (und später auch Schwiegervater). »Was lernt man bei einem solchen Lehrer?«

»Erstens einmal die Methodik. Sodann die Kritik, das heißt, die Bewertung der Aussagekraft von wissenschaftlichen Experimenten. Und nicht zuletzt beeindruckt ein Lehrer durch seine ganze Persönlichkeit.«

»Was stand bei Wieland im Vordergrund?«

»Seine untadelige Persönlichkeit, die sich ja auch in den schwierigen politischen Zeiten offenbart hat. Und sein scharfer, sein klarer kritischer Geist.«

Ich fuhr nach Grenoble, um dort Rudolf Mößbauer, den Physikpreisträger 1961, zu befragen. Mößbauer leitete zu dieser Zeit das Langevin-Laue-Institut in Grenoble. »Ich glaube wohl«, sagte ich, »daß das Geld die geringste Rolle dabei spielt, aber sicher gibt der Nobelpreis auch die Möglichkeit, sich Wünsche ›außer der Reihe‹ zu erfüllen. Sie haben den Preis als junger Mensch mit 32 bekommen, was haben Sie sich für einen Wunsch erfüllt?«

»Um ehrlich zu sein, ich habe mir einen Flügel gekauft. Das war eigentlich immer mein Wunsch, und ich hätte ihn mir sicher später auch leisten können; aber man hat sich doch gesagt, das ist etwas Luxus. Ich habe also die Gelegenheit ergriffen, mir diesen Wunsch zu erfüllen und war sehr glücklich dabei. Ich spiele für den Hausgebrauch, nicht um irgendwie aufzutreten. Wenn ich abends nach Hause komme und bin überanstrengt, dann finde ich es außerordentlich entspannend, mich ans Instrument zu setzen und etwas zu improvisieren.«

»Heinz Meier-Leibnitz war Ihr wissenschaftlicher Lehrer. Welche Rolle hat er in Ihrer Ausbildung gespielt?«

»Eine außerordentliche Rolle. Eigentlich in zweifacher Hinsicht. Einmal dadurch, daß er mich auf die richtige Fährte gesetzt und mir ein Gebiet ausgewiesen hat, das seiner Meinung nach interessant und zukunftsweisend war. Sodann war für mich wichtig, daß er mich in Ruhe gelassen hat. Er hat mit mir zu Beginn meiner Tätigkeit diskutiert, und er war immer bereit, mit mir zu diskutieren, aber er hat mich im großen und ganzen zufrieden gelassen. Das heißt, er hat mir die Möglichkeit gelassen, meine eigenen Ideen durchzusetzen. Die waren keineswegs immer richtig; sie haben mich in manche Sackgasse getrieben. Aber sie haben es mir doch ermöglicht, schließlich dahin zu kommen, wo ich eigentlich hinkommen wollte. Man muß Fehler machen. Es war sehr wichtig für mich, daß ich meine Fehler machen konnte.«

»An der Tür Ihres Arbeitsraumes ist das Foto Albert Einsteins, wie er die Zunge herausstreckt. Sie scheinen dieses Bild zu lieben?«

»Wenn man Stunden über einem Problem gebrütet oder sich bei administrativen Überlegungen erhitzt hat, ist es ganz gut, dieses Bild anzuschauen. Man soll nicht alles überernst nehmen, man soll das Lachen nicht vergessen.«

Die Lindauer Tagungen

Das sommerliche Gegenstück zu Stockholm sind die alljährlichen Tagungen der Nobelpreisträger in Lindau, der bayerischen Insel im Bodensee. Entstanden sind diese Sommertagungen kurz nach dem Krieg durch die Initiative zweier Ärzte, Dr. Hein und Prof. Dr. Parade, die den Stadtrat von Lindau für ihre Idee gewinnen konnten. Durch solche Tagungen würde man die abgerissenen Verbindungen zwischen den deutschen Wissenschaftlern und denen des Auslands neu knüpfen können. Es gelang, den Besitzer der Insel Mainau, Graf Lennart Bernadotte, den Onkel des jetzigen schwedischen Königs, für diesen Plan zu gewinnen. Er schuf die nötigen Verbindungen zur Stockholmer Nobelstiftung. Zu den Sommertagungen in Lindau sollten Preisträger aus der ganzen Welt kommen, nicht nur die Laureaten des vergangenen Jahres. Die meisten würden sich untereinander erst hier kennenlernen. Man würde die Eingeladenen um einen Vortrag bitten, ohne sie auf ein bestimmtes Thema festzulegen. Skeptiker waren überrascht, daß dieser Plan weltweit auf spontane Zustimmung stieß. Das erste Treffen dieser Art fand 1951 statt; 1986 war es also die 36. Zusammenkunft.

Zum Programm dieser Lindauer Sommertagungen gehört das sogenannte Bayerische Frühstück auf der Terrasse der Spielbank unter den alten Bäumen am See. Zum Bayerischen Frühstück gehören neben frischem Bier Weißwürste, Geselchtes, Schweinswürstl mit Kraut, Rettich und Brezen. Eine gute Chance, auf Zwanglosigkeit einzustimmen, vor Presse, Rundfunk und Fernsehen zu zeigen, daß die Großen im Reich der Wissenschaften nicht im Elfenbeinturm residieren, sondern Menschen sind, interessante Menschen mit sehr persönlichen Eigenheiten.

Die sogenannte Maikäferrede wurde legendär. Sie ist entstanden, als Graf Bernadotte im ersten Jahr die Preisträger zu einem Gruppenfoto bat und die Aufstellung etwas steif geriet. Um die Stimmung zu lockern, griff er einen Maikäfer zu seinen Füßen und weckte damit die Fröhlichkeit der Gäste. Die Fotografen kamen so zu guten Bildern. Was ein spontaner Einfall war, wurde in den darauffolgenden Jahren zum festen Bestandteil des Programms. Für alle Fälle hielt man Maikäfer aus Schokolade bereit. Die Maikäferrede wurde nun jeweils von einem anderen Nobelpreisträger gehalten; manchmal war sie improvisiert, manchmal gut vorbereitet, vergnügt oder nachdenklich. Gelegentlich wurde sie auch zu zeitkritischen, ganz aktuellen Anmerkungen benützt. In besonderer Erinnerung ist mir die Rede des elsässischen Physik-Nobelpreisträgers 1966 Alfred Kastler geblieben:

»Mein lieber Maikäfer, es ist schon das sechste Mal, daß ich die Freude habe, zu dir nach Lindau zu kommen. Das erste Mal war es im Jahre 1968. Und damals waren die Studenten etwas wilder als heute. Den Monat zuvor hatte ja ein deutscher Student in Paris eine große Leistung vollbracht, Daniel Cohn-Bendit, indem er de Gaulles Regierung ins Wanken brachte. Ich diskutierte damals mit ihm im französischen Radio, und er sagte mir mit Stolz, daß er ein deutscher Jude wäre wie Albert Einstein. Und ich sagte ihm: ›Ja gewiß, Albert Einstein war ein deutscher Jude, aber jeder deutsche Jude ist nicht Albert Einstein.‹ Ich hätte wohl auch sagen können: nicht Karl Marx oder Sigmund Freud ... Du mußt wissen, daß es nicht nur eine große Ehre und Freude ist, den Nobelpreis zu erhalten, sondern auch manchmal eine Last. Unsere Korrespondenz ist aufs Zehnfache angeschwollen. Wir sollen über alle möglichen Dinge, die nichts mit unserem Fach zu tun haben, ein Gutachten abgeben oder für diese oder jene gute Sache einstehen und unsere Unterschrift hergeben. Jeden Monat sollen wir dem Erfinder eines neuen Perpetuum mobile oder sonstwas Außerordentlichem die gewünschte Anerkennung verschaffen. Einem Freunde, der einige Jahre nach mir den Nobelpreis erhielt, gab ich den Rat: ›Jetzt müssen Sie lernen, Nein zu sagen‹, und er hielt mir vor, daß ich diesen Rat nicht immer selbst befolge. Denn es gibt doch Dinge, die uns nicht indifferent lassen können und von denen ich noch sprechen möchte ...

Wohl die sonderbarste Aufforderung, die wir vor zwei Jahren erhielten, war: Wir sollten unsere wertvollen Spermien allen Damen der Welt, die ein Genie gebären möchten, zur Verfügung stellen. Und gerade vor einem Monat las ich in einer Pariser Zeitung einen Artikel mit dem Titel: ›Le premier bébé surdoué est né aux Etats-Unis. C'est ce qu'annonce la banque de sperme de prix Nobel.‹ – Das erste überbegabte Baby ist jetzt geboren worden, dank der Samenbank der Nobellaureaten... Ich möchte aber sehr bezweifeln, daß sich dieses Kind zum überbegabten Menschen entwickeln wird. Ja, lieber Maikäfer, du kennst wahrscheinlich die Geschichte von der wunderschönen Tänzerin, die an Bernard Shaw schrieb: ›Wir sollten zusammen ein Kind machen. Es wird Ihre Intelligenz haben und meine Schönheit.‹ – ›Ja aber‹, antwortete Bernard Shaw, ›wenn es nun meine Schönheit hätte und Ihre Intelligenz, was dann?‹

Aber nun möchte ich noch, lieber Maikäfer, zu dir ein ernstes Wort sagen: Wir wissen, daß unsere Erde zum Pulverfaß geworden ist, auf dem wir sitzen und die Pfeife rauchen, und die Physiker sind daran nicht unschuldig. Aber wir wissen auch, daß wir Wissenschaftler nicht diejenigen sind, die die wichtigen Entscheidungen treffen. Wir können nur Berater sein und wir wissen, wie bescheiden unser Einfluß ist. Wir haben nicht vergessen, wie im Jahr 1944 der große Niels Bohr von Winston Churchill abgefertigt wurde, als er die kommende Konkurrenz der Atomwaffen voraussah...

Wir alle hoffen, daß der liebe Gott der Menschheit helfen möge, nicht Selbstmord zu begehen. Für das große Universum, in welchem wir leben, bliebe ja das Verschwinden der Menschheit so unbemerkt, wie für uns der Tod der Ameise, die unser Fuß zertritt. Wenn man wie ich Urgroßvater geworden ist, dann ist einem das Schicksal der kommenden Generationen nicht einerlei... Ja, mein lieber Maikäfer, es wäre wohl richtig, daß die Atomwaffen abgeschafft würden, aber selbst wenn diese günstige Hypothese verwirklicht wäre, und es käme wieder zu einer politischen Spannung zwischen den Großmächten, in wenigen Wochen wären die Waffen wieder da, denn das Wissen um ihre Herstellung läßt sich nicht aus der Welt bringen... Zur nuklearen Unschuld führt kein Weg zurück. Deshalb ist noch wichtiger als das materielle Verschwinden der Waffen die geistige Abrüstung. ›Kriege entstehen im Geiste der Menschen, und im Geiste der Menschen müssen sie bekämpft werden.‹ So heißt es im Gründungsakt der Vereinten Nationen.«

Die Chance zu überleben

Nach einer Katastrophe stellt sich wohl immer die Frage: Gibt es eine Chance zu überleben? Wie groß ist sie? Was hat Menschen überleben lassen? Wo sind die Grenzen der körperlichen, der seelischen Widerstandskraft? Warum überleben Menschen, denen man dies von ihrer Erscheinung her nicht zugetraut hätte?

Ferner: was kann, was muß geschehen, damit schon »Gerettete« ihren Rettern nicht unter der Hand noch wegsterben? Es gibt dafür neue Erkenntnisse: eine Reihe »altbewährter« Methoden hat sich eindeutig als das erwiesen, was man »gerade nicht« tun darf. Inzwischen sind zusätzliche Möglichkeiten gefunden, Menschen in hoffnungslos erscheinendem Zustand dennoch durchzubringen. Auf den Gebieten der Wiederbelebung und der Intensivtherapie wurden entscheidende Fortschritte erzielt.

Mein Fernseh-Team war eingeladen, an einer alpinen Rettungsübung des Bayerischen Roten Kreuzes teilzunehmen. Operationsgebiet war das Wettersteingebirge südlich von Garmisch-Partenkirchen an der bayerisch-österreichischen Grenze zwischen Alp- und Dreitorspitze. Im vorausgegangenen Jahr war der Ernstfall 169mal eingetreten. Rettungsgerät und Ausbildungsstand sollten überprüft werden. Die Lage: Eine Zweierseilschaft, die sich eine Winterbegehung des Gaiffgrats vorgenommen hat, ist nicht zur erwarteten Zeit zurückgekommen. Die Bergwacht wurde eingeschaltet. Hubschrauber der Bundesluftwaffe sind angefordert. Die Suche nach den Vermißten hat begonnen. Angenommen wird, daß sich die Seilschaft, von einem Wettersturz überrascht, an einem einigermaßen geschützten Ort in den Schnee eingegraben hat, um besseres Wetter abzuwarten. Daß aber, nachdem ein weiterer Tag und eine weitere Nacht bei sehr schlechtem Wetter vergangen sind, die möglicherweise verletzten, wahrscheinlich erschöpften Männer nicht mehr aus eigener Kraft zurückkommen können.

Unser Hubschrauber landete auf einem Felsplateau, von dem aus wir die Bergung über eine Schlucht hinweg filmen konnten: der Rettungshubschrauber hatte das Biwak der Verletzten gefunden. Er stand darüber. Buchwieser, ein erfahrener Bergrettungsmann wurde abgeseilt. Ein zweiter folgt, Hans Hiebler, von Beruf Masseur im Kreiskrankenhaus Garmisch-Partenkirchen. Hiebler ist ein im Bergrettungsdienst international bekannter Mann. Er hat aus der Praxis heraus eine besondere Methode gegen den Unterkühlungstod entwickelt. Der Mensch kann, so ist formuliert worden, drei Wochen ohne Nahrung auskommen und drei Tage ohne Trinken. An nur drei Stunden durchdringender Kälte kann er sterben. Cold can kill, sagen die Amerikaner. Hans Hiebler flößt dem Unterkühlten im Biwak einen Becher heißen gesüßten Tees ein. Ohne Alkohol! Alkohol wäre lebensgefährlich. Die beiden Bergwachtmänner breiten ihre Decken aus. Zur idealen Verpackung eines Unterkühlten gehört eine aluminiumbeschichtete Rettungsfolie, mit der weiterem Wärmeverlust vorgebeugt ist. Die Rettungsfolie ist zusammengefaltet nicht größer als eine Zigarettenschachtel; sie wiegt 60 Gramm. Diese Alufolie ist ein phantastischer Wärmeschutz, der eigentlich in jeden Bergsteiger-Rucksack, auch in jedes Auto gehört, für den Notfall, daß jemand ungeschützt eine kalte Nacht verletzt oder unverletzt überstehen muß. Jedes Jahr kommen Menschen auf verwehten Straßen im Schneesturm um, werden in ihren Autos eingeschlossen tot aufgefunden. Die Bergwachtmänner legen den Unterkühlten vorsichtig auf die Trage. Es darf ihm nicht erlaubt werden aufzustehen, sich zu bewegen, mit den Armen zu schlagen, sich warmzumachen. Auch das wäre nach neuer Erkenntnis lebensgefährlich. Jetzt die nach Hiebler benannte Packung: ein Leintuch, mehrfach zusammengelegt. Heißes Wasser darübergegossen, so daß die Tuchlagen heiß durchtränkt sind. Sie schieben dem Unterkühlten diese Packung unter den Anorak, sie wird einfach auf die Unterwäsche gelegt und die Kleidung darüber verschlossen.

Die Trage, in der der Geborgene sicher verschnürt ist, wird an Bord gehievt. Dann wird der zweite geholt. Dann die Rettungsmänner hochgezogen, aufgewinscht, wie die Hubschrauberbesatzungen es nennen. Vom Einsatzort in rund zweieinhalbtausend Meter Höhe zum Kreiskrankenhaus Garmisch-Partenkirchen fliegt der Rettungshubschrauber in knapp 10 Minuten. Der Chefarzt Dr. Gottfried Neureuther ist Landesarzt der Bergwacht. Er vertritt seine Organisation innerhalb der IKAR, der Internationalen Kommission für Alpines

Rettungswesen. Er erklärt uns, wie der menschliche Organismus bei Unterkühlung reagiert. Er spricht von »Körperschale« und »Körperkern«.

»Der Körper sagt sich, die Schale kann ich notfalls opfern; die Schale, das sind Beine, Arme, Muskulatur, Fett. Zum Leben brauche ich den Kern. Das wären also Bauch, Brust, Lunge, Herz, vor allem auch das Hirn. Das muß ich möglichst warm halten. Also schaltet der Organismus durch Gefäßzusammenziehung die Schale aus. Die wird sehr schnell kalt. Den Kern hält er so gut es geht hoch. Allmählich wird aber auch der Kern in seiner Temperatur absinken. Er wird von 37 auf 35 Grad herunterkommen. Da wird er sich wehren, schnattern und zittern. Dann wird er auf 34 Grad kommen. Er wird müde. Bei 32 Grad wird der Mensch bewußtlos. Und dann kommt er mit 28 Grad oder mit 26 Grad tief bewußtlos zu uns herein. Jetzt ist das Problem folgendes: ich muß schauen, daß ich die Kerntemperatur möglichst schnell wieder hochkriege. Wenn ich den jetzt nur in warme Decken wickle und die Zirkulation damit wieder in Bewegung kommt, dann würde das kalte Schalenblut sich mit dem warmen Kernblut vermischen, das warme Kernblut würde in seiner Temperatur weiter absinken. Der Patient würde mir bei der Wiederbelebung unter der Hand wegsterben. Also das darf ich nicht machen. Ich muß das kalte Schalenblut so schnell als irgend möglich warmkriegen. Ich muß ihn in ein heißes Bad legen. Wenn dann erst die Zirkulation in Gang gebracht wird, dann ist das Schalenblut schon wieder so warm, daß es nicht mehr zum weiteren Abfall der absolut lebenswichtigen Kerntemperatur kommt. Also, ich würde meinen Patienten auf jeden Fall in ein nicht gleich 40 Grad heißes – da haben wir Schwierigkeiten mit dem Herzen –, aber in ein 30 Grad warmes Bad legen und im Laufe einer halben Stunde auf 40 Grad heizen. Das ist das, was wir in Europa innerhalb der IKAR derzeit empfehlen.«

Die tödliche Unterkühlung droht auch in einem anderen »klassischen« Fall von Bergnot, wenn jemand von einer Lawine verschüttet wird. Er vermag da unter Umständen genügend Raum zum Atmen haben. Der Schweizer Experte Schwarzenbach sieht die Situation dann nicht hoffnungslos. Er empfiehlt, die Kapuze über den Kopf zu ziehen und die Handschuhe anzubehalten.

»Einer meiner Freunde war 23 Stunden in den Schneemassen begraben, und er wurde von einer Rettungskolonne lebend geborgen. Was hat ihn überleben lassen? Er glaubte fest daran, daß seine Kameraden ihn suchen würden. Er hat sich mit den Händen eine kleine Höhlung vor Mund und Nase gegraben. Im weiteren hat er sich überlegt, daß er es gar nicht so kalt hatte, und er hat erzählt, daß ihm dabei das Gefühl für die Zeit verlorengegangen sei. Eigentlich ist er überrascht gewesen, daß ihn seine Kameraden so rasch gefunden haben. Er ist wach geblieben, aber sich nicht bewußt gewesen, daß er so lange hat warten müssen.«

Es gehört zu den erstaunlichsten Leistungen des menschlichen Körpers, seine Innentemperatur genau regulieren zu können. Nur 1 Grad Unterschied, von 37 auf 38 Grad, bedeutet »Fieber«, signalisiert Krankheit. Wenn ein Mensch vor Kälte schlottert, bibbert, dann wehrt sich sein Körper gegen die Kälte. Auf eine gewaltsame, vom Willen her gar nicht zu beeinflussende Weise produziert er Wärme nach, 4- bis 6mal soviel wie einer, der Holz hackt. Gefährlich wird die Situation dann, wenn der weiter auskühlende Mensch nicht mehr zu zittern in der Lage ist. Das kann bei vielleicht 34 Grad geschehen. Eigentlich ist es erstaunlich, wie temperaturabhängig unser Leben ist, daß eine Differenz von wenigen Graden über Leben und Tod entscheidet.

Ich habe einmal Rudolf Frey, damals Professor für Anästhesiologie an der Universität Mainz, gefragt, welches Organ, welche Funktion letztlich über unser Leben entscheide. Er holte zu einem kurzen historischen Exkurs aus: »Die Griechen haben das Leben mit der Atmung identifiziert. Sie meinten, solange jemand atmet, solange er nicht ›seinen letzten Schnaufer‹ getan hat, solange lebt er. Nun, der eingeatmete Sauerstoff muß zum Gewebe gebracht werden. Das besorgt der Kreislauf. Seit der Entdeckung des Blutkreislaufs durch Harvey wurde das Leben dann mit dem Herzen identifiziert. Solange das Herz schlägt, solange ist Leben vorhanden. Das habe ich als Student noch so gelernt. Heute identifizieren wir Leben mit der Aufrechterhaltung der Funktionen des Gehirns. Also kann man sagen, in dem Augenblick, in dem ein Herzstillstand eintritt, läuft noch eine Uhr, für allerdings sehr begrenzte Zeit. Das ist aus meiner Sicht einer der größten Fortschritte der zeitgenössischen Medizin, das erkannt zu haben: wenn die Atmung, wenn der Kreislauf aufhört, ist der Tod damit noch nicht eingetreten. Dann haben wir noch immer eine Frist, entscheidende Zeit, die es zu nutzen gilt. Es sind noch etwa 4 Minuten Zeit! Danach ist der Sauerstoffmangel unseres empfindlichsten Gewebes, des Gehirns, der Nervenzellen, zu groß geworden. Es sind Schäden eingetreten, die nicht mehr gutzumachen sind. Alle anderen Organe vertragen einen Sauerstoffmangel besser. Ein Bein oder ein Arm können nach einer oder zwei Stunden wiederbelebt werden, nicht das Gehirn.«

Das Unglück von Lengede

Die Chance zu überleben wurde bei Grubenunglücken wohl immer als relativ gering angesehen. Vielen ist das Unglück von Lengede 1963 im Gedächtnis geblieben. Es sind damals 29 Bergleute ums Leben gekommen. Was aber die Anteilnahme der ganzen Welt erregte, war jene dramatische Rettungsaktion, bei der zunächst 3 und zuletzt noch wie durch ein Wunder 11 Bergleute haben gefunden und lebend ans Tageslicht gebracht werden können. Das Fernsehen übertrug damals Bilder, die Tausende von Zuschauern in Freudentränen ausbrechen ließen. Wir sahen, wie da einer nach dem anderen aus der hochgezogenen Bergungskapsel heraus von den Helfern in Empfang genommen wurde. »Nach 336 Stunden Eingeschlossensein unter Tag tritt der 28jährige Helmut Webranitz in das Licht dieses strahlenden Novembertags«, so der Reporter. Vergegenwärtigen wir uns, daß die Eingeschlossenen 227 Stunden, fast 10 Tage nach der eigentlichen Katastrophe erst entdeckt wurden. Kaum jemand hat da noch an Überlebende geglaubt. Dann erst konnte die Rettungsbohrung angesetzt werden, und von da an hat es noch einmal 110 Stunden, fast 5 Tage gedauert. »Auf die Minute genau vor 14 Tagen ist Hermann Lübke zu seiner Mittagsschicht eingefahren, ein 38jähriger Mann.« Der Arzt erzählte mir, Lübkes Humor habe den Eingeschlossenen in ihren schwersten Stunden geholfen. Was hat ihn diesen Humor behalten lassen? »Der nächste, Dieter Richley, erreicht mit der Rettungsbombe die Plattform, ein Lokführer unter Tag. 26 Jahre alt, ausgebildet als Sanitäter. Er konnte die zehn anderen betreuen, nach den Anweisungen des Arztes, die ihm von oben zukamen. Er verstand von seiner Sanitätsausbildung her, warum dies so und jenes so gemacht werden sollte. Er konnte für die anderen tätig sein. Sicher hat ihm gerade dies auch selbst sehr geholfen.« 10 Minuten später: »Siegfried Ebeling ist geborgen. Er kommt als vorletzter ans Tageslicht.« Es ist einer der beiden, die die Führung der Eingeschlossenen übernommen haben. Wir werden hören, wie wichtig das ist. Die Führung haben starke Persönlichkeiten übernommen. Wirkliche Autorität wird anerkannt, gerade in Not. 4 Minuten später verläßt der letzte der Eingeschlossenen, der 28jährige Bernhard Wolter, die Bergungskapsel: in erstaunlich guter, in bewundernswerter Verfassung. Was hat diese Bergleute die schier übermenschlichen körperlichen Strapazen, vor allem aber die seelische Belastung so überstehen lassen, in einer zunächst aussichtslos scheinenden und bis zuletzt lebensgefährlich bleibenden Situation? Ein bei der Rettungsaktion maßgeblich beteiligter Arzt, Dr. Heinrich Kellner, faßt es so zusammen:

»Diese elf Männer hatten bereits auf der Flucht unter Tag einen Teil ihrer Kameraden verloren. Ihre Lampen löschten aus. Es war absolut dunkel. Sie hörten und merkten das herabstürzende Gestein und die Wassermasse, die nachkam. Sie spürten den durchziehenden Lufthauch. Sie wußten aber auch, daß sie sich dort im »Toten Mann« aussichtslos verirrt hatten, schlimmer, daß da keiner nach ihnen suchen würde. Alle Welt hat damals vom ›Wunder von Lengede‹ gesprochen. Eine Bohrung von fünf Zentimeter Weite, die senkrecht herunterkommen sollte, war schräg abgerutscht und zufällig auf die Fluchthöhle getroffen. Diese elf Leute waren verschiedenen Alters und verschiedenen Temperaments. Es hat sich gezeigt, daß zwei ruhige jüngere Männer, nicht gerade die jüngsten, die Führung übernahmen. Alle waren unterkühlt, durchnäßt und deprimiert. Diese zwei aber haben die Hoffnung nicht aufgegeben und die Zuversicht verbreitet, schließlich doch noch herauszukommen. Die beiden Männer waren dann die Verbindungsleute mit uns oben, einmal mit den leitenden Bergingenieuren, zum anderen mit uns Ärzten. Jeder, der oben eine Funktion hatte, stellte sich denen unten mit seiner Aufgabe vor. Sie wußten immer, mit wem sie sprachen. Die zwei am Telefon gaben das, was ihnen von oben zukam, an die Miteingeschlossenen weiter. So wuchs das Vertrauen, nicht abgeschrieben zu sein, die Zuversicht, gerettet zu werden. Das macht entscheidend viel aus.«

Das Bergwerksunglück von Lengede war ein Lehrstück. Die Lehren gelten für Berg- und Seenot, für Eingeschlossene unter Tag wie für Schiffbrüchige auf dem Meer.

Menschen in Seenot

Im Pariser Louvre hängt ein berühmtes Gemälde: das Floß der Medusa. Théodore Gericault (1791–1824) hat das Bild, das ein wahres Geschehnis zum Inhalt hat, gemalt. Passiert war folgendes: die französische Fregatte »Medusa« lief im Sommer 1816 vor der afrikanischen Küste auf eine Sandbank auf. Man zimmerte ein Rettungsfloß und wollte es mit einer Schaluppe in Richtung Küste abschleppen. Das Seil riß, und das Floß, auf dem 149 Menschen Platz gefunden hatten, trieb in den offenen Atlantik hinaus. Sechs Fässer Wein hatten sie als Proviant mitgenommen und zwei Fässer je 300 Liter Süßwasser, somit vier Liter für jeden. Aber als das Floß nach 12 Tagen aufgefunden wurde, waren nur noch fünfzehn Überlebende übriggeblieben; zehn lagen im Sterben. Fünf haben überlebt, darunter der Schiffsarzt, der in seinem Bericht den körperlichen und seelischen Zusammenbruch der Schiffbrüchigen geschildert hat. Die meisten hatten Seewasser getrunken.

Die Frage, ob ein Schiffbrüchiger Salzwasser trinken darf, ist bis Mitte unseres Jahrhunderts umstritten geblieben. Sie hat unter vielen anderen einen deutschen Sportsmann und Arzt beschäftigt, den damals 34jährigen Dr. Hans Lindemann, der den Atlantik zweimal im Alleingang bezwungen hat, 1955 in einem afrikanischen Einbaum, 1956 in einem Faltboot, dem kleinsten Schiff, das je über den Ozean gesegelt ist. Drei Jahre zuvor hatte ein französischer Arzt, Dr. Allain

Bombard, in einem Schlauchboot den Ozean überquert, als »freiwillig Schiffbrüchiger«, wie er sich nannte. Er hatte empfohlen, notfalls knapp werdendes Süßwasser mit Meerwasser zu »strecken«. Dr. Lindemann wollte diesen Rat vorsichtshalber bei den Vorbereitungsfahrten in Küstennähe am eigenen Körper nachprüfen. Lindemann schilderte mir seine Erfahrungen so: »Ich habe Salzwasser in verschiedenen Verdünnungen, pro Tag 50, 100, 300 ccm neben dem normalen Wasser, getrunken. Bei mir zeigte sich jedesmal schon nach 24 Stunden, daß die Beine anschwollen. Wenn ich das Experiment fortführte, stiegen die Schwellungen bis zum Knie hin. Also für mich war es eindeutig. Ich persönlich kann nicht, auch nicht in geringsten Dosen, Seewasser trinken.«

Lindemann hatte nicht halb soviel Nahrungsmittel an Bord wie vor ihm Bombard: knapp 1500 Kalorien täglich, zum Trinken Dosenmilch und Dosenbier, 600 ccm je Tag. Er hat Fische geschossen, geangelt, sie gelegentlich auch gegriffen. Aber Fisch macht durstig, wie jede Hausfrau weiß.

Regenwasser konnte Lindemann öfter auffangen und mit Schwamm und Gummi-Saugball abfüllen. Am 10. Tag waren es drei Liter, am 36. Tag, bei Halbzeit, fünf Liter Süßwasser. Zweimal begegnete er einem Dampfer. Sie boten ihm Verpflegung an, aber er lehnte ab. Daß er es schaffen würde, den Ozean ohne Hilfe zu überqueren, hat er sich durch autogenes Training fest eingeprägt. Ich konnte in seinem Bordbuch blättern. Vom 39. bis zum 51. Tag: regelmäßig stellte er seine geographische Position fest. Er hat sich durchgesessen: »Ich habe nicht mehr viel Fett unter der Haut.« Später: »Ich habe schlecht Kurs gehalten. Das Ruderblatt ist ausgeleiert.« Am 57. Tag, nachts, kenterte er. Von den restlichen Vorräten ging fast alles verloren. Das Bordbuch und ein paar Filme blieben erhalten. Nun war er wirklich »schiffbrüchig«. Erst im Morgengrauen konnte er sein Boot umdrehen. Zwei Wochen später, nach 72 Tagen, hatte er sein Ziel erreicht, landete er auf der Antilleninsel Sankt Martin. Er hat 50 Pfund an Körpergewicht verloren. »Was, denken Sie, ist das Wichtigste, wenn ein Schiffbrüchiger allein und unter solchen Umständen durchkommen will«, fragte ich ihn. Lindemann: »Die Hoffnung aufrechterhalten, das Vertrauen nicht verlieren, in sich und in eine höhere Macht. Das geht durch autogenes Training, aber vor allen Dingen, wie das früher ja immer getan wurde und heute vielleicht zu wenig getan wird, durch Beten. Mit einem Optimum an Zuversicht hat man eine große Chance zu überleben. Eigentlich eine viel größere als unterzugehen.«

Tatsächlich sind wohl die wenigsten Schiffbrüchigen im Rettungsboot verdurstet, nach Salzwassergenuß im Wahnsinn über Bord gesprungen. Viel gefährlicher ist die Kälte, die Unterkühlung des bis auf die Haut Durchnäßten im starken Wind, die Unterkühlung des im Wasser Treibenden, selbst wenn ihm eine Schwimmweste den Kopf über Wasser hält. Wer bei einem drohenden Untergang von Bord muß, sollte sich, wenn ihm nur etwas Zeit dazu bleibt, so warm als irgend möglich anziehen. Dicke Kleidung, Mantel, Ölzeug, Stiefel, das alles wirkt der Auskühlung entgegen. Es zieht nicht hinunter, es treibt eher auf! Bei 15 Grad Wassertemperatur, um das als Beispiel zu nehmen, kann man mit 12 Stunden Überlebenschance rechnen. Bei 5 Grad Wassertemperatur ist es vielleicht eine Viertelstunde.

Im Schiffahrtsmedizinischen Institut der Marine in Kiel konnte ich einen Tierversuch sehen: ein Meerschweinchen, das – natürlich in narkotisiertem Zustand – in einem kalten Bad lag. Eine bestimmte chemische Substanz war dem Tier injiziert worden. Man hofft, daß damit die Flimmerschwelle des Herzens anzuheben ist. Vermittels elektrischer Reize wurde das kontrolliert. Der Flottenarzt Dr. Seemann verwies darauf, daß die Ergebnisse solcher Versuche lebensrettende Bedeutung erlangen könnten: »Es sterben verhältnismäßig viele Menschen nach der Bergung aus dem kalten Wasser, weil das Herz in Unterkühlung zum Flimmern neigt, also nicht mehr regelmäßig schlägt. Wir brauchen Medikamente, die die Flimmerschwelle anheben. Es gibt solche Medikamente. Man könnte sich vorstellen, daß in Zukunft ein Schiffbrüchiger so ein Medikament in der Schwimmweste vorfindet.«

Die Wissenschaft vom langen Leben

Das berühmte Bild des Lukas Cranach »Der Jungbrunnen« verdeutlicht den ältesten Wunschtraum der Menschheit. Cranach zeigt seinen Jungbrunnen drastisch: wie sich die alten Frauen hinbringen lassen, per Schubkarren oder Huckepack auf dem Rücken, auf der Trage oder mit Pferd und Wagen, um der erhofften Verwandlung im Badebecken teilhaftig zu werden, Altersschwächen und Gebrechlichkeit im köstlichen Wasser abzutun und mit wiedergewonnener Jugend und Schönheit neu zu beginnen: am gegenüberliegenden Beckenrand warten die jungen Kavaliere. Sie sind den glücklichen Schönen gefällig, führen sie den Vergnügungen zu, der reichgedeckten Tafel, dem Tanz und der Tändelei. Cranach konnte sicher sein, daß sein Bild gefallen würde. Wir lächeln amüsiert und betroffen. Wir wissen, daß der Jungbrunnen auch heute noch ein unerfüllbarer Traum ist, daß dem Leben Grenzen gesetzt sind. Aber wo sind diese Grenzen?

In einem Hörsaal der Medizinischen Universitäts-Poliklinik in Würzburg nimmt unser TV-Team an einer Vorlesung des Klinik-Direktors Prof. Hans Franke teil. Er stellt dem studentischen Auditorium »zwei der rüstigsten Hundertjährigen Westdeutschlands« vor. Herr Wilhelm Deffner ist 103 Jahre, Herr Maxheimer 101 Jahre alt. Herr Maxheimer diente noch vor dem Ersten Weltkrieg bei den Husaren. Meine schönste Zeit, sagt er. Dreimal in seinem Leben hat er Menschen vom Tod des Ertrinkens gerettet und dafür die Lebensrettungsmedaille bekommen. Es war Bismarck, der gesagt hat, sie gelte ihm mehr als all seine anderen Orden. Ich war dabei, als Maxheimer von Prof. Franke untersucht wurde. Sie können gerne dabei sein, lacht mich der Routine-Patient an. »Mir fehlt nichts. Ich lasse mich nur durchchecken.«

Die Elektroden für das EKG sind angelegt. Stören die Lampen? »Nein, die stören nicht.« – »Sie sehen es hier in einem Direktschreiber: das EKG dieses 101jährigen ist in den verschiedenen Ableitungen erstaunlich gut. Er hat eine elektrische Herzstromkurve, wie sie fast einem 60jährigen entspricht. Er hat keine Zeichen eines Herzinfarkts, keine Rhythmusstörung, keine Störung der Erregungsrückbildung. Es ist immer wieder erstaunlich, wie hervorragend die Kreislaufbefunde dieser Hundertjährigen sind.«

Auch an der Untersuchung des 103jährigen Wilhelm Deffner aus Augsburg haben wir teilgenommen. Sein Blutdruck war erstaunlich normal, 130 zu 80. »Die Ansicht unserer akademischen Lehrer, daß der Blutdruck eines Menschen mit dem zunehmenden Alter immer ansteige, daß er etwa 100 plus Anzahl der Jahre betrage, stimmt zumindest bei diesen hochbetagten Mitbürgern nicht«, sagt der Professor, »beide Herren haben günstige blutserologische Faktoren. Keine bösartigen Krankheiten sind festzustellen.« Später zu seinen Studenten: »Die Hundertjährigen sind eine positive Auslese der Gesamtbevölkerung. Sie haben aufgrund einer günstigen Konstellation von äußeren und inneren Faktoren das Gros der Umwelt überlebt. Sie wären deshalb relativ einsam, würden sie sich nicht so aktiv im Leben betätigen. Unser Freund hier ist Mitglied einer Faschingsgesellschaft. Er macht noch jedes Jahr den Fastnachtszug mit!« Maxheimer ergänzt: »Mein Alter habe ich erreicht, weil ich nicht getrunken und geraucht habe. Und ich habe auch nie mit Mädchen was zu tun gehabt, erst ab 14 oder 15 Jahre.« Er erntet mit dieser Aussage prasselndes Gelächter; die Studenten weiß er zu nehmen. Wilhelm Deffner sagte: »Man frägt mich immer nach einem Rezept, aber es gibt keines, mit dem man so alt werden kann. Ich rate: Mäßigkeit, Mäßigkeit in allen Dingen. Die gute alte Zeit war eine sehr harte Zeit und eine gute Schule. Meine Mutter ist nur 66 geworden, aber mein Großvater 86. Er war einer der 600 Soldaten, die von dem 30000 Mann starken bayerischen Heer übriggeblieben sind, das 1812 unter Napoleon nach Moskau zog.« Die Vorstellung im Hörsaal ist ohne Peinlichkeit. Mit wieviel Lebensjahren kann ein Mann äußerstenfalls rechnen? Dazu Franke: »Bisher ist kein höheres Alter als 113 Jahre dokumentarisch belegt. Unser ältester Hochbetagter, den wir in Westdeutschland haben untersuchen und prüfen können, war ein 110jähriger mit erstaunlich guten Körperbefunden. – Wenn man also von einem 146jährigen, gar 160jährigen liest, in Bulgarien oder irgendwo anders, dann fehlt der Nachweis. Speziell hat uns das wahre Alter des angeblich ältesten Menschen dieser Erde interessiert, eines gewissen Misliwoff, der in Kaukasien lebte. Wir haben auf unsere

Anfrage, ob das angegebene Alter dieses Oldtimers wirklich zutrifft, von dem Direktor der Russischen Akademie der Wissenschaften keine positive Antwort erhalten.«

Im »Guinness-Buch der Rekorde« steht: »Es gibt nichts, was durch Eitelkeit, Lügen und Betrug mehr verschleiert worden wäre als das Höchstalter des Menschen.« Franke hat 1978 selbst im Himalajahochland von Nepal nach alten Sherpas über 100 Jahre Ausschau gehalten: »Die Altersangaben der Senioren stiegen um so schneller und höher, je rascher die Greise und ihre Familien meine Wißbegierde am Höchstalter begriffen und je nach Altersstufe belohnt werden wollten. Amtliche Geburtsurkunden dieser Uralten habe ich leider in Nepal nicht ausfindig machen können.«

Was hat diese Menschen so alt werden lassen? – Franke: »Das Problem der Langlebigkeit gehört zu den anziehendsten der Gerontologie. Die sorgfältig erhobenen gerontologischen Daten tragen sicherlich dazu bei, nicht nur die oberste Grenze des menschlichen Lebens zu erforschen, sondern auch jene Faktoren aufzufinden, die diese Höchstgrenze des menschlichen Lebens überhaupt ermöglichen.« – »Kann man sagen, daß man sich, um sehr alt zu werden, scherzhaft formuliert, Großeltern und Eltern aussuchen müsse, die sehr alt geworden sind?« Prof. Franke: »In gewissem Sinne ja. Die Hundertjährigen und noch ältere haben in 63 % der Fälle langlebige Eltern, Großeltern und Urgroßeltern gehabt. Das wäre wohl an erster Stelle zu nennen. An zweiter dann die internistischen Faktoren.

Wir haben bei vielen unserer Hochbetagten mit Hilfe des Autoanalyzer-Verfahrens die biochemischen Faktoren geprüft und festgestellt, daß sie keine Risikofaktoren in sich trugen, keine Zuckerkrankheit, keine Leber-, keine Nierenstörung. Unsere Hundertjährigen haben im allgemeinen mäßig gelebt. Sie waren in der Ernährung relativ zurückhaltend. Reine Vegetarier haben wir nicht erlebt. Auch keine sogenannten Krautapostel.«

Inzwischen haben Franke und seine Mitarbeiter die Daten und Aussagen von 575 Überhundertjährigen (allein in unserm Land) gesammelt: bei 87 % der Hochbetagten fällt die besondere Vorliebe für den Kaffee- bzw. Teegenuß auf; die Angaben schwanken zwischen einer und sieben Tassen am Tag. Knapp die Hälfte der befragten Frauen tranken nicht nur gelegentlich, sondern täglich ein Gläschen Wein oder Cognac. Über drei Viertel der männlichen Uralten war der tägliche Alkoholgenuß ein Bedürfnis. Davon tranken 72% ein bis zwei Gläser Wein, zumeist Rotwein, der Rest (28%) genehmigte sich täglich eine Flasche Bier oder einen kleinen Schnaps. Aber: ausgesprochene Trinker oder Säufer hat Franke bei den ganz Alten nicht entdeckt. Knapp die Hälfte der Männer hat bis ins höchste Alter mäßig geraucht, allerdings nur Pfeife oder Zigarren. Die überwältigende Mehrheit der befragten Greisinnen und Greise war 40 bis 50 Jahre lang verheiratet; nur wenige hielten ein Alleinleben durch, und machten eben das für ihr hohes Alter mitverantwortlich.

Was ist es, was Altern läßt?

Das Gehirn steuert alle Körperfunktionen. Also müßte das Gehirn auch beim Vorgang des Alterns eine bedeutsame, wenn nicht die entscheidende Rolle spielen. Einmal organisch, denn auch das Gehirn altert, zum zweiten als »Sitz des Geistigen«; es registriert das Altern des Gesamtorganismus, es »sieht ein«, es muß mehr oder weniger damit fertig werden.

Wie ist die Leistungsfähigkeit des Gehirns zu erhalten? Nach dem Krieg hat mein 1985 gestorbener Kollege Heinz Laubenthal das Forscherehepaar Oskar und Cécile Vogt besucht. Es hatte sein Institut für Hirnforschung nach Neustadt im Schwarzwald verlegt. Prof. Oskar Vogt war schon in den zwanziger Jahren weltbekannt; die Regierung der Sowjetunion hatte ihn nach Moskau eingeladen, das Gehirn Lenins zu sezieren. Die Vogts besaßen aus ihrer Berliner Zeit eine Sammlung von Hundertausenden von Gehirnschnitten. Oskar Vogt ist 89, Cécile Vogt 87 Jahre alt geworden. Beide waren Beispiele für die von ihnen vertretene These, daß geistige Arbeit, starke Beanspruchung der Gehirnzellen also, wesentlich dazu beitragen kann, das Leben eines Menschen zu verlängern.

Oskar Vogt formulierte damals: »Alle Nervenzellen altern, die lebenswichtigsten am spätesten. Aber auch sie altern, und das würde zu einem Hirntod und damit vollständigen Tod bei etwa 120 Jahren führen. Beschäftigung, im besonderen geistige Beschäftigung, schiebt das Altern auf, verzögert es.«

20 Jahre später habe ich zur Frage, wie lange Zellen leben können, den Mann gesprochen, der als der Nestor der Experimentellen Gerontologie gilt, Prof. F. Verzár. Er experimentierte in seinem Baseler Institut mit tierischem Material: Sehnen, die er aus den Schwänzen von Ratten, von jungen und alten Tieren, herausziehen ließ. Diese Sehnen wie auch die Knorpel bestehen aus fast reinem Kollagen, dem Hauptbestandteil des Bindegewebes, »kurz, diese Rattenschwanzsehnen wollen wir vergleichen, sie mit verschiedenen Methoden bearbeiten, um herauszufinden, was in ihnen beim Altern vor sich geht«. – Meine Frage war: »Ist es eine biologische Uhr, die in den Zellen unserer Gewebe tickt und letztlich das Ende herbeiführt?« Verzár antwortete: »Unsere Versuche haben ergeben, daß das Erneuerungsvermögen menschlicher Zellen nach 50 bis 60 Teilungen endet.«

Die Rätsel des zum Tod führenden Alterns sind damit nicht gelöst; sie stellen sich auf anderer Ebene neu. Könnte nicht, so fragen wir weiter, eines Tages ein Mittel gefunden werden, die Ganggeschwindigkeit dieser inneren Uhr zu verlangsamen, indem eine Hemmung die Zeit von Teilungsschritt zu Teilungsschritt verlängert oder doch die Uhren menschlichen Lebens so synchronisiert, daß nicht eine Uhr vorauseilt und mit ihrem vorzeitigen Stillstand auch die anderen Uhren vor der Zeit anhält? Die Antwort darauf holen wir uns an westdeutschen Hochschulen: im Pharmakologischen Institut der Universität Erlangen sprach ich mit Professor F. Heim. Er experimentierte mit den Dünndärmen von Meerschweinchen. Was ändert sich daran mit dem zunehmenden Alter der Tiere? Und: sind diese Veränderungen rückgängig zu machen? Alle experimentellen Gerontologen und Pharmakologen, die ich besucht habe, waren sich in der Beurteilung der sogenannten Verjüngungsmittel einig. Professor Heim formulierte es so: »Mir ist bisher kein Arzneimittel bekannt, mit dem man verjüngend wirken, mit dem man also das Leben unmittelbar verlängern könnte. Es gibt bisher nur Medikamente, mit denen Alterskrankheiten erfolgreich zu behandeln sind.« Der Inhaber des ersten Lehrstuhls für Gerontologie in der Bundesrepublik Deutschland an der Universität Nürnberg, Prof. René Schuberth, unterstrich das: »Altern ist ein irreversibler, nicht zurückzudrehender Vorgang. Es gibt keine Möglichkeit, das Tempo zu verlangsamen. Was die sogenannten Verjüngungsmittel in Aussicht stellen, das gibt es überhaupt nicht. Wenn stark alternde Menschen zu mir in die Sprechstunde kommen, muß ich eine saubere Diagnostik treiben. Bei alternden Menschen liegt sehr selten eine einzige Krankheit vor, bei einem 70jährigen sind es häufig mehrere nebeneinander. Es gilt, eine Schwerpunktdiagnose zu betreiben und mit einer entsprechenden Schwerpunktbehandlung einzusetzen. Nur so kann man vermeiden, daß Menschen, die mehrere Krankheiten gleichzeitig haben, allzu intensiv behandelt werden, damit gar der Gefahr ausgesetzt sind, daß sie durch die Therapie mehr Schaden leiden als durch ihre Krankheiten.«

Der Gerontologe Dr. A. Störmer meinte, daß die Aussprache mit dem Arzt mindestens ebenso wichtig sei wie die Verordnung von Medikamenten: »Die wesentliche Regel vor jeder geriatrischen Therapie: der alte Mensch benötigt ein positives Selbstbild. Er muß sein Dasein als positiv empfinden.« Dazu nochmals Prof. Schuberth: »Man muß spätestens mit 40 Jahren beginnen, sich ein Hobby, ein Steckenpferd anzueignen. Das Steckenpferd hat die Fähigkeit, schwere Hürden des Lebens meist mühelos zu nehmen, nicht zuletzt die grausame Hürde der Einsamkeit im Alter.«

Im Psychologischen Institut der Universität Bonn wird schon über zwei Jahrzehnte lang empirische Altersforschung betrieben. In einer Längsschnittstudie wird ein und dieselbe Personengruppe im Abstand von je zwei oder drei Jahren zu Gesprächen, Untersuchungen und psychologischen Tests bestellt. Prof. Thomae und seine Schüler haben erwiesen, daß eine nur medizinische Beurteilung des Alterns zu einseitig wäre. Thomae: »Altern ist auch soziales Schicksal. In mindestens gleichem Maß soziales wie biologisches Schicksal.«

Lange Zeit ist man von der Vorstellung ausgegangen, auch die geistigen Fähigkeiten müßten im Alter zwangsläufig nachlassen. Ist das eigentlich erwiesen? Dazu Prof. Ursula Lehr: »Man fand, daß eine Gruppe von Fähigkeiten, die ›fluid intelligence‹, die ›flüssige

Intelligenz‹, die Kombinationsfähigkeit, die Schnelle der Umstellung, die Neuorientierung auf andere Situationen, mit zunehmendem Lebensalter allgemein nachlassen. Daß andererseits aber die Fähigkeiten, die dem Faktor ›cristallized intelligence‹, ›kristallisierte Intelligenz‹, zuzuordnen sind, wie etwa Erfahrungswissen, Urteilskraft, Sprachvermögen, Problemlöseverhalten, ohne Zeitdruck sogar eine Steigerung bis in die siebziger Jahre hinein erfahren können. Es hat sich gezeigt, daß die Art und Weise, wie man sein Leben verbracht hat, auch die intellektuellen Fähigkeiten im höheren Alter beeinflußt. Wer im mittleren Erwachsenenalter nicht zur geistigen Leistung herausgefordert wurde, bei dem lassen die intellektuellen Fähigkeiten eher nach, hingegen jene Personen, die als 30-, 40-, 50jährige ständig mit neuen Situationen konfrontiert waren, die gewissermaßen trainiert wurden, bei denen bleiben die geistigen Fähigkeiten bestehen; sie nehmen sogar noch zu.«

In der Meßwarte eines großes Chemiebetriebs, an einem hochtechnisierten Arbeitsplatz also, war die Frage zu stellen, ob der ältere Arbeitnehmer objektiv weniger Leistung an Daueraufmerksamkeit, Konzentrations- und Reaktionsvermögen erbringt, dieses »Weniger« aber durch erhöhtes Verantwortungsbewußtsein auszugleichen vermag. Was kam bei Vergleichsuntersuchungen heraus? Ein Betriebspsychologe: »Verantwortungsbewußtsein und Arbeitszuverlässigkeit sind bei Älteren ausgeprägter. Ich habe aber auch Konzentrationsvermögen und Reaktionsvermögen getestet. Da zeigte sich, daß es bei den älteren Arbeitnehmern zu langsameren Arbeitsergebnissen kam; das Tempo war etwas geringer. Wenn sie das Tempo bestimmen konnten, gingen sie vorsichtiger vor, machten dafür weniger Fehler. War das Tempo vorgeschrieben, z. B. in unserem Reaktionsgerät, waren die Leistungen meist dieselben. Deshalb würde ich sagen, daß die Arbeitszuverlässigkeit eine Komponente ist, die man dem älteren Arbeitnehmer zu seiner Leistungsfähigkeit addieren sollte.«

Es ist uns geläufig, wie verschieden Menschen altern. Jeder kann es feststellen, wenn sich ein Jahrgang beim Klassentreffen begegnet. In jedem Menschen geht mit dem Älterwerden eine geheimnisvollzwingende Veränderung vor sich. Wir haben Photoporträts eines

Hundertjährigen aus verschiedenen Lebensaltern auf den Tricktisch gelegt, um die Veränderung seines Gesichts mit der gerafften Zeit verfolgen zu können: das Gesicht eines, wie man sagt, einfachen Mannes. Ein Konditormeister, Joseph Sickenberg mit Namen. Als Geselle hat er die Torten gebacken, die sein Meister dem Fürsten Bismarck jedes Jahr zum Geburtstag schickte, wofür der Kanzler sich immer brieflich bedankte. Im Sommer 1894 hat Joseph Sickenberg geheiratet, ein hübsches, zwei Jahre jüngeres Mädchen. Der Hochzeiter, 1869 geboren, war damals 25 Jahre alt. Als 30jähriger fuhr er ein Hochrad. Fünf Jahre vor dem Ersten Weltkrieg war er 40. Zu Beginn des Zweiten Weltkriegs 70. 1959 war er 90. 1964 also 95. Die erste Landung auf dem Mond möchte ich noch erleben, sagte er. Und er erlebte sie, 1969, in seinem 100. Lebensjahr. Joseph Sickenberg wurde 102 Jahre alt. Er war der einzige unter den vielen Hundertjährigen, die Professor Franke und sein Ärzteteam untersucht haben, der Übergewicht hatte. Dafür aber – eine anatomische Seltenheit – verfügte er über ein zusätzliches drittes Herzkranzgefäß!

Hundertjährige werden wohl immer eine große Ausnahme bleiben. Unsere durchschnittliche Lebenserwartung liegt heute für Männer bei 71,3, für Frauen bei 78,1 Jahren. Warum Frauen älter werden, dafür gibt es viele Erklärungen. Mit einem Scherz sind sie zusammenzufassen: In Wahrheit sind die Frauen das stärkere Geschlecht.

Die Altersforscher geben für beide Geschlechter den Rat, nicht nur auf die Zahl der Jahre zu schauen. Das Ziel der modernen Gerontologie sei nicht, Jahre dem Leben, vielmehr umgekehrt Leben den Jahren hinzuzufügen. Wichtig sei: möglichst vielen Menschen möglichst früh begreiflich zu machen, daß Älterwerden nicht nur »verlorene Jugend« bedeutet, daß es auch das Ausreifen von Fähigkeiten und Möglichkeiten bedeuten kann.

Die Bühne des Lebens

Vor rund 300 Jahren hat ein irischer Erzbischof den Anfang der Welt auf das Jahr 4004 vor Christus, den Schöpfungsakt auf den 26. Oktober dieses Jahres, 9 Uhr morgens, errechnen wollen. Wir lächeln über soviel naive Genauigkeit. Der Erzbischof brachte die Schöpfung, die Bibel wörtlich nehmend, in sieben Tagen unter: er beschreibt sie als eine Idylle. Wir Menschen des 20. Jahrhunderts stehen eher schaudernd vor den Abgründen unvorstellbarer Zeiträume. Die Entwicklung des Lebens war – übersieht man sie rückschauend und zeitgerafft – ein atemberaubender Vorgang voller Überraschungen und Abenteuer.

Die Natur hat eine unübersehbare Zahl von Möglichkeiten ausprobiert. Sie hat eine nicht enden wollende Folge der seltsamsten Formen und Gestalten auf die Bühne des Lebens gerufen, sie dort agieren lassen, sie abgewandelt und verändert – und sie oft unter rätselhaften Umständen wieder fallengelassen, sie nach Erfüllung ihrer Aufgabe oder auch nur als mißglücktes Experiment aufgegeben.

Die Wissenschaftler sind bei der Erforschung des Lebens wie Detektive vorgegangen. Sie haben Spuren aufgedeckt und verfolgt, Indizien gesammelt, überraschende Funde gemacht, Arbeitstheorien aufgestellt, sie weiterentwickelt und wieder verworfen, Fundstücke zusammengesetzt und miteinander verglichen. Das alles, um zu einem deutlicheren, weniger lückenhaften Bild zu kommen, von dem, was geschehen ist, ehe der Mensch auf der Bühne des Lebens erschien. Der Homo sapiens, der verständige Mensch, ist ja ein Spätling der allerletzten Minuten im Schöpfungsjahr. Er tritt erst im letzten Akt des Schauspiels auf.

Nach neueren Altersbestimmungen hat sich die Kruste der langsam erkaltenden Erde vor mehr als zweieinhalb Milliarden Jahren gebildet. Zwei Milliarden Jahre sind dann vergangen, ehe der Vorhang sich hob und das Drama des Lebens begann.

Denken wir uns phantastisch wuchernde, dichte Wälder aus riesigen Farnen und Schachtelhalmen als Kulisse der Bühne. Vor mehr als 200 Millionen Jahren sind diese Wälder versunken. Ihre Reste sind die Steinkohlenlager der Erde. Millionen Jahre später wateten tonnenschwere Dinosaurier durch den Ufermorast ins Wasser, um schwimmende Pflanzen zu äsen. Niemand weiß, was den Auftritt der Riesensaurier beendet hat, wie die Katastrophe aussah, die über sie hereingebrochen sein muß. Vielleicht war es eine schleichende Katastrophe, die hunderttausend Jahre andauerte. Ob diese Riesensaurier Fehlkonstruktionen waren, mit einem viel zu hohen Energieverbrauch, die bei veränderten Bedingungen, Klimaschwankungen vielleicht, im Wettbewerb mit kleinen beweglicheren Lebensformen unterliegen mußten? Ob etwa, wie eine Theorie vermutet, kleine Nager sich auf die Eier dieser Giganten spezialisiert haben und das Geschlecht der Riesen aussterben ließen? So war Raum geschaffen für die nächsten Akte des Dramas, die Entwicklung der Säugetiere.

In einem belgischen Bergwerk ist man auf 29 Skelette des Iguanodon gestoßen, einer schrecklich aussehenden Echse, die übrigens ein Pflanzenfresser war. Ihren dolchartigen Daumen hat sie nur als Waffe gebraucht, wenn sie sich angegriffen fühlte. Vor rund 130 Millionen Jahren noch haben diese Tiere, mit anderen Riesensauriern zusammen, die Erde beherrscht. Auch sie sind auf rätselvolle Weise verschwunden.

Sich vom vertrauten Landschaftsbild unserer Gegenwart in die Erdvergangenheit zurückzuversetzen, sich etwa vorzustellen, daß die Eifelmaare vulkanischen Ursprungs sind, Krater waren, fällt vielleicht nicht allzu schwer. Schwerer ist es, sich auszumalen, daß sich dort einst ein Meer ausbreitete, aus dem Korallenriffe hervortraten. In einem Steinbruch bei Büdesheim im Kreis Bitburg sind die Reste von Korallenstöcken noch immer zu sehen: Korallen der Eifel!

Im Hunsrück hat das Meer den schwarzen Schiefer von Bundenbach und Gemünden, mit dem die Dächer dort auch heute noch gedeckt sind, als Schlick und feinen Sand abgelagert – über so lange Zeit, daß daraus ein fast tausend Meter mächtiges Schichtenpaket entstanden ist. In der berühmten Kaisergrube bei Gemünden kamen Seesterne, die vor 350 Millionen Jahren gelebt haben, ans Licht: Seesterne mit 32 Armen, die nun vom Pyrit, Schwefelkies, golden gefärbt sind. Auch Muscheltiere, gepanzerte Plattfische und Trilobiten, durch Kiemen atmende Krebse, hat man dort gefunden, ebenso im Taunus, in der Eifel, in den Ardennen.

Wo die Autobahn Stuttgart–München die Schwäbische Alb erklimmt, am Fuß der Geislinger Steige, bei Holzmaden, konnte man aus dem Schiefer des Schwarzen Jura die vor 150 Millionen Jahren lebenden Ichthyosaurier (Fischechsen) herauspräparieren. Die im Wasser lebenden Reptilien brachten lebende Junge zur Welt; man hat die Embryonen im Körper der Mutter versteinert gefunden. In der Schwäbischen Alb lebten Krokodile und Panzerfische, die sich plastisch erhalten haben, deren Schuppen wie glasierte Ziegel glänzen. Auch Seelilien, die pflanzenhaft zart wirken, aber den Seesternen verwandte Tiere waren: »Tierblumen« auf hohen Stielen.

Es ist schwer vorstellbar und doch wahr, daß die Felsen der Weltenburger Enge, wo die Donau westlich von Kelheim sich durch den Kalkgrund gegraben hat, aus Ablagerungen des Jura-Meeres stammen und von marinen Schwämmen aufgebaut sind – einer Art Südsee entwachsen, vergleichbar den Bahamas und den Atollen im Pazifik. Auch die Kalkfelsen am Ufer der Altmühl sind fossile Riffe. Hier war ein flaches Lagunengebiet, das nach Süden zu mit dem offenen Meer in Verbindung stand. Aus dem Schlamm, der sich in der Lagune absetzte, hat sich im Laufe von Jahrmillionen der Solnhofer »Schiefer« gebildet, der Solnhofer Plattenkalk: harte Flinze, die durch dünne tonige Zwischenschichten, die Fäulen, getrennt sind, so daß man sie leicht voneinander abheben kann. Zwischen den Flinzen kommen die berühmten Solnhofer Fossilien als Negative und Positive heraus. Schnabelfische – Räuber, die durch die Wasser des Jura-Meeres geschossen sind. Sie haben eine beherrschende Rolle im Erdmittelalter gespielt. Auch Krokodile finden sich nördlich der Donau! Ebenso Haie bis zu drei Meter Länge. Auch Quastenflosser, die man ausgestorben geglaubt hat, bis 1938 erstmals vor der Küste Südafrikas einer ins Netz ging. Die Masse der Fossilien verdankt ihr Anslichtkommen dem industriellen Abbau. Man hat in den Solnhofer Plattenkalken über 700 Tierarten gefunden, nicht nur Fische und Krebse, auch Heuschrecken, Käfer, Libellen. Das Geäder ihrer gläsernen Flügel hat sich auf wunderbarste Weise über 150 Millionen Jahre hinweg erhalten.

Die bekanntesten und wohl auch schönsten Fossilien sind die Ammoniten, Kopffüßer, die mit den Tintenfischen verwandt sind. Es hat sie durch viele Jahrmillionen gegeben. Die oft vom Pyrit glänzenden Fossilien nennt der Volksmund Goldschnecken. Es gibt Ammoniten, die von Kalkspatkristallen wie überzuckert sind, andere, die wie

Schmuck opalisieren. Den Nautilus, auch Perlboot genannt, der im Jura-Meer schwamm, gibt es noch heute. Die zur Schnecke gekrümmte Schale ist gekammert. Das Tier lebt in der letzten, der großen Kammer. Durch ein dünnes Rohr, das die Kammern verbindet, läßt sich die Gasfüllung regeln: ein hydrostatischer Apparat, mit dem das Tier auf- und absteigen kann, eine Konstruktion, die von der Natur mehr als 100 Millionen Jahre vor dem Bathyscaph Piccards entwickelt wurde.

Man hat über hundert Exemplare von Flugsauriern bei Solnhofen gefunden. Es waren fliegende Reptilien, noch keine Vögel. Aber eines schönes Tages im Jahre 1860 fanden Steinbrucharbeiter den Abdruck einer Vogelfeder und nur ein Jahr später das dazugehörende Tier, den ersten Urvogel – eine Weltsensation! England bot, obwohl der Kopf nicht mehr vorhanden war, ein Vermögen dafür und erhielt den Zuschlag. Der Urvogel bestätigte Darwins Theorie von der »Entstehung der Arten«. Der berühmte Archaeopteryx, das Bindeglied zwischen Reptil und Vogel! Das zweite Exemplar, das man 1877 fand, ging nach Berlin. Werner von Siemens hat dem preußischen Kultusminister 20000 Goldmark dafür geliehen; so konnte er das Stück für das Berliner Naturkundemuseum sichern. Heute verwahrt es die Ostberliner Humboldt-Universität als besondere Kostbarkeit im Tresor.

100 Jahre später wurden ein drittes und ein viertes Exemplar des Urvogels gefunden. Das eine ist im Museum des Solnhofer Aktienvereins ausgestellt. Das andere lag bis 1970 unerkannt im Haarlemer Teylermuseum. Der Fundbericht, leider ohne Jahreszahl, besagt, daß das Stück aus derselben Gegend, aus Riedenburg im Altmühltal, stammt. 1970 war es immer noch als Flugsaurier ausgestellt, bis die Experten stutzig wurden und genauer hinsahen.

Inzwischen hat man gelernt, Fossilien originalgetreu zu reproduzieren: Franz Weigert aus Neuburg an der Donau hat den Archaeopteryx mit 1000 Tonnen Druck in Karton geprägt. So sind Fossilien heute, auch die seltensten und darum unbezahlbaren Stücke, in verblüffenden Nachbildungen jedem, der sich dafür interessiert, zugänglich.

1726 hat ein Züricher Arzt, Scheuchzer mit Namen, ein am Bodensee gefundenes Skelett als »Beingerüst eines in der Sintflut ertrunkenen Menschen« beschrieben. Es war das Skelett eines Riesensalamanders. Und im gleichen Jahr veröffentlichte ein Würzburger Professor namens Beringer ein Werk mit den Kupferstichen seltsamer Fossilien. Er forderte die Fachgelehrten auf, das Rätsel dieser Bilder zu lösen. Es löste sich nur allzu schnell: im Auftrag eines mißgünstigen Kollegen hatten Studenten sich einen Spaß gemacht und dem gutgläubigen Mann diese »Funde« untergeschoben. Im geologisch-paläontologischen Institut der Universität sind die berühmten Würzburger »Lügensteine« hinter Glas zu sehen: 200 an der Zahl, Fälschungen. Der Paläontologie ist daraus kein Schaden erwachsen. Inzwischen sind Hunderttausende echter, unbezweifelbarer »Dokumente der Erdgeschichte« ans Tageslicht gekommen.

Wie jedem einzelnen Lebewesen seine kurze Lebenszeit, so scheint auch den Arten ihre Zeit zugemessen. Manche Arten existierten schon sehr lange, ehe der Mensch auftrat, so die Insekten. Es könnte sein, daß sie unseren Planeten beherrschen werden, wenn der Mensch längst abgetreten sein wird. Die Insekten, die man im Bernstein eingeschlossen findet, gleichen den unsrigen aufs Haar; sie haben sich nach Millionen Jahren nicht verändert.

Die ersten Menschen

Die Geschichte des Menschengeschlechts reicht länger als drei Millionen Jahre zurück. Mary Leakey, die Kollegin und Witwe des großen Anthropologen, berichtete im Herbst 1978 von eindeutig menschlichen Fußabdrücken, die ihre Mitarbeiter in Tansania gefunden haben und die, durch zusätzliche Entdeckungen belebt, ganz ohne Zweifel dreieinhalb Millionen Jahre alt sind, mitten aus dem Tertiär stammen: Fußspuren im vulkanischen Tuff, von menschlichen Wesen hinterlassen!

Die verzweigten »Stammbäume des Menschen«, die man aufgestellt hat, sind lückenhaft. Es sind Modelle, die vielleicht schon morgen umgestoßen werden. Als man Skelett-Teile des Neandertalers fand, glaubte der große Virchow, sie seien die Reste eines in den Napoleonischen Kriegen umgekommenen Soldaten.

Der Neandertaler, der schon Werkzeuge und Feuer besaß, erschien unter den frühen Menschen erst relativ spät. Bei meinem Besuch im Frankfurter Senckenberg-Museum habe ich Prof. Gustav von Koenigswald, den weltbekannten Paläoanthropologen, den Entdecker eines frühen »Java-Menschen«, kennengelernt. Die Paläoanthropologie ist die Wissenschaft von der Entdeckung des Menschen. Koenigswald ging an den Safe und zeigte mir den Schädel eines Neandertalers. »Aus verschiedenen Gründen ist der Neandertaler so populär«, sagte er, »erstens ist er der erste fossile Mensch, den wir gefunden haben und das nicht weit von hier, im Neandertal bei Düsseldorf. Zweitens: er hat bereits seine Toten begraben; so haben wir von ihm ganze Skelette. Drittens: er war über die ganze Erde verbreitet. Das ist hier der Schädel eines asiatischen Neandertalers. Er mag, schätze ich, vor gut 100 000 Jahren gelebt haben. Der Schädel ist teilweise rekonstruiert. Das Schädeldach, die Schädelkalotte, ist original. Er hat über den Augen einen durchlaufenden Wulst. Diesen Menschen gibt es heute nicht mehr. Er hatte noch relativ wenig Gehirn. Der Schädel ist zwar sehr groß, aber niedrig und, fühlen Sie mal, der Schädelknochen ist über einen Zentimeter dick. Ich schätze, er hat etwa 1 100 ccm Gehirn gehabt. Der heutige Mensch hat durchschnittlich 1 500.« Koenigswald lachte: »Die Damen, weil sie zierlicher gebaut sind, haben normalerweise 1 350.« – Das Volumen des Schädelinhalts sagt also nichts über die intellektuellen Fähigkeiten aus? – »Nicht unbedingt. Die Natur hat da Spielraum.« Ob das Rekonstruierte dann nicht aus der Phantasie heraus nachgestaltet sei, fragte ich ihn. »Nein, man geht beim Gesichtsteil von gewissen Gesetzmäßigkeiten aus. Und man hat einen Schädel aus Afrika, das ist der Rhodesien-Mensch, der vollständig ist und eine ähnliche Schädelform aufweist.«

Ein Neandertaler, 100 000 Jahre alt. Wie weit geht die Geschichte der Menschen zurück? Kann man überhaupt sagen: hier endet eine Art Vormensch oder Voraffe und hier beginnt der Mensch? »Das alles ist eine Frage der Definition. Das Gehirn des Menschen ist sehr viel größer als das des Affen, aber das kommt erst relativ spät herein.

Die Entwicklung des Menschen fing vermutlich damit an, daß er aufrecht gegangen ist, und durch den aufrechten Gang kamen die Hände frei, um Werkzeuge zu fertigen. Das hat sich nach meiner Schätzung vor 12 bis 15 Millionen Jahren abgespielt.« Dann wäre richtig, wenn wir sagen: der Affe ist nicht der Vorfahr des Menschen, er ist eine Art Vetter? »Ja, der Vorfahr war natürlich ein fossiler Affe, von dem wir überhaupt nicht wissen, wie er ausgesehen hat. Er muß bestimmte Eigenschaften, die sich später beim Menschen ausgeprägt haben, bereits besessen haben. Seine Nachkommen haben dann nicht den Entwicklungsgang der heutigen Menschenaffen eingeschlagen, sie wurden in der Folge zum Menschen.« – Kann man sich vorstellen, daß die Natur eines ferneren Tages einmal einen weiteren Menschen hervorbringt, sozusagen einen Übermenschen, einen Menschen mit größeren Fähigkeiten, nicht unbedingt körperlichen, vor allem geistigen? – Koenigswald überlegte eine kleine Weile, dann sagte er: »Ich glaube nicht. Zur Entstehung von neuen Arten gehört eine geographische Isolation, und auf dieser Erde leben kaum noch Menschen für sich isoliert. Bis auf Reste von Menschen alter und vergangener Kulturen ist die Menschheit immer mehr zusammengewachsen. Ein völlig neuer Typ des Menschen? Die rein biologische Entwicklungsfolge der Menschen ist wohl mit uns abgeschlossen. Unsere biologische Entwicklung ist übergegangen in eine kulturelle und soziale Entwicklung. Die Verantwortlichkeit für unsere Entwicklung haben wir damit selbst übernommen.«

»Der Mensch ist das Maß aller Dinge«, hat Koenigswald in seinem Buch »Die Geschichte des Menschen« geschrieben. »Es ist schön und interessant, die Geschichte der Ammoniten, Tintenfische, Pferde oder Elefanten kennenzulernen, aber nichts ist für uns wichtiger als unser eigener Werdegang.« Reste des fossilen Menschen zu finden, dazu gehöre vor allem Geduld, viel Geduld und natürlich – Glück. »Die richtige Schicht, die gute Stunde, der Mann, der weiß, was er sucht. Es klingt merkwürdig, und doch ist es so: die meisten Funde fossiler Menschen sind durch Forscher entdeckt worden, die systematisch danach gesucht haben.«

Kurz darauf, im November 1975, lernte ich Donald C. Johanson kennen, der heute Direktor der Abteilung Wissenschaft am Cleveland Museum of Natural History ist. Johanson ist im November 1974 in Äthiopien auf die zusammengehörenden Teile eines dreieinhalb Millionen Jahre alten Skeletts gestoßen, auf das älteste, vollständigste, am besten erhaltene Skelett eines aufrecht gehenden menschlichen Vorfahrs, das bisher entdeckt wurde. Johanson hat den Fund seines Lebens »Lucy« genannt; unter diesem Namen ist er in die Literatur eingegangen. »Alle Welt fragt mich nach dem Namen«, sagte mir Johanson, »er hängt mit den Umständen der Entdeckung zusammen. Alle Knochen paßten zusammen, gehörten zu einem einzigen Skelett. Ein solches Skelett war bis dahin noch nie gefunden worden. Wir waren außer uns vor Begeisterung. Wir markierten die Fundstelle, stiegen in unseren glühend heißen Landrover und fuhren zurück ins Lager. Wir konnten in der ersten Nacht nach der Entdekkung einfach nicht ins Bett gehen. Wir redeten unaufhörlich und tranken ein Bier nach dem andern. Wir hatten ein Tonbandgerät im Lager und dazu ein Band mit dem Beatles-Song ›Lucy in the Sky with Diamonds‹. Wir ließen dieses Band immer wieder mit voller Lautstärke ablaufen, und irgendwann an diesem unvergeßlichen Abend haben wir dem Skelett dann den Namen Lucy gegeben. Es war ja ein weibliches Skelett. Man erkennt das am Becken. Wir hatten einen vollständigen Beckenknochen und das Kreuzbein gefunden. Da bei den Hominiden die Beckenöffnung bei weiblichen Skeletten größer ist als bei männlichen, damit der relativ große Kopf des Kindes bei der Geburt hindurchgehen kann, wußten wir, daß es sich um ein weibliches Skelett handelt.« Ob es eine genaue Definition für einen Hominiden gebe, fragte ich Johanson. »Man kann sagen, er hatte den aufrechten Gang. Wir können uns vorstellen, daß die Evolution des Menschen mit einem primitiven affenartigen Typus begonnen hat, der über einen langen Zeitraum immer weniger einem Affen und immer mehr einem Menschen glich. Es hat keinen plötzlichen Übergang gegeben. Wahrscheinlich haben während einer nicht genau zu bestimmenden Periode Mischtypen gelebt. So fassen wir die Gruppe der frühen Menschen und der menschenähnlichen Geschöpfe unter dem Namen Hominiden zusammen. Sehen Sie: ich bin ein Hominide. Ich bin ein menschliches Wesen. Ich gehöre zur Gattung Homo und zur Spezies sapiens, ich bin ein ›denkender Mensch‹. Vielleicht könnte ich auch sagen, ich bin ein ›wissender‹ Mensch – ein Mensch, der intelligent genug ist, sich selbst als Mensch zu erkennen.«

Ende 1985 hat ein neuer Fund, dieses Mal im Nordwesten Kenias, die These, mit Lucy sozusagen der »Ursprungsart« des aufrecht gehenden Vormenschen habhaft geworden zu sein, erschüttert. Nicht, als ob man Lucys Alter angezweifelt hätte. Ein jüngerer Schädel war gefunden, der aber offensichtlich nicht in die von Donald C. Johanson ausgedachte Aufeinanderfolge der Menschen-, bzw. Vormenschen-Formen paßte.

Der neue Schädel wurde von dem Amerikaner Prof. Alan Walker von der John Hopkins University in Baltimore westlich des Tukasees geborgen; er lag dort unter Lavaschichten, die datiert werden konnten. Sein Alter war dementsprechend auf »mindestens zweieinhalb Millionen Jahre« zu schätzen. Die kleine Hirnschale ließ zwar sofort an die im fernen Äthiopien gefundene Lucy denken; die starke Kinnpartie und das große Gebiß sprachen aber gegen einen solchen Zusammenhang. »Innerhalb der kurzen Zeitspanne« von einer halben Million Jahren hätte sich kaum eine solche Veränderung herausbilden können, meinte Prof. Walker.

Was eine solche »kurze Zeitspanne« bedeutet, ist Nichtfachleuten mit einer kleinen Rechnung zu veranschaulichen. Es könnten sich innerhalb dieser Zeit bei der wahrscheinlich dichteren Aufeinanderfolge rund 40 000 Generationen abgelöst haben.

Walker ordnete den von ihm gefundenen Schädel der frühen Art eines ebenfalls in Kenia aufgefundenen Vormenschen zu, der vor schätzungsweise 1,2 bis 2,2 Millionen Jahren gelebt hat. Er befindet sich mit dieser Meinung in Übereinstimmung mit Richard Leakey, der das Kenianische Nationalmuseum in Nairobi leitet und das Erbe seiner Forschereltern hütet und ausbaut.

Der neue Fund deute darauf hin – dies ist die neue Version – daß es in der Entwicklung der Hominiden »drei voneinander unabhängige Linien« gab, deren jede durch die genannten Funde repräsentiert sei. Ein weiteres Mal ist deutlich geworden, daß der Stammbaum des Menschen in jeder Forschergeneration dieses unseres Jahrhunderts mindestens einmal umgeschrieben werden muß, ein Puzzle, das möglicherweise erst im nächsten Jahrtausend oder im übernächsten oder auch nie an sein Ende – die Anfänge des Menschengeschlechts – kommen wird.

Die Welt der Ameisen

Was Gedächtnis, was Orientierungsvermögen, was gegenseitige Verständigung anlangt, haben die staatenbildenden Insekten wohl den Höhepunkt ihrer Entwicklung erreicht. Zu den staatenbildenden Insekten gehören die Honigbienen, die Ameisen und die Termiten. Die Termiten nehmen dabei eine vergleichsweise niedere Stufe ein, sie stehen den Schaben nahe. Die Ameisen und Honigbienen werden zu den höherentwickelten Insekten gerechnet. Die Insektenstaaten sind also aus verschiedenen, teilweise sehr weit voneinander entfernten Zweigen des Stammbaums entstanden, schon vor vielen Millionen Jahren, ehe der Mensch Staaten bildete, ehe Menschen, ja ehe die Säugetiere auf der Bühne des Lebens erschienen sind.

Mit dem Begriff des »Insektenstaats« ist der Biologe nicht sehr glücklich; der Vergleich mit der menschlichen Gesellschaft liegt ihm zu nahe. Prof. Karl Gösswald, der Würzburger Zoologe, wohl der bekannteste Ameisenforscher unserer Zeit, betonte, daß der Mensch »zwar in der Gemeinschaft geistig gewachsen, aber nicht erst durch die Gemeinschaft das, was ihn aus dem Organismenreich heraushebt, geworden« sei. »Das Grundelement des menschlichen Staates ist die Familie; jede einzelne Familie ist eine für sich lebensfähige, vollwertige und daher gegebenenfalls selbständige biologische Einheit. Eben dies ist der Insektenstaat nur in seiner Gesamtheit. Kein Mitglied des Insektenstaates kann für sich bestehen.«

Den Schlüssel für das harmonisch erscheinende Zusammenleben im Insektenstaat sehen die Forscher in der Ausschaltung des »Brutegoismus«: nach Erfüllung ihrer biologischen Aufgaben verschwinden die Männchen aus der Gemeinschaft. Die Königin sorgt für Nachwuchs (bei manchen Ameisenarten sind es ein paar Tausend Königinnen). Die Gesamtheit der »verkümmerten Weibchen«, die Arbeiterinnen, zieht die Brut groß, sorgt für das Fortkommen.

Karl Gösswald verweist auf weitere »Bindekräfte« in der Gemeinschaft: Ameisen haben ihren Nestgeruch; sie sind nach diesem Geruch »ausgerichtet«; sie folgen ihm wie einer Parole oder Fahne. Der Kropf der Ameise, in dem sie gesammelte Nahrung speichert, ist ein »sozialer Magen«. Bereitwilligst wird daraus weitergegeben, von einer zur anderen, bis ein Nahrungsgleichgewicht im Volk hergestellt ist. Aus dem Ameisenkropf heraus werden acht bis zehn Nestgefährtinnen gefüttert; zehn Ameisen füttern schon hundert und hundert füttern tausend. Jede bettelt jede an, jede gibt jeder ab. Im Institut für Angewandte Zoologie der Universität Würzburg wurde Ameisennahrung radioaktiv markiert; innerhalb weniger Stunden war der Kropfinhalt einer einzigen Arbeiterin auf 80 Tiere verteilt.

Die Welt der Ameisen enthält die erstaunlichsten Kuriosa: es gibt Ameisen, die beim Nestbau Blätter zusammenheften, dabei ihre Larven als Spinnrocken und Weberschiffchen benützen, indem sie den Spinnfaden aus diesen Larven wie aus einer Tube herausdrücken und sich die »Tuben« gegenseitig zureichen. Gewisse südamerikanische Ameisen treiben Vorratswirtschaft. Sie stopfen Gefährtinnen mit eingedicktem süßen Saft voll, bis sie zur Unförmigkeit aufgebläht sind; diese lebenden »Honigtöpfe« werden in einer Vorratskammer aufgehängt und nach Bedarf abgenommen. Geleerte Honigtöpfe sind wieder arbeitstauglich.

In einem Wald bei Kitzingen am Main hat uns Karl Gösswald an übermannshohe, mit Netzen abgedeckte Ameisenhaufen geführt. Die Netze schützen gegen die Spechte, die mit einem Zungenschlag 30 Ameisen herausholen und es so auf 3000 Ameisen am Tag bringen können. Gösswald appelliert immer wieder an die Allgemeinheit, die Nester der Roten Waldameise nicht zu zerstören. Es sei dies unvernünftig, im übrigen auch strafbar. Die Rote Waldameise sei zu fördern, wo immer es geht. Gösswald war schon frühzeitig, lange bevor solche Gedanken in das öffentliche Bewußtsein traten, ein überzeugter Anhänger der biologischen Schädlingsbekämpfung. Als nach dem Zweiten Weltkrieg Schadinsekten den Reichswald bei Nürnberg kilometerweit kahlgefressen hatten, stellte er fest, daß inmitten der Zerstörung da und dort doch grüne Inseln geblieben waren. In jeder dieser Inseln fanden sich Ameisenhaufen. Die Zusammenhänge waren ihm klar: Ameisen sind unermüdliche Jäger. Ihre Jagdgründe reichen bis in die Baumkronen. Es sind vor allem Schädlinge, die sie jagen. Die Beobachtung einer Viertelstunde: Eine Schnellkäferlarve wird erbeutet, ein Schädling, der an die Wurzeln junger Bäume geht. Die junge Spannerraupe, die schreckstarr abstehend wie eine Kiefernadel aussieht, stellt sich tot. Sie zuckt, als eine Jägerin sie prüfend zwickt. Drei Ameisen überwältigen ihre Beute. Ameisenvölker sind für die Hygiene des Waldes unerläßlich.

Waldameisen sind nicht nur Jäger, sondern auch Viehzüchter. Unsere Filmkamera konnte in Großaufnahmen zeigen, wie Ameisen die Rindenläuse melken. Die Läuse haben den Stichrüssel tief in die saftführenden Siebröhren gesenkt; den Hinterleib strecken sie in die Höhe. Sie scheiden einen klebrigen Tropfen aus, den die Ameisen ihnen abnehmen. Das Verdauungsprodukt der Laus enthält etwas Eiweiß, Wirkstoffe, vor allem Zucker. Und Ameisen sind verrückt nach Süßigkeiten. So holen sie den Tropfen direkt an der Quelle. Die Läuse wiederum geben ihr Produkt sehr bereitwillig her. Sie strampeln ungeduldig, eine Aufforderung zu »melken«. Sie sondern laufend Tropfen ab. Was dabei so erstaunlich und belustigend wirkt, ist, daß die Läuse tatsächlich auf Ameisenart »gemolken« werden. Durch Betasten, durch leichtes Beklopfen, durch »Betrillern«, wie die Entomologen sagen, werden die Rindenläuse zur Hergabe des süßen Tröpfchens veranlaßt. Die Ameise beklopft ihre »Melkkuh« mit den Fühlern wie mit Trommelschlegeln, ein Wirbel, der als ungeduldige Aufforderung verstanden wird. Umgekehrt fordert die Rindenlaus immer wieder zum Melken auf, sei es aus dem Drang heraus, befreit zu werden, sei es aus Angst. Sie streichelt ihrerseits mit den Hinterbeinen den Kopf der Ameise, imitiert gewissermaßen die Ameisensprache.

Zeitweise kommen die Ameisen mit der Abnahme nicht mehr nach. Die ungemolkenen Rindenläuse verspritzen ihren Saft dann. Die frischen Tropfen kleben auf Zweigen und Blättern. Der Wald honigt! Am Ende der Saison, wenn die süßen Quellen versiegen, tragen die Ameisen ihre Rindenläuse als Fleischnahrung ein.

Glauben die Ameisen ihren Staat angegriffen, verteidigen sie ihn selbstlos. In der typischen Kampfhaltung, hochaufgerichtet, mit peitschenden Antennen, den Hinterleib gegen den Feind gestellt, verspritzen sie ihre Säure. Man muß sich die Luft erfüllt denken von Kampfsignalen, von Kriegsgeschrei, das die Kämpferinnen herbeistürzen läßt. Die Waldameisen erweisen sich als entschlossene Kämpferinnen.

Ameisen sind gegen Erschütterungen empfindlich; Vibrationen machen sie rasend. Sie glauben ihren Staat dann in höchster Gefahr. Wir haben, um dies zu demomstrieren, mit einem Stock auf den Waldboden getrommelt und damit, im Gegenlicht der Sonne gut sichtbar, ganze Springbrunnen Ameisensäure ausgelöst. Der Ameisenhaufen dampfte von tausend Säuretröpfchen. Es roch durchdringend scharf. Die in der Apotheke gekaufte Ameisensäure wird übrigens nicht mehr im Wald geholt; sie kommt viel reiner aus den Retorten der Chemie.

Das Institut für Angewandte Zoologie der Universität Würzburg hat einen Forschungsauftrag aus Südamerika angenommen. Die Blattschneider-Ameisen gehören dort, wo sie heimisch sind, zu den am meisten gefürchteten Schädlingen. Sie sind hochspezialisiert, nicht Jäger, sondern Gärtner. Sie züchten Pilze, und gerade dadurch richten sie in den Pflanzenkulturen soviel Schaden an. Die Blätter, die sie schneiden und eintragen, verwenden sie als Kompost für die Nährböden in ihren Pilzkammern. Karl Gösswald sollte Mittel und Wege finden, der »Blattschneider« beikommen. Dazu war nötig, erst einmal das Staatswesen dieser Ameisen zu studieren, ihr Leben bis in die Einzelheiten zu verfolgen. Gösswald experimentierte mit Blattschneider-Kolonien im Laboratorium.

Das Insektarium

Im Insektarium des Instituts leben diese Ameisen sozusagen unter den Augen des Forschers in gläsernen Städten. Die ersten Blattschneider kamen per Schiff nach Genua, von dort per Flugzeug nach Frankfurt, dann per Auto nach Würzburg ins Warmhaus des Instituts. Die Kolonien waren anfänglich in kleinen Behältern von der

Größe einer Streichholzschachtel untergebracht; sie sind inzwischen zu Millionenvölkern herangewachsen.

Mit stark vergrößernden Spezialoptiken hatten wir zwei Wochen lang Gelegenheit, die »Geschehnisse im Glashaus« zu beobachten. Es gelang einzelne Szenen aus dem verwirrenden Durcheinander herauszuholen. Wir konnten Lebewesen beobachten, die uns wie vernunftbegabte Bewohner eines fremden Sterns erschienen sind, und die erstaunlichsten Verhaltensweisen sehen, instinktgesteuerte Verhaltensweisen, wie die Forscher sagen. Aber was ist dieser Instinkt? Ist er, wie der berühmte Schweizer Psychiater und Entomologe Auguste Forel einmal gesagt hat, »eine Eingebung höchsten Wissens oder ist er eine blind und dumm ablaufende Mechanik, die ins Blaue hinein arbeitet«. Gösswald urteilte: »Die Ameisen sind keine Reflexautomaten. Sie haben ein gewisses Lernvermögen und sie können sich besonderen Situationen anpassen. Aber im großen und ganzen folgen sie doch einer genau festgelegten Naturgesetzmäßigkeit.«

In kurzer Zeit sind Blattschneiderameisen in der Lage, ganze Plantagen zu entlauben. Aber wie schon gesagt, sie ernähren sich nicht von den geschnittenen Blättern und Blüten. Sie tragen das Geschnittene in ihre Bauten ein als Kompost für ihre Pilzgärten. Die Blattschneider werden auch Schirmameisen genannt, weil sie die Blätter wie aufgespannte Schirme tragen oder auch wie Segel oder Fahnen. Die Trägerinnen scheinen so von ihrer Arbeit besessen, daß sie über Entgegenkommende, die nicht ausweichen, einfach hinwegklettern. Das macht den Eindruck, als wolle, wer eine Last trägt, keine Zeit versäumen. Wir beobachteten diese Vorgänge auf der obersten Plattform eines mehrstöckigen Labortisches, wo die Ameisen Blätter zum Schneiden fanden. Die Zugänge zu den Pilzgärten waren im Parterre, in einer Wanne, in der der Tisch stand. Also mußten sie die Lasten den emaillierten Tischbeinen entlang senkrecht nach unten befördern. Die Ameisenbeine vermögen sich an den kleinen Unebenheiten, die der Pinselstrich im Farblack zurückgelassen hat, festzuklammern. Eine ganze Mannschaft ist um eine pralle Rosenknospe bemüht. Wie geschickt die Transporteure sind! Gemeinsam ziehen und schieben sie die Rosenknospe über die Schwelle des Metallrahmens, an die äußerste Kante der Brüstung heran, an den Punkt, wo die Last, die mehr als 20 Ameisen wiegt, das Übergewicht bekommen muß. Vergleichbar ist das mit dem Abtransport tonnenschweren Guts an einer überhängenden glatten Felswand. Eine Ameise hat die Knospenspitze gefaßt. Sie allein schafft kopfabwärts gehend den Abstieg mit der Last aus »schwindelnder Höhe zu Tal«, zum nächsten Geschoß des Labortischs.

Glasrohre haben die Fütterungstische mit den Wohnbauten verbunden. Der Verkehr in diesen Gängen war so dicht und eilig wie in den Geschäftsstraßen einer Großstadt. Wo diese Straßen über- und untereinander durchführten, erinnerte das an Bilder der Highways von Los Angeles. Wir konnten unter den geschäftig Dahineilenden auch Bummelanten entdecken, die scheinbar ziellos herumliefen, den »emsigen« dabei nur im Weg waren. Läßt sich der »Arbeitseifer« überhaupt messen? Es ist unmöglich, die Ameisen-Tätigkeiten rund um die Uhr zu kontrollieren. Denken wir uns einen Beobachter von einem anderen Stern, der aus der Vogelschau das Getriebe in einer menschlichen Großstadt beobachtet. Könnte er aus dem Geschiebe, dem Durcheinander des Straßenverkehrs die richtigen Schlüsse ziehen: wer arbeitet nun und wer nicht?

Der Pilzgarten der Blattschneider-Ameise ist eine bizarre Landschaft. Aus einiger Entfernung gleicht er einem Gebirge aus grauem porösem Gestein. Bei näherer Betrachtung einem Schwamm, einem nach unten zu braun werdenden Schwamm, der sich auch weich und feucht anfühlt wie frisches Moos. Das eigentliche Pilzgeflecht, das auf dem Kompost der eingebrachten Blätter wächst, ist nur unter dem Mikroskop zu sehen. Die Ameisen lassen es nicht zur Ausbildung von Hutpilzen kommen. Sie beschneiden das Geflecht so, daß es Verdickungen, winzige Knollen, die sogenannten Kohlrabiköpfchen, ansetzt. Diese Pilz-Kohlrabi sind die Ameisen-Nahrung. Zu Füßen des Gartens sind Pflanzenstengel wie auf einem Bauplatz gestapelt. Ein solcher Stengel wird gerade an der Außenwand des Baues hochtransportiert. Die Arbeiterin balanciert ihn auf dem Kopf, an der steilen Fassade empor, auf Menschenmaß übertragen ein Riesenbalken, bestimmt als Stütze für die tragende Konstruktion. Die Blattschneider sind hervorragende Baumeister und Statiker.

An den Tränken des Insektariums versammeln sich die Durstigen. Karl Gösswald bietet seinen Blattschneider-Ameisen gewöhnliches Leitungswasser. Destilliertes Wasser darf es nicht sein, des veränderten osmotischen Druckes wegen. Seltsamerweise wollten die Blattschneider weder Honig- noch Zuckerwasser haben. Würzburger Leitungswasser nahmen sie sofort an, vielleicht der gleichen Minerale wegen, die am besonderen Geschmack des fränkischen Steinweins teilhaben. Unsere Blattschneider stecken die Mundwerkzeuge ins Wasser. Das langsame Spiel der Fühler scheint auszudrücken, daß sich die Trinkenden wohl befinden. Wir sehen, daß sie da nicht nur trinken, sondern sich auch waschen, die Fühler mit den Sinnesorganen vorsichtig durch die Kieferzangen ziehen, wohl um Schmutzpartikel abzustreifen. Sie putzen sich, sie machen Toilette.

Hygienische Maßnahmen lassen sich im Ameisenstaat überall beobachten. Müll und Tote werden fortgebracht. Am Rande der großen Abfallhalde werden die Ameisenleichen niedergelegt. Eine reglos liegende Ameise fällt den Gefährtinnen auf. Sie untersuchen, was mit ihr ist. Lebt sie noch? Oder ist sie scheintot? Die Leblose wird aufgenommen und weggebracht. Müllhalde und Bestattungsplatz sind in einigem Abstand von den Wohnungen angelegt, die Ablage der Toten am äußersten Rand des Müllplatzes, ein Massengrab mit dem Gewirr von Hunderten kreuz und quer stehender Ameisenbeine. Der Instinkt läßt diese Ameisen vermeiden, was wir als Seuchengefahr vom Verstand her erkennen.

Wo ist die Königin des Blattschneidernests? In einem »Kellergeschoß« unter einem Tonziegel finden wir sie. Die Königin ist größer als selbst die größten ihrer Soldaten, vielleicht 4 cm groß; tiefbraun, teilweise fast schwarz ist sie gefärbt. Sie wirkt seltsam überdimensioniert. Sie bewegt sich langsam und unbeholfen. Auf ihrem schweren Körper turnen kleine Arbeiterinnen herum. Das Leben der Königin währt 20 bis 25 Jahre! In dieser Zeit legt sie Hunderttausende, Millionen Eier. Bei ihrem Hochzeitsflug hat sie einen Samenvorrat empfangen. Sie trägt ihn für die Dauer ihres Lebens in einer Tasche in sich. Mit diesem lebend konservierten Samen kann sie ihre Eier befruchten. Aus denen, die sie unbefruchtet läßt, kommen Männchen, aus den befruchteten werden Weibchen. Nur wenige, die Voll-

Weibchen, können Königinnen werden, die vom Hochzeitsflug befruchtet heimkehren und Kolonien gründen. Das ist in etwa so wie bei den Bienen. Die große Masse der verkümmerten Weibchen werden Arbeiterinnen, die gemeinsam die Brut pflegen und aufziehen, die Blätter schneiden und die Pilzgärten bewirtschaften. Ganz unbekümmert säubert eine Arbeiterin den Kopf der Königin. Die Augen der Königin sind von einem hellen grauen Blau. Der hohe klobige Buckel der Königin ist die rückgebildete Muskulatur der Flügel, die sie nach dem Hochzeitsflug abgeworfen hat. Schwer vorstellbar, daß sie eine Königin ist, die ihren Staat »regiert«. Sie ist die Stamm-Mutter ihres Volkes, die Eier legt, eine Gefangene, die gefüttert und gepflegt wird. Sie teilt dem Volk ihren spezifischen Duft mit. Wer diesen Geruch nicht an sich hat, wird als fremd erkannt und getötet.

Das Leben der Termiten

Der Dichter Maeterlinck (1862–1949) hat wie über die Bienen und die Ameisen auch ein Buch über »Das Leben der Termiten« geschrieben. Er nennt ihr Gemeinwesen »nicht weniger phantastisch, als wir es auf dem Mars, der Venus oder dem Jupiter finden könnten«. Er spricht von den »hartnäckigsten, zähesten, furchtbarsten Bewohnern dieses Erdballs«. Unheimlich genug, daß sie in einer Nacht einen Stuhl von innen heraus zur Attrappe aushöhlen können. Die Termiten sind die erfinderischsten Baumeister unter den Insekten. Sie errichten Kegel, tropfsteinähnliche Zapfen, bizarre Riesenpilze, in Bäumen hängende Kugeln. Millionen blinder Lebewesen bauen von innen nach außen, nach eingeborenen Raumvorstellungen, die keiner Augen bedürfen. Die sogenannte Kompaß-, Magnet- oder Meridiantermite baut Wohnstätten, die genau nach Nordsüd ausgerichtet sind; sie bietet der sengenden Sonne die Schmalseite des Nests. Man kann sich danach orientieren. »Kein Lebewesen, selbst nicht die Biene oder die Ameise, steht uns gleichzeitig so fern und so nah wie diese unseligen Insekten«, schrieb Maurice Maeterlinck, der Nobelpreisträger für Literatur 1911. Können menschliche Maßstäbe in

Bereichen gelten, die allein vom Instinkt regiert sind? Was ist dieser Instinkt? Instinkt ist ein Wort, keine Erklärung. Man kann zeigen, wie er funktioniert. Was er ist, weiß niemand zu sagen.

Auch Maeterlinck verweist auf den Entomologen Forel, wenn er nun seinerseits die Frage nach Instinkt und Intellekt stellt. Forel habe den Intellekt bei Insekten nicht gelten lassen. »Der Instinkt«, so urteilte er, »kennt alles auf den ihm vorgezeichneten unabänderlichen Bahnen. Alles außerhalb dieser Bahnen bleibt ihm unbekannt.« Maeterlinck sieht die Instinkte der Insekten im Zusammenhang mit einer Art von Unsterblichkeit, die ihnen gegeben ist. »Die Bevölkerung des Ameisenhügels, des Bienenstocks, des Termitennests scheint ein einziges Individuum, ein einziges lebendes Wesen zu sein, dessen Organe, aus unzähligen Zellen gebildet, nur dem Anschein nach verstreut sind, aber stets derselben vitalen Energie oder Persönlichkeit, demselben Zentralgesetz unterworfen bleiben. Vermöge dieser ›Gesamtunsterblichkeit‹ kann der Tod von Hunderten, ja von Tausenden von Termiten, die sofort von anderen ersetzt werden, nicht das Gesamtwesen berühren oder verändern, ebensowenig wie in unserem Körper das Ende von Tausenden von Zellen, die durch andere ersetzt werden, das Leben unseres Selbst berührt oder verändert. Seit Millionen von Jahren, gleich einem Menschen, der niemals sterben würde, ist es immer dieselbe Termite, die weiterlebt.« Da es keine Unterbrechung in ihrer Existenz gäbe, bestehe »ein einziges Gedächtnis fort«. Der Organismus wisse, »was er zu seiner Erhaltung wissen muß«.

Ich fragte bei Karl Gösswald an, ob er Schwierigkeiten sehe, Termiten aus dem Würzburger Institutsgewahrsam in unser Baden-Badener-Studio zu überführen. Er sagte das für unsere Fernsehsendung »Das Leben der Termiten« zu.

Der Transport eines Termitennestes im Kleinwagenbus bereitete keine Probleme. Die Termiten reisten in ausbruchsicheren Behältern. Sie wurden für die Studio-Sendung in Glaskästen umgesiedelt, die durch gläserne Laufgänge untereinander verbunden waren. Diese Glasgebäude wiederum waren sicherheitshalber in Wannen gestellt. Ein paar Monate zuvor hatten wir in der Tagesschau gesehen, wie in Hamburg alte Häuser abgebrannt werden mußten, weil ihre Stützbalken von eingeschleppten Termiten ausgehöhlt waren. Scherzhaft wurde mir angeboten, ein paar Termiten aus dem Würzburger Institut in der Baden-Badener Stadthalle, unserem provisorischen Studio, entkommen zu lassen. Damit wäre »der alte Kasten schneller kaputtzukriegen«. Aber nicht nur Aufsichtspflicht und Ausbruchsicherheit hätten das verhindert, sondern auch die Lichtscheu der Termiten. Wir mußten sie im Dunkeln lassen und konnten sie nur bei schlagartigem Aufleuchten der Scheinwerfer überraschen. Termiten sind zwar augenlos, nehmen das Licht aber mit Hilfe eines Hautlichtsinns wahr. Immerhin konnten wir sie dann auf der Flucht durch die gläsernen Gänge verfolgen.

Der eigentliche Höhepunkt der Sendung war nicht aus dem Studio direkt zu übertragen; wir mußten einen Film zuschalten, den Prof. M. Lüscher aus Bern von der Elfenbeinküste mitgebracht hatte: das Öffnen der Kammer, in der Königin und König auf Lebenszeit eingeschlossen sind. Es bot sich ein Bild von faszinierender Häßlichkeit: Die Königin ist ein zur Bewegungsunfähigkeit aufgetriebener Sack, der von den Arbeiterinnen wie in einem Karussell umströmt wird. Sie ist fast eine »Fabrik« zu nennen, in die vorne Nahrung hineingestopft wird, während hinten die Eier wie am laufenden Band herauskommen. Neben der riesenhaften Königin lebt ein unscheinbarer, zu ihr gesperrter »König«.

Maeterlinck hat sich auf eine Skizze, die der Entomologe Karl Escherich (1871–1951) gezeichnet hat, stützen müssen. Er vergleicht die Königin mit einem von Krabben umgebenen Wal. »Tausende von Anbetern streicheln und belecken sie ohne Unterlaß«, der königlichen Aussonderungen wegen; sie wollen sogar »Stücke der erhabenen Haut« abreißen. Alte Königinnen seien »mit ruhmvollen Narben bedeckt« und sähen »ganz geflickt« aus.

Escherich schätzte, daß die Königin 30 000 Eier je Tag legt, knapp 11 Millionen jährlich, und in den 4–5 Jahren, die ihr Leben dauert, ihre Legetätigkeit nicht unterbricht, also rund 50 Millionen Nachkommen das Leben gibt. »Der König, eine Art Prinzgemahl, ist elend, klein, dürftig, schüchtern, scheu«, schilderte ihn Maeterlinck. »Die Ehe wird erst vollzogen, nachdem das Paar sich gegenseitig die Flügel ausgerissen hat – ein seltsames Symbol, über das sich manches sagen ließe –, und dieses Paar wird das Dunkel des Termitennestes erst im Tode verlassen.« Wann und wie die Begattung geschieht, darüber sind sich die Termitologen nicht einig.

Das Leben der Bienen

Schon in den 50er Jahren hatte ich mir ein Bienenvolk ins Fernseh-Studio geholt. Der Münchner Imkermeister Joseph Obermeier war ein idealer Partner, kein Wissenschaftler, dafür ein Praktiker, bei dem die Wissenschaftler sich oft Rat holten. Ich erinnere mich, daß er gern von den drei Großmächten sprach, die in der Natur unser Wohlergehen mitbestimmen: den Regenwürmern, die den Boden lockern und lüften, den Roten Waldameisen, die unsere Wälder bis in die Wipfel hinein bejagen und – bei ihm die erste Großmacht! – den Bienen.

Als Verbandsvorsitzender der Bayerischen Imker machte Obermeier, wenn er im Landwirtschaftsministerium Zuschüsse aushandelte, seine Rechnung auf. Er berief sich dabei auf die Zahlen eines bekannten Bienenforschers, Professor Zander. Die meisten Menschen, auch das Finanzamt, so leitete er ein, dächten eben nur an den Ertrag, an Honig und Wachs, nicht an die eigentliche Leistung der Bienen. Sie seien es, die die Blüten aufsuchen und, indem sie den Blütenstaub verschleppen, damit die Befruchtung besorgen. Nun also die Rechnung: 1 Biene besucht in 1 Minute 10 Blüten, in 10 Minuten 100, 40mal am Tag, das sind 4 000 Blütenbesuche. Von den 40 000 Bienen eines Volkes sind ein Viertel Flugbienen: 10 000 Flugbienen je 4 000 Blüten macht 40 Millionen Blütenbesuche je Volk und Tag. Bei 100 Flugtagen im Jahr sind das 4 Milliarden Blütenbesuche – für ein einziges Volk!

Obermeier kann sehr spannend erzählen. Er war aber immer darauf bedacht, kein Imkerlatein zu verzapfen. »Die Wirklichkeit ist wunderbar genug«, sagte er. Er rief mich an, wenn etwas Außerordentliches bei seinen Bienen bevorstand. »Kommen Sie schnell!« So einmal, als die Zeit für dic Geburt einer jungen Königin gekommen war. Die entscheidenden Augenblicke wußte er im Reportagestil zu schildern: »Wir haben um jede der Weiselzellen – diese großen Wachsbecher da, die Wiegen sind, aus denen Königinnen entsteigen werden – einen kleinen Käfig gesetzt. Sie werden sehen, warum. Da, schauen Sie! Diese Bienenprinzessin sägt als erste den Deckel ihrer Wachswiege von innen her auf. Und wird mit einem Ruck frei. Sie läuft noch einmal zurück an ihre Wiege, aus der sie sich nur unter Aufbietung aller Kräfte hat befreien können. Als ob sie es nicht glauben kann, da eingesperrt gewesen zu sein. Die Nachricht ihrer Geburt wird sich schnell im Bienenstock verbreiten. Sie ruft jetzt ihren Triumph aus. ›Ich bin die erste, die geschlüpft ist. Ich bin die neue Königin!‹ Man kann es deutlich hören. Wir halten das Mikrophon ganz nah hin, um ihr helles Stimmchen mitzukriegen. Sie ruft ›tüt-tüt‹. Wir Imker sagen, sie ›tütet‹. Und jetzt geschieht das Seltsame: ihre noch nicht geschlüpften königlichen Schwestern, die Prinzessinnen, antworten aus ihren noch verschlossenen Wachswiegen heraus. Auch das können Sie deutlich hören. Es klingt gedämpfter, eher wie ganz feines Froschquaken. Hätten wir nicht vorgesorgt mit unseren kleinen Käfigen, würde sich die neue Königin jetzt auf ihre Schwestern stürzen, ihre Wiegen aufbeißen und eine nach der anderen abstechen. Sie duldet keine Rivalinnen! Später wird sie der Altkönigin den Rang streitig machen, und diese wird mit einem großen Teil des Volks abziehen, das Schwärmen, ein großes Abenteuer im Leben der Bienen! Aber vorderhand haben wir mit unseren kleinen Käfigen dafür gesorgt, daß eine Königin nach der anderen aussteigen kann und nicht von der Erstgeborenen umgebracht wird. Die Arbeiterbienen sind unschlüssig, welche Thronanwärterin sie unterstützen sollen. Also füttern sie alle durch die Gitterstäbe hindurch. Wenn die Königinnen reif werden für den Hochzeitsflug, bringen wir sie in einem Kästchen zu einer Belegstelle, zusammen mit einem Schöpflöffel voll Bienen, die für sie sorgen. Im Umkreis von vier Kilometern ist dort nur ein einziges drohnenstarkes Volk, ausgesuchtes Zuchtmaterial. Wenn sich die Königin dann zur Hochzeit in die Lüfte erhebt, sind nur Drohnen ›aus allerbestem Haus‹ hinter ihr her. Der Züchter weiß, daß die vielen tausend Kinder, die sie haben wird, leistungsfähige Bienen sein werden.«

Den Hochzeitsflug hat meines Wissens bisher keine Kamera erfassen können. Er ist von grausamer, von barbarischer Poesie. »Wenn die Königin Hochzeit machen will – und das ist nur einmal in ihrem Leben –, schwingt sie sich hoch hinauf, schraubt sich in weiten Kreisen bis über die Gipfel der höchsten Bäume, höher als der Kirchturm. Hinter ihr her ein ganzer Schwarm von Drohnen, die bisher nichts anderes getan haben, als auf diesen großen Tag zu warten. Ein Tag, der für sie immer verhängnisvoll ausgeht. Ein Drohn nach dem anderen – der Imker sagt ›der Drohn‹, wenn im Duden auch, eigentlich falsch, ›die Drohne‹ steht – bleibt überhitzt zurück, geht an der Erhitzung zugrunde. Nur die stärksten Drohnen vermögen der jungen Bienenkönigin zu folgen. Der eine schließlich, der über alle seine Nebenbuhler triumphiert und diesen wilden Flug bis zuletzt durchhält, wird zum Gemahl genommen, aber auch er bezahlt das mit dem Leben.«

In einem starken Bienenvolk findet man 50 000–80 000 Arbeiterinnen, im Frühjahr – als vorübergehende Erscheinung – 2 000–3 000 männliche Bienen, die Drohnen, und eine Königin, die einzige Mutter im Volk, die die Zellen der Brutwabe mit Eiern »bestiftet«. Aus unbefruchteten entstehen Männchen, aus befruchteten die Weibchen, in der Regel Arbeiterinnen, im Ausnahmefall – durch Verfütterung »königlicher Nahrung«, des Gelée royale – Königinnen. Ob männlich oder weiblich, entscheidet die Königin im Augenblick, da sie das Ei legt. Auf dem Hochzeitsflug hat sie einen Samenvorrat fürs Leben empfangen; in einem kleinen Behälter ihres Hinterleibs bleibt er lebendig. Der Behälter steht durch einen feinen Kanal mit dem Gang in Verbindung, durch den sie die Eier ablegt. Je nachdem, ob die Königin beim Hindurchtreten eines Eies Samenfäden freigibt oder nicht, werden sie befruchtet oder nicht befruchtet. Doch verfährt die Königin, die eher Dienerin als Herrscherin ist, nicht nach eigenem Gutdünken. Wo das Volk größere Zellen für die Drohnen gebaut hat, belegt die Königin diese Zellen mit unbefruchteten Eiern. »Die Arbeitsbienen haben die Führung, die Königin ist ihr Werkzeug.«

Obermeier war fasziniert von den Versuchen, Königinnen künstlich zu besamen. Bei Italiener-Königinnen ging das »spiclcnd«, bei den dunkleren Kaukasier-Königinnen nur mit Schwierigkeiten. Auf dem 16. Internationalen Bienenzüchter-Kongreß 1956 in Wien hat der Amerikaner Dr. O. Mackensen die Methodik seiner künstlichen Besamung unter einem binokularen Präpariermikroskop demonstriert. Er benützte dazu eine Injektionskanüle mit feiner Plexiglasspitze. Den europäischen Imkern konnte er mit seinen Vergleichszahlen imponieren: in der Samenblase von 33 natürlich gepaarten Königinnen fanden sich im Durchschnitt 5,73 Millionen Samenfäden (mit Schwankungen zwischen 3,34 und 7,35 Millionen). Bei künstlicher Besamung mit zweimal je vier Kubikmillimeter Bienensperma, an zwei aufeinanderfolgenden Tagen injiziert, waren von den insgesamt 31 Millionen Spermien immerhin 4,1 Millionen Samenfäden in die Samenblase gelangt; der Rest war verloren. Viermalige künstliche Befruchtung unter dem Mikroskop machte das Naturmaß erst voll. »Aber durch künstliche Befruchtung der Bienenköniginnen sind wir imstande, wie die Gärtner durch künstliche Befruchtung der Blumen, neue wunderbare Rassen zu züchten.«

Natürlich wollten wir den Fernsehzuschauern eine Bienenkönigin zeigen. Welcher Nicht-Imker hat schon eine gesehen? Wir hatten sie mit einem Kunststoffblättchen auf dem Rücken markiert, um sie ohne Zeitverlust aus dem Gewimmel herausfischen zu können. Würde sie uns nicht bei den vielen Scheinwerfern im Studio fortfliegen? Obermeier versicherte mir, sie würde auf der Handfläche sitzenbleiben und verriet mir den Trick: man muß sie mit Spucke naß machen. Er hatte die Königin noch nicht abgesetzt, da war sie auf und davon. So mußten wir den mißlungenen Trick preisgeben. Das Fernsehpublikum nahm das mit Vergnügen auf. Es kam der berühmte Waschkorb voll Post; jeder Brief erwähnte die Königin. Einer schrieb gutgelaunt: »Das Schönste daran waren Euere dummen Gesichter.«

Heute wird Bienensperma in Glaskanülen rund um die Erde geschickt. Das künstliche Besamen von Bienenköniginnen ist eine bemerkenswerte Parallele zur künstlichen Insemination in der Rinderzucht. Auf der Brüsseler Weltausstellung 1958 wurde zu festgesetzten Stunden ein riesenhafter Bulle in den Ring gebracht und dort mehrmals im Kreis herumgeführt. Der Vielbewunderte war als »Father of the Year« Titelhalter unter den Zuchtbullen der Erde, gemessen an der Milchleistung seiner vielen Töchter. Sein Samen, beim Bespringen einer »Phantomkuh« abgenommen, wurde per Luftfracht über Kontinente und Meere verschickt. Die von ihm stammenden Herden weiden in Texas, in Kanada und Australien.

Die Bienensprache

Der Gelehrte, der mehr über die Bienen herausgebracht hat als Generationen von Naturforschern vor ihm, war Karl von Frisch, einer der liebenswertesten Wissenschaftler, die mir begegnet sind. Den Nobelpreis für Physiologie und Medizin 1973 hat er mit 92 Jahren zuerkannt bekommen: er ist 99 geworden! Frisch hörte und sah schon sehr schlecht, schien aber vergnügt und fing die Bälle im Gespräch ohne jede Schwierigkeit auf. Die Fernsehlampen nahm er mit Gleichmut hin:

»Natürlich habe ich mich gefreut, den Preis noch in so späten Jahren zu erhalten. Man nimmt es vielleicht gelassener hin als in der Jugend«, sagte er, »da wäre ich etwas mehr aus dem Häuserl geraten bei einer solchen Überraschung. Es ist mir schon früher einmal zu Ohren gekommen, daß ich vorgeschlagen war, aber man hat es abgelehnt mit der Begründung, daß ein Nobelpreis für Biologie nicht bestehe. Jetzt scheint mir dieser Bann gebrochen zu sein. Ich freue mich, daß mein Fach nunmehr Anerkennung gefunden hat.«

Karl von Frisch erinnerte sich recht gut an die ersten Rundfunkberichte, die ich als junger Mann Mitte der Dreißiger Jahre bei ihm im Münchener Zoologischen Institut gemacht habe. Eine unserer Sendungen hieß »Die Sprache der Bienen«, eine andere »Können Fische hören?«. Im Institutsgarten gab es Teiche und Inseln, eine Zisterne, in der Grottenolme lebten, Ameisenkolonien und ein Bienenhaus. Als Frisch es aufzustellen beschloß, war davon die Rede, daß die Bienen über einer unterirdischen Wasserader nicht gedeihen würden. Die Frage der Erdstrahlen wurde eingehend diskutiert. Der skeptische Professor wollte das nicht von vornherein ausschließen, vielmehr

»nur Tatsachen sprechen lassen«. Er bestellte fünf renommierte Wünschelrutengänger, die, ohne voneinander zu wissen, den Institutsgarten mit der Rute abgingen. Jeder zeichnete seine Ergebnisse in den Gartenplan ein. Frisch pauste die »Wasseradern« durch; nirgendwo stimmten sie zusammen. Also kam das Bienenhaus da hin, wo es seiner Meinung nach hingehörte, »ohne Rücksicht auf Erdstrahlen«.

Schon zehn Jahre zuvor hatte Karl von Frisch erstmals beobachtet, wie erfolgreiche Sammlerbienen nach der Rückkehr in den Bienenstock eine Art Rund-Tanz aufführen, um – wie er zunächst meinte – mit dem Blütenduft, der ihnen anhaftete, die anderen auf besonders lohnende Nahrungsquellen aufmerksam zu machen. Diesen Rundtanz schilderte Frisch später so: »Die Sammlerin läuft mit raschen, trippelnden Schritten in engen Kreisen herum, den Sinn der Drehung häufig ändernd, so daß sie einmal rechts herum, dann wieder links herum saust und in ständigem Wechsel bald so, dann wieder anders herum ein bis zwei Kreisbogen beschreibt. Dieser Tanz vollzieht sich im dichtesten Gedränge der Stockgenossen und wird dadurch besonders auffallend und reizvoll, daß er die Umgebung ansteckt; die Bienen trippeln hinter der Tänzerin drein und suchen durch die vorgestreckten Fühler mit ihrem Hinterleib Verbindung zu halten, machen auch alle Schwenkungen mit, so daß die Tänzerin bei ihren tollen Bewegungen stets ein Schwanzbüschel von anderen Bienen hinter sich herführt.«

Bald entdeckte Frisch eine Variante, eine Art Schwänzeltanz. »Die Biene läuft hierbei einen engen Halbkreis, macht dann eine scharfe Wendung und läuft in gerader Linie zum Ausgangspunkt zurück, beschreibt nun einen zweiten Halbkreis nach der anderen Seite, der den ersten zum vollen Kreisbogen schließt, rennt wieder in gerader Linie zum Ausgangspunkt zurück, und so geht es minutenlang am selben Fleck fort ... Was aber diesen Tanz am auffälligsten vom Rundtanz unterscheidet, ist eine rasche Schwänzelbewegung mit dem Hinterleib, die stets während des geradlinigen Zurücklaufens vom Ende eines Halbbogens zum Ausgangspunkt ausgeführt wird.« Frisch hat schon damals überlegt, ob die Bienen wohl auch Nachrichten über Entfernung und Richtung signalisieren könnten. »Aber diesen Gedanken habe ich für zu abenteuerlich gehalten. Ich habe ihn nicht ernst genommen.« Nach dem Krieg kam er auf seine Versuche zurück. Er stellte Zuckerwasser-Schälchen mit Lavendelduft in verschiedenen Entfernungen vom Bienenstock auf. »Ich nahm an, die tanzinformierten Bienen würden in immer weiteren Kreisen das Terrain absuchen. Die Bienen kamen aber bald zu dem für sie ergiebigsten, wenn auch weiter entfernten Futterplatz. Hatte ihre ›Sprache‹ etwa doch ein Wort für die Entfernung?«

Karl von Frisch wollte sichergehen. Er legte das Schälchen mit konzentrierter Zuckerlösung mehrere hundert Meter vom Stock an eine versteckte Stelle. Kurz nachdem die ersten Bienen sie gefunden und sie im Stock tanzend bekanntgemacht hatten, kamen sie in hellen Scharen angeschwärmt. »Meine spontane Reaktion war innere Abwehr. Ich wollte nicht glauben, was sich da vor meinen Augen abspielte.« Vielleicht, so überlegte er, legten Pfadfinderbienen eine Duftstraße. Also verklebte er die Duftorgane seiner Bienen; der Lockduft würde »wie aus einem festverkorkten Fläschchen nicht mehr nach außen dringen«. Aber, die versiegelten Bienen fanden den Weg genauso sicher. Karl von Frisch stellte fest, daß die von ihm an einem nördlich gelegenen Futterplatz gezeichneten Bienen auf der vertikalen Wabenwand bei ihrem Schwänzeltanz kopfab nach unten tanzten, die an entgegengesetzter Stelle gefütterten Bienen nach oben. Im Laufe der darauffolgenden Stunden änderten sie dann die Richtung, fast wie der weiterrückende Stundenzeiger der Uhr nach dem Stand der Sonne. »Jetzt hatte ich es. Ich fand es um die Mittagszeit am 15. Juli 1945 heraus. Natürlich hat es noch vieler Kontrollversuche bedurft, ehe ich Gewißheit hatte und die Neuigkeit in einem Vortrag in Zürich bekanntgeben konnte.«

Die tanzenden Bienen zeichnen gewissermaßen die Richtungsnadel in eine Kompaßrose. Der Winkel, den die »Geradstrecke« des Tanzes mit der Senkrechten, in der die Schwerkraft wirkt, bildet, ist gleich dem empfohlenen Flugwinkel zur Sonne, die von der Biene auch bei bedecktem Himmel gesehen wird. Man vergegenwärtige sich: der Tanz wird auf der senkrechten Wabenwand ausgeführt. Die Richtungsweisung geschieht in Form einer »Zeichnung«; das den Tanz aufgeregt mitmachende Bienenpublikum muß die »gezeichnete Karte« in die gegenständliche Welt rings um den Stock »übersetzen«.

Auch die ungeübten Anfänger-Bienen verstehen es, eine »lohnende« Richtung anzugeben. Karl von Frisch stellte bei Anfängerinnen Abweichungen von höchsten 5% fest. Die Tanzbewegungen signalisieren auch die Entfernung. Je weiter entfernt eine Futterquelle gemeldet wird, um so gemessener sind die Wendungen der Tänzerin. Die Entfernungsschätzung wird jedoch nicht in Metern, sondern in dem für den Hinflug nötigen Kraftaufwand angegeben; Windstille, Gegenwind, Rückenwind sind »integriert«. Die getanzte Sprache der Bienen kennt übrigens »Dialekte«: Krainer Bienen bezeichnen mit der gleichen Zahl von Wendungen je Minute eine andere Entfernung als Italiener oder Kaukasier.

In den zwanziger Jahren hat der junge Karl von Frisch dem Direktor der Rostocker Universitäts-Ohrenklinik O. Körner bewiesen, daß die Fische hören können. Körner hatte das nicht glauben wollen. Ein erblindeter Zwergwels, Maxl mit Namen, war auf den Pfiff dressiert. Er kam dann sofort, um sich sein Futter abzuholen. Körner gab sich geschlagen.

Als junger Assistent hatte sich Frisch schon mit dem Direktor der Münchener Universitäts-Augenklinik, C. v. Hess, angelegt. Hess behauptete, daß Fische farbenblind seien. Frisch wußte, daß sich manche Fische der Farbe des Untergrunds anzugleichen wissen; also erdachte er Versuche, die beweisen sollten, daß sie Farben wahrnehmen können. Hess war aber nicht bereit, sich diese Versuche auch nur anzuschauen. Das erbitterte Frisch. »Ich hatte gegenüber dem weltberühmten Geheimrat einen schweren Stand und führte in meiner Empörung eine scharfe Klinge. Das wiederum fand mein Chef Richard Hertwig, der mir in der Sache recht gab, ungehörig.«

Karl von Frisch lächelte bei der Rückerinnerung an diese Zeit: »Ich habe recht behalten und mein Zorn auf Hess verrauchte bald. Ich verdanke seiner Halsstarrigkeit, daß die Fachgenossen auf mich aufmerksam wurden. Wer weiß, ob ohne diese Fehde mein weiterer Lebensweg so glücklich verlaufen wäre.«

Daß Karl von Frisch gegen eine Autorität wie Hess überhaupt aufzutreten wagte, verdankte er seiner gescheiten Mutter. Sie hat ihm immer wieder den Rücken gestärkt. »Meine Mutter war meine Vertraute. Der Vater wollte, daß ich Arzt würde, wie er. Für einen

Zoologen sah er keine Zukunftschancen. Er sagte schließlich Ja zu meiner Berufswahl, aber nur mit halbem Herzen. Dem Vater gegenüber konnte ich mich nicht so öffnen; der Mutter gegenüber gestand ich meine Sorgen ein. Ich habe bekannt, daß ich ganz und gar nicht von mir überzeugt sei. Ich habe gezweifelt, ob ich es zu etwas bringen würde. Ich war da pessimistisch, lange Zeit, nicht nur in meinen ganz jungen Jahren. Das habe ich meiner Mutter einmal geschrieben; da war ich immerhin 24 Jahre alt. Sie hat mir so geantwortet: ›Nur dumme Menschen zweifeln nie an sich!‹«

Mit Prof. Martin Lindauer, der 15 Sommer lang als Student und Assistent mit seinem Lehrer Karl von Frisch experimentierte, habe ich eine Reihe seiner klassischen Bienenversuche wiederholen können. Lindauer erzählte mir: »Die Sonnenkompaß-Orientierung, das haben wir hier in Brunnwinkel am Wolfgangsee herausgefunden. Wir haben Versetzungsversuche gemacht, Geländemarken in Konkurrenz zur Sonne gesetzt. Schließlich erwiesen die Versuche, daß die Bienen polarisiertes Licht wahrnehmen können. Wir haben uns Polarisationsfolien aus Amerika schicken lassen; die gab es bei uns noch nicht. Wir haben Wochen und Monate mit diesen Folien gearbeitet, den Himmel durch die Folien fotografiert; das ergibt verschiedene Muster, die mit der Sonne mitwandern. Das war wissenschaftliche Arbeit auf neuen Gleisen. Es wurden neue Welten eröffnet, die unseren Sinnesorganen verschlossen sind. Die Polarisation des Himmels war den Physikern bekannt. Aber daß die Polarisationsmuster des blauen Himmels zur Ortung von Lebewesen benutzt werden, das war neu. Am Ende haben wir dann noch festgestellt, daß der Bienenkompaß eine Rest-Mißweisung aufweist, etwa 5 oder 6 Grad. Das bedeutet wenig, wenn man 360 Grad zur Auswahl hat. Und da fanden wir, daß das Erdmagnetfeld mitspielt. Die Bienen können Änderungen von 2 Gamma wahrnehmen bei 40 000 Gamma des Erdmagnetfelds. Wir wissen heute, daß auch die Zugvögel dieses Erdmagnetfeld zur Navigation benützen. Das hat eine Flut von neuen Untersuchungen ergeben, der Biomagnetismus ist eines der modernsten Forschungsgebiete, die wir in der Biologie haben.«

Karl von Frisch hat mir einmal gesagt: »Ich hatte das Glück, viele gute Schüler zu haben. Sie sind meine Freunde geworden. Sie setzen mein Werk fort und der Stoff wird ihnen nicht ausgehen. Die Natur ist ein Zauberbrunnen. Je mehr man daraus schöpft, um so reicher fließt die Quelle.«

Konrad Lorenz

Neigung und Begabung, daneben eine Kette glücklicher Zufälle, haben – so Konrad Lorenz selbst – seinen Weg als Naturforscher bestimmt. Er war noch nicht sechs Jahre alt, als er sich über die Wunder des Lebens Gedanken zu machen begann. »Ich erinnere mich, wie ich die Evolution entdeckt habe. Da hat mein Vater eine Wespe gerettet, die meine Mutter totschlagen wollte. Er hat mir die Wespe als Insekt erklärt und mir gezeigt, wie sich die Metameren des Hinterleibs teleskopartig ineinander schieben und daß das schön ist. Kurz darauf habe ich einen Regenwurm gefunden. An ihm waren die Metameren noch deutlicher und schöner sichtbar, und ich habe deshalb gefragt, ob das auch ein Insekt sei? Doch da war mein Vater überfragt.« Der kleine Konrad fand die Antwort bald selbst. Nach der Lektüre eines Buches von Wilhelm Bölsche über den Archaeopteryx, so Lorenz, sei ihm das Phänomen der Evolution erstmals bewußt geworden; da habe er erkannt, daß Vögel aus Reptilien und Insekten aus Ringelwürmern hervorgegangen sind. »Ich hab' das begeistert meinem Vater erzählt und der hat mir lange und geduldig zugehört. Doch dabei ist mir mit einem Mal aufgegangen: Der weiß das ja alles schon – und ich entsinne mich eines tiefen Ressentiments gegen meinen Vater, der so bedeutende Dinge kannte, es aber nicht der Mühe wert erachtete, sie mir mitzuteilen.«

Konrad Lorenz erzählte gern Kindheitserlebnisse. Er meinte, für ihn seien sie bestimmend gewesen: »Mein Vater brachte mir, als ich noch nicht in der Volksschule war, einen Feuersalamander, der 44 Junge gekriegt hatte. Die hat meine Nanni Therese Führinger bis zur Metamorphose gebracht. Von da an wollte ich Tiere haben und pflegen. Und dann kam das Buch von der Selma Lagerlöf. Es wurde mir der Niels Holgersen vorgelesen. Und da wollte ich durchaus eine

Gans sein. Ich bin aber nach einiger Zeit darauf gekommen, daß das nicht geht. Dann wollte ich eine Gans haben. Das ist ein psychologisch normaler Vorgang, daß man das haben will, was man nicht sein kann.«

»Die Photographen sind nicht müde geworden, Sie in der Gesellschaft Ihrer Graugänse zu zeigen.«

»Ja, aber als Kind durfte ich keine Gänse haben, weil die im Garten alles abfressen, und so wurden es Enten. Mit den ersten Enten, die später meine Frau und ich hielten, habe ich die ›Prägung‹ entdeckt, weil mir nämlich die Eintagsküken dieser Hausenten nachgelaufen sind, und da wurden wir ›geprägt‹, die Enten auf mich und ich auf die Enten.«

Wahrscheinlich interessiert sich jedes Kind für Tiere, viele Kinder wohl schon im Vorschulalter. Ob sich Kinder, aus denen später einmal Biologen werden, in dieser Hinsicht hervorgetan haben?

»Das ist geradezu charakteristisch für Biologen. Wir haben eine Rundfrage gemacht bei einem entomologischen Kongreß: Wann hast du damit angefangen, wann habe ich damit angefangen? Heini Hediger aus Zürich, der sich sehr für die Tier-Mensch-Beziehungen interessiert, hat daraufhin einen Fragebogen entworfen. Da wurde ganz ohne Suggestivfragen danach geforscht: Wann haben Sie angefangen, sich für Biologie zu interessieren? Diesen Fragebogen haben wir an 125 Biologen geschickt und es hat sich herausgestellt, daß unter den 125 keiner war, der sich nicht schon im Vorschulalter besonders für Tiere interessiert hätte.«

Als Lorenz seine erste Hausente im Sommer 1908 großzog, war ihm Resi, die Kinderfrau, zur Seite gestanden. »Sie zeigte mir, wie man eine kleine Ente warmhält ... Später, als ich einmal gerade 150 Schillinge in der Tasche hatte, habe ich in Wien einen Mongoz-Maki erstanden, einen Halbaffen. Den habe ich im Haus einfach ausgelassen. Doch der ist sofort unter den Diwan geschloffen und war nicht mehr zu haben. Daraufhin habe ich unsere Resi, die ungeheuer phlegmatisch war und sich vor nichts fürchtete, einfach zu dem Tier ins Zimmer gesperrt. Nach einer halben Stunde, als ich wieder nachschaute, saß der Mongoz-Maki bereits bei der Resi auf dem Schoß.«

In einem großen Garten auf dem Land aufgewachsen zu sein, in einem Elternhaus, das seine Leidenschaft für Tiere fast uneingeschränkt duldete, empfand Lorenz als Glücksfall. Nach dem Willen des Vaters, der ein berühmter Orthopäde war, sollte er zunächst einmal Medizin studieren: ein guter Arzt sei noch nie verhungert. »Ich habe also Medizin studiert – und auch das zu meinem Glück. Denn schon im ersten Semester bin ich auf Ferdinand Hochstetter aufgelaufen und der war ein großartiger vergleichender Anatom und auch ein großer vergleichender Embryologe. Er war in der Methodik ein Pedant.« Zu seinen eigenen Entdeckungen meinte Lorenz: »Im Grunde habe ich diese Naturgesetzlichkeiten nicht selbst entdeckt. Aber ich habe, und das ist in meinen Augen ebenso verdienstvoll, die Bedeutung dieser Entdeckungen entdeckt.« Es habe ihm nicht wehgetan, wenn er darauf gestoßen sei, daß andere schon vor ihm auf eine Sache gekommen waren. »Eher freute mich das. Ich fühlte mich dadurch bestätigt und rückengestärkt.« Sein Freund Rupert Riedl habe die neuen Ideen, die durch vielfältigen Gedankenaustausch zwischen den Wissenschaftlern gefördert werden, mit den Myzelien von Pilzen verglichen, die unterirdisch wachsen und sich ausbreiten. »Plötzlich brechen dann fast gleichzeitig an verschiedenen Stellen die Fruchtkörper an die Oberfläche durch – lauter Schwammerl, von denen jeder vielleicht ein wenig anders aussieht und die dann womöglich um die Priorität streiten. Sie halten sich voneinander unabhängig, während sie in Wirklichkeit doch alle dasselbe Genom in sich tragen.«

Zum 70. Geburtstag hat Carl Zuckmayer dem Freund Konrad Lorenz eine Rede über »Poesie und Naturwissenschaft« gehalten: »Das erste Buch von Konrad Lorenz, das mir in die Hand fiel, las ich in englischer Sprache; das war vor ungefähr zwanzig Jahren, wir lebten damals längere Zeit in Amerika, und so hatte ich das Erscheinen des deutschen Buches ›Er sprach mit den Fischen, den Vögeln und den Tieren‹ versäumt. Der englische Titel hieß ›King Salomo's Ring‹. Es ist merkwürdig, daß auch in der Übersetzung, bei aller Genauigkeit der konkreten Stoffbehandlung, das Buch auf mich den Eindruck machte, als habe ich eine Dichtung gelesen... Was als Glanz durch alle Erscheinungen hindurchleuchtet, ist jenes gewaltige Schöpfungswunder (auch der exakte Forscher Lorenz gebraucht dieses Wort) der unablässig wirksamen Evolution, die schließlich auch Geist und Seele des Menschen als eine neue, bisher wohl höchste Phase des Lebens hervorgebracht hat. ›Es ist keine Übertreibung zu sagen‹, heißt es bei Lorenz, ›daß das geistige Leben des Menschen eine neue Art von Leben sei.‹ Und dadurch, daß dieses ›neue Leben‹, das geistig-seelische des Menschen, auf natürliche Weise und durch stammesgeschichtliche Programmierung entstanden ist, wird es nicht etwa profaniert oder ›mechanisiert‹, sondern zu seiner eigentlichen Würde und Bedeutung erhoben.«

Als ich Konrad Lorenz am Almsee besuchte, war er eben 75 geworden. Sein zauberhaftes Buch »Das Jahr der Graugänse« war gerade beim Piper-Verlag herausgekommen. Das blätterte ich vor der Kamera auf; die faszinierenden Fotos von Sybille und Klaus Kalas wurden sozusagen mit unserem Film lebendig. Zur gleichen Zeit drehte das japanische Fernsehen mit elektronischen Kameras für eine mehrstündige Folge: »Die Welt des Konrad Lorenz«. Regisseur und Kameramann »überzogen« immer wieder ihre Aufnahmezeit, um sich anschließend bei mir, der ich zuwarten mußte, mit tiefen Verbeugungen zu entschuldigen. Elektronische Kameras hängen an Kabeln, und eben diese Kabel, die bei jedem Standortwechsel der Kamera sich rührten, waren den Graugänsen nicht geheuer; das erinnerte sie wohl an Schlangen. Vor unserer Handkamera zeigten sie keine Scheu; sie ließen sich bei dem umständlichen Tauchritual, das der Paarung vorausgeht, zuschauen. »Bewegen Sie sich wie sonst«, riet uns Konrad Lorenz, »versuchen Sie nicht aus einem Versteck heraus zu filmen. Das macht sie nur argwöhnisch.« Nicht die Graugänse, die Japaner waren also unser Problem. Ich fand die Lösung, indem ich Konrad Lorenz mit einem Kahn auf den See hinaus entführte. Für diese Stunde gehörte er nun ausschließlich uns. Zwei der Wildgänse kamen angerauscht und leisteten uns Gesellschaft. Ich fragte Lorenz, was er sich für seine Kinder und Enkel wünsche, und er sagte: »Daß sie nie die Zuversicht verlieren.«

Als Konrad Lorenz 80 wurde, hat ihn die Österreichische Akademie der Wissenschaften zusammen mit der Max-Planck-Gesellschaft gefeiert. Der Festakt fand im prachtvollen Rokoko-Festsaal der Wiener Akademie statt. Prof. Erwin Plöckinger, der Präsident der Akademie, schloß seine Ausführungen, indem er auf das Konrad Lorenzsche Buch »Die acht Todsünden der zivilisierten Menschheit« einging, auf sein Eintreten für die Erhaltung einer den Menschen gemäßen Umwelt, dieses absolute Eintreten für alles Lebendige und Natürliche. Das sei vielleicht nicht immer verstanden worden, es würde aber verständlich, wenn man Konrad Lorenz selbst zitiere. Er habe einmal gesagt: »Menschen, die der Naturforschung fernstehen, meinen oft, daß wir, die Naturwissenschaftler, der Welt der Schöpfung kühleren Herzens und geringerer Ehrfurcht gegenüberstehen als die Humanisten, die Dichter, die Philosophen, die Theologen. Ich behaupte das Gegenteil. Ich behaupte, daß derjenige, der sich hauptberuflich in seiner Tagesarbeit mit dem großen Wunder der lebendigen Welt und ihres Werdens beschäftigt, eine größere, immer wiederkehrende Bewunderung empfindet, obwohl er nicht an Wunder – im Plural – glaubt. Das Wunder ist ja eben, daß die Schöpfung ohne Wunder vor sich geht.«

Der österreichische Bundespräsident Dr. Rudolf Kirchschläger zitierte Menander, den Dichter der »neuen Komödie«, der vor rund 2200 Jahren den Satz geschrieben habe, daß, wen die Götter lieben, sie jung zu sich nehmen. »Ich glaube, wir können an Ihrem Beispiel sagen: Wen die Götter aber besonders lieben, dem gewähren sie ein hohes Alter und lassen ihn die Früchte seiner Arbeit schauen, lassen ihn die Wurzeln und die Zweige des Baumes erkennen, den er selbst pflanzen durfte. Meinen Wunsch an Sie kleide ich in die Worte des Wiener Arztes und Literaten und Dozenten für ärztliche Seelenkunde Ernst Freiherr von Feuchtersleben, der im Jahre 1838 in seinem Buch ›Die Ästhetik der Seele‹ geschrieben hat: ›Naturforscher sind es, unter denen man die meisten jener Gelehrten nennt, die das höchste, das heiterste Alter erleben.‹«

In seiner Dankesrede meinte Konrad Lorenz: »Es gibt zwei glückliche Menschensorten: die freischaffenden Künstler und die Grundlagenforscher, denn die tun nur – und kriegen erstaunlicherweise auch noch Geld dafür –, was ihnen am meisten Spaß macht. So zitiere ich zum Schluß die Worte meines Lehrers Hochstetter. Hochstetter hielt seine Abschiedsvorlesung, der damalige Rektor dankte ihm, alle weinten, und Hochstetter sagte: ›Sie danken mir für etwas, wofür ich keinen Dank beanspruchen kann. Danken Sie meinen Eltern, die mir diese und keine anderen Neigungen vererbt haben. Aber wenn Sie mich fragen, was ich so in Forschung und Lehre mein ganzes Leben getan habe, muß ich Ihnen aufrichtig gestehen, daß ich eigentlich nur immer das getan habe, was mir grad' am meisten Spaß gemacht hat.‹« Lorenz schloß: »Und das muß auch ich bekennen ... Schließlich richte ich meinen Dank an einen Menschen, ohne den all das nicht möglich gewesen wäre, an meine Frau. Sie hat nämlich als Oberärztin im Brigittaspital das Geld verdient, von dem wir damals als Familie gelebt haben. Und meine Erklärung dafür war: ›Ich mach', was mir Spaß macht, und alles andere macht meine Frau.‹«

Abenteuer der Archäologie

Am Morgen der Menschheit

Wir haben Spanien bei San Sebastian betreten. 230 Straßenkilometer von der Grenze entfernt liegt Santander und 20 Kilometer nach Santander biegt die Straße nach Santilliana ab, einer kleinen, feierlich anmutenden Stadt: Handwerker, kleine Beamte, Geschäftsleute bewohnen die Häuser von Granden, alte Paläste mit Würde und Maß. Den schönsten Grandenpalast hat der Staat zu einem Parador umgebaut, einem Rasthaus. Man bewohnt dort Zimmer mit schwerer Balkendecke und rissigem, tausendmal gewachstem Bohlenboden; vor dem Fenster sind alte Gitter, an den Türen alte Schlösser, auch an der Tür, die ins gekachelte Bad führt. Man wohnt hier fürstlich. Zur Cueva de Altamira, zur Höhle von Altamira, sind es zehn Minuten zu Fuß. An dieser Stelle ist eine neue Welt hervorgetreten.

Der Philosoph Karl Jaspers hat einmal vom »Zauber der Vorgeschichte« geschrieben und die Frage nach der Menschwerdung als die »vielleicht erregendste« bezeichnet. Herbert Kühn, Professor für Vor- und Frühgeschichte an der Universität Mainz, fügte hinzu: »Jahrtausende hindurch haben sich die Menschen dunkle Vorstellungen gemacht über den Dämmer ihres eigenen Morgens, und so wie kein Mensch ein Bewußtsein und eine Erinnerung hat an seine eigene

Geburt, so hat auch die Menschheit keine Erinnerung an ihr eigenes Erwachen.«

Es erscheint als merkwürdiger Zufall, daß es die Menschen dieses unseres Jahrhunderts sind, dieselben Menschen, die nach dem Atom gegriffen und den Mond erreicht haben, die nun eine Antwort auf die »erregendste Frage« erhalten konnten. Das Erwachen des Menschengeistes wird uns durch eine erstaunliche Entdeckung begreifbar: man hat »Kunstwerke« gefunden, die aus der Morgenfrühe der Menschheit stammen. Die Geschichte der ältesten Völker reicht nur 6000 Jahre zurück; sie verliert sich in Sagen und Mythen. Der »Morgen der Menschheit« war viel früher, in der zweiten Hälfte der letzten Eiszeit.

Europa war damals, wie Grönland heute, unter Gletschern begraben. Die Gletscherströme drängten Mensch und Tier auf schmalem Raum, einer Art Tundra mit arktischem Klima, zusammen. Als der Höhepunkt der Vereisung überschritten war, schenkte die Natur jedes Jahr, gleichsam Atem holend, einen rauschhaften Sommer. Dieser Sommer war kurz. Dennoch meinte Professor Kühn: »Es lebten viele Tiere, und die Anzahl der Menschen war gering. Das Leben der Jäger muß unbekümmert verlaufen sein. Die Eskimos, Jäger noch heute, gelten als die fröhlichsten, zufriedensten, glücklichsten Menschen.« So kam Herbert Kühn zu dem Schluß, der sich seltsam anhört, aber viel Wahrscheinlichkeit für sich hat: »Es ist denkbar, daß die Erinnerung an das Paradies die Erinnerung an die Epoche der Eiszeit ist.«

Daß die Menschen jener Zeit nicht nur »überlebten«, vielmehr über den Kampf ums Dasein hinaus kulturelle Bedürfnisse kannten, erweisen die reichen Funde von Schmuck. Auch haben die Menschen der Eiszeit vieles gesammelt, was heute immer noch unser Interesse findet: Versteinerungen, Ammonshörner, Seesterne. Und nicht nur das: der eiszeitliche Jäger hat empfunden, daß es höhere Mächte gibt, die ihm, wenn er sie sich geneigt machte, das Wild zutreiben, es in die Falle und vor den Speer lenken konnten. Der Menschengeist ahnte das Göttliche. Er versuchte, sich ihm zu nähern.

Der Eiszeitmensch lebte nicht, wie man es oft hören kann, in den Höhlen; es hat sich keine Höhle mit Wohnspuren gefunden. Er lebte in tierfellbespannten Hütten, in fellbedeckten und fellgepolsterten Wohngruben. Dort, wo Höhlen vorhanden sind, lebte er in den Eingängen, unter den Felsen, niemals in ihrem Innern. Die Höhlen der Eiszeit, in denen sich »Kunstwerke« gefunden haben, waren Kulträume, Heilige Plätze.

Altamira war die erste, die man entdeckt hat. Das kam so: Ein Jagdhund fuhr in einen Fuchsbau hinein und fand nicht mehr zurück. Der Jäger mußte nachgraben; dabei stieß er auf den Eingang zu einer Höhle. Er meldete das dem Grundbesitzer Don Marcelino de Sautuola. Der war nicht begeistert; er sah den Wert des Grundstücks geschmälert. Auf die Idee, die Höhle zu untersuchen, ist er nicht gekommen. Erst, als er auf der Pariser Weltausstellung von 1878 Werkzeuge aus Stein und Knochen sah, die man in südfranzösischen Höhlen gefunden hatte, darunter Knochen, auf denen Tierbilder eingraviert waren, erschien ihm die Höhle auf seinem eigenen Grund und Boden in neuem Licht. Nach der Rückkehr begann er zu graben; zwischen und unter den Felsblöcken am Eingang fand er eine Harpune, eine Speerspitze und andere Kleinigkeiten.

Er drang tiefer in die Höhle ein, um weiter zu graben, aber vielleicht hätte er das, was später die Gemüter erregen sollte, niemals gefunden: die Bilder an der Decke. Die entdeckte seine fünfjährige Tochter. Man kann sich gut vorstellen, wie sie da herumlief, nicht allzuweit weg vom Vater, da es doch etwas unheimlich war im Schoß der Erde, und wie sie plötzlich im Trippelschritt innehielt, erschreckt oder auch vergnügt, um auf die Decke zu zeigen: »Schau, da sind – Tiere.« Malereien, die Bilder von Bisons! Kein Fremder, dessen war sich Marcelino de Sautuola sicher, hätte ungesehen sein Grundstück betreten können, um diese Bilder heimlich zu malen. Und doch, der Zweifel an der Echtheit meldete sich sofort. Sautuola rief einen Professor von der Universität Madrid herbei. Der war überzeugt, daß die Bilder echt sind. Die Zeitungen berichteten darüber. Besucher kamen von weit her; der spanische König erschien. Aber – mit einem Mal war das alles wieder vorbei.

1880 tagte in Lissabon der Internationale Kongreß für Anthropologie und Prähistorische Archäologie; aus Deutschland nahm der große Rudolf Virchow teil. Eine Exkursion nach Altamira war vorgesehen, aber es kam nicht dazu. Die Gelehrten lehnten die Bilder rundweg ab, ohne sie auch nur gesehen zu haben. Man sprach von einem Schwindel, einem schlechten Scherz. Die Zuerstüberzeugten standen als die Betrogenen da. Mit solcher Bestimmtheit lehnten die Forscher diese Bilder ab, daß es fast ein Vierteljahrhundert ganz still darum wurde. Erst im Jahr 1901 gab ein junger Wissenschaftler, der Abbé Breuil, den Anstoß zur Erforschung eiszeitlicher Kunstwerke.

Der Besitzer der Grotte Les Combarelles in der Dordogne rief den Lehrer des Orts, Peyrony, herbei, dieser dann den Abbé, um ihm seine Entdeckung zu zeigen. Sie mußten 120 Meter weit in die etwa doppelt so tiefe Höhle hineingehen, ehe sie darauf stießen: Gravierungen, deren Linien da und dort mit schwarzer oder rotbrauner Farbe nachgezogen waren. An die 300 Bilder, darunter Mammute! Die Mammute sind vor 20000 Jahren ausgestorben. Eine Täuschung war ausgeschlossen: über einige der Bilder war eine Schicht durchsichtigen Kalksteins gewachsen, wie ihn das Wasser nur in Jahrtausenden bildet. Breuil verständigte die Akademie der Wissenschaften in Paris.

Inzwischen untersuchte der Lehrer die Höhle Font de Gaume, die höher als Les Combarelles im selben Felsmassiv liegt. Nur 60 Meter vom Eingang entfernt fand er Bilder: Diesmal waren es nicht einfache Gravierungen, sondern farbige Wandmalereien! Über zweihundert Bilder: Urrinder, Steinböcke, Mammute, Bisons, Rentiere, Wildpferde. Mit dem Ende der Eiszeit, vor rund 10000 Jahren, sind Bison und Rentier aus Mitteleuropa verschwunden. Diese Malereien existierten mit Sicherheit über 10000 Jahre!

Die verwendeten Farben waren Schwarz und, in verschiedenen Tönungen, Braun und Rot. Man fand zugespitzte Ockerstifte. Nur Erdfarben konnten die Jahrtausende so überdauern, und das nur in Räumen, die von der Natur gleichsam versiegelt waren. »Als die Bilder entdeckt wurden, wußte man noch nicht, wozu sie der Mensch geschaffen hatte«, sagte Prof. Herbert Kühn. »Inzwischen ist man sich einig. Diese Bildwerke sind Beschwörungen. Der Künstler malte das Wild, das erlegt werden sollte. Die Bilder waren kein Wandschmuck, keine Dekoration. Der Maler ist der Zauberer. Die Malereien sind Jagdzauber. Die Höhlen sind Orte der Magie.«

Font de Gaume brachte den Umschwung: einer der Gelehrten, die seinerzeit das Urteil über die spanischen Höhlenbilder gesprochen hatten, Cartailhac, fuhr mit dem jungen Abbé Breuil nach Altamira und war begeistert. »Altamira ist die schönste, die großartigste und interessanteste Höhle von allen. Wir leben in einer neuen Welt.«

Die Cueva de Altamira liegt in harmonischer, dem Allgäu ähnelnder Landschaft, der von Efeu umsponnene Eingang zwischen Felsen, die wie Findlinge in einer Wiese verstreut sind. Man geht sechs Stufen hinunter, gelangt in einen Gang, dann in das Trockenbett eines unterirdischen Flusses. Der Gang wendet sich nach links; weitere sechs Stufen; eine Eisentür öffnet sich: man steht in der Höhle. Schwere, schwarzgestrichene Bohlen stützen sie heute ab.

Da sind die Gemälde: aus der Decke der Höhle treten Felsbuckel hervor; mag sein, daß sie das Schaffen der Bilder an dieser Stelle nahegelegt haben. Die Plastik von Tierrücken, von Tierleibern war vorgegeben. Mit roter Farbe sind Bisons darauf gemalt. Die Umrisse der Tiere sind schwarz gezeichnet. Über zwanzig Tiere finden sich im sogenannten Bildersaal: ein Bison, der witternd, aufmerksam beobachtend steht; einer, der den Kopf zum Angriff senkt. Andere Tiere kauern am Boden. Eine Hirschkuh, über zwei Meter lang, ist das größte Bild. Ihr Ausdruck ist vollendet getroffen, die schlanke Sanftmut inmitten der Kraft, der massigen Gefährlichkeit der Stiere. Die Haltung der Tiere ist genau beobachtet, ihre Eigenart künstlerisch dargestellt. Ob die menschliche Hand, die als Negativ an der Wand sichtbar ist, das Signum des Künstlers ist?

Die kühle Trockenheit der Höhle beklemmt; es verschlägt einem den Atem. Man ist ergriffen von dem Gefühl: das hier ist lange, lange vor den Pharaonen geschaffen. Der Abbé Breuil hat Altamira »die Capella Sixtina der Vorzeit« genannt. Sie, die erstentdeckte Bilderhöhle, ist in der Wucht ihrer Erscheinung bis heute nicht übertroffen, auch nicht von der großartigsten, der schönsten und reichhaltigsten Bilderhöhle, die 60 Jahre später entdeckt wurde, der Höhle von Lascaux, nahe Les Eyzies in der Dordogne. Die Dordogne, ein Fluß, hat der Landschaft östlich von Bordeaux den Namen gegeben. Die Kalkfelsen bilden dort seltsame Überhänge; es ist löchriger Fels, mit Spalten und Gängen, vom Wasser ausgelaugt, ausgehöhlt zu unterirdischen Räumen.

Am 12. September 1940, im Zweiten Weltkrieg also, durchstreiften vier Buben die Gegend; der älteste, Ravidat mit Namen, damals 14 Jahre alt, hat mir die Geschichte der Entdeckung später erzählt: »Wir hatten einen Hund dabei, und der war plötzlich fort, wie von der Erde verschluckt. Wir riefen und riefen. Und dann fanden wir das Loch in einem Gestrüpp. Wir machten den Eingang frei; man sah, daß es da in die Tiefe ging. Wir ließen einen Stein hinunterpoltern. Und dann kroch ich hinein, den Kopf voraus. Eine Taschenlampe hatte ich dabei. Vielleicht sechs oder sieben Meter kroch ich, da gab etwas nach, und ich rutschte hinunter – zehn bis fünfzehn Meter tief. Es war nichts passiert, nur aufgeschürft hatte ich mich. Meine Taschenlampe brannte noch. Ich war in einer Höhle. So rief ich den anderen hinauf, sie sollten nachkommen. Die anderen drei kamen rasch hinterher. Ich leuchtete herum; da entdeckten wir die Bilder. Wir beschlossen, am nächsten Tag mit mehr Lampen wiederzukommen, vor allem niemandem davon etwas zu sagen. Aber die Sache war zu aufregend. Wir weihten unseren Lehrer ein, der oft von den Felsbildern in den Höhlen Font de Gaume und Les Combarelles erzählt hat. Er kam sofort mit. Und dann telegrafierte er an Abbé Breuil und Monsieur Peyrony.«

Die »Administration des Beaux-Arts« in Paris einigte sich mit dem Besitzer des Grundstücks. Man legte Treppen an, verschloß die Höhle mit Toren, schuf eine Art Luftschleuse, grub den Boden tiefer, damit die Besucher die Bilder nicht mehr berühren konnten, legte elektrisches Licht. Das alles hat die Ursprünglichkeit des Orts verändert. Und doch war es nötig. Die Gefahr, daß die Bilder nach Jahrtausenden an der Bewunderung eines Jahrhunderts zugrunde gehen, ist viel zu groß.

Die Natur hat unter der Erde einen weiten Versammlungsraum, 10 Meter breit und 30 Meter tief, geschaffen. Die Wände sind bedeckt mit schwarzen, dunkelroten, auch gelben Malereien, mit Rindern, Pferden und Rentieren. Vier riesige Urrinder, etwa vier Meter groß, beherrschen den Saal, eine machtvolle Komposition. Zweifellos ist dies von einem großen Künstler gestaltet. Souverän hat der Künstler den Raum ausgemalt. Hier ist er über ältere Malereien hinweggegangen, dort hat er sich mit Andeutungen begnügt. Ein rotes Pferd mit dunkler Mähne ist fragmentarisch geblieben; es sieht aus, wie die Helmzier über einem Wappen. Mit starkem, breitem und sicherem Strich sind die Umrisse gemalt. Eine Rentiergruppe ist demgegenüber zart gezeichnet, so grazil, daß sie wie ein Ornament zwischen den großen Tieren wirkt.

Aus dem Saal kommt man in einen gewundenen Gang. Hier ist weniger Feierlichkeit; die Tiere springen in alle Richtungen bis über die Decke. Ein Urrind ist gemalt, wie es mit ausgestreckten Vorderbeinen und peitschendem Schwanz einer Falle zueilt. In reizvollem Gegensatz zu diesen bewegten Szenen steht der »Fries der kleinen Pferde«; es sind wie im Traum wandelnde Ponys. Größere Pferde sieht man dahinsprengen, von gefiederten Pfeilen verfolgt, »Chinesische Pferde« genannt, weil sie chinesischen Malereien ähneln. Die Umrisse sind schwarz gezeichnet, die Tiere ockerfarben ausgemalt bis auf den Bauch, der die Kalkwand durchscheinen läßt.

Rechts führt ein Gang zum »Schiff«; das ist ein schmaler Raum mit gewölbter Decke, ein Stollen, dessen Boden abfällt. Bei einem trächtigen Rind ist der Bauch tief durchhängend gezeichnet. Zwei Bisons fliehen, das Fell gesträubt, auseinander; Wildheit und Kraft sind dargestellt. Der eine Bison ist mit einem roten Fleck gemalt; der Rivale scheint ihm ein großes Stück Fell ausgerissen zu haben. Auf der rechten Wand sieht man die Köpfe von Rentieren, wohl, wie sie durch einen Fluß schwimmen. Zeichnerisch sehr sicher, in ganz einfachen Strichen, sind die flüchtenden Tiere erfaßt.

Teils sind diese Bilder mit Farbstiften gemacht, sozusagen Pastelle, teils scheint der Maler seine Erdfarben zerrieben, mit Tierfett zu einer Paste angerührt, sie wie Ölfarben aufgetragen zu haben. Sicher wurden Fellbäusche als Pinsel verwendet. Die Farben sind roter Ocker, Rötel, Eisenoxyde, schwarze Manganerde.

Die Höhlen wurden von Lampen erleuchtet, die mit Fett gefüllt waren; als Docht wird Tierdarm gedient haben. In der Höhle Tuc d'Audoubert sind Fußspuren erhalten; man kann erkennen, daß der Zauberer bei der Beschwörung der Bilder tanzte. Es geschah bei Musik. Man hat Flöten, Pfeifen, Röhrenknochen mit Grifflöchern gefunden und Schwirrhölzer, die, an Schnüren gewirbelt, ein seltsames Summen und Brummen hören lassen.

Bis heute sind über 100 Höhlen mit insgesamt 3000 Bildern entdeckt worden. In mehr als 20 Höhlen hat man die Bilder von Zauberern gefunden, in Lascaux eines an versteckter Stelle: da steht ein Bison mit wutgesträubtem Fell und peitschendem Schwanz, die Hörner zum Angriff gesenkt. Ein Speer hat das Tier gräßlich verwundet; es verliert seine Eingeweide in einem riesigen Knäuel. Vor diesem Bison liegt ein Mensch auf dem Boden; er wirkt wie von Kinderhand gezeichnet: ein Strichmännchen. Seine Finger, vier an jeder Hand, sind gespreizt. Merkwürdig: dieser Mensch trägt ein Vogelgesicht. Und ein Stab mit einem Vogel steckt in der Erde. Professor Kühn deutet die Szene so: »Das Bild zeigt den Zauberer im Trancezustand. Sein Zauberstab liegt auf der Erde. Wie bei den Schamanen Sibiriens steht vor ihm auf einer Stange der Vogel, der vielleicht das Auffliegen des Geistes zum Himmel bedeutet. Fast 200 Zauberstäbe hat man gefunden; sie tragen die Symbole der Fruchtbarkeit für Tiere. Denn der Mensch tötet die Tiere, und der Herr der Tiere soll die Tiere wieder schaffen, damit der Mensch leben kann.« Vieles kann nur gedeutet werden. Man wird es nie wissen. Es sind Rätsel, unlösbar wohl für immer.

Man hat ein Stück Holzkohle aus der Höhle von Lascaux unter den Geigerzähler gelegt: er gab das Alter mit 15516 Jahren an; die mögliche Ungenauigkeit beträgt dabei 900 Jahre.

Überraschend: Die Zeugnisse, die so lange im Schoß der Erde bewahrt geblieben sind, wurden nicht in Mesopotamien und nicht in China gefunden, sondern in Frankreich und Spanien, in Europa!

Wir sind noch einmal nach Südfrankreich gefahren, in die Dordogne. Erstmals wurde hier ein vollständiges Skelett des Neandertaler gefunden. Auf der Museumsterrasse über Les Eyzies figuriert er als Denkmal: ein Mensch, der schon das Feuer besaß und Werkzeug. Er ist mit geschlossenen Augen dargestellt, wie er die wärmenden Strahlen der Morgensonne empfängt. Es ist ungeklärt, unter welchen Umständen der Neandertaler abgelöst wurde von dem neuen Menschentyp, der die Bilder gemalt hat und dessen Fußabdrücke in den Höhlen erhalten ist. Die Jahrtausende haben diese Spur im damals nassen und weichen Lehm der Höhle verkrustet. Die Fußspur des sogenannten Cro-Magnon-Menschen, so genannt nach einer

Höhle bei Les Eyzies, ist ebenso faszinierend wie der Abdruck der Stiefelsohle Armstrongs auf dem Mond.

Auch die Abbilder menschlicher Hände findet man immer wieder. Der vorzeitliche Mensch hat seine Hand an die Felswand gelegt und die Farbe um sie herum aufgeblasen, wahrscheinlich aus einem Röhrenknochen heraus. So ist ein Hand-Negativ entstanden. Es mag Besitzergreifung bedeutet haben oder eine magische Handlung gewesen sein. Merkwürdig, es ist keine grobe Pranke, eher eine schmale, eine feingliedrige Hand. Wir sind auch in der Höhle Pech Merle bei Cabrerets im Departement Lot gewesen. Die Höhle wird auch Davidshöhle genannt, nach dem Entdecker André David, der 1922 als 12jähriger Bub unternehmungslustig und mutig genug war, durch ein Erdloch in diese unterirdischen Räume vorzudringen. Er kam mit Freunden wieder, die geheimnisvolle Tropfsteinhöhle nach allen Richtungen hin auszukundschaften. Schließlich entdeckten sie hinter einem Vorhang von Tropfsteinen die magischen Bilder: Mammuts und Pferde. Das Mammut mit den lang herabhängenden zottigen Haaren ist ein ausgestorbener Elefant. Ein »gepunktetes« Pferd gehört zu den rätselvollsten Schöpfungen des Zauberers von Pech Merle. Die Zufallsform eines Felsen ergab den Kopf. Die schneeballgroßen Tupfen machen das Tier zu einem Traumpferd. Wieder sind Hand-Negative an der Wand, die schlanken und langen Finger dieser Jäger und Fallensteller. Der Mensch dieser Zeit ging noch nicht hinter dem Pflug.

Ende 1952 wurde die Bilderhöhle Cougnac bei Gourdon, etwa 50 Kilometer von Les Eyzies entfernt, entdeckt, eine Märchenhöhle. Die Decke ist mit Kalkstacheln dicht besetzt. Mit den sickernden Wassern wachsen die Zapfen und Nadeln, eine Handspanne in einem Jahrtausend. In Cougnac war Herbert Kühn als erster Wissenschaftler an Ort und Stelle. »Hier sind die Bilder der Tiere übereinander gemalt, immer wieder in einer etwas anderen Auffassung. Das ist wie in unseren Kirchen. Da sind es romanische Bilder, gotische Bilder, später haben die Künstler aus dem Barock das übermalt. Auch hier kann man Stile unterscheiden. Dieser Hirsch ist in ganz einfacher Umreißung gezeichnet, eine Hirschart, die längst ausgestorben, aber durch gefundene Knochen und Geweihteile nachzuweisen ist.

Schauen Sie, diese merkwürdigen, mit zwei Fingern gemalten Zeichen, die spielten sicher ihre magische Rolle. Aber welche? Man hat in diesen Höhlen die Abbildungen von fliegenden Untertassen erkennen wollen, Beweise für die Vermutung, daß unsere Vorfahren Besuch von anderen Sternen gehabt haben könnten. Das ist Unsinn. Was immer diese Zeichen hier in Cougnac bedeuten mögen, fliegende Untertassen sind es nicht.«

Gestern – vor tausend Jahren

Im Februar 1960 flog ich zum erstenmal nach Ägypten zu Aufnahmen für den Fernsehfilm »Tutanchamun«. Um Stunden verspätet, nach Mitternacht erst kamen wir in Kairo an. Dennoch haben zwei Dutzend Journalisten auf uns gewartet. Das Fernsehen hatte damals noch den Reiz des Neuen; in Ägypten war Television ein Zauberwort. Wir wollen, erklärte ich, die Entdeckung des berühmtesten aller Pharaonengräber gleichsam rekonstruieren, nicht in einer Spielhandlung mit Schauspielern, sondern in einem Dokumentarbericht. Wir werden im Tal der Könige drehen, im Grab des Tutanchamun, in den Tempeln von Luxor und Karnak und – natürlich – im Nationalmuseum. Die dort ausgestellten Objekte wollen wir in der Reihenfolge, wie sie den Ausgräbern seinerzeit (1922) zu Gesicht gekommen sind, ins Bild bringen, nach Möglichkeit ohne die Gläser der Vitrinen und Museumsschränke. »Haben Sie eine Zusage des Ministeriums, daß Sie die Dinge herausnehmen dürfen«, rief ein Fotoreporter. Seines Wissens habe man dies bisher immer verweigert. Mein Konzept sehe vor, so wich ich aus, »die Kunstschätze optisch aus der Museumsatmosphäre herauszulösen«.

Eben dies versuchte ich anderntags dem Generaldirektor klarzumachen, einem liebenswürdigen Herrn, der das Französische dem Englischen vorzog. Die Sicherheit sei das Hauptproblem, sagte er, man könne die Museumsbesucher nicht einfach während der Dreharbeiten aussperren. Es sei mit der Unvernunft der Touristen zu rechnen. Unter keinen Umständen dürften Stücke berührt, auch nicht dem heißen Licht der Scheinwefer ausgesetzt werden. Bei einem Alter von 3 300 Jahren sei vieles so mürbe, daß »ein Luftzug Schaden anrichten« könne. Eigentlich gehöre der Grabschatz des Tutanchamun in einen erschütterungsfreien Tresor; nur Wissenschaftler sollten noch Zugang haben.

Aber eine außerordentliche Gelegenheit könnte ich nützen. Der Glassturz über einem der Särge Tutanchamuns sei derzeit entfernt, um Spezialaufnahmen für einen englischen Bildband zu ermöglichen. »Verständigen Sie sich mit dem Fotografen.« Der Engländer, ein Starfotograf, arbeitete mit viel Aufwand, mit kleinen Treppen, mit Alu-Reflektoren und farbigen Stellwänden. Er probierte je einen halben Tag für ein einziges Bild und er war nicht bereit, uns zwischendurch heranzulassen, auch nicht für eine Viertelstunde, auch nicht, während er und sein Assistent (umschichtig) zum Essen gingen. »Erst wenn wir mit allem fertig sind. Sorry.« Aber so viel Zeit hatten wir nicht.

Nach zwei ergebnislosen Tagen führte ich beim Generaldirektor Klage. Er lächelte: »Von jetzt ab wird er Sie um Gefälligkeiten bitten.« Tatsächlich kamen schon am nächsten Morgen sechs starke Männer, um die von mir bezeichneten Glasstürze abzuheben und über unsere Köpfe hinweg zu balancieren. Nicht auszudenken, wenn dabei etwas passiert wäre! Das Aufsichtspersonal bemerkte sofort, daß nunmehr wir favorisiert waren. Zu jeder gewünschten Vitrine fand sich der Schlüssel. Die Kustoden hielten uns aufdringliche Touristen vom Leib. Sie sorgten dafür, daß niemand über die Lichtkabel stolperte oder gar unsere Lampenständer umwarf. Wir hatten die Schätze des Tutanchamun vor Augen, wie nur wenige sie seit der Entdeckung gesehen haben.

Ich bin später noch einmal im Kairoer Museum gewesen. Einmal beim Landausflug auf einer Mittelmeerkreuzfahrt geriet ich mit Freunden in den Mahlstrom konkurrierender Reisegesellschaften. Das andere Mal waren wir auf dem Weg zu Ausgrabungen bei Assuan; da befand sich ein Teil der Museumsbestände auf Reisen. Ich fand die Ausstellungen in Paris und in London auf großen Plakaten angezeigt. Die für die USA neu zusammengestellte Ausstellung wurde 1980/81 noch in fünf deutschen Städten gezeigt: Berlin, Köln,

München, Hannover und Hamburg. Dann war mit den Reisen der ägyptischen Kunstschätze Schluß. Das Risiko sei zu groß, hieß es. Innerhalb einer Generation könnten diese einmaligen Kostbarkeiten irreparable Schäden erleiden, nachdem sie hundert Generationen überdauert hätten. Daß es heute technisch möglich ist, Replikate herzustellen – von einer Vollkommenheit, wie sie vor Jahren undenkbar war – ist ein glücklicher Umstand.

Es ergab sich 1960, daß ich mit Martin Schließler, der unterwegs war, seinen Film »Heiße Straße Kairo-Kapstadt« zu drehen, zusammenarbeiten konnte. Schließler wollte mit einem Unimog S, einem geländegängigen Mercedes, Afrika von Nord nach Süd durchqueren, von Alexandria bis zum Kap. Wir hatten vereinbart, daß wir in Ägypten zusammen filmen würden. Ich sollte die Erlaubnis für ihn miterwirken. Dafür stellte er uns im Tal der Könige sein Lichtaggregat zur Verfügung; wir konnten die Gräber der Pharaonen damit taghell ausleuchten. Ich habe Martin Schließler, Jahrgang 1929, Mitglied des Internationalen Explorer Clubs, immer sehr geschätzt. Seine Filme von den kalbenden Alaska-Gletschern, seine Fahrten auf dem Orinoco gehören zum Schönsten, was man von dort je zu sehen bekam. Schließler hat eigentlich als Bergsteiger begonnen; er hat im Winter 1947 die Watzmann-Ostwand bestiegen. Es überlief mich kalt bei der Vorstellung, wie er da oder dort an eine überhängende Wand gelehnt, einen Abgrund unter sich, in einer Trittschlinge übernachtete. Sein erstes Buch hat Schließler 1972 geschrieben und ihm den Titel »Beruf: Abenteurer« gegeben. In seiner Widmung an mich zitierte er Curt Goetz »Es gibt keinen Menschen, der nichts erlebt. Es gibt nur Menschen, die nichts davon merken.« Ich habe mich mit Schließler öfter darüber unterhalten, was ein Abenteuer sei und ob es mit Lebensgefahr verbunden sein müsse. Mir seien, sagte ich ihm, in meinem Beruf auch lebensgefährliche Situationen widerfahren. Sie seien mir zugestoßen; ich hätte sie nicht gesucht. Wir waren uns einig, daß man dem Abenteuer auch und gerade in der Wissenschaft begegnen kann. Er sprach von den Tagebuchaufzeichnungen Alexander von Humboldts, in denen von Gefahren, Ängsten und Mühen nur am Rande die Rede ist. In einem Brief zu Beginn seiner Südamerika-Expedition habe er nach Hause geschrieben:

»Welch Glück ist mir eröffnet, mir schwindelt der Kopf vor Freude, ich werde Pflanzen und Fossilien sammeln, mit vortrefflichen Instrumenten astronomische Beobachtungen machen können. Ich werde die Luft chemisch zerlegen. Das alles ist aber nicht Hauptzweck meiner Reise. Auf das Zusammenwirken der Kräfte, den Einfluß der unbelebten Schöpfung auf die belebte Tier- und Pflanzenwelt, auf diese Harmonie sollen stets meine Augen gerichtet sein.«

Fluch des Pharao?

Auf der Westseite des Stroms war die Totenstadt Thebens. Wie Findlinge standen die zwei Memnonskolosse mitten im Fruchtland, riesenhaft thronende Figuren, deren Gesichter unkenntlich geworden sind. Wie Wächter stehen sie vor den Bergen, die das »Tal der Könige« einschließen.

Einer der beiden Kolosse war einst aus einem einzigen Block gehauen. Er soll, so wurde im Altertum berichtet, den nach der Sage von Achill vor Troja erschlagenen Memnon dargestellt haben. Bei jedem Sonnenaufgang habe das Steinbild zu klagen begonnen. Nachdem es eingestürzt war, ließ ein römischer Kaiser den Koloß neu aufmauern, nunmehr aus mehreren Blöcken, und seitdem »klagt« er nicht mehr. Wahrscheinlich waren es die Temperaturunterschiede, die das brüchige Gestein haben klingen lassen. Tatsächlich waren die Memnonskolosse Sitzbilder eines Pharao. Sie flankierten den Eingang seines Totentempels. Schon im Altertum wurde er abgetragen.

Die Hügel unweit der Memnonskolosse sind unterhöhlt wie ein Kaninchenbau. Die eingetriebenen Stollen enthalten die Felsengräber der Edelleute und Hofbeamten aus der Zeit Tutanchamuns. Wandgemälde schildern das Leben vor 3300 Jahren: Vogeljagd mit dem Wurfholz im Dickicht an den Ufern des Nils, der Jäger umgeben von Vögeln und Faltern. Zinsabgabe der Pächter, die sich verneigen und Rechnung ablegen. Um zwei Kornhaufen sind sechs Beamte versammelt; sie schreiben auf, wieviel Scheffel Getreide die Bauern abfüllen. Eine Traubenlese! Man sieht, wie gekeltert wird. Der Saft wird mit den Füßen ausgepreßt. Enten werden gerupft und auf Vorrat in Krüge eingelegt. Eine Dame wird von Dienerinnen geschmückt; der Maler betont die kleinen Speckfalten einer nackten Zofe. Ein Zug tanzender Musikantinnen, eine Damenkapelle mit einer Bogenharfe, einer Laute, einer Doppelflöte, einer Leier. »Der Tag ist schön«, lautet das Lied, »Man denkt an des Amun Schönheit. Heiter und dankbar ist das Herz.«

Der Zugang zum Tal der Könige führt zwischen glühende Felshänge; da wächst nicht ein Grashalm. Dennoch, wo gäbe es einen Fleck Erde, der eine auch nur annähernd so märchenhafte Geschichte hat? In diesem öden Tal ließen sich die Pharaonen des Neuen Reiches bestatten. Hier hofften sie, ungestört zu bleiben, eine Hoffnung, die trog. Grabräuber haben es durch die Jahrhunderte wieder und wieder verstanden, zu den »ewigen Wohnungen« vorzudringen. So kam es, daß die Wissenschaftler kein Pharaonengrab ungeplündert fanden.

Das Außergewöhnliche geschah erst 1922, als der Archäologe Howard Carter auf das Grab des Tutanchamun stieß. Diese Entdekkung – eine Weltsensation – ist der Höhepunkt der ägyptischen Ausgrabungsgeschichte gewesen, sie ist es geblieben. Man hat seitdem keinen Schatzfund mehr gemacht, der diesem gleichgekommen wäre. Carter, ein zäher Engländer, hatte sechs Jahre vergeblich gegraben. Er suchte nach der Grabstätte eines bestimmten Königs, eben der des Tutanchamun, und im siebenten Jahr, dem letzten, das er daransetzen wollte, gelang es: eine Treppe, eine versiegelte Tür wurde sichtbar. Carter schüttete alles wieder zu und rief seinen Auftraggeber Lord Carnarvon herbei. In seinem bei Brockhaus erschienenen dreibändigen Bericht erzählt er, wie sie dann zusammen am Ende eines zehn Meter langen Ganges an eine zweite verriegelte Tür gelangt sind. Er nennt diesen Tag »den Tag der Tage, so wunderbar, wie ich nur jemals einen erlebt habe und wie ich niemals wieder einen erleben kann«. Carter steckte eine Eisenstange durch die kleine Öffnung in der oberen Ecke der Tür; er fand, daß dahinter ein Hohlraum war. Er erweiterte das Loch und führte eine Kerze ein. »Zuerst konnte ich nichts sehen«, schrieb er, »da die aus der Kammer entweichende Luft das Licht der Kerze zum Flackern brachte. Als meine Augen sich aber an das Licht gewöhnt hatten, tauchten bald Einzelheiten im Innern der Kammer aus dem Nebel auf. Seltsame Tiere, Statuen und Gold – überall glänzendes, schimmerndes Gold! Für den Augenblick – den andern, die neben mir standen, muß es wie eine Ewigkeit erschienen sein – war ich vor Verwunderung stumm. Als Lord Carnarvon die Ungewißheit nicht länger ertragen konnte und ärgerlich fragte: ›Können Sie was sehen?‹, war alles, was ich herausbringen konnte: ›Ja, wunderbare Dinge!‹ «

Was Carter zunächst sah, waren die Kopfenden vergoldeter Bahren, die Köpfe von Tieren, einer Kuh, eines Nilpferds, eines Löwen. Der Entdecker spricht von dem »geradezu erschreckenden Eindruck«, den sie gemacht hätten, da sie »auf die Wand ungeheuerlich verzerrte Schatten warfen«.

Ein kapellenartiger Goldschrein stellt das private Leben des jungen Königspaars dar; die Bilder sind reizvoll unbefangen: Tutanchamun, wie er den Bogen führt, die Gattin zu seinen Füßen. Die Königin, wie sie ihren Gemahl bedient. Hier schüttet er ihr, wohl aus einem Riechfläschchen, etwas auf die Hand. Da salbt sie ihn. Dort reicht sie ihm Getränke und eine Lotosblüte. Ein goldenes Bilderbuch, das den Honigmond des jungen Paares schildert.

Schmucklose, terrinenförmige Behälter, unter eine Bahre geschichtet, enthalten Opferspeisen, auch Getreidekörner, die inzwischen schwarz geworden sind: das ist der »Mumienweizen«, von dem es kurz darauf heißen wird, daß er sich nach den Jahrtausenden noch als keimfähig erwiesen habe, eine Meldung, die rund um die Erde ging. Einer der Journalisten war auf die Idee gekommen, ein paar Körner aus dem Königsgrab in einen Topf mit Gartenerde zu stecken und zu gießen. 14 Tage später hatte er seine Sensation: es spitzten Gräser aus der Erde! Später, als man die Sache nachprüfte, stellte sich heraus, daß der Wurzelstock einer Quecke in die Gartenerde gekommen war. Die Körner des Mumienweizens fanden sich alle – ungekeimt vor! Lotosfrüchte, die nußartige Gebilde sind, können ihre Keimfähigkeit über Jahrhunderte hinweg behalten. Der »Pharaonenweizen«, der Jahrtausende keimfähig bleiben soll, ist nur ein Märchen.

»Jeder Gegenstand stellte uns vor eine neue Aufgabe«, berichtete

Carter. »Man fühlt die ganze Zeit eine schwere Last von Verantwortung. Jeder Ausgräber wird sie fühlen, wenn er überhaupt ein ärchäologisches Gewissen besitzt. Was er findet, ist nicht sein Eigentum, das er richtig behandeln oder vernachlässigen kann, wie es ihm gerade gefällt. Es ist ein unmittelbares Vermächtnis der Vergangenheit an die Gegenwart.«

Sieben Wochen dauerten die Bergungsarbeiten. Dann war die Vorkammer frei; man war bereit, das Geheimnis der versiegelten Tür zu lösen: Carter stand vor einem riesigen, mit Gold überzogenen Schrein. Er hat seine Empfindungen beschrieben: »Es ist beinahe wie eine Entweihung, wenn man den langen Frieden stört und die ewige Stille bricht . . .«

Die Wand der Sargkammer, die der große Schrein fast ganz ausfüllte, war mit religiösen Darstellungen bedeckt: Tutanchamun, seinen Schutzgeist an der Seite, umarmt Osiris, den Herrscher im Jenseits. Tutanchamun vor der Himmelsgöttin Nut. Tutanchamun vor König Eje, der sein Nachfolger ist und der die Zeremonie der »Mundöffnung« vollzieht, eine magisch-rituelle Handlung, die es dem Toten erlaubt, am neuen Leben teilzunehmen.

Die Westwand zeigt Bilder aus einem Buch über »das, was in der Unterwelt ist«: eine Prozession tierköpfiger Gottheiten; in mehreren Reihen Mantelpaviane. Im Vorhof des Reichstempels bei Karnak wurden acht heilige Paviane gehalten; es gibt hymnische Gedichte, die »ihre schimmernde Mähne, die hübsche Gestalt, ihr freundliches Wesen« preisen. An der Ostwand: Höflinge ziehen den Schrein, in dem der tote Pharao aufgebahrt liegt. Auf der Südwand: Tutanchamun und Anubis, der schakalköpfige Totengott.

Durch eine offene Tür tritt Carter in die anschließende Schatzkammer. Er steht vor einem hohen Kasten, der mit Gold überzogen und von freistehenden Standbildern, Schutzgöttinnen der Toten, umgeben ist, anmutigen Gestalten, »natürlich und lebendig in ihrer Haltung«. Die kleinen Göttinnen schützen den Schrein mit gebreiteten Armen. Er enthält die Kanopen, die Krüge mit den Eingeweiden des Toten. Die Eingeweide waren als göttlich geartete Wesen angesehen, da sie auch im Schlaf ihre Arbeit fortsetzen. Jeweils drei der geladenen Gäste läßt Carter nun zu gleicher Zeit in die Kammer eintreten.

»Es war interessant, zu beobachten, wie sie einer nach dem andern wieder aus der Tür kamen. Sie hoben die Hände, unfähig etwas zu sagen.«

Die Aufgabe des folgenden Winters war es, die goldenen Schreine zu öffnen, die – das wußte man aus schriftlichen Zeugnissen – wohl wie die Schalen einer Zwiebel die Mumie des Königs umhüllten: Der äußerste Schrein ist über fünf Meter lang und fast drei Meter hoch, Stuck auf Zedernholz, prachtvoll vergoldet. Der zweite Schrein gleicht dem ersten im Material; seine Bilder und Texte zeigen, was man im Jenseits anzutreffen erwartet. Auf einer Längswand erscheint ein Zug tierköpfiger Götter. Die Urbeziehung zum Tier, das dem Menschen in der Schöpfungsgeschichte vorausgeht, ist damit ausgedrückt. Ein dritter kostbarer Schrein tritt hervor, darauf eine Totenfahrt: der widderköpfige Sonnengott kehrt auf seiner Barke allnächtlich nach Osten zurück, um den Menschen bei Sonnenaufgang erneut zu erscheinen.

Carter löst die Siegel, zieht die Riegel zurück, öffnet die Tür. »Ein vierter Schrein stand vor uns, gleich den andern, aber er war noch prächtiger und schöner gearbeitet als der dritte.« Ein Flachrelief auf der Tür: die Göttin Nephtis, Schwester des Osiris, breitet schimmernd ihr Schwingen. Dahinter erscheint ein Sarkophag aus rotem Stein. Als man ihn öffnet und die Tücher abzieht, findet man einen vergoldeten Holzsarg. Es ist ein Abbild des jungen Königs. Die Augenbrauen und Lider sind aus lapislazulifarbenem Glas, die Augäpfel aus Alabaster, die Pupillen aus Obsidian. Aus diesem Sarg wird ein zweiter gehoben, zwei Meter lang, wiederum aus Holz, mit Stuck überzogen und schwer vergoldet: der Pharao in Gestalt des Osiris. Er hält, wie es ihm zukommt, die uralten Herrschaftszeichen des Priesterkönigs, Peitsche und Krummstab, über der Brust gekreuzt. Die Flügel von Schutzgöttinnen bedecken den König. Meisterhaft ist die Arbeit: farbige Gläser sind eingelegt, die roten Jaspis, dunkelblauen Lapislazuli, hellgrüne Türkise nachahmen.

Als man diesen Sarg anhebt, wundert man sich über das enorme Gewicht. Dem zweiten Sarg kann ein dritter entnommen werden, der das Rätsel löst: er besteht aus 22karätigem Gold von zweieinhalb bis dreieinhalb Millimeter Wandstärke und wiegt allein 110 Kilo; nur der

Goldwert würde dreiviertel Millionen Mark betragen. Auch der dritte und innerste Sarg zeigt den Verewigten in die Schwingen schützender Göttinnen eingehüllt. Brauen, Augenlider, Bartstutz des Totenbildes sind mit lapislazulifarbenem Glasfluß ausgefüllt. Der Pharao trägt den geflochtenen Bartstutz als ein Zeichen der Würde, so wie man später Perücken trägt.

Im innersten Sarg lag die in Binden gewickelte Mumie des Königs. Über den Kopf war eine Goldmaske gelegt, die das Bild des jungen Königs auf ergreifende Weise wiedergibt: mit 18 Jahren ist er gestorben, zu jung, um große Taten vollbracht zu haben, aber bestattet mit allem Prunk, den man sich denken kann. Was ihm an Schätzen mitgegeben wurde, sollte ihn nicht vor späteren Generationen verherrlichen. Die Kostbarkeiten waren für sein Leben im Jenseits bestimmt. Das Pharaonengrab war versiegelt worden; sein Inhalt sollte irdischen Augen für immer entzogen sein.

Heute sind die Dinge im Museum, den Blicken des Publikums preisgegeben. Die Mumie hat man ins Grab zurückgebracht; sie ruht dort in dem ersten Bildnissarg, dessen Carter ansichtig wurde. Der Besucher tritt an eine Balustrade; er steht dann erhöht, gleichsam über der Schwelle der Sargkammer, und blickt von oben auf das goldene Abbild des Pharao im roten Sarkophag.

Einhundertfünfzig Gegenstände, Schmuck und Amulette, nahm Carter dem toten König vom Körper. Drohte der »Fluch des Pharao« nicht demjenigen, der es wagen würde, die Grabesruhe zu stören, Tod und Verderben an, in Gestalt eines giftigen Insekts, einer giftigen Schlange, eines Skorpions? Seltsam genug, daß Lord Carnarvon, der Auftraggeber Carters, bald darauf an einem Insektenstich starb. Ist ihm der Fluch des Pharao zum Verhängnis geworden? Oder doch nur, wenn auch auf Umwegen, eine Leidenschaft, die er mit vielen unserer Zeit teilte: Carnarvon war nämlich einer der ersten Automobilfahrer in England. Bei einem Unfall hatte er sich überschlagen; von da an datierten seine Atembeschwerden. Das Klima Ägyptens bot ihm Linderung; er verbrachte Monate dort. Die Geschichte des Alten Ägypten begann ihn anzuziehen. Da er reich war, konnte er es unternehmen, Ausgrabungen ins Werk zu setzen; da er gescheit war, nahm er sich Carter, einen ausgezeichneten Archäologen zur Hilfe.

Da er zäh war, finanzierte er weiter, bis der Erfolg sich einstellte. Da es damals noch keine Insektizide gab, aber viele Moskitos, und da Antibiotika unbekannt waren, konnte ihm ein Moskitostich zum Verhängnis werden. Ist eine solche Beweiskette des Schicksals nicht schlüssiger, als der geheimnisvolle »Fluch des Pharao«? Carter selbst, der Mann, der immer erste Hand anlegte, ist eines natürlichen Todes gestorben. »Der Tod wird auf schnellen Schwingen zu dem kommen, der die Ruhe stört«, soll eine Version des Fluches lauten. Ein deutscher Archäologe, Professor Steindorf, wollte den Dingen auf den Grund gehen. Er konnte den Fluch nirgendwo finden; da war nur eine Aufforderung, dem Toten Gebete und gute Wünsche nachzuschicken.

Das steinzeitliche Rechenzentrum

Die Anreise ist innerhalb eines Tages möglich. Wir sind nach London-Heathrow geflogen und von dort per Leihwagen in Richtung Westen nach Salisbury gefahren. Salisbury ist ganz Old England, wie es etwa Byron, Pope oder Burns geschildert haben. Die Kathedrale von Salisbury ist die Mitte dieser schönen Stadt mit ihren Türmchen, Erkern und alten Schildern. Die Kathedrale ist die vielleicht eindrucksvollste der großen Kirchen Englands, ein Höhepunkt englischer Gotik, ohne jede Änderung erhalten, ab 1220 in 150 Jahren gebaut. Um 1370 wurde der Turm vollendet.

Von Salisbury fährt man in einer knappen Stunde über Amesbury nach diesem Stonehenge, das zur einzigartigen Sehenswürdigkeit Großbritanniens geworden ist; es wird jährlich von mehr als einer Million Touristen besucht, was bedeutet, daß man näherkommend mit immer dichter werdendem (Links-)Verkehr rechnen muß. Stonehenge liegt auf flacher Heide. Es ist schon aus größerer Entfernung zu sehen. Mit dem Auto heranfahrend wächst das Monument, ein mächtiges Steingehege zu seiner ganzen gewaltigen Größe. Stonehenge ist die größte erhalten gebliebene himmelskundliche Beobachtungsstation aus der Steinzeit.

Die Steinpfeiler wirken riesenhaft. Die Touristen, die man zwischen ihnen stehen und gehen sieht, machen das ungefüge Zyklopische dieses archäologischen Denkmals in besonderer Weise deutlich. Vor weit über 4 000 Jahren haben an dieser Stelle Priesterastronomen ihres Amtes gewaltet. Sie haben den Lauf der Sonne ausgemessen, haben den Weg des Mondes verfolgt, haben den Kalender des Jahres festgelegt. Sie haben die »ewigen Maße« errechnet, sie haben den Jahresablauf mit Eckdaten versehen für die Jagd, für das Sammeln, für die Vorsorgen, für Saat und Ernte, für die nötigen Arbeiten und das Feiern. Inzwischen ist erwiesen, daß die Astronomen von Stonehenge auch Sonnen- und Mondfinsternisse vorauszuberechnen gewußt haben.

Stonehenge wurde um 2800 vor Christus errichtet, zunächst eine aus Wall und Graben bestehende kreisförmige Anlage mit einem aus Steinsäulen bestehenden Tor. Etwa 80 Meter vom Mittelpunkt entfernt wurde ein Block, der sogenannte Heelestone (der Heele-Stein, wahrscheinlich nach dem Sonnengott Helios genannt) gesetzt. Für Stonehenge II steckte man um 2300 vor Christus eng am Wall einen Innenkreis ab; er ist durch 56 Gruben markiert. Schließlich stellte man 80 bis zu 4 Tonnen schwere »Blausteine« auf; sie bildeten den (nicht vollendeten) Doppelkreis. Stonehenge III ist dann um das Jahr 1600 vor Christus entstanden, vor dreieinhalbtausend Jahren also. Es besteht aus einem Steinring von 30 Blöcken, die von Quersteinen überdacht waren; ein jeder der aufrecht stehenden Pilare wiegt etwa 25 Tonnen! Zur Halterung sind auf den Tragsteinen Zapfen ausgemeißelt, die in die entsprechenden Löcher der Dachsteine einrasteten. Inmitten dieses Rundes ragen fünf mächtige Dreisteintore auf; sie bilden sozusagen ein Hufeisen. Die »Achse« dieses Hufeisens in Richtung auf den Heelestone weist auf den Punkt am Horizont, wo am Sonnwendtag, dem 21. Juni, die Sonne aufgeht.

Was die 56 Gruben bedeuten, war lange ein Rätsel. Warum haben die Priesterastronomen den Kreis 56fach unterteilt? Man kam auf folgende Erklärung: wenn sich der Vollmond 39mal rundet, hat die Sonne nicht ganz 3 Jahresläufe zurückgelegt. Es fehlen ihr dann noch fast genau 56 Tage. Ein »Zählwerk« also! Man konnte mit beweglichen Steinen jeweils um ein Loch weiter rücken und eben daraus mit

Hilfe dieses »Rechenkreises« Sonnen- und Mondfinsternisse voraussagen.

Schon der Bauplatz von Stonehenge war, wie in unserer Zeit festgestellt wurde, himmelskundlich wohlüberlegt ausgewählt. Bei der hier gegebenen Polhöhe von 51,2 Grad stehen die Auf- und Untergangspunkte von Sonne und Mond rechtwinklig zueinander.

Der Außenring bestand ehedem aus 30 Steinpfosten. Sie bildeten einen Torring. Ein Teil des Gestürzten ist wieder aufgerichtet, so zuverlässig wie möglich an Ort und Stelle.

Das letzte Stonehenge ist an der Wende von der Stein- zur Bronzezeit entstanden. Der Name Stonehenge bedeutet »hängende Steine«. Er stammt wohl aus späterer Zeit, als diese Giganten sich zu neigen, vornüberzuhängen begannen. Vielleicht ist der Name auch bewundernd gemeint für das Können der Erbauer, die die vieltonnenschweren Quersteine der Tore in sieben Meter Höhe gleichsam »aufgehängt« haben. Die Bauherren kennen wir nicht; der Baumeister könnte ein nach England gelangter Grieche gewesen sein. Da sind Steinmetzzeichen, Dolche typischer Form, die nach Mykene weisen.

Die Blöcke sind 150 Kilometer weit herangeschafft, wahrscheinlich auf Schlitten, wie im alten Ägypten und Babylon. Wie das Aufrichten geschah, hat Thor Heyerdahl in seinem Osterinsel-Bericht, erschienen bei Brockhaus, »Aku Aku« nachgewiesen. Die Decksteine hat man mit langen Balken zentimeterweise hochgehebelt; mit unterlegten Hölzern ist das Baugerüst in die Höhe gewachsen.

Nicht weniger als 19 Verbindungslinien weisen genau auf die Sonnen- und Mond-Auf- und Untergangspunkte zur Zeit der Sonnenwende. Die Wahrscheinlichkeit eines Zufalls wurde mit 1:1 Million errechnet. Prof. Hawkins von der Universität Harvard hat sein Zahlenmaterial mit einem Elektronengehirn überprüft. Das Ergebnis: Stonehenge war nicht nur ein Observatorium; es war ein steinzeitliches Rechenzentrum. Wir müssen unser Bild von den struppigen Barbaren im Norden korrigieren.

Welche Macht floß den Männern zu, die eine Sonnenfinsternis vorauszusagen wußten! Die Sonne in Gefahr! Das vorauszusehen und immer wieder erreichen zu können, daß sie unversehrt aus dieser

Gefahr hervorging, macht die Priesterastronomen zu den mächtigsten Männern ihrer Zeit. Wer das konnte, entschied zu recht über Wohl und Wehe des Volkes.

Waren die Götter Astronauten?

Als ich zum ersten Mal aus Stonehenge berichtete, tauchte in zahlreichen Zuschauerbriefen die Frage auf, ob Stonehenge nicht »ein Indiz unter vielen« sei, daß unsere Vorfahren in grauer Vorzeit Besuch von anderen Himmelskörpern bekommen hätten. Eben diese These wurde damals von mehreren Schriftstellern vorgebracht; der bekannteste unter ihnen ist Erich von Däniken, ein Schweizer. Die Aufforderung, das Thema Dänikens einmal zu untersuchen, erreichte mich immer wieder. In meinem Buch »Waren die Götter Astronauten?«, erschienen 1970 bei Econ Düsseldorf, konnte ich die Stellungnahmen von 16 international bekannten Wissenschaftlern veröffentlichen. Die Mehrzahl lehnte Däniken ab, wie nicht anders zu erwarten war. Immerhin haben sie sich ausführlich zu Däniken geäußert. Ich stelle das mit Genugtuung fest. In manchen Zuschriften hat man mir damals den Vorwurf gemacht, daß ich mich überhaupt »mit solchem Unsinn« befaßt hätte. Das wiederum fand ich rigoros. Warum sich nicht mit einer Idee befassen, die nachgewiesenermaßen Millionen Menschen beschäftigt?

Die These Dänikens, daß Astronauten ferner Planeten die Erde in vorgeschichtlichen Zeiten besucht hätten, war – das hatte eine repräsentative Umfrage 1970 ergeben – zwei von drei Deutschen bekannt. 41 Prozent zeigten sich nicht überzeugt. 25 Prozent hielten das Vermutete für wahrscheinlich oder doch möglich. Bei den Bundesdeutschen mit Abitur stimmte mehr als ein Drittel (36%) für Dänikens Vermutung. Man kann diese Zahlen verschieden interpretieren. Tatsache ist, daß die Vorstellung, wir verdankten unsere Zivilisation außerirdischen Besuchern, Millionen Menschen elektrisiert hat.

Erich von Dänikens »Erinnerungen an die Zukunft« und die Fortsetzung »Zurück zu den Sternen« waren zum »explosivsten Bucherfolg unserer Tage« geworden. Seine Angriffe auf die etablierten Wissenschaftler haben imponiert, seine respektlose Sprache ließ ein Gelangweiltsein nicht aufkommen. Der »Sonntagsforscher«, wie er sich selbst nannte, hat die Phantasie seiner Zeitgenossen in Bewegung versetzt. Ungelöste Rätsel unserer Vergangenheit, die bis dahin nur eine kleine Minderheit beunruhigt hatten, waren zu Gegenständen des allgemeinen Interesses geworden, zu Fragen, die man leidenschaftlich diskutierte, über die man sich den Kopf zerbrach, über die man urteilen wollte. Mit der Landung von Menschen auf dem Mond schienen Dänikens Ideen irgendwie plausibel. Konnten andere Zivilisationen uns nicht um Jahrzehntausende voraussein? Wie wollen die Wissenschaftler beweisen, daß der Mann nicht recht hat?

Ich habe mich wiederholt mit Däniken unterhalten, und es hat mir Spaß gemacht. Däniken ist ein Phänomen unserer Zeit, die im besonderen Maß irrationalen Überlegungen zugetan ist. Als Däniken, vom WDR eingeladen, in der Sendung »Ich stelle mich« auftrat, hatte man mich zu einem Streitgespräch vor den Kameras verpflichtet. Beim Schlagabtausch sagte ich, ich hielte Vernunftwesen auf irgendwelchen Planeten ferner Sonnen durchaus für möglich, ja für höchstwahrscheinlich; daß wir ihnen je begegnen würden, zwar nicht für unmöglich, aber doch für sehr, sehr unwahrscheinlich. Ich hielte ihn, den erfolgreichen Autor Däniken, »für einen Karl May unserer Tage«. Er quittierte das vergnügt. Widerspruch ist er gewöhnt, er lebt vom Widerspruch. Und wer auf eine Gesamtauflage von mehreren Millionen Büchern verweisen kann, darf vergnügt sein. Hinter der vorgehaltenen Hand haben mir Radioastronomen verraten, daß sie Däniken eigentlich dankbar sein müssen. Sozusagen jedermann sei an ihrer Wissenschaft interessiert. Jeder zweite fragte, ob es Hinweise auf das Vorhandensein außerirdischer Zivilisationen gäbe.

Abenteuer des Erfindens

»Die Sieben Glorreichen«

Im Herbst 1984 stellte Dr. Erich Häußer, der Präsident des Deutschen Patentamts, eine interessante Idee der Öffentlichkeit vor: eine deutsche Erfindergalerie, eine Sammlung von Erfinderporträts unserer Zeit. Der Maler Jac For (Jakob Forthuber) war beauftragt worden, sie anzufertigen. Die Galerie hat in der Eingangshalle des Patentamtes Aufstellung gefunden. Sie steht dem Publikum zur freien Besichtigung offen. Jedem Porträt ist ein Kurzkommentar beigefügt, der die Bedeutung des betreffenden Erfinders charakterisiert. Für die Grundausstattung der Galerie wurden sieben Pionier-Erfinder ausgewählt. Das Besondere ist, daß es sich ausnahmslos um lebende Erfinder handelt. Im Ehrensaal des »Deutschen Museums für Meisterwerke der Naturwissenschaften und Technik«, auf der Museumsinsel gegenüber, kann ein Erfinder erst nach seinem Tod Aufnahme finden.

Man sagt, es sei »nichts so erfolgreich wie der Erfolg«. Das gilt im besonderen Maß für den Erfinder. Ein erfolgloser Erfinder hat bestenfalls das Mitgefühl der Allgemeinheit. Die Mehrzahl seiner Zeitgenossen wird ihn als »Spinner« abtun, als Versager, als Träumer, der sich verrannt hat. Ein erfolgreicher Erfinder hingegen hat seinen Traum verwirklicht, einen Traum, der die Wünsche vieler Menschen erfüllt.

Die sieben erfolgreichsten deutschen Erfinder der Jetztzeit waren nach der Eröffnung der Galerie zu einem Podiumsgespräch im Patentamt geladen. Ich habe die mir angebotene Gesprächsleitung gern übernommen. Deutsche Pionier-Erfinder an einem Tisch beieinander zu haben, das war eine Gelegenheit, die sich vielleicht nie mehr so ergeben würde. Mir zur Linken saß Hermann Oberth, the grand old man der Raumfahrt, dann Walter Bruch, dem wir das Farbfernsehsystem PAL verdanken, dann Artur Fischer, ein Erfinder mit 5000 Patenten und Schutzrechten, einem jeden durch die Fischer-Dübel bekannt, mir zur Rechten saß Konrad Zuse, der den ersten Computer geschaffen hat, dann Felix Wankel, der den nach ihm benannten Kreiskolbenmotor konstruiert hat, dann Ludwig Bölkow, der ein Luft- und Raumfahrtimperium aufbauen konnte, und Hans Sauer, der die Relaistechnik revolutionierte.

Was haben diese Erfinder gemeinsam? Die Vorbildung an einer Technischen Hochschule vielleicht? Nein. Nicht alle haben studiert. Dennoch sind die meisten dieser Erfinder (und das beweist eine erfreuliche Flexibilität unserer Hochschulen) Professoren und Doktoren honoris causa, Ehren halber. Ihre akademischen Titel tragen sie ganz unbefangen. Im Gespräch tritt durchgehend das Flair von Selfmademen hervor, die es auf unüblichen Wegen zu etwas gebracht haben. Das Magazin »Bild der Wissenschaft« hat diese Erfolgreichen in einem neunseitigen Artikel mit Großfotos gewürdigt; der Autor hat seinem Aufsatz den Titel »Die glorreichen Sieben« gegeben.

Vom Lebensweg Hermann Oberths war in diesem Buch schon die Rede. Beim Tischgespräch im Patentamt sagte er über das Erfinden: »Wenn man vor einem technischen Problem steht, soll man nie sagen, das geht nicht. Wenn es nicht so geht, dann eben anders.« Oberths Biograph Hans Barth hat ihn einmal gefragt, was seine Patente abgeworfen hätten. Die Antwort: »Auf herkömmlichem Wege habe ich daran keinen Pfennig verdient. Indirekt bin ich dadurch ein berühmter Mann geworden.« Oberth pflichtete bei, als Barth meinte, es sei »großes Pech«, wenn jemand Erfindungen mache, die sich erst nach 40 oder 60 Jahren verwirklichen lassen. Patentgesetze, die geistiges Eigentum nur 15 Jahre lang schützen, würden zwangsläufig »gerade die kühnsten Erfinder« ausklammern.

1984 saß also dieser Hermann Oberth, inzwischen 90 Jahre alt geworden, mit dem 75jährigen Konrad Zuse zusammen, der 1941 die Z3, den ersten vollarbeitsfähigen Rechenautomaten, nach unserem heutigen Sprachgebrauch einen Computer, konstruiert hat. Damals war Zuse erst ein Student des Ingenieurwesens. Er empfand es als lästig, daß der Bauingenieur bei der Statik so viel rechnen muß. »Es wollte mir nicht in den Kopf, daß schöpferische Menschen einen großen Teil ihrer Zeit mit nüchternem Zahlenrechnen verschwenden sollen.« Oberth und Zuse, beide repräsentieren unser Jahrhundert!

Man wird es möglicherweise »das Jahrhundert der Raumfahrt« nennen, vielleicht auch »das Jahrhundert der Computer« heißen. Wie Oberth verkörpert Zuse schon zu Lebzeiten Technik-Geschichte.

Raumfahrt und Computer sind in vielfacher Weise miteinander verbunden. Die Landung auf dem Mond wäre ohne den Einsatz der voraus- und mitrechnenden Computer kaum in der gesetzten Zeit zu bewerkstelligen gewesen. Konrad Zuse war während des Krieges als Techniker im Flugzeugbau tätig; nur nebenher konnte er sich mit seiner Rechenmaschine beschäftigen. Gleichwohl hatte er die Deutsche Versuchsanstalt für Luftfahrt in Berlin-Adlershof für seine Erfindung zu interessieren vermocht. »Mein Rechner funktionierte, als ich ihn vorführte, tadellos. Ausnahmsweise. Der umgekehrte Vorführeffekt trat ein.« Aber 1944 wurde Zuses Prototyp durch Bomben zerstört und die von Berlin nach Göttingen verlegte Dienststelle wurde ein weiteres Mal, nunmehr ins Allgäu, verlegt. Der Zufall wollte es, daß Konrad Zuse dort kurz vor Ende des Krieges auf Wernher von Braun traf. Der Mitarbeiterstab Brauns hatte wie die Dienststelle Zuses in Oberjoch bei Hindelang Aufnahme gefunden. Beide Techniker haben sich später an dieses Zusammentreffen erinnert. Konrad Zuse: »Aber, daß der Computer in der Raumfahrt einmal eine Schlüsselstellung einnehmen würde, haben wir nicht vorausgesehen, nicht Wernher von Braun und auch ich nicht.«

Man hat die Z3 nachgebaut, um sie im Deutschen Museum aufzustellen. Sie sieht mit ihren Apparate-Schränken einer Telefonzentrale aus Vorkriegszeiten ähnlich. So gehen die meisten Besucher an diesem Denkmal der Technik-Geschichte vorbei, ohne auch nur kurz stehenzubleiben. Als Konrad Zuse seine Z3 erstmals vorführte, klapperten 600 Relais im Rechenwerk und 2000 Relais im Zahlenspeicher. Die Rechenbefehle wurden der Maschine durch einen vorgelochten Filmstreifen zugeführt. Die Z3 rechnete immerhin schon 60mal schneller als der Mensch mit Bleistift und Papier.

Prof. Dr. h. c. Konrad Zuse lebt heute im hessischen Hünfeld, auf halber Strecke zwischen Hamburg und München. Nach wie vor beschäftigt er sich mit wissenschaftlichen und technischen Problemen. Er hat nicht aufgehört zu erfinden. Was er als sein großes Hobby ansieht, die Malerei, unterstützt ihn dabei. Er hat sich in seinem Haus ein Atelier eingerichtet. Seine Bilder erinnern von fern an die Lyonel Feiningers. »Es malt aus mir heraus«, sagt er. »Erfinden hat etwas mit dem homo ludens, dem spielenden Menschen, zu tun. Aber man muß das Spielen ernst nehmen.«

Konrad Zuse erzählte mir, daß er in der Abiturklasse als Jahresarbeit den Plan für eine »Stadt der Zukunft« entworfen hätte, eine 35 Millionen-Stadt »Metropolis«. »An alles mögliche habe ich gedacht, auch an die Kleeblattlösung bei Kreuzungen, aber nicht an Kirchen und Versammlungsräume. Die Verkehrswege waren mir wichtig.

Beruflich habe ich an vieles gedacht. Ich wollte Schauspieler werden, Reklamezeichner, Fotograf. Die Geduld meiner Eltern habe ich da recht strapaziert. Mein Vater leitete ein kleines Postamt; er war der Typus des preußischen Beamten im guten Sinn. Die Eltern hatten Verständnis für Technik. Ich bekam jedes Jahr zu Weihnachten einen Stabilbaukasten; man konnte sich damit an Wettbewerben beteiligen und dann übers Jahr einen größeren kriegen, ohne viel aufzahlen zu müssen. Als junger Mann hatte ich eine ganze Reihe, man kann ruhig sagen, verrückter Ideen. Ich habe mir eine Dunkelkammer mit allen möglichen Kinkerlitzchen eingerichtet. Ich wollte auch so etwas wie das ›Photomaton‹ erfinden, aber das war, wie sich herausstellte, schon erfunden.« Tatsächlich geht das Photomaton auf das Jahr 1926 zurück und ein Vorläufer, der Photo-Automat »Bosco«, der im Deutschen Museum ist, auf das Jahr 1894.

»Einen Rechenautomaten zu bauen, daran dachte ich in etwa nach dem Vorexamen, Anfang der 30er Jahre. Es kam mir zugute, daß ich von den normalen Rechenmaschinen nichts verstand. So konnte ich völlig neu anfangen. Natürlich war mir bekannt, daß man nicht nur nach dem Dezimalsystem rechnen kann, sondern auf der Basis 12 oder 6 oder 5 oder 2. Mit zwei Ziffern, mit Null und Eins zu rechnen, das hatte eben den Vorteil, daß man da mit Bauelementen arbeiten konnte, die nur zwei Stellungen kennen, mit ›bistabilen Elementen‹. Ein solches Bauelement war das im Fernmeldewesen weit verbreitete Relais. So ein Relais ist entweder ›angezogen‹ oder ›abgefallen‹. Angezogen, das ist die ›1‹, abgefallen, das ist die ›0‹. Die ersten Relais habe ich noch mit einer motorgetriebenen Laubsäge gebaut.

Dann, um schneller voranzukommen, habe ich die Relais fertig bezogen und sie mit dem Lötkolben verdrahtet.«

Es war also eine elektromechanische Anlage, noch keine elektronische? »Ja, eines Tages kam mein Freund Schreier, der mit mir auf der Technischen Hochschule Charlottenburg war und sagte angesichts meiner klappernden Relais: ›Das mußt du mit Röhren machen.‹ Natürlich wußte ich, welche Art Röhren er meinte, eben die aus dem Radiogrät. Ich wußte aber auch, daß Schreier immer zu Späßen aufgelegt war. Ich dachte also zunächst, das ist sein neuester Studenten-Ulk. Dann haben wir es uns zusammen überlegt: so dumm war diese Schnapsidee gar nicht. Ein Röhrengerät, schön, aber damals funktionierten die Röhren nicht so zuverlässig, wie ich es brauchte. Meine Relais waren wohl primitiv, aber sie funktionierten und zunächst mußte ich zeigen, daß es überhaupt ging. Die Röhre ist ja dann verhältnismäßig bald, nachdem sie sich durchgesetzt hatte, durch den Transistor abgelöst worden und heute befinden sich eine Vielzahl von Mikroprozessoren auf den sogenannten Chips. Was früher in Schrankwänden geschah, leisten heute Chips von der Größe eines Kleinfingernagels. Die Integration, die Konzentration, die Miniaturisierung, das zusammen kennzeichnet die ganze Entwicklung. Ich habe damals bei meiner Z3 in der Größenordnung von einer Zehntel- bis zu einer Tausendstel-Sekunde je Schritt gerechnet. Heute sind wir im Bereich der Nano-Sekunde, der milliardstel Sekunde und bald bei der Pico-Sekunde, der billionstel Sekunde. Statistisch kann man sagen: alle 6 Jahre hat sich die Rechengeschwindigkeit der Maschinen verzehnfacht. Durch den Josephson-Effekt ist man wieder tausendmal schneller geworden. Und wir sind noch nicht an den Grenzen. Auch der kleinste Chip ist ein grober Klotz gegenüber den Synapsen in unserem Gehirn. Bei jeder technischen Schaltung treten immer noch Millionen und Milliarden von Elektronen in Aktion, während die Natur mit einzelnen Molekülen zu rechnen versteht. Bis dahin ist noch ein weiter Weg.«

Man hat die modernen Datenverarbeitungsanlagen »Elektronengehirne« genannt. Meine Frage an Konrad Zuse: Ist Rechnen so viel wie Denken? »Das ist eine Frage der Definition. Wo hört das Rechnen auf, wo fängt das Denken an? Da ist sehr viel philosophiert worden. Ein heißes Eisen ist es sowieso. Mir war schon in den Jahren 1937/38 in etwa klar, daß es eine Grenze zwischen Rechnen und Denken nicht gibt. Daß wir eines Tages zu Rechengeräten kommen würden, die Operationen durchführen, die wir damals als Denken bezeichnet haben. Ich habe 1938 im Freundeskreis scherzhaft gesagt: In 50 Jahren wird der Schachweltmeister durch eine Rechenmaschine – das Wort Computer gab es noch nicht – besiegt.« In 50 Jahren, das wäre 1988? »Zugegeben, das war jugendlicher Übermut und über den Daumen gepeilt. Es ist noch nicht ganz verwirklicht, aber es rückt zusehends näher.«

Das Relais in der Rechenmaschine Zuses erscheint uns heute wie ein Leitfossil aus der Frühgeschichte der Elektrotechnik. Aber das Relais ist keineswegs überholt oder abgelöst. Auf den verschiedensten Gebieten der Elektrotechnik erfüllt es seine Aufgabe optimal. Einem Nichttechniker dürfte es freilich schwerfallen, ein modernes Relais noch als solches zu erkennen.

Dipl.-Ing. Hans Sauer war es, der das moderne Hochleistungs-Relais, das heute in elektrischen Geräten und Anlagen eine Art »Herzfunktion« ausübt, entwickelt hat. »Unser modernstes Relais ist hundertmal kleiner als das, mit dem Zuse gearbeitet hat. Es wiegt auch nur noch 1 Hundertstel. An Betriebsenergie verbraucht es in etwa den tausendsten Teil und es spricht in einem zwanzigstel der Zeit an. Es bedarf keiner Wartung, weil es verkapselt und damit so gut wie störungsfrei ist. Und zu guter Letzt: es kostet nur noch ein Viertel dessen, was das in der Z3 verwendete gekostet hat. Als ich meine Relais entwickelte, geschah das Schritt für Schritt. Die Ideen für die kleinen Schritte reiften innerhalb weniger Tage oder Wochen. Bis ich aber auf die letzte, die ideale Lösung kam, für hohe Kontaktkräfte mit großem Kontaktabstand überhaupt keine Betriebsenergie zu benötigen, sind nahezu 30 Jahre vergangen. Dabei war das so einfach: man brauchte nur dauermagnetische Anzugskraft in besonders geformten Kontaktfedern zu speichern.« 1985 wurden schon 150 Millionen dieser modernen Relais mit einem Verkaufswert von über 700 Millionen hergestellt.

Wie Hans Sauer gehört auch Artur Fischer zu den Menschen, die »bei Null« gestartet sind. Als er sich eine Existenz gründete, hätte wohl niemand vorausgesagt, daß er 40 Jahre später einen Betrieb mit weit über 1000 Mitarbeitern aufgebaut haben würde. Heute ist Artur Fischer Ehrendoktor der Universität Gießen. Die Universität Stuttgart hat ihn mit der Würde eines Ehrensenators, die Regierung von Baden-Württemberg mit dem Professorentitel ausgezeichnet. Er hat sich darüber gefreut, aber es hat ihn überhaupt nicht verändert. Das Erfinden macht ihm Spaß. Es ist Teil seines Lebens und er lebt gern. Sein Vater war Schneider im schwarzwäldischen Tumlingen. Die Schlosserlehre (nach der Realschule) machte ihm Freude. Der Meister hatte so seine Ideen, selbst wenn es nur darum ging, eine Torverriegelung anzufertigen. Seinen Lehrling hielt er dazu an, mitzudenken und Vorschläge zu machen. »Bua, das machen wir anders«, sagte er dann. Artur Fischer erzählte mir: »Zu Hause als Kind durfte ich basteln, soviel ich wollte. Meine Mutter schimpfte nicht, wenn der Fußboden schmutzig wurde. Einmal habe ich eine elektrische Heizung für das Aquarium zusammengebaut. Da kam die Mutter aufgeregt hinter mir her: Komm nur schnell, das Wasser kocht.«

Im Krieg war Fischer Mechaniker im Werftzug eines Jagdgeschwaders. »Es gab da die sogenannten hoffnungslosen Problemfälle. Aber manchmal kriegte ich so einen Motor auch mit behelfsmäßigen Ersatzteilen wieder hin. Das ist mir später zugute gekommen.« In den Hungerjahren nach dem Krieg reparierte Fischer Elektrogeräte und bekam dafür von den Bauern Eier und Speck. Eine Weberei wollte eine Vorrichtung eingebaut, die den Webstuhl anhielt, wenn der Faden gerissen war. »Das habe ich ihnen gemacht. Ich habe mir eine Werkstatt gemietet und eine Drehbank geliehen. Es gab keine Schalter, also stellte ich Schalter her. Die elektrischen Kontakte waren aus dem Kupferkranz von Granaten zu machen. Die lagen noch herum.«

Der Agfa hat Fischer seinen »Blitzwürfel« angeboten: vier Blitzbirnchen vor je einem kleinen Reflektor auf drehbarem Sockel. Er übernahm zusätzlich die Herstellung von Wanddübeln in Lizenz einer britischen Firma. Es zeigte sich, daß sie zu leicht herausfielen. Also konstruierte er seine gezähnten Stahl- und Kunststoffdübel, die sich mit Widerhaken sperren, die berühmtgewordenen Fischerdübel.

Auch die weltbekannten Serienbaukästen »Fischertechnik« hat er erfunden. Die Idee war ganz einfach: Bauplatten aus Polyamid, mit Rinnen, zum Verschieben von Trägern, Kunststoff-Bausteine mit Zapfen und Nuten, sehr exakt gemacht, auf zwei Hundertstel Millimeter genau. 1968 hat Artur Fischer ein Sortiment davon Wernher von Braun geschickt, als Weihnachtsgeschenk für den Sohn Peter. Aus Houston schrieb ihm der Mann, der die Mondlandung vorbereitete: »Ihre großartigen Baukästen haben alle anderen Geschenke in den Schatten gestellt.«

An technischen Problemen knobelt Artur Fischer auch heute noch gerne herum; er ist der homo ludens im Sinne von Zuse. Seit geraumer Zeit hat er Verbindung zur experimentellen Chirurgie: künstliche Gelenke, komplizierte Knochenbrüche erfordern besondere Halterungen, besondere Nägel und Schrauben. Daß die Chirurgie für solche Problemfälle bald die entsprechenden Fischerdübel zur Verfügung haben wird, macht den Erfinder auf besondere Weise glücklich.

Vom Namen her ist Felix Wankel vielleicht der Bekannteste unter den »glorreichen Sieben«. Den Wankel-Motor kennt jeder, den Namen wenigstens. Der technisch Versierte weiß, daß es sich dabei um einen Kreiskolbenmotor handelt, bei dem die Kolben nicht im Takt auf und ab stoßen, vielmehr ein Kolben im Kreis bewegt wird, »dergestalt, daß der Arbeitsvorgang nach dem Viertaktverfahren in den drei zwischen Drehkolben und Gehäusewandung entstehenden, sich vergrößernden und verkleinernden Räumen stattfindet«. (So steht es im Lexikon.) Im Deutschen Museum kann man immer wieder Besucher vor dem aufgeschnittenen Modell des Wankel-Motors versammelt finden, mit angestrengter Miene: »Aha, so geht das.« Als Wankel 1926 sein erstes Patent für einen Drehkolbenmotor anmeldete, hat ihm das Patentamt eine Reihe älterer Patente entgegengehalten. »Das war für mich konstruktiv nicht besonders lehrreich, hat mir aber gezeigt, daß auf diesem Gebiet schon sehr viel gemacht worden ist. Für einen Anfangserfinder ist das Patentamt so etwas wie eine gutachterliche Beratungsstelle, die über weltweite Kenntnisse verfügt. Man kann sie nicht kostenlos in Anspruch nehmen, auch nicht in diesem frühen Stadium. Aber es ist durchaus möglich, daß einem gerade die Vorprüfung größere Kosten erspart. Kann der Prüfer einem Anmelder klarmachen, daß die Neuheit nicht gegeben ist, hat er ihm damit sicher eine Enttäuschung bereitet, aber doch Geld gespart, das zu nichts geführt hätte.«

Felix Wankel läßt dahingestellt, aus welchen Beweggründen sich Erfindungen herleiten. »Sie können aus reinem Spieltrieb entstanden sein, aus Freude am schöpferischen Gestalten, aus einem Wunschtraum, aus der Überlegung heraus, sich selbst die Arbeit zu erleichtern, etwas verbessern zu müssen. Oder: es ist einfach Ehrgeiz und Gewinnstreben. Oft ist alles beieinander. Ein Erfinder muß von seiner Idee besessen sein. Ich gebe zu: er wird dadurch zu einem halben Verrückten. Es ist das nämlich wie beim Sport oder bei der Musik. Erfindenwollen muß in einem drin sein.« Er sei übrigens alles andere als ein mathematisches Genie. »Auf diesem Gebiet bin ich eher ein Rindvieh. Über die vier Grundrechenarten habe ich es nicht hinausgebracht. Ich verstehe mich auch nicht als Ingenieur, eher als ein Maschinen-Spielratz.« Ein »Spielratz«, das ist ein Kind, das mit dem Spielen nicht aufhören kann, das zum Essen und Schlafen drei- und viermal gerufen werden muß. Noch einmal auf die Mathematik zurückkommend, erzählte Wankel: »Wenn ich meinen Ingenieuren eine Konstruktion maßstabsgetreu aufzeichne, meinen die wohl, ich hätte das nachts heimlich durchgerechnet. Keine Rede davon. Ich bin ein reines Instinkt-Tier. Aber natürlich geht es nicht, auch bei allergrößter Begabung nicht, ohne Fleiß.« Hierin stimmt Felix Wankel mit dem Erfinder-Genie Thomas Alva Edison überein, der das auf die klassische Formel gebracht hat: »Genie ist 1 Prozent Inspiration und 99 Prozent Transpiration.«

Unter den »sieben Erfolgreichen« der Münchener Erfindergalerie mag der Dipl.-Ing. Dr. Ing. E. h. Ludwig Bölkow als der weitaus erfolgreichste gelten. In den Augen eines wirtschaftsorientierten Publikums ist er das ohne Frage. Ludwig Bölkow, zur Zeit unseres Gesprächs 73 Jahre alt, ist ein schlanker, auffallend hochgewachsener Mann, ein geborener Mecklenburger, der sich in Süddeutschland, zumal in Bayern wohlfühlt. Er wirkt ebenso sportlich wie intellektuell, gleichermaßen freundlich-distanziert wie gelegentlich auch offensiv. Er hält mit seiner Meinung dann nicht hinter dem Berg. Wiederholt hat dieser Mann, wie an früherer Stelle bereits beschrieben, Entwürfe für morgen, etwa zur Energieversorgung, geliefert. Seine Auffassung war dabei immer (und schon lange vor Tschernobyl), daß auch die Atomenergie endlich ist und man deshalb über sie hinausdenken müsse. Politiker dächten oft nur für die Zeiträume von Wahl zu Wahl, bestenfalls wie die meisten Wirtschaftler zehn bis zwanzig Jahre weit. Man müsse aber noch weiter vorausdenken. Jede technische Entwicklung beanspruche Zeit. Man dürfe nicht versäumen, die Weichen rechtzeitig zu stellen.

Der Erfinder, der Ingenieur und Unternehmer Ludwig Bölkow hat von Anfang an die Notwendigkeit gesehen, junge Menschen zu motivieren. »Man soll ihnen gerade in ihren schöpferischen Jahren Aufgaben stellen, die eine Herausforderung sind. Ich konnte in den letzten 20 Jahren bei meinen vielen Mitarbeitern ja nicht derjenige sein, der irgendwelche Details löste, sondern eben nur der, der ihnen die Aufgaben stellte. Dabei habe ich aber immer, teils intuitiv, teils aus meiner Erfahrung und breiteren Kenntnis heraus, gewußt: das ist lösbar.«

Welche Fähigkeiten sollte ein junger Erfinder haben? Bölkow: »Eine Fähigkeit, die man auch später nicht verlieren darf, die Fähigkeit, sich zu wundern. Nichts ist selbstverständlich. Man muß sich wundern können, warum etwas geschieht und warum es nicht besser geschieht.«

In jungen Jahren war die Welt Bölkows das Fliegen. Als der Krieg begann, war er 27, als er zu Ende ging, fast 33. Es sah nicht so aus, als ob die Fliegerei in Deutschland noch Zukunft hätte. Flugzeugbau gehörte zu den Techniken, die durch Alliiertes Gesetz verboten waren. Der gelernte Maschinenschlosser packte dort an, wo der Wiederaufbau wörtlich zu nehmen war: beim Aufräumen der Schuttberge in Stuttgart. Er half Baumaschinen ausgraben und betriebsfähig zu machen. Er erfand neue Förderanlagen, neue Verschalungen, eine neue Schüttbauweise. Damit war Stockwerk auf Stockwerk zu setzen, so rationell wie möglich. Bölkow lernte jeden Tag etwas hinzu. Er gründete ein Ingenieurbüro, das andere beraten konnte.

Der Motor dieses Mannes war wohl sein durchgängiger Optimismus. Per Zufall stieß ich auf das, was er einmal bei der Meisterfeier einer Handwerkskammer als sein persönliches »Schwellenerlebnis« bezeichnet hat. Auf überraschende Weise stimmt es mit der Lehrzeit Wernher von Brauns überein. »Das Entscheidende für mich geschah nach meinem Abitur bei der handwerklichen Arbeit in der Lehrwerkstatt, als es nach einiger Zeit galt, einen 500 Gramm-Hammer zu feilen ... Die Augen der um Jahre jüngeren Lehrlinge und die des Lehrgesellen schauten gespannt, ob der 19jährige Abiturient es wohl schaffen würde. Zuletzt wurde nachgemessen. Die Schublehre bestätigte: die Zehntelmillimeter stimmen, die Winkel stimmen. Das Haarlineal liegt an den Kanten auf. Die Hand hatte aus dem rohen Klotz Eisen dieses Werkstück gefeilt. Dieses Erlebnis war für mich die Ergänzung meines Abiturs.«

Walter Bruch wollte ursprünglich Flugzeugbauer werden. Er ist in der Pfalz geboren und dort, 1912 in Zweibrücken, sah er als Vierjähriger sein erstes Flugzeug, eine Rumpler-Taube. »Und noch ein Erlebnis faszinierte mich, als ich vielleicht vier oder fünf Jahre alt war, die Vorführung einer Laterna magica auf dem Jahrmarkt. Den größten Eindruck hat mir da das Erdbeben von Messina gemacht. Man sah Erdspalten aufbrechen und Feuer und Rauch herauskommen. Ich habe mir dann, da war ich vielleicht acht Jahre alt, selber eine solche Laterna magica zusammengebaut. Etwas später habe ich es dann sogar zu einem selbstgebastelten Kinoprojektor gebracht. Das war schon eine Art Vorschule fürs Fernsehen. Erstmals habe ich das Modell eines Fernsehempfängers auf der Verkehrsausstellung 1925 in München gesehen. Von da an ließ mich der Gedanke, so etwas erfinden zu müssen, nicht mehr los. Ich weiß nicht, wie oft ich ins Deutsche Museum gelaufen bin. Es hat in meinem Leben schon sehr früh eine große Rolle gespielt.«

Anfang der dreißiger Jahre ging Walter Bruch nach Berlin. »Aber die Zeiten waren alles andere als günstig. Da war die große Arbeitslosigkeit. Niemand wollte Geld in eine ungewisse Sache stecken. Kurze Zeit arbeitete ich mit dem damals noch sehr jungen Manfred von Ardenne zusammen, um dann in das Labor des ungarischen Erfinders Dénés von Mihaly einzutreten. Der hatte schon 1928 ein Fernsehen vorgeführt, war aber mit seinen Ideen nicht durchgekommen. Zuletzt war ich sein einziger Mitarbeiter, und schließlich mußte ich mich nach etwas anderem umsehen. Den berühmten Paul Nipkow, der als Pionier des Fernsehens hoch gefeiert wurde, habe ich noch persönlich kennengelernt. Nipkow hat das zu übertragende Bild vermittels einer rotierenden Lochscheibe in Bildpunkte zerlegt; die Übertragung konnte nur funktionieren, wenn im Empfänger eine entsprechende Scheibe synchron lief. Sein Patent stammte aus dem Jahr 1884, ein Pionier-Patent in Deutschland. Der erste Fernsehsender in Berlin ist nach Paul Nipkow benannt worden. Ich hatte die Ehre, ihn durch die Berliner Funkausstellung zu führen. Er hat mich natürlich interessiert als Person der Technik-Geschichte. Aber seine Erfindung war längst überholt.«

1936 arbeitete Walter Bruch bei Telefunken an der Fertigstellung einer Fernsehkamera für die Olympischen Sommerspiele in Berlin. »Die Apparatur wurde erst in der allerletzten Minute fertig, kurz vor der Eröffnung der Spiele. Ich mußte von Anfang an auch den Kameramann spielen; ein Filmkameramann wäre damit nicht zurechtgekommen. Er hätte auf dem Sucher so gut wie nichts gesehen. Der Kameramann mußte zumindest ahnen, was er übertragen konnte. Ich hatte die eigentliche Elektronik ausgearbeitet. Die Kamera selbst, die Mechanik war von Emil Mechau entwickelt, einem Erfinder, der für Leitz arbeitete. Um das Bild heranzuholen, um es auf den 9 × 12 cm Schirm abzubilden, dazu brauchte man eine Riesenoptik. Leitz hatte dafür ein zentnerschweres Objektiv gebaut, die schwerste Photo-Optik, die es je gegeben hat und wohl geben wird. Das Ergebnis war eine »Riesenkanone«. Sie wurde unterhalb der Ehrentribüne in den sogenannten Umlauf gestellt. Wir konnten anfänglich auch nur aus der Froschperspektive aufnehmen. Wir haben uns dann geholfen; jeden Tag rückten wir ein paar Zentimeter höher. Die

Technik des Fernsehens lag damals in der Hand der Reichspost. Übertragen wurde in die sogenannten Fernsehstuben, etwa 40 an der Zahl. Da waren je zwei oder drei Empfänger aufgestellt. Zusätzlich hatten wir in Berlin zwei Räume für Großprojektion. Privaten Empfang gab es noch nicht. Immerhin haben, wenn auch schlecht und recht, doch 100000 Menschen per Fernsehen an den Olympischen Spielen teilnehmen können, nach und nach, ohne selbst im Stadion gewesen zu sein.«

Nach dem verlorenen Krieg gehörte Fernsehen in Deutschland zu den verbotenen Techniken. Erste Versuche wurden dann in der britischen Zone erlaubt; Sir Carlton Green, der britische Kontrolloffizier, ließ sie zu. »Weihnachten 1952 wurde ein deutsches Schwarzweiß-Fernsehen installiert, anfänglich im norddeutschen Raum, in Hamburg und Hannover. Dann Ende 1954 begann das ARD-Programm, mit dem wir doch schon 80% der Bevölkerung theoretisch erreichen konnten. In Amerika hatte man bereits 1950 angefangen, mit Farbfernsehen zu experimentieren. Ich habe es erstmals 1951 gesehen und fand: das war erfinderisch zwar genial gelöst; aber was aus dem Gerät herauskam, war schäbig. Die Farben wechselten immerzu; die Gesichter kamen einmal rot, dann wieder grün. Ich dachte mir: Das wird man nie schaffen, die Fernsehstrecken, über die eine Sendung geht, fehlerfrei zu machen. Du mußt ein Verfahren erfinden, das solche Fehler kompensiert, ›ohne sie zu kennen‹. Und da war mein Gedanke, das Signal in einem ganz kurzen Zeitabschnitt nach dem amerikanischen Verfahren zu übertragen, mit dem Fehler, der beispielsweise ein Gesicht nach Rot hin verfälscht, im darauffolgenden kurzen Zeitabschnitt aber die Sache ›umzucodieren‹, so daß die Abweichung mit der Komplementärfarbe ausgeglichen wird. Wenn man eine Zeile in der einen Art überträgt, die nächste in der anderen und so abwechselnd weiter, dann wird sich das Auge bei der raschen Aufeinanderfolge der Zeilen die richtige Farbe mischen. So ist ganz primitiv erklärt, wie das von mir erfundene PAL-Verfahren funktioniert. PAL steht für Phase Alternative Line. In Wirklichkeit ist die Sache viel komplizierter; für die Fachleute müßte ich es entsprechend kompliziert erklären.«

Hans-Joachim Kulenkampff, der Showmaster, hat einmal die Fähigkeit des Erfinders Walter Bruch, Technisches vereinfacht darzustellen, auf die Probe gestellt. Auf offener Bühne sprach er Bruch auf das mit seinem PAL-System konkurrierende SECAM-Verfahren an. Charles de Gaulle favorisierte SECAM nicht zuletzt deshalb, weil es ein französischer Erfinder, noch dazu mit dem Namen Henri-Georges de France, entwickelt hatte, somit gewissermaßen das Prestige Frankreichs auf dem Spiel stand. Kulenkampff: »Was ist da anders? Können Sie den Unterschied kurz erklären?« Darauf Bruch: »Ja, mit drei Worten. PAL ist besser.«

Wie ist das mit dem entscheidenden Einfall, habe ich Walter Bruch gefragt. »Das ist auch für mich selbst immer wieder überraschend. Man hat sich Wochen und Monate mit einer Sache befaßt, man hat Experimente gemacht, man hat Theorien um und um gewälzt, und eines Tages ist die Lösung da. Im Labor, immer wieder ans Telefon gerufen, von Mitarbeitern hier um Rat, dort um eine Entscheidung gebeten, kommt der große Einfall wahrscheinlich nicht. Für mich gab es einen Ort, wo ich gut nachdenken konnte, nämlich in der Oper. Gelegentlich hat mich meine Frau dort auf den Fuß getreten, wenn ich mit dem Zeigefinger Zahlen und Vektoren in die Luft oder auf den Oberschenkel malte. Dann kam sie an mein Ohr und sagte leise, ›Du erfindest wieder‹. Nicht immer, aber manchmal war die Lösung tatsächlich gefunden, und ich konnte zum Geschehen auf der Bühne zurückkehren.«

Walter Bruch hat bei sich erwogen, was ein Erfinder eigentlich ist: »Ich bin ein forschender Ingenieur. Nach dem höchsten Ziel akademischer Forschung, etwas zu entdecken, habe ich nie gestrebt. Der Entdecker zieht von etwas Vorhandenem, was sich bis dahin menschlicher Einsicht entzogen hat, die umhüllende Decke weg. Der forschende Ingenieur dagegen sucht nach neuen technischen Methoden. Er will auf ein vorgegebenes Ziel hin einen neuen Weg finden. Das Suchen nach einer Lösung erfordert meist eine längere Vorbereitungszeit. In dieser Zeit sammelt man, was für die Weiterverfolgung der Idee von Nutzen sein kann. Es kann sein, daß man das Problem beiseite legen muß, vielleicht mehrmals. Es muß reifen, bis eines Tages die Lösung da ist. Man modelliert im Geist an einer Sache. Sie nimmt in der Phantasie irgendwie Gestalt an, möglicherweise überraschend eine ganz andere als die, mit der man ursprünglich gerechnet hat.«

In der öffentlichen Anerkennung scheint der Erfinder hinter dem Entdecker zurückzustehen, doch ist beides, Entdeckung und Erfindung, miteinander eng verbunden. Die Entdeckungen, die den Naturwissenschaftlern gelingen, geschehen nicht selten, ja meist im Experiment: die Natur wird veranlaßt, auf eine Frage zu antworten. Ein neues, ein erstmalig erdachtes und durchgeführtes Experiment, ist – eine Erfindung. In der Entdeckung wie in der Erfindung drücken sich außerordentliche Möglichkeiten menschlichen Geistes aus.

Die Wissenschaft ist das Schicksal

Im Jahr 1808 befahl Napoleon, damals 40 Jahre alt und auf dem Gipfel seiner Macht, den 60jährigen Weimarischen Staatsminister Johann Wolfgang von Goethe zur Audienz. Der französische Kaiser kam auf Goethes Bestseller »Die Leiden des jungen Werther« zu sprechen. Mit der Darstellung des Schicksalhaften war Napoleon nicht einverstanden. Abschließend urteilte er: »Was will man mit dem Schicksal? Die Politik ist das Schicksal.« Ein erschreckendes Wort. Napoleon hat ungezählte Tausende auf den Schlachtfeldern geopfert. Er maßte sich an, das Schicksal zu sein.

Hundert Jahre später war es Walther Rathenau, der den napoleonischen Satz in »Die Wirtschaft ist das Schicksal« abänderte. Rathenau, der Industrielle und Wirtschaftsexperte, fiel als deutscher Außenminister 1922 einem politischen Attentat zum Opfer. Vornehmlich aus den wirtschaftlichen Verhältnissen, die der Erste Weltkrieg hinterlassen hat, ist dann der Zweite erwachsen. Den 55 Millionen Toten des Zweiten Weltkriegs ist schließlich wieder die Politik zum gemeinsamen Schicksal geworden.

Heute könnte man sagen, daß die Wissenschaft das Schicksal geworden ist. Es war die Wissenschaft, die mit den Atomschlägen von Hiroshima und Nagasaki dem Zweiten Weltkrieg ein Ende setzte. In zunehmendem Maß kann seither gelten: die Wissenschaften sind es, die den Weg der Wirtschaft bestimmen. Wirtschaftliche Notwendigkeiten und Möglichkeiten lenken die Politik, bestimmen somit den Gang der Geschichte. Eines ist vom anderen abhängig, ein jedes wirkt auf die anderen zurück.

Winston Churchill hat das in einem Satz zusammengefaßt: »Das Reich der Zukunft ist das Reich des Geistes.« So gesehen ist Wissenschaft alles andere als eine weltfremde Beschäftigung, die die Allgemeinheit nicht interessieren kann.

Unsere Schulen haben Mühe, den angehäuften Wissens-Stoff aufzuarbeiten und an die nachkommenden Generationen zu vermitteln. Neue Bildungswege und Lehrmethoden wurden ersonnen, neuartige Verständigungsformen auch zwischen den Spezialisten, die ihre Wissenschaft nicht mehr im Zusammenhang mit den anderen Wissenschaften zu sehen vermögen. Die Zusammenschau von Erkenntnissen wird immer schwerer.

»Wissenschaft wird«, wie Werner Heisenberg gesagt hat, »von Menschen gemacht.« Wissenschaftler sind nicht nur Namen aus dem Lehrbuch, Wissenschaftler sind wie alle anderen Menschen aus Fleisch und Blut. Ihre Wege und Umwege, ihre Überlegungen, ihre Niederlagen, ihre Erfolge sind in gewissem Maß auch vom Nichtwissenschaftler nachzuvollziehen. Dazu genügt wohl nicht, nur die Fachsprachen ins Allgemeinverständliche zu übersetzen. Zu zeigen ist, worin wissenschaftliche Arbeit besteht, warum sie eine nicht aufhörende Herausforderung ist, was ihren besonderen Reiz, ihre Faszination ausmacht.

Daß die Schritte ins Weltall Abenteuer auf Leben und Tod geblieben sind, darf nicht vergessen werden. Auch nicht, daß beim Umgang mit dem neuen Feuer Atom das Leben auf dem Raumschiff Erde auf dem Spiel steht, denn: ein Atomkrieg würde möglicherweise das Ende der Menschheit bedeuten, ein solches Abenteuer könnte das letzte überhaupt sein. Hier ist die Verantwortung der führenden Politiker unserer Zeit gefordert, eine höhere Vernunft, die den Krieg ächtet und die internationale Zusammenarbeit fördert.

Zu den Abenteuern Atom und Raumfahrt ist die Entwicklung der Computer, der Denkmaschinen, getreten. Sie haben Chancen und Risiken potenziert.

Schließlich ist es Forschern gelungen, den Bauplan des Lebens selbst aufzudecken. Daß die Erbfaktoren der ganzen Menschheit, also von mehr als vier Milliarden Menschen, in einem Kügelchen, das etwas größer als der Glaskopf einer Stecknadel ist, Platz finden könnten, macht das Abenteuer solcher Forschung deutlich.

Das Abenteuer Wissenschaft behält seine Abenteuerlichkeit selbst dort noch, wo es sich im Rahmen jener Wissenschaften bewegt, die ohne Sensation sind. Die Rätsel des Lebens begegnen uns auf vielfältige Weise. Wo immer eines gelöst werden kann, es könnte für unser eigenes ganz privates Leben entscheidend sein.

Überlegen wir: Zwischen der Erstbeobachtung der Atomspaltung im Dezember 1938 und der Enträtselung der Schlüsselsubstanz allen Lebens im Frühjahr 1953 liegen nur etwas mehr als 14 Jahre. Das ist, historisch gesehen, eine Weltsekunde. So gut wie alle Ereignisse, die unsere Zukunft entscheidend verändern könnten, sind innerhalb von zwei Generationen geschehen. Es hat kein Jahrhundert gegeben, das mit dem unseren vergleichbar wäre. Die Wissenschaft hat dieses Jahrhundert zum abenteuerlichsten der Menschheitsgeschichte gemacht.

Danksagung

Mein herzlichster Dank gilt Frau Fritzi Preuß. Sie ist seit 1949 meine Programm- und Regie-Assistentin für Rundfunk und Fernsehen. Am Zustandekommen dieses Buches hat sie persönlichen Anteil.

Ein weiterer Dank gebührt den Teams des Fernsehens, die mit mir weite Reisen unternommen haben; ich möchte hier besonders die Kameramänner Horst Schuritz, Werner Herbst und Thomas Varhelyi nennen. Mit ihnen und den Cuttern Agathe Baum und Peter Senftleben habe ich über 200 Dokumentarberichte aus Wissenschaft und Technik gestaltet.

Die Aufgabe, Wissenschaft einem großen Publikum verständlich zu machen, ist lebenslanger Bemühung wert. Eine Reihe wissenschaftlicher Gesellschaften, deren Mitglied ich seit Jahren bin, waren mir dabei hilfreich, so die Hermann-Oberth-Gesellschaft, die Deutsche Gesellschaft für Luft- und Raumfahrt, die British Interplanetary Society, der Internationale Förderkreis für Raumfahrt Hermann Oberth-Wernher von Braun, die Academia Cosmologica Nova, die Technisch-Literarische Gesellschaft (TELI) und das Kollegium der Medizinjournalisten.

Seit vielen Jahren sind die Zusammenkünfte und Veröffentlichungen der Max-Planck-Gesellschaft, der Medizinisch-Pharmazeutischen Studiengesellschaft, des Deutschen Forschungsdienstes, der Deutschen Gesellschaft für Photographie, der Deutschen Gesellschaft für Naturforscher und Ärzte, der Georg-Agricola-Gesellschaft zur Förderung der Geschichte der Naturwissenschaften und Technik und des Vereins Deutscher Ingenieure (VDI) für mich ein Gewinn.

In besonderer Weise bin ich dem Deutschen Museum München,

der Nobelstiftung in Stockholm, dem Kuratorium und dem Arbeitsausschuß für die Tagungen der Nobelpreisträger in Lindau sowie dem Verleger der »Naturwissenschaftlichen Rundschau« Hans Rotta verpflichtet.

Als ein Privileg meines Berufes habe ich es immer angesehen, mit Menschen, die unser Jahrhundert geprägt haben, persönlich bekannt geworden zu sein. Ich empfinde es dankbar, daß sie die engagierte Arbeit des Wissenschaftspublizisten unterstützt haben.

Gerade unter den Wissenschaftlern konnte ich viele Freunde gewinnen. Auch deshalb war es mir eine Freude, dieses Buch zu schreiben.

Ernst von Khuon

Personenregister

Bildquellen

1: Archiv Prof. E. v. Khuon.
2: Deutsches Röntgen-Museum Remscheid-Lennep.
3, 5, 8, 13, 14, 16, 17, 19, 20: Fritzi Preuß, 8024 Deisenhofen.
4: Willy Pragher, 7800 Freiburg.
6: Archiv Dees de, Sterio, 6230 Frankfurt 80.
9: ZEISS, 7082 Oberkochen/Württ.
10 und 18: Hans Rotta, Stuttgart: Wissenschaftliche Verlagsgesellschaft.
11: Krupp, 4300 Essen.
12: Beecham Pharmaceuticals, Research Division, Brockham Park/England.
15 aus: »Hundertjährige« von Hans Franke, Würzburg: Fränkische Gesellschaftsdruckerei 1971.
21 aus: »Unser Körper – neu gesehen« von Lennart Nilsson, Freiburg: Herder 1974.
22: W. Golz, 7570 Baden-Baden.
23: Fred Lindinger, 8031 Eichenau b. München.
24: Dieter Tschorn, 6940 Weinheim.

CIP-Kurztitelaufnahme der Deutschen Bibliothek
Khuon, Ernst von:
Abenteuer Wissenschaft: Begegnungen mit unserem Jh. / Ernst von Khuon. –
Frankfurt/Main; Berlin: Ullstein, 1986. –
ISBN 3-550-07814-5